진화는
물질회유

― 새로운 생명의 기원 ―

진화는 물질회유
새로운 생명의 기원

초판 1쇄 발행 2024년 8월 15일

지은이 카나드연구회
펴낸이 장길수
펴낸곳 지식과감성#
출판등록 제2012-000081호

교정 이주희
디자인 오정은
편집 오정은
검수 한장희, 정윤솔
마케팅 김윤길, 정은혜

주소 서울시 금천구 벚꽃로298 대륭포스트타워6차 1212호
전화 070-4651-3730~4
팩스 070-4325-7006
이메일 ksbookup@naver.com
홈페이지 www.knsbookup.com

ISBN 979-11-392-2062-9(03470)
값 18,000원

- 이 책의 판권은 지은이에게 있습니다.
- 이 책 내용의 전부 또는 일부를 재사용하려면 반드시 지은이의 서면 동의를 받아야 합니다.
- 잘못된 책은 구입하신 곳에서 바꾸어 드립니다.

지식과감성#
홈페이지 바로가기

카나드연구회 지음

진화는
물질회유

- 새로운 생명의 기원 -

순서

머 리 글 ··· 10
    물질과 의식의 버무림/ 다원주의의 허실
    부차모순과 상호모순/ 비판의 정당성
    물질의식과 생물의식/ 카나드

제1장 다원주의 문제

1 진화론의 진행과 내용 ························· 31
    자연선택설
    신다원주의와 진화종합설
    의식도 물질의 산물
    진화의 증거

2 현대의 다양한 진화론 ························· 40
    성선택 이론/ 종의 합성 이론/ 공진화 이론/
    단속평형설/ 자연표류설/ 중립진화론/
    가이아 이론/ 유도진화/ 자기조직화 이론

3 다원주의 모순 ······························· 57
    상황 논리
    자연선택설의 허구성
        과잉 단순화/ 물질일원론
    선택은 가치행위
        항상성과 가치성/ 물질과 의식의 버무림
    물질의 맹목성
    자연선택의 증거는 의식의 증거
        공업암화/ 겸상적혈구/ 베이츠 의태/ 수렴진화
    자연선택은 심리적 현상

4 적응은 가치선택 · 102
    적응과 적자생존의 오용
        적응의 오용/ 적자생존의 오용/ 최적화와 안정화
    획득형질의 유전 논란
    유전자적응론
        유전자적응론의 문제/ 윌리암스의 오류/ 도킨스의 오류
    실제 적응력
        재생 현상/ 전구체 준비
    선택압의 허실
        선택압의 극복/ 의식압

5 성선택도 가치선택 · 140
    성선택과 자연선택
    유성생식과 근교약세와 종간불임의 문제
        유성생식에 대한 진화론적 설명
    유성생식과 근교약세와 종간불임의 이유
        유성생식 등의 새로운 이유/ 성선택에서의 감성적 요구
    최대번식과 실효번식
        최대생산과 실효생산/ 행복한 번식

6 진화의 균열 · 165
    자연도태설 재고/ 단속평형설 재고

7 진화의 차이와 한계 · 175
    단계통기원설의 문제/ 동질변이, 이질변이/
    변이의 한계/ 생태계의 조절과 조화

8 우성과 열성의 재고 · 187
    우열의 문제/ 가역성 문제

9 우연성 비판 · 193
    우연의 발상
        임시충족/ 우연의 사용
    보편적 우연
        무기자연의 보편적 우연/ 진화론의 보편적 우연
    우연의 연속
    우연의 종결

제 2 장 변이와 유전의 재해석

1 돌연변이 · 213
    돌연변이 재고
    돌연변이 실상
    《눈먼 시계공》의 돌연변이
    돌연변이 의식

2 유전자변경 · 226
    유전자변경/ 집단무의식/ 획득형질의 유전과 비유전

3 유전자재조합 · 237
    일반적인 유전자재조합
    새로운 합의

제 3 장 생명(생물)의 기원

1 다윈주의 생물의 기원 · 251
2 새로운 생물의 기원- '물질회유' · 257
    물질회유와 그 과정
        물질회유 사례/ 물질회유의 과정/ 물질회유의 계속/ 생물의 에너지 보충
    물질회유와 진화
    물질회유의 의의
        진화의 당당함/ 훌륭한 진화

제 4 장 물질적 결정론 비판

1 《사회생물학》 비판 · 297
    기존 비판
    추가 비판
2 《이기적 유전자》 비판 · 314
    기존 비판
    추가 비판
    각 Chapter에 따른 비판
        Chapter 1(사람은 왜 존재하는가?) 비판 ~ Chapter 13(유전자의 긴 팔) 비판

3 《마음의 진화》,《자유는 진화한다》 비판 ···················· 356
    《마음의 진화》 비판
        지향계와 감응력/ 마음의 근원
    《자유는 진화한다》 비판
        자유는 물질?/ 300밀리초 오차

제 5 장 생물의식의 고유성

1 경험적 증거 ······································· 369
2 생물학적 증거 ····································· 375
    뇌물질과 의식
        열쇠유전자/ IQ 유전자/ 뇌의 정체성
    유전자 의식과 세포의식
        유전자 의식/ 세포의식
    Junk 유전자

3 생명의 약동 ······································· 395
    엘랑비탈
    8항목 보충
        1)항 보충 ~ 8)항 보충

제 6 장 카나드

1 다중법칙 ··· 427
    물질법칙과 생명법칙
    물질의식과 생물의식
        물질의식/ 생물의식/ 생물의식의 내용/
        독립정신과 예속정신

2 카나드 ··· 444
    카나드-'의식단자'
        카나드, 카나즈
        카나드의 시원

마침글 ··· 459

머리글

머리글

생물의 변이變異 혹은 진화進化는 실제적인 현상이라고 인정할 수 있다. 그러나 다윈주의Darwinism[1] 진화론은 그 근본 원인을 잘못 파악하고 있다. 즉《종의 기원》에서 주장하는 '**자연선택설**'自然選擇說[2]은, 그 진화의 동력이 전혀 없는 것이다. 이것이 진화론에 관해 오랫동안 연구해 온 본서의 결론이다.

물론 진화는 생물에게 실제로 나타나는 현상이다. 따라서 그동안 진화생물학이 밝혀 온 진화의 증거는 많은 부분 과학적으로 인정될 수 있다. 그러한 진화의 증거들에는 화석연구, 유전자 동일 구조[3], HOX 유전자[4], 유전법칙(멘델 법칙)의 동일성 등이 있을 것이다. 특히 하등동물에서 고등동물이 될수록 점점 인간의 유전자와 '**유전자 동일률**'[5]이 높아지는 것은 가장 뚜렷한 증거이다. 예를 들어 영장류 중에서도 침팬지가 인간과 DNA 동일률이 가장 높다. 인간과 침팬지의 유전자는 99% 정도까지 같다고 한다.

여기서 참고로 '유전자'遺傳子. Gene[6]에 대하여 조금 알아보자. 유전자란

---

1) 찰스 다윈과 그 지지자들이 주장하는 물질적 진화론.
2) 다윈이 주장하는 진화론의 핵심 이론.
3) 모든 생물의 유전자는 염기 등으로 이루어지는 공통적인 이중나선 구조.
4) Homeobox gene. 초파리에서부터 생쥐와 사람에 이르기까지, 신체 구조를 결정하는 데 공통적인 기능을 하는 유전자.
5) 유전자의 같은 정도.
6) 1909년 덴마크의 유전학자 빌헬름 요한센이 처음 사용했다.

현재 DNA(Deoxyribonucleic Acid)를 말하며, 생물 유전형질의 기능적 단위를 말한다. 즉 유전자는 모든 생명체가 세포 내에 가지고 있는 유전체(Genome)의 특정 부위에 위치하는 정보서열이다. 따라서 유전자는 유기적 생명현상을 유지하는 데 필요한 단백질 등을 생산해 낼 수 있는 정보를 담고 있으며, 각 개체 고유의 특징을 나타내게 할 뿐만 아니라 세포 복제를 통해 다음 세대의 자손에게 유전된다. 인간의 경우 23쌍 46개의 염색체(染色體, chromosome) 내에 부호화된 DNA가 약 2만 개 정도(유전체의 약 2%)이고, 나머지 98%는 기능이 없는 비부호화(non-coding) 유전자(Junk DNA)이다.

여하튼 문제는 진화론의 주류라는 다윈주의는 물질적 진화론으로, 생물진화의 '동력'에 대해서 줄기차게 잘못 파악하고 있다는 것이다. 즉 다윈주의자들은 생물진화의 동력에 대해 물질일원론物質一元論인 '자연선택설'로 설명하고 있다. 따라서 자연선택의 자연은 **무기자연**無機自然, 즉 물질만을 의미한다. 그리하여 그들은 물질의 압력이 생물을 어떡하든 진화시킬 수 있으리라고 생각하고 있다. 즉 다윈주의자들은 최초 생물의 탄생은 물질에서 우연히 발생한 것이고, 나아가 그 변이와 진화 또한 모두 물질의 우연한 이합집산에 의해 이루어졌다고 말한다.

그러나 자연선택설은 실제적이고 과학적인 근거에 의한 것이 아니다. 왜냐하면 상상관념인 우연[7]은 과학의 대상이 아니기 때문이다. 따라서 다윈주의의 주요가설인 '자연선택설'은 추상抽象[8]일 뿐이다. 그러한 추상은 대개 과거의 형이상학자들이 하는 연역이었다. 그러므로 결국 물

---

7) 뒤 본문 '제1장 9 우연성 비판'에서 설명.
8) 추리 + 상상

질은 생물에 대해 '항상적'恒常的이고 '무심한' 것이므로, 생물을 탄생시킬 수 없고 진화를 이룰 수도 없다. 오히려 물질은 무엇이든 '**무기화**'無機化[9] 혹은 풍화風化에 이르게 할 뿐이다.

　나아가 우리는 물질의 다소와 그 변화를 진화라고 하지 않는다. 왜냐하면 수소에서 헬륨이 새로이 형성되거나, 어떤 화합물이 새롭게 생성되더라도 그것을 진화라고 하지 않기 때문이다. 또한 만약 물질에서 생명이 배태되었다면 그 생명은 항상적 생명, 즉 삶도 죽음도 없는 생명이 되었을 것이다. 그러므로 약 38억 년 계속된 생물의 역사를, 물질의 연속된 우연으로 처리하는 것은 가당치 않은 것이다.

물질과 의식의 버무림

　필자는 찰스 다윈의 《종의 기원》을 처음 읽었을 때, 이처럼 허술한 '자연선택설'[10]에 많은 과학계 석학이 줄기차게 열광하였다는 사실을 믿을 수 없었다. 왜냐하면 자연에 대한 우리의 경험으로는 생물의 선택을 물질이 대신하리라 볼 수 없었기 때문이다. 그런데도 다윈주의자들과 그 주변의 학자들은, 어떤 생물의 독특한 형태와 기능을 보고, 그것들이 물질의 우연에 의해 진화하였다고 계속 주장한다.

　그러나 자연선택설의 주체라는 자연환경(물질)은 생물의 형태와 기능을 조성해 나갈 수 없다. 왜냐하면 자연환경은 생물의 삶에 있어 수동적인 '**바탕**'(터전)이거나 버거운 '**장애**'일 뿐이며, 즉 물질은 생물의 탄생과

---

9) 유기물에서 무기물로 변화하는 생화학적 방법은 미생물, 혐기성균, 오존이나 물 등에 의한 분해가 있다.
10) 존 허셜은 다윈설을 '**뒤죽박죽 법칙**'이라 했다. 또한 아인슈타인은 이렇게 말했다. "다윈의 적자생존 이론은 경쟁심을 고취하기 위한 강제력으로 회자되어 왔다. 어떤 사람은 개인 사이의 경쟁이라는 파괴적인 투쟁의 필요성을 사이비과학으로 입증하려고 시도하기도 했다."〈#1〉

진화를 기획할 수 없기 때문이다. 그러므로 물질은 생물의 삶에서 주체적이 아닌 객체적이다. 그런데도 다윈주의는 주체와 객체, 물질과 의식[11]을 혼동하거나 버무려 자연선택의 증거로 삼고 있다. 그 사례를 보자.

첫째, 변이와 진화를 위한 선택에서 생물의식이 주체이며, 물질은 객체이다. 그러나 다윈주의는 생물의식의 자유로운 '**가치선택**'價値選擇[12]을, 물질의 강제적인 선택으로 주객을 전도시키는 것이다. 즉 자연선택설의 요점은 생물은 가만히 있어도 물질이 알아서 변이와 진화를 일으켜 준다는 것이다. 그러나 생물은 무기자연에 무턱대고 길들여지는 '**순응**'順應하는 것이 아니라, 그에 대응하여 '적응'適應하고 진화하는 것이다.

둘째, 다윈주의자들이 말하는 자연의 '선택압'選擇壓은 사실 생물의 '**의식압**'意識壓, 즉 스트레스stress를 말하는 것이다. 왜냐하면 물질의 압력이 있다면 그것은 무기화 혹은 무질서를 위한 압력일 것이기 때문이다. 나아가 선택압이란 용어 자체가 무기자연은 선택하는 것이 아니라, 압력만 행사한다고 자증하는 셈이다.

즉 무기자연이 스스로 선택한다면 당당히 자연선택이라 그냥 두면 될 것을, 굳이 선택압이라는 용어를 덧붙일 필요가 없는 것이다. 따라서 다윈주의자들은 생물의 의식압을 무기자연의 선택압으로 오용誤用하는 것이다.

나아가 엄밀히 말해 물질에는 선택압조차도 없다. 무심한 물질이 일부러 압력을 가할 리가 없는 것이다. 즉 선택압은 생물이 생존하려는 과정에서 자연의 '장애' 혹은 방해로 받는 스트레스를, 무기자연의 탓으로 돌리는 변명일 뿐이다. 따라서 무심한 무기자연이 선택하거나 선택압

---

11) 일반적으로 의식이라고 할 때는 생물의식을 말한다. 이하 동일.
12) 가치판단에 따른 자유로운 선택. 특히 예술가들을 보면 얼마나 다양한 가치선택을 하는지 알 수 있다.

을 가할 리가 없으며, 자연에 대한 스트레스와 미래의 선택뿐만 아니라, 그 결과에 대한 책임까지도 오롯이 생물의 몫이다.

그러므로 생물의 어떤 의지가 없다면 의식압도 나타나지 않을 것이고, 선택압이라고 오용되지도 않을 것이다. 왜냐하면 죽은 생물에게는 어떠한 압력도 무용지물이기 때문이다. 따라서 자연의 장애에 대응하려는 생물의 의식압이 발생하여야만 '자연효과'自然效果[13]라도 나타나는 것이다.

따라서 여기서는 이해를 돕기 위해 장애의 의미로 '선택압'이라는 용어를 계속 사용하겠지만, 다윈주의자들이 말하는 선택압은 생물의 의식압을 말하는 것이며 의식압을 오용하는 것임을 잊지 않도록 하자.

셋째, 가장 강력한 증거로 '돌연변이'突然變異, mutation가 있다. 돌연변이는 생물학적으로 변이현상의 유일한 통로, 즉 **유일한 변이메커니즘**이다. 따라서 돌연변이가 있어야만 변이나 진화가 가능한 것이다. 그런데 문제는 물질적인 자연선택은 점진적인 변화를 의미하기 때문에, 자연선택이 돌연변이의 돌변하는 사태를 전혀 통제하지 못하고 있다는 것이다. 즉 돌연변이는 자연선택의 논리와는 달리 전혀 엉뚱한 힘으로 나타나는 것이다.

이것에 대해 리처드 도킨스와 제리 코인 같은 다윈주의자들이 "자연선택이란 무작위적인 변이들의 무작위적이지 않은 생존"<#2>이라고 스스로 자증自證하고 있다. 즉 이 정의는 다윈주의자들 스스로 자연선택설을 허물고 있는 비논리적인 궤변이다. 다시 말해 그들은 물질의 무작위성과 생물의식의 작위성을 어쩔 수 없이 버무리고 있는 것이다.

---
13) 생물에 대한 자연환경의 효과.

그런데 만약 다원주의자들의 주장대로 자연선택이 진화를 위한 작위적인 동력이라면, 무작위적인 돌연변이가 애초에 나타나서는 안 되는 것이다. 즉 자연선택이 보편적이고도 점진적인 형성력이라면 처음부터 돌연한 변이가 제압되어야 한다는 것이다. 왜냐하면 다원주의에서는 자연선택도 무기자연이고, 돌연변이도 동일한 무기자연이어야 하기 때문이다.

그리고 대부분의 돌연변이는 열성적이다. 우성은 사실상 거의 없다. 그런데도 다원주의자들의 주장대로 우성돌연변이만이 자연선택 된다면, 열성돌연변이는 도대체 어느 자연에 속하여야 한다는 말인가. 이처럼 돌연변이를 제대로 통제하지도 못하고 우성돌연변이만을 편애하는 자연선택은 다원주의자들의 환상이었던 것이다.

따라서 자연선택과 돌연변이는 거의 '**반대 벡터**'인 셈이다. 그리하여 조지 윌리암스는 "진화는 자연선택 때문이라기보다는, 많은 경우에서 자연선택에도 불구하고 어쩔 수 없이 일어나는 것이다."<#3>라고까지 하는 것이다. 이같이 자연선택과 돌연변이가 서로 반대 벡터라면, 생물체에는 물질(신체)의 힘과 길항拮抗하는 어떤 힘이 존재함을 의미한다.

그것은 무엇일까? 그런데 생물체는 물질인 신체와 생물의식으로만 이루어져 있다. 따라서 물질을 제외하면, 생물의식만 남는다. 그러므로 돌연변이는 무기자연에 대항하는 생물의식의 활발한 작용이었던 것이다.

넷째, 자연선택설은 아무리 완화해도 '물질주의'物質主義[14] 이념理念[15]이라고 할 것이다. 그런 데다 지금의 다원주의자들은 물질주의를 오히려

---

14) 모든 우주 현상과 원인을 물질로 설명할 수 있다는 우주론. 여기서는 자연주의와 유물론을 포함한다. 예를 들어 에피쿠로스, 루크레티우스, 홉스, 다윈주의, 마르크스주의 등이 있다.
15) 이상적이라고 여기는 생각.

더욱 강화하고 있다. 그런데 만약 물질주의에 따라 애초에 생물의식의 고유성이 부정된다면, '자연선택'도 존재할 수 없는 것이다. 즉 모든 것이 무기자연이므로 선택의 의미마저 사라져 버리는 셈이다.

그리되면 적응의 여부 또한 구분될 수가 없다. 왜냐하면 생물의식이 고유하지 않다면 모든 것이 물질이어서, 이미 물질 적응이 완료된 상태이기 때문이다.

나아가 생물의 이기심과 이타심도 구분될 필요가 없다. 왜냐하면 모든 물질은 이기적이지도 않고 이타적이지도 않기 때문이다. 어떻게 경쟁과 투쟁이 물질의 속성일 수 있겠는가? 그러한 마음은 생물의식의 특징이다.

그러므로 자연선택설의 부속가설付屬假設[16]인 '적자생존'과 '이기적 유전자'는 물질과 생물의식을 무턱대고 버무린 용어이다. 즉 물질이 적자를 선택한다거나, 그 적자는 이기적 유전자에 의해 조종되리라는 것은 모두 허구인 것이다.

이처럼 다윈주의는 자연과학과 객관성에 바탕을 두는 듯하지만, 실제로는 비과학적이고 비객관적인 진행과 마무리를 하고 있는 것이다.

따라서 칼 포프1902~1994의 지적처럼 자연선택은 형이상학적이며, '의사과학'擬似科學. 사이비과학이다. 그리하여 신이 반증反證 가능성이 없는 것과 마찬가지로, 자연선택도 반증 가능성이 없는 것이다. 그리고 반증 가능성이 없다는 것은 과학 혹은 지성에 의하여 증명될 수 있는 사안이 아니라는 뜻이다.

그러므로 자연선택은 곧 상상인 셈이다. 그런데 상상은 환원적인 과

---

16) 주요가설을 뒷받침하기 위한 보조 가설.

학에서 필요한 것이 아니다. 그것은 생물의 미래에 대한 창의적인 삶을 위해서만 필요한 것이다. 따라서 결국 역사에 나타난 물질주의는 모두 하나같이 물질계와 생물계의 간극間隙을 아무런 근거 없이 비약하는 것이다.

다윈주의의 허실

  그런데 근현대의 진화론이 생물의 변이가 가능하다는 사실을 밝힌 것은, 사유의 역사상 매우 중요한 패러다임의 전환임은 인정할 수 있다. 즉 생물은 변이와 진화를 거듭할 수 있고, 그 결과 인간에까지 이르렀다는 것은 부인할 수 없는 과학인 것이다. 따라서 생물과 인간에 대한 진화론적 시각은 지극히 온당하다.

  그리하여 진화론은 철학적인 존재론마저도 진화론적 기초 위에 세울 수밖에 없도록 하는 것이다. 왜냐하면 새로운 과학적 증거에 따라 철학, 사회학, 심리학 등의 인문학도 그에 맞춰 '업데이트'되어야만 하기 때문이다. 또한 인문학적인 이성과 마찬가지로 과학적 지성도 '진리충족'眞理充足[17]을 위한 훌륭한 도구이기 때문이다. 따라서 인문학에서 진화생물학을 소홀히 다루려는 것도 부단히 바로잡아야 한다.

  또한 진화론은 생물의 기원을 과학적으로 접근시키는 큰 역할을 했다. 그동안 생물의 기원은 주로 종교나 철학에서 다루어 왔다. 물론 여러 다른 과학과 연동되었지만, 진화론은 다시 과학적 시각으로 생물의 기원을 바라보게 한 것이다. 즉 다윈의 업적은 생물이 변이할 수 있다는 사실을 귀납적으로 밝힌 것이며, 더불어 생물의 기원이 물질에 기인

---

17) 진실을 만족시키는 것.

한 것인지 아니면 비물질에 기인한 것인지를 더욱 극명하게 대립시켰다는 것이다.

그러나 그 업적은 거기까지다. 앞의 네 가지 버무림처럼 생물의 탄생 및 그 변이가 물질에 의해 행해진다는 것은 도저히 성립될 수 없다. 따라서 다원주의는 우리의 경험과 과학을 심각하게 위배하는 것이다. 생물 내부에는 물질(신체)과 생물의식 두 가지밖에 없다. 그리하여 앞으로 생물의 변이가 물질에 의한 것이 아니라는 것이 실제적이든 논리적이든 판명된다면, 변이는 생물의식에 의한 것이라는 결과에 도달할 수밖에 없게 되는 것이다.

결론적으로 본 서에서는 생물은 물질이 아니라 생물의식이 주관한다고 본다. 그리하여 본문에서는 물질을 활용하며 회유懷柔하고 있는 생물의식의 고유성을 밝히게 될 것이다. 따라서 우선 다원주의의 허구성을 밀도 있게 분석해야 한다. 왜냐하면 그 허구성의 정도에 비례하여 생물의식의 고유성에 대한 명증성이 점점 높아질 것이기 때문이다.

부차모순과 상호모순

좀 더 진행해 보자. 근현대의 진화론은 생물체가 오랜 시간[18] 점진적으로 발달하여 인간에까지 이르렀다는 이론이다. 특히 다원주의는 물질일원론인 자연선택설로 진화론의 주류가 되어 왔다. 그런데 만약 진화생물학이 자연과학이라면 지성적이고도 귀납적인 증거를 확보하여 논리를 전개하는 데 그 존재 이유가 있을 것이다.

---
18) 검증 안 되는 막연한 시간.

그리하여 다원주의자들도 생물의 기원과 진화에 대한 증거를 찾으려 노력해 왔으며 그에 따른 이론 개발에도 힘써 왔다. 그 결과 다원주의자들과 그 근변近邊의 학자들에 따르면, 의식은 뇌의 부수적 기작機作이거나 '뇌물질'에서 발달한 것일 뿐이라고 말한다. 이처럼 물질주의 과학자들이 생물의식의 고유성을 부정하는 근본 이유는, 생물의식은 비가시적이기 때문이다. 즉 비가시적인 사안은 증거에 바탕을 둔 자연과학에서 성과를 내기가 어려워 일단 배제될 수밖에 없는 것이다.

그러나 다원주의의 문제는 아무래도 물질주의 패러다임에 갇혀, 생물을 있는 그대로 파악하지 않고 계속 왜곡해 왔다는 것이다.

나아가 비가시적인 생물의식은 비가시적인 신과 동일시되어 과학에서 더욱 멀리하게 되었던 것이다. 즉 신을 버리는 세탁물에 자신들의 의식마저 버리게 되었던 셈이다. 그 결과 다원주의는 '물질주의'라는 또 다른 신비주의에 매몰하게 되었던 것이다.

그렇다고 우리는 과학이 이러한 겉면의 '표층증거'表層證據를 우선하는 것에 대해 잘못된 것이라고 말할 수는 없다. 다만 우리가 우주를 극히 일부밖에 알지 못하는 상태에서, 비교적 손쉬운 표층증거에서 차츰 비가시적인 내면의 '심층증거'深層證據도 찾아갈 것이라는 사고를 견지해야 균형 있는 과학이 되는 것이다. 따라서 실제로 작용하고 체득되는 생물의식에 대한 표층증거를 찾기 어렵다고, 생물의식은 단지 물질의 연장이거나 부수기작일 뿐이라는 것은 과잉 단순화이자 편리한 상상인 것이다.

이처럼 유사 이래 물질주의자들은 대개 자연과 물질을 동일시해 왔다. 물론 의식과 정신도 물질의 작용이라고 한다. 그러나 그것은 가장 큰 오류에 속한다. 왜냐하면 우주에서 가시적인 물질[19]은 자연의 극히 일부일 뿐이기 때문이다. 즉 현대의 천문학에서는 우주는 보통물질은 4% 정도이고, 나머지는 미지의 암흑물질Dark Matter이 23%, 암흑에너지Dark Energy가 73%를 차지한다고 밝히고 있다.

나아가 우리가 물질이라고 생각하는 것도 그 속은 대부분 비가시적이다. 본문에서 설명되겠지만, 현재 물질을 이루는 아원자인 쿼크Quark[20], 중성자, 전자 등과 전달력인 핵력과 전자기력, 중력 등은 모두 비가시적인 에너지이다. 우리는 그러한 물질에너지들을 간접적으로 파악하고 있을 뿐이다. 나아가 그 에너지의 근원과 존재 이유에 대해서는 더욱 알 수 없다.

이러한 사실은 본문에서 설명하듯이 비가시적인 생물의식도 에너지이므로 가시적인 물질과 함께 자연을 구성하는 것이다. 따라서 물질의 가시성만을 느끼는 것은 부족한 우리 의식이, 우선 표층적 에너지라도 느끼기 위해 감각 방법(오감 등)을 겨우 발달시킨 것일 뿐이다. 아마 인류가 그쪽으로 더욱 진화하면 비가시적인 에너지까지도 조금씩 감각할 수 있을 것이다.

여하튼 현재의 과학은 우주에너지의 1%도 파악하지 못하고 있다고 한다. 더군다나 암흑물질이나 암흑에너지뿐만 아니라, 입자의 직진성과 파동성이 혼재하는 원인과 '심적에너지' 등에는 거의 접근하지 못하고 있다. 그러므로 과학은 과학을 하는 자기의식도 잘 알지 못하는 시작에 불과하며, 항상 최상의 설명을 위해 열려 있어야만 하는 것이다.

---

19) 원자로 이루어진 '보통물질'을 말한다.
20) 현재 양성자를 이루는 최소 입자.

그런 관계로 자연선택설은 《종의 기원》 이후 지금까지 과학적으로 차츰 증명되기보다는, 오히려 그것과 배치되는 현상이 여러 분야에서 속출되어 왔다. 그런데도 다윈주의자들은 자신들의 이념과 가설들을 꿰맞추기 위해, 인문학까지 넘나들며 무리하게 인류의 도덕과 문화까지 흔들어 왔다. 즉 다윈주의자들은 자연선택설의 오류를 방어하기 위해 미숙하고 단편적인 부속가설과 수사修辭로 땜질을 해 온 것이다. 그 과정에서 인류의 도덕과 문화의 정체성까지도 건드리지 않을 수 없었다.

그런데 사실 자연선택설을 옹호하기 위한 그러한 부속가설들은, 그것을 제시한 자들도 그것이 자연선택에 진정 도움이 되는지, 결과적으로 오히려 피해를 주는지 혼동하고 있다. 왜냐하면 자연선택설과 마찬가지로 그 부속가설들도 애초에 모두 잘못된 방향으로 치닫기는 마찬가지이기 때문이다.

그리하여 애초에 연역과 추상의 정확도가 떨어질수록, 주요가설에 이어 부속가설들도 더욱 난삽하고 이해하기 어렵게 되기 마련이다. 즉 에드워드 윌슨도 말했듯이 이해하기 어려운 이론들은 대부분 잘못된 이론들이기 때문이다. 따라서 자연선택설은 주요모순主要矛盾[21])에다 '부차모순'副次矛盾[22])들이 확대되어 있다. 나아가 다윈주의자들의 새로운 부속가설 간에도 '상호모순'相互矛盾[23])을 일으키고 있다. 그리하여 본문에서 그러한 모순들이 오히려 자연선택설에 피해를 주고 있다는 사실들이 밝혀질 것이다.

---

21) 주요가설 내의 모순.
22) 주요가설과 부속가설 간의 모순.
23) 부속가설 상호 간의 모순.

비판의 정당성

그러므로 본문에서 비판하는 주 대상은 다윈주의 진화론이다. 즉 다원주의에서 말하는 자연선택설과 그에 따른 부속가설들은, 그 증거와 논리가 온당치 않을 뿐만 아니라 모순으로 가득 찬 것이다. 왜냐하면 변이나 진화는 물질의 우연한 결과가 아니기 때문이다. 나아가 물질은 물질에 대한 적응을 전혀 모색할 수 없고, 필요도 없고 관심도 없다.

그러나 생물은 더욱 행복하기 위해 물질에 대한 대응을 모색하며, 그에 맞춰 '중간물질'을 비축하여 변이하도록 노력하는 것이다. 따라서 생물의 신기한 기관은 우연히 나타날 수 있는 것이 아니라, 그 생물의식이 창조적으로 기획하고 선택한 것이며, 생물의 줄기찬 노력으로 도달하게 되는 것이다.

그렇다면 과학자라기보다 인문학자인 필자가 다윈주의를 비판할 수 있는 정당성은 어디에 있을까? 만약 다윈주의자들이 자연과학인 생물학의 범위 내에서(뉴턴이나 아인슈타인처럼) 그 연구 성과나 가치를 다루었다면, 굳이 다윈주의의 내용을 깊이 따지지도 않았을 것이고 비판할 필요도 없을 것이다.

그러나 앞에서도 말했듯이 다윈주의자들은 자연과학을 벗어나 사회, 문화, 도덕, 심리 등 인류 전반에 걸친 문제를, 잘못된 증거와 편향된 사고로 다루고 있다는 것이다. 즉 자연선택설의 논리는 과학으로 포장되었지만, 대부분 오류로 가득 찬 찬 비과학적인 추상일 뿐이다.

그런 관계로 자연선택은 점점 그 지위를 잃어 가고 있다 할 것이다. 왜냐하면 앞에서도 말했듯이 시간이 갈수록 자연선택과는 상반된 증거들이 속속 밝혀지고 있기 때문이다. 고생물학뿐만 아니라 미시과학, 즉 분자생물학, 유전학, 생화학 등에서 지금까지 밝혀지지 않았던 새로운 사실들이 밝혀지고 있다. 나아가 해를 거듭할수록 자연선택으로는 설명하기 어려운 여러 생물적, 사회적, 심리적 현상들이 속출하여 다원주의의 모순이 급증하고 있다.

따라서 만약 다윈이 《종의 기원》을 과학서로서 온전히 자리매김하려 했다면, 진화의 현상과 증거를 설명하더라도 자연선택설은 오히려 유보 혹은 '판단중지'判斷中止[24] 하는 것이 좋았을 것이다.

결국 본 서에서 다원주의를 비판하는 주된 이유는 다원주의자들이 생물의식이나 정신의 존재를 계속 부정하고 폄훼하여, 인류의 도덕과 문화를 오도誤導하기 때문이다. 그리하여 그 오류를 지적할 수밖에 없는 것이다. 즉 진화는 과학적 사실로 인정되지만, 진화의 동력은 물질이 아니라 생물의식뿐임을 밝혀 나가고자 하는 것이다.

물질의식과 생물의식

한편 인간을 비롯한 모든 존재의 목적은 행복이다. 그리하여 생물변이와 진화의 원동력도 바로 행복이다. 이처럼 과학자들이 과학을 하는 이유도 행복하기 위해서이다. 다른 이유가 없다. 그런데 행복은 지성과 이성의 산물이 아니다. 행복은 감성과 심리의 산물이다. 그리고 지성과 이성은 행복감성을 위한 보조역할을 하는 것이다. 따라서 과학자들이 아무리 지성으로 물질을 환원還元[25]해도 그곳엔 행복감성이 보일 리 없

---

24) 어떤 현상이 실재라는 독단적 태도를 유보하는 후설의 현상학적 용어.
25) 어떤 사태의 원인을 찾기 위해 거꾸로 추적해 보는 것. 특히 자연과학에서 원인과 결과를 찾기 위해, 어떤 물질을 거꾸로 분해해 보는 것.

을 것이다. 그러므로 자연선택설에서 이러한 '행복의식'까지 고려되지 않는 한 무리한 비약이 계속될 것이다.

그리고 다윈은 사육(飼育)의 품질개량에 착안하여, 무기자연도 생물변이를 일으킬 수 있으리라고 생각할 수 있었다. 그러나 그 품질개량을 도모(기획과 노력)하는 것이 우리 의식이므로, 왜 생물의식에 의해 변이가 일어날 수 있다는 생각은 하지 못했을까 하는 아쉬움이 있다. 즉 최소한 자연선택과 동등하게라도 '생물의식의 선택'을 고려해야 하는 것이었다. 이처럼 생물의식의 힘을 고려하지 않는 다윈주의는 의식이 부족한 것이다.

그러므로 신비적인 상상에 따른 창조론뿐만 아니라, 다윈주의로도 진화를 객관적이고도 합리적으로 설명할 수 없다. 그렇다면 무엇으로 설명할 수 있을까? 그것은 앞에서부터 거론한 생물의식뿐이다. 즉 생물의 의식은 신(神)과도 다를 뿐만 아니라, 물질과도 엄연히 다르다. 나아가 생물의식은 기존 물질을 활용하려는 고유한 자연이다. 따라서 신뿐만 아니라 사변적인 자연선택보다도, 우리에게 그 실행력이 체득되는 생물의식이 더 자연적이고 실증적인 것이다.

그리하여 본문 제6장에서는 생물의식의 근원에 관한 이해의 폭을 넓히기 위해, 필자의 우주존재론인 《카나드》[26]를 조금 소개하게 될 것이다. 현대의 천문학과 물리학에서 우주는 에너지의 분포로 이루어져 있다고 한다. 즉 우주는 '빅뱅'Big Bang[27]이라는 한 점 에너지의 대폭발이고, 암흑에너지는 공간 자체의 에너지인 것이다. 따라서 우주에 에너지가

---

26) 출간 예정이다.
27) 최초 우주 탄생의 대폭발.

아닌 것은 아무것도 없다. 만약 신이나 정신이나 물질이나 어떤 존재든지 에너지가 아니면 아무것도 아닌 셈이다.

그러므로 공간은 에너지의 분포이고, 시간은 에너지의 변화를 말하여 시공은 항상 함께하는 것이다. 그리하여 아인슈타인1879~1955의 일반상대성이론에 따르면 중력은 시공이 휘는 것이다. 또한 '에너지 불멸의 법칙'에 따라 그러한 에너지는 처음부터 존재하며, 모양은 변화하더라도 항존하는 것이다.

그런데 에너지는 아무렇게나 무턱대고 존재하는 것이 아니다. 즉 에너지도 **'정보처리'**를 하고 있다는 것이다. 왜냐하면 에너지는 내재된 정보로 대상을 처리하고 있기 때문이다. 예를 들어 빛은 직진성과 파동성이라는 특정 정보가 있어, 매질에 따라 굴절·분산·반사·간섭·산란 등으로 정보처리가 알맞게 되어야만 하는 것이다. 또한 물은 0℃ 이하에서는 얼음으로, 100℃ 이상에서는 수증기로 정보처리를 하고 있다.

그런데 자기의 특정 정보를 가지고 대상의 특정 정보를 처리하는 것은 의식이다. 왜냐하면 정보란 의식을 말하며, 의식이 없이는 정보처리를 할 수 없기 때문이다. 즉 에너지는 그것을 운용하는 정보의식이 내재되어 있어야만 하는 것이다. 그리고 의식(정신)은 또한 에너지가 있어야 한다. 왜냐하면 의식은 전달되지 않으면 아무 소용이 없으므로, 의식 또한 '전달력'이라는 에너지가 있다는 것이다. 이에 그러한 정보처리가 가능한 근원적 에너지를 **'의식에너지'**conscious energy라고 한다.

그러므로 '물질에너지'[28]는 의식을 가지는 것이다. 즉 물질에너지에도 '정보처리' 하는 의식이 있는 것이다. 더불어 생물의식 또한 에너지를 가

---

28) 아인슈타인에 따르면 물질(질량)도 에너지로 환산된다. 즉 $E = mc^2$(에너지 = 질량 × 광속의 제곱). 특히 블랙홀 주변에서 에너지는 질량(물질)으로 변환된다고 한다.

져야만 하는 것이다. 왜냐하면 앞에서 말했듯이, 그 의식이 전달되지 않으면 아무 소용이 없기 때문이다.

그러므로 자연의 모든 사물은 의식과 에너지가 통합된 '의식에너지'의 모임이다. 그중에서 물질은 에너지가 주가 되는 **'물질의식에너지'**(물질의식)가 모여 항상성이 나타나게 된 것이고, 생명은 의식이 주가 되는 **'생명의식에너지'**(생명의식, 생물의식)가 모여 좀 더 자유로운 가치성이 나타나게 된 것이다.[29]

더군다나 본문에서 밝히겠지만, 생물의 기원과 진화는 생명의식이 물질을 활용하려는 가운데 나타나는 현상이다. 즉 필자의 연구에 따르면 생물의 탄생은 물질 주변에 분포하는 생명의식이 물질을 회유하여 생명을 약동시키는 것이다. 그리고 진화는 이러한 생물의식이 조금씩 더 확충되어 추가적인 **'물질회유'** 物質懷柔. material conciliation가 가능함에 따른 것이다. 이에 본문에서는 물질에 대한 생물의식의 활약인 '회유진화론'을 펼치고자 하는 것이다.

결국 **'진화란 생물의식에 관한 사태'**이며 생물의식에 관한 용어이다. 즉 물질은 진화하지 않는다. 수소 원자가 양성자와 전자를 확보하여 헬륨 원자로 되어도 우리는 그것을 진화라고 하지 않는다. 왜냐하면 그것은 물질의 적층일 뿐이기 때문이다. 또한 만약 생물의식을 제외하고 물질적 신체의 기능이나 크기를 진화라고 한다면, 인간이 다른 동물보다 진화되었다고 볼 수 없는 것이다. 왜냐하면 이빨이나 날개 등에서 인간은 사자나 독수리보다 열등하며, 몸집에서는 코끼리나 고래보다 왜소하기 때문이다.

---

29) 즉 플라톤의 이데아론에서 분리하는 형상과 질료는 사실상 분리될 수 없는 것이다. 나아가 지금까지의 존재론과 과학은 의식과 에너지를 통합하지 못했다.

나아가 더 진화하였다고 보는 고등동물도 계속 바이러스나 박테리아 같은 미생물로부터 공격받아 전전긍긍하고 있다. 따라서 진화라고 하는 것은 생물의식이 문제를 어떻게 포괄적으로 해결할 수 있는지에 따라 가늠할 수 있는 것이다.

카나드

주지하는 바와 같이 인류의 사상은 이성을 향한 믿음과 과학 정신으로 현재까지 왔다. 그리하여 제6장에서 소개하는 필자의 존재론인 《카나드》는 과학적인 귀납추론으로 형성된 순수존재론인 '자연의식론', 즉 모든 자연과 존재는 '의식에너지'라는 것을 설명하는 것이다. 나아가 물질과 생물의식은 동등하되 특색 있는 자연의 두 양태이며, 무엇이 우선하는 것이 아니라 그것들을 있는 그대로 보아야 한다는 것이다.

앞에서 말했듯이, 우주란 '의식에너지'들이 분포하고 변화하는 곳이다. 그런데 그러한 에너지는 주지하다시피 큰 에너지로 뭉칠 수도 있고, 작은 에너지로 흩어질 수도 있다. 그런데 큰 에너지나 작은 에너지나 모두 제 기능을 수행하고 있다는 것이다. 즉 세포나 원자는 그것들대로, 전자나 쿼크는 그것들대로 제 기능을 잘 수행하고 있다. 그런데 이것은 에너지가 단위적이라는 것을 의미한다.

그리하여 본문에서 그러한 최소한의 의식에너지의 단위를 '**의식단자**' 意識單子 혹은 '**카나드**' Conad = Conscious Monad라고 표현하고 있다. 물론 물질의식과 생물의식도 카나드의 모임이다. 즉 물질의식과 생물의식은 기본 카나드가 모여 특정 부분이 독특하고도 두드러지게 발현된 두 양태들이다.30) 그러므로 '카나드'는 물질의식과 생물의식을 통약할 수 있는 근원적인 단위로 설명이 가능한 것이다.

다만 본문은 생물의식의 고유성을 피력하는 장이므로, 물질의식과 분명히 구분하기 위해 생물의 의식을 생물의식이라고 할 것이다. 그리하여 여기에서 '의식'이라는 일반적 표현 또한 생물의식에 관한 것이다. 그리고 물질 혹은 무기자연이라는 표현도, 엄밀히는 원자 체계로 이루어진 '보통물질'을 말하는 것이다.

---

30) 암흑물질과 암흑에너지, 블랙홀과 화이트홀 등 여러 다른 양태가 있을 수 있다.

제1장
다윈주의 문제

플라나리아 - 최초의 뇌

원형적혈구와 겸상적혈구 - 돌연변이

케찰 수컷 - 성적이형

검치호(이빨) - 멸종

제1장 다원주의 문제

　진화론은 인류 정신사의 긴 여정 속에서 면면히 나타났다고 볼 수 있다. 고대 그리스의 자연철학에서도 진화론에 대한 사유가 나타났었다. 그 예로 밀레토스의 아낙시만드로스B.C. 610~B.C. 546는 물고기에서 인간이 진화되었다고 하였다. 그리고 인도에서 가장 오래된 물질주의로 보이는 것으로 아지타 케사캄발린Ajita Kesakambalin[31]과 그의 제자 하르바카스가 있다. 그들은 영혼이란 존재하지도 않을 뿐만 아니라, 세상은 지수화풍地水火風으로 돌고 도는 것뿐이라고 하여 전통적인 힌두교의 베다Veda[32]를 부정하였다.

　그 후 중세의 신학 및 신비주의를 벗어나기 위해, 16C경 데카르트의 합리주의, 지오다노 브루노와 스피노자의 범신론, 프랜시스 베이컨의 실증주의, 홉스와 로크 그리고 흄의 경험론 등으로 사물에 대한 객관적인 인식을 위한 노력이 점증된다. 나아가 18C경 볼테르와 루소 그리고 칸트 등 계몽주의 사상에 따른 근대적인 의식과, 갈릴레이와 뉴턴의 활발한 과학 정신의 앙양으로 근현대의 진화론을 위한 배경이 준비되었던 것이다.

---

31) B.C 6C 불타佛陀 이전의 인물로 불교에서 일컫는 육사외도 중 한 명.
32) 고대 인도의 종교 지식과 제신들에 대한 제례 규정을 담고 있는 문헌. 브라만교의 성전을 총칭하는 말로도 쓰인다.

1 진화론의 진행과 내용

나아가 근현대의 진화론은 점점 과학적 증거를 수집하면서, G. 뷔퐁[33], E. 다윈[34], G.B. 라마르크1744~1829 등에 와서 크게 발전하기 시작한다. 특히 라마르크는 최초로 진화론을 체계적인 이론으로 확립한 인물로 자리매김하기에 손색이 없다. 즉 그는 뷔퐁의 영향 아래 1809년 《동물 철학》에서 생물의 '용불용설'用不用說[35]에 이은 **획득형질의 유전**獲得形質遺傳[36] 등을 주장하였다.

그 뒤를 이어 영국의 경험론[37]의 전통과 T. 맬서스1766~1834의 《인구론》[38]에 영향을 받은 찰스 다윈Charles Robert Darwin. 1809~1882은 1859년 《종의 기원》에서 '자연선택'이 생물변이를 일으키는 주요 요인이라고 발표하여 진화론을 크게 증폭시킨다. 그리고 다시 H. 스펜서1820~1903의 '적자생존'適者生存을 받아들여 자신의 **'자연선택설'**自然選擇說. natural selection 을 보강한다.

그 후 그의 이론은 토마스 헉슬리1825~1895, 에른스트 헤켈1834~1919, 아우구스트 바이스만1834~1914 등 지지자들의 적극적인 도움을 받아, 여러

---

33) 1707~1788. 1804년 《박물지》.
34) 1731~1802. 찰스 다윈의 할아버지.
35) 의지와 노력에 따라 어떤 신체 부위를 자주 사용하면 그 부위가 발달한다는 것. 예: 기린의 긴 목이나 코끼리의 코.
36) 용불용에 따른 체세포의 변화가 유전됨. 즉 획득형질설.
37) 홉스, 로크, 버클리, 흄 등으로 이어지는 경험주의 철학.
38) 인구는 기하급수적으로 늘고 식량은 산술급수적으로 늘어, 그 차이로 인한 기아와 악덕으로 생존경쟁이 치열하여 파국을 맞을 수 있다는 것. 그러나 당시 세계인구가 8억 명에서 현재 70억 명이 되어도 그러한 현상이 나타나지 않았다. 그 이유는 맬더스가 인간의 기술개발(산업혁명, 비료개발 등)을 과소평가하고 악덕을 과대평가한 데 있다고들 한다.

운 도전을 넘기고 점점 주류진화론으로 자리매김한다. 현재에는 '진화심리학', '진화의학', '진화경제학' 등도 대두되어 진화 현상에 따른 관련 연구가 복합적으로 진행되고 있으며, 인문학에도 영향을 미쳐 '과정철학', '진화신학' 등도 나타나고 있다. 먼저 이 책의 진행을 돕기 위해 근현대 진화론의 주요 이론과 내용을 살펴보기로 하자.

자연선택설

'**자연선택설**'이란 다윈이 《종의 기원》, 《인간의 유래》 등에서 주창한 다윈주의, 즉 물질적 진화론의 핵심 이론이다. 즉 생물에게 나타나는 형태와 기능들은 오랜 세월 무기자연에 의해 선택되어 진화되었다는 것이다. 그런데 이 자연선택설은 사실 다윈보다 그 추종자들에 의해 더욱 교조적으로 발전되어 왔다. 즉 다윈은 '생물의 기원'이라든지 '성선택'에 대해서는 무리하게 독단적 자연선택을 적용하지 않고, 다른 동력의 여지를 남기며 적당히 넘어갔다.

그러나 다윈 이후의 다윈주의자들은 모든 생물학적인 현상들을 더욱 물질일원론인 자연선택으로만 설명하려 하고 있다. 즉 그들은 자연선택과 배치되는 여러 현상에 대하여, 적당한 부속이론의 개발을 통하여 자연선택설의 위치가 흔들리지 않도록 노력하고 있다. 우선 다윈의 주요 어록들을 살펴보아, 그의 진화론에 대한 기본적인 사상을 알아보자.

"(생존에) 유익한 개체적 차이와 변이는 보존되고 유해한 변이는 버려지는 것을 가리켜 나는 자연선택, 또는 **적자생존**이라고 부른

다.³⁹⁾"<#4>

"가축화된 생물 속은 생물 종과 같은 수단에 의해 만들어지지만 후자가 훨씬 더 느리게 진행된다는 이 부분이 나의 이론 가운데 가장 멋진 부분이다."<#5>

"내가 자연선택이론에 그러한 추가적인 이론들이 필요하다고 확신한다면 나는 내 이론을 휴지처럼 버릴 것이다. (중략) 만약 자연선택이론이 그 계통의 어느 한 단계에서라도 신비스러운 추가이론을 필요로 한다면, 나는 내 이론을 완전히 무시할 것이다."<#6>

"나는 자연선택이 변화의 가장 중요한 방법이기는 하지만 유일한 방법도 아니었다는 것도 확신하고 있다."<#7>

"다른 경쟁자들과 싸우고 그들을 몰아내기 위한 공격무기와 방어수단, 수컷의 용기와 호전성, 갖가지 장식들, 성악(聲樂)이나 기악(器樂) 장치들, 냄새를 발산하는 분비샘 등이 그렇게 해서 발달된 것이다. (중략) 이들 특징이 자연선택이 아닌 성선택의 결과라는 사실은 분명하다. (중략) 우리가 배우는 것은 전투나 구애 행동을 해서 다른 수컷을 정복시키고 그 때문에 많은 자손을 남김으로써 생긴 이득이, 그들이 생활조건에 좀 더 완전히 적응하여 얻는 이득보다 크다는 것이다. (중략) 또한 **성선택은 종의 보편적 복지를 추구하는 자연선택의 영향**을 크게 받을 것이다."<#8>

그리고 다윈 이후 진화론자들은 연구를 계속하는 가운데, 1893년 바이스만은 "체세포의 획득형질은 생식세포로 전이되지 않는다."라고 발

---

39) 굵은 글씨는 필자가 강조한 부분이다. 이하 동일.

표하게 된다. 즉 바이스만은 쥐의 꼬리를 자른 연구[40] 등을 통해, 진화는 체세포가 아닌 생식질에서만 진행된다고 하는 '생식질 연속설'[41]을 주장한 것이다. 그리하여 획득형질의 유전성이 점점 빛을 잃기 시작하여, 결국 그러한 라마르크의 진화론은 거의 부정된다.

신다윈주의와 진화종합설

그런데 1900년 H. 더프리스1848~1935, K. 코렌스, E. 체르마크에 의해 요한 멘델1822~1884의 유전학[42]의 중요성이 재발견되었다. 나아가 1901년 더프리스에 의한 '돌연변이'가 학계에 보고됨에 따라, 다시 진화론 전반에 대한 이론적 수정이 불가피해진다. 특히 더프리스는 돌연변이는 점진적인 자연선택의 메커니즘이 작동하지 않는 급진적 특수사항임을 강조했다. 이에 생식질 연속설에 이은 자연선택과 유전학을 연계할 필요에 따라 로널드 피셔1890~1962, 존 S. 홀데인1860~1936 등에 의해 **신다윈주의**'가 대두되었다.

그리고 1940년대에는 이러한 새로운 사실들이 점점 더 나타나면서, 여러 진화론자는 생물의 진화를 전반적으로 설명하기 위해 노력하게 된다. 그리하여 현장 자연주의자 T. 도브잔스키1900~1975, 동물학자 에른스트 마이어1904~2005, 화석학자 조지 심슨1878~1965, 식물유전학자 조지 스테빈스 Jr, 진화생물학자인 줄리언 헉슬리[43] 등의 주도하에 '집단유

---

40) 쥐의 꼬리를 21세대까지 잘라도 자손 쥐에게서 꼬리가 계속 나타났다.
41) 현대의 염색체와 유전자를 어렴풋이 추정한 생식질만이 수정을 통해 다음 세대로 이어진다는 것.
42) 1865년 《식물 잡종에 관한 실험》에 의함.
43) 토마스 헉슬리의 손자.

전학'集團遺傳學44)과 돌연변이를 포함하는 '**진화종합설**'進化綜合設에 뜻을 모으게 된다.

이러한 진화종합설의 요점은 적응과 성선택과 돌연변이는 자연선택의 한 방법으로 설명할 수 있다는 것이다. 즉 "진화란 무작위적인 돌연변이로 생겨난 작고 유전 가능한 변이들에 선택이 작용해서 일어난 것"<#9>이라고 정리하게 된다.

그 후 1960년대에는 조지 윌리암스1926~2010와 윌리엄 해밀턴1936~2000 등이 생물의 적응과 이타성에 대해, 1970년대에는 에드워드 윌슨(1929~2021. 개미 전문 생물학자)과 리처드 도킨스(1941~. 동물행동학자)가 생물의 사회성과 이기성으로 자연선택을 변호하려 하였다.

그러나 이러한 정리과정에서도 여러 모순이 여전히 해결되지 않는 것이었다. 만약 생식질 연속설에 따라 획득형질의 비유전이 옳다면, 외부 형질 및 기능의 발달에 따른 라마르크의 '획득형질설'45)과 더불어, 다윈의 '적응설'適應設46)도 모두 폐기되어야 하는 것이었다. 왜냐하면 기린의 목이나 코끼리 코의 적응도 획득형질을 의미하기 때문이다.

또한 자연선택의 점진성과 돌연변이의 돌변성은 물질일원론에서는 함께하기는 어려운 것이었다. 왜냐하면 머리글에서 말했듯이 그 둘은 거의 '반대 벡터'이기 때문이다. 그런데도 진화종합설은 무모하다시피 뭉뚱그려 돌연변이를 자연선택의 작용 내에 두려고만 하였던 것이다.

그리하여 다윈도 《종의 기원》에서 여러 차례 인정한 용불용의 효과

---

44) 생물집단의 유전을 확률로 계량화를 시도했다. 그리고 DNA 이중나선이 밝혀진 1953년 이후에는 미시적인 현대 유전학 혹은 분자유전학으로 발전했다.
45) '용불용설'에 이은 획득형질의 유전. 다윈도 《종의 기원》에서 용불용을 어느 정도 인정했다.
46) '적자생존설'과 비슷하다. 즉 환경에 가장 잘 적응한 종이 살아남는다는 것.

(예: 날지 못하는 먹통 오리)⁴⁷⁾를 무시하고, 이상하게도 라마르크만이 최대의 피해자가 되어 그의 획득형질설만이 폐기상태에 이르게 되었던 것이다. 반면 다윈의 적응설은 넓은 범위의 자연선택에 속한다는 편향된 주장에 따라 살아남게 되었다.

여하튼 이러한 오류에 대하여 본 서는 제3장에서 다윈주의의 흐름이 잘못되었음을 밝히고, 폐기상태에 있는 라마르크의 진화론(획득형질설)을 극적으로 회생시킬 것이다. 또한 이러한 모순이 나타나는 이유에 대해서도 명쾌하게 설명할 것이다.

의식도 물질의 산물

근현대 들어 T. 홉스1588~1679와 K. 마르크스1818~1883, I. 스탈린1879~1953 같은 유물론자들과 더불어, 대니얼 데닛1942~ 같은 물질주의 철학자들과 리처드 도킨스 등의 다윈주의자들은 생물의식과 정신은 뇌의 작용이거나 '뇌물질'에서 발달한 것일 뿐이라고 한다. 또한 도덕과 종교도 물질에서 나타난 동물의 사회적 본능本能⁴⁸⁾이 점차 고도에 이르러 형성된다고 한다.

한발 더 나아가 앞의 에드워드 윌슨 같은 다윈주의자들은 유전자DNA를 중심으로 하는 사회이론들을 제시하여, 생물의 신체는 유전자의 전달을 위한 '임시운반자' 또는 '생존기계'라고까지 하고 있다. 나아가 사랑, 봉사, 협력 등의 사회성은 진화된 유전자의 결과물이라고 주장하고 있다.

---

47) 그 외 굴속의 장님 쥐 투코투코tucu-tucu, 눈이 피부로 덮인 두더지 등.
48) 경험이 DNA에 새겨져(부호화) 자동화된 생물의 기능.

그에 따라 도킨스 또한 이타성은 '이기적 유전자'의 전략적 다른 모습일 뿐이라는 것이고, 나아가 문화나 종교는 가상의 문화유전자인 **'밈'**meme 을 매개로 전파될 수 있다고까지 주장한다. 이렇듯 다윈주의자들이 다소 무리해서라도 의지와 노력이라는 생물의식의 고유성을 계속 부정하는 이유는, 그러지 않을 때는 물질일원론인 자연선택의 동력이 떨어져 다른 동력을 인정할 수밖에 없게 되기 때문이다.

한편 예전에는 뇌의 송과선松果腺[49]에서 동물의 정기나 인간의 의식이 발생한다고도 했었다.[50] 그러나 현대의학에 따르면 동물의 송과선에서는 멜라토닌 호르몬(수면조절 호르몬)이 생산될 뿐이라고 한다. 이처럼 다윈주의자들은 어떤 뇌물질에서 어떻게 생물의식이 발생하는지, 그에 대한 증거를 전혀 가지고 있지 않다. 즉 뇌과학자들이 10의 14승개로 추산되는 대뇌피질 신경망 대부분을 분해하고 환원해 원자에까지 이르러도, 그 어디에서도 생물의식이 생성된다고 여겨지는 곳은 없었다.

나아가 사회적 본능이 어떤 물질 경로로 나타나는지, 또한 문화는 어떤 물질에 의해 전파되는지, 밈은 어떤 물질인지 밝히지 못하고 있다. 그리하여 조지 월드[51] 같은 이는 '개구리도 인간처럼 지각하며 인식하는지?'에 관해 묻고는, 그 답을 위해 과학자들이 할 수 있는 일은 아무것도 없음을 깨달았다고 한다. 그리하여 그는 "정신이 진화 과정에서 생긴 것이 아니라 처음부터 그곳에 있었다."<#10>라고 강조하였다.

따라서 결론적으로 이 모든 불합리는 다윈주의자들과 물질주의자들이 **생물의식의 '고유성'**과 '자율성'과 '독립성'을 부정하는 데 기인한다.

---

49) 척추동물 뇌 내에 존재하는 작은 내분비 기관으로, 세로토닌(serotonin) 중의 멜라토닌이라는 호르몬을 분비하여 수면을 조절한다.
50) 데카르트는 송과선에서 동물의 정기가, 다윈은 의식이 발생할 것이라고 추측했다.
51) 1906~1997. 1967년 시각 메커니즘으로 노벨 의학상을 수상했다.

만약 진화론이 생물의식의 고유성을 포용하는 순간, 진화와 생물의식의 정합성에 대해 놀라게 될 것이며 모든 문제와 의문은 해결될 것이다.

여하튼 도덕이 어디서 연유하는지에 대한 다윈의 미숙한 견해를 듣고 다음으로 넘어가자. 그리고 제4장에서 사회성의 기초인 양심과 도덕과 정의의 기원에 대하여 설명이 있을 것이다.

"사회적 본능을 부여받은 동물은 집단 속에서 여러 가지 방법으로 즐거움을 찾고 위험을 알려주며 서로를 방어하고 서로에게 도움을 준다. 사회적 본능은 종의 모든 개체로 확장되지 않으며 다만 함께 모여 사는 동일 집단 내의 구성원을 향해서만 적용된다. **사회적 본능**은 종에게 커다란 이익이 되므로 자연선택으로 획득되었을 가능성이 매우 높다."<#11>

진화의 증거

진화론자들은 진화의 증거로 다양하고도 구체적인 사례를 제시하고 있다. 특히 찰스 다윈은 《종의 기원》 등에서 갈라파고스 제도의 바다이구아나, 육지이구아나, 코끼리거북, 갈라파고스펭귄, 다윈핀치새(되새류), 스칼레시아류의 식물 등을 제시한다. 즉 본토와 격리된 동식물이 본토와는 다르게 변화된 모습을 진화론의 증거로 설명하고 있다.

그 후 많은 진화론자가 화석 등에서 그 증거를 제시한다. '베이피아오사우루스'라는 공룡은 원시적인 깃털로 덮여 있어, 이 원시 깃털이 조류의 깃털로 진화하였다고 보고 있다. 또한 1억 5천만 년 전의 것으로 추정되는 '시조새' 화석이 파충류와 조류의 특징을 동시에 가지고 있어 파충류에서 조류로 진화한 증거라고 설명한다. 그리고 '실러캔스'라는 어류는 뒷다리 뼈가 있는 것으로 보아 육상종의 전 단계였다고 생각하고, 최초의 육상동물로는 '틱타알릭'Tiktaalik을 꼽는다. 그리고 단공목의 '가시두더지'와 '오리너구리'는 알을 낳아 포유哺乳하는 것으로 미루어 파충류에서 포유류로 진화한 증거로 보고 있다.

그리고 인간의 경우 남아프리카에서 발견된 원인猿人 '오스트랄로피테쿠스'의 유골에서 직립보행 등의 흔적을 찾아, 인간이 원숭이 같은 영장목에게서 진화된 것이라고 생각하고 있다. 더불어 현생종에서 독특하고 신비로운 다양한 생물들의 생태를 진화의 증거로 제시하기도 한다.

그리고 유전학적으로도 모든 생물은 DNA의 '동일 구조'[52]를 가지고 있으며, DNA의 '호환성'[53]과 멘델 유전법칙의 동일성도 나타난다. 나아가 목, 과보다는 속, 종 내에서 **'DNA 동일률'**[54]이 높게 나타나고, 하등동물에서 고등동물이 될수록 인간과의 DNA 동일률이 높게 나타난다. 또한 모든 생물 단백질의 근본적인 구성과 펩티드결합도 동일하다. 그리하여 진화론자들은 이러한 생물의 동일 구조를 가지고 진화의 증거로 설명하고 있다.

본 서는 이러한 증거들을 과학적으로 높이 평가하며 충분히 진화의 증거로 인정하고 있다. 그러나 머리글에서도 말했듯이, 다원주의의 문제는 진화의 동력에 있다. 즉 진화의 증거가 뚜렷하다고 해서, 그 동력이 물질뿐이라고 말하는 것은 추리의 오류이다. **물질은 진화의 재료**일 뿐이다.

---

52) 염기 A, T, G, C로 이루어진 뉴클레오티드의 이중나선.
53) HOX 유전자 등.
54) 생물 간에 유전자가 서로 비슷한 정도.

2 현대의 다양한 진화론

다윈 이후에도 연구가 계속 진행되는 가운데, 진화에 대한 새로운 사실과 현상들이 밝혀진다. 따라서 다양한 진화이론들이 나타나게 된다. 그리하여 많은 과학자는 생물계의 이러한 새로운 현상들이 자연선택설로는 온전히 설명하기 어렵다는 것을 주지하게 된다. 이제 본문의 서술 진행과 이해를 돕기 위해, 자연선택설과는 사뭇 다른 이러한 이론들도 연도에 따라 조금 알아보기로 하자.

성선택 이론

앞에서 보았듯이 다윈주의 자연선택은 적자생존을 의미한다. 즉 생물은 생존을 위한 적응에 최대한 집중한다는 것이 자연선택론인 것이다. 그런데 이상하게도 어떤 생물에게는 생존에 불리한 '성선택'性選擇이라는 형질이 뚜렷하게 발달하고 있다. 즉 공작과 극락조 등에서는 과도하게 크고 화려한 깃털이 나타나고, 천인조와 두루미 등에서는 과도한 높이뛰기, 일각고래와 코끼리 등에서는 과도한 엄니 등이 나타나고 있는 것이다. 그리하여 다윈주의 비판자들은 자연선택을 더욱 불신하게 되는 것이었다.

그런데 사실 자연선택을 주창할 때부터 찰스 다윈과 앨프리드 월리스1823~1913도 이러한 성선택으로 이미 고심하고 있었다. 특히 다윈은 《종의 기원》에서 '자웅선택'雌雄選擇이라 하여 자연선택과는 다른 메커니즘을 거론하였고, 나아가 《인간의 유래와 성선택》에서도 자연선택과는 모순되는 성선택을 스스로 밝혀, 자연선택을 미리 방어하려고 노력했던 것이다.

즉 앞 다윈의 어록(성선택을 위한 해명)에서 말한 '자손을 위한 적응의 양보'처럼, 적자생존을 희생하여 성선택으로 투자를 돌리는 이상한 현상이 나타나더라도, 그마저도 큰 틀에서는 자연선택의 범주 안에 있는 것이라고 얼버무리게 되는 것이다. 그러나 과도한 성선택으로 멸종에 이른 종들이 밝혀지면서, '자손을 위한 적응의 양보' 정도를 넘어 자손도 적응도 모두 실패할 수도 있게 된 것이다.

그리고 단성생물보다는 양성생물이, 암수한몸보다는 암수딴몸이 생존에 극히 불리하다. 왜냐하면 양성생물이나 암수딴몸은 번식을 위해 배우자를 찾는 노력이 꼭 필요하게 되고, 나아가 암수가 동일 시공에 노출됨에 따라 종의 위험이 배가되기 때문이다. 이것은 '자손을 위한 적응의 양보'라는 정도보다, 자연선택과 성선택의 모순이 더 근본적임을 말하는 것이다.

즉 애초에 단성생물 내에서 적자생존과 성선택이 동시에 진행되었으면, 훨씬 더 선택의 형성력에 합당하였을 것이다. 따라서 성선택을 포함하려는 자연선택론으로는 단성생물에서 양성생물로의 진화부터 설명이 안 되는 것이다. 그러므로 어느 때는 적자생존 하다 어느 때는 성선택 하는 자연선택은 일관성과 보편성 모두에 문제가 있는 것이다.

나아가 그러한 적응의 양보가 무기자연이 양보한 것이냐는 것이다. 왜냐하면 적자생존을 하던 무기자연이 되돌아서 성선택으로 양보한다는 것은 무기자연의 일관성과 배치되는 것이기 때문이다. 즉 동일한 무기자연의 형성력을 주장하는 다윈주의자들에게는 적자생존의 자연선택과 생존에 불리한 성선택은 더욱 불합치하는 것이다. 더 나아가 우연을 제거하기 위해 자연선택의 형성력을 강화하면 할수록, 그와는 다른 반대 벡터인 성선택은 자연선택의 범주를 더욱 벗어나게도 된다.

그러므로 성선택에 대한 해명은 자연선택설과 버무려 설명할 수 없고, 독립적인 '성선택'의 설명만이 있어야 가능하다는 것이다. 그렇다면 자연선택과는 독립적인 성선택에는 무엇이 있을까? 자연에는 무기자연 외에 독립적인 것은 생물의식이 있을 것이다. 따라서 본문에서 차츰 밝히겠지만 성선택은 자연선택으로는 설명할 수 없는 생물의식의 행복을 위한 '가치선택'이었던 것이다.

종의 합성 이론

'종의 합성 이론'이란 실제 실험 결과를 기초로 한 우장춘1898~1959 박사의 1936년 박사학위 논문에 나오는 이론을 말한다. 그는 이 논문에서 유채(염색체 38개)가 배추(염색체 20개)와 양배추(염색체 18개)의 교잡종이라는 사실을 밝혔다. 즉 인위적인 것이 아니라 자연 상태에서 교잡되어 탄생한 종(유채)을 발견한 것이다. 그리고 갓은 배추와 흑겨자가 교잡한 결과인 것도 밝혀냈다.

그런데 다윈주의 자연선택(적자생존)은 자연에 가장 잘 적응한 종들이 살아남고, 우연한 돌연변이에 의해 새로운 종들이 탄생한다는 것이다. 그러나 우장춘 박사가 실험한 결과는 적자생존과는 어울리지 않는 것이었다. 즉 앞의 식물들이 **자연선택**과 돌연변이를 기다리지 않고 스스로들을 교잡해 유채와 갓이라는 새로운 종을 탄생시킨 것이었다. 그러므로 이것은 자연선택의 오류가 생각보다 크다는 것을 의미하는 것이다. 그러나 다윈주의자들은 무관심과 이런저런 둘러대기와 예외 취급을 하며 넘어간다.

물론 대부분 종은 잘 교잡되지 않는다. 즉 대부분 종은 '종간불임'種間不任이 나타나는 것이다. 즉 침팬지와 오랑우탄의 교잡에서는 후손이 태어나기 어려운 것이다. 그러나 일부에서는 '종간교잡'種間交雜이 이루어지기도 한다. 즉 말과 당나귀 사이에서는 노새가 태어나고, 호랑이와 사자 사이에서는 라이거가 태어나는 것이다. 그런데 같은 종간교잡이라고 해도 노새와 라이거는 생식능력이 거의 없으나, 유채와 갓은 생식능력까지 있어 후손이 계속될 수 있다.

그렇다면 무슨 이유로 이러한 교잡과 생식 여부의 차이가 발생하는 것일까? 이에 대해서 다윈주의로서는 도무지 설명하기 어렵다. 그것은 뒤 '4 적응은 가치선택'에서부터 설명하는 생물의식의 '**고착도**'固着度[55]와 관련이 있다. 뒤 제5장 '3 생명의 약동'에서 자세히 설명하겠지만, 고착도란 어떤 기관의 기능이나 형태의 변경이 어려운 정도를 말한다. 즉 고등동물일수록 신체 기관의 기능이나 형태가 고정되어 변하기 어려운 것이다. 따라서 하등생물인 유채나 갓은 고착도가 약해 그 유연성으로 교잡 후 생식까지 가능하지만, 그에 비해 고등동물인 노새와 라이거는 고착도가 강해 생식불능이 나타나는 것이다. 나아가 침팬지와 오랑우탄은 교잡조차 되지 않는 것이다.

여하튼 이 '종의 합성'은 바로 뒤의 공진화 이론과 더불어 학문적인 것

---

55) 어떤 기관이 다른 기능이나 형태로의 변경이 어려운 정도. 본문 '제5장'에서 다시 설명하겠다.

2 현대의 다양한 진화론 43

이상의 것이었다. 즉 그동안 제국주의 국가들이 다원주의의 적자생존을 악용해 식민 지배를 정당화하고 있었다. 즉 적자생존이란 강한 자만이 살아남을 수밖에 없다는 것이다. 그러나 다른 종들이 서로 만나 새로운 종이 탄생한다는 종의 합성 이론은, 모든 생명 하나하나가 모두 독특하고 가치 있다는 걸 의미하는 것이다.<#12>

공진화 이론

앞에서도 말했듯이 자연선택설의 근간은 이기적인 적자생존이다. 따라서 자연선택을 적자생존과 동의어로 보기도 하는 것이다. 그리하여 자연선택은 기본적으로 이타성을 인정하지 않는다. 왜냐하면 만약 자연선택이 이기성과 이타성을 모두 인정하게 되면, 무기자연의 일관된 성질을 만족할 수 없기 때문이다. 그러나 현실에서는 무턱대고 '적자'適者[56]를 위한 생존 투쟁이 일어나지 않는다. 오히려 공생과 협력이 너무나 많이 나타나는 것이었다. 즉 쉽게 말해 해삼과 숨이고기, 대합과 대합속살이게 같은 '편리공생'片利共生[57]에서부터, 말미잘과 흰동가리[58], 집단베짜기새와 꼬마송골매[59], 아카시아와 개미[60], 지의류地衣類[61] 같은 '상리공생'相利共生[62]이 무척 다양하게 나타나고 있다.

---

56) 환경에 완전히 적응한 생물.
57) 한쪽만 이익을 보는 공생.
58) 말미잘은 흰동가리가 떨어뜨린 먹이를 먹으며, 흰동가리는 촉수를 가진 말미잘의 보호를 받는다.
59) 베짜기새는 송골매에게 집을 내어주고 뱀 같은 천적으로부터 보호를 받는다.
60) 아카시아는 개미에게 꿀물을 내어주고, 개미는 아카시아를 위해 다른 벌레를 퇴치한다.
61) 조류와 균류의 공생체.
62) 서로의 이익을 위해 함께 살아가는 것.

이에 19C 말부터 '공생설'共生設이 꾸준히 제기되었고, 20C 초 C. 메레츠코프스키는 '공생기원설'[63]까지 주장했다. 그러나 주류에서 밀려나 있었다. 그 후 1970년대 린 마굴리스1938~2011는 먹이가 부족할 때 '이종 박테리아' 개체들 사이에서 한 개체가 다른 개체에 의도적으로 먹힘으로써, 다른 개체 내로 들어가 함께 생존하는 실험에 성공했다. 이 실험에 따라 마굴리스는 '진핵세포는 원핵세포의 공생'에 의한 진화의 결과라고 주장한다.

또한 같은 세포 내의 핵과 미토콘드리아에서 단백질 정보를 전사轉寫[64]하는 경우, 서로 다른 DNA 지침을 사용한다는 사실이 밝혀졌다. 나아가 진핵세포 내의 미토콘드리아 DNA는 세균(원핵세포)의 DNA와 더 유사하며 자신만의 번식 시간표도 가지고 있음이 밝혀져, 이 이론에 점점 무게를 더하여 주었다. 그리하여 생물 사이에는 경쟁만이 벌어지는 것이 아니라, 상호협력이 존재하는 공생 현상들로 인해 '공진화 이론'은 시간이 갈수록 빛을 발하고 있다.

그런데 '**공진화**'共進化 현상은 다원주의로는 설명할 수 없다. 그리하여 70년 전 바이스만은 '자연의 경제성'으로 볼 때, 유전정보를 핵과 미토콘드리아 두 곳에서 저장하는 방향으로는 진화하기 어렵다고 했다. 따라서 공진화와 공생은 생물의식의 이성을 제외하고는 거의 설명되지 않는다. 즉 무기자연은 생물과 같은 효율과 합리성의 개념이 없으며 항상성의 규칙대로 나타날 뿐이다.

---

63) 둘 이상의 생물체들의 조합과 통합으로 새 생물체가 기원.
64) transcription. 그대로 전달.

단속평형설

'단속평형설'斷續平衡說[65]은 1960년대에 고생물학자와 진화생물학자인 닐스 엘드리지1943~와 스티븐 J. 굴드1941~2002에 의해 주창된 이론이다. 이 이론은 점진적인 다윈주의와 다르게 화석기록으로 볼 때, 진화가 폭발적으로 진행될 수 있다는 사실에서 기인한다. 그리하여 생물의 진화는 오랜 기간 진화가 거의 없는 '평형상태'를 유지하다 비교적 짧은 '단속기간'에 획기적으로 나타난다는 것이다. 그리하여 종의 분화는 종의 오랜 안정기 뒤에 가끔 있는 드문 사건이라는 것이다.

대표적 예로 캐나다 버제스 혈암Burgess Shale의 화석분류에서, 진화가 거의 없었던 선캄브리아기의 평형상태와, 50문 이상 되는 많은 생물종들이 갑작스레 나타나 대폭발을 일으키는 캄브리아기[66]의 단속기의 관계를 들 수 있다. 물론 그 이후의 생물종들은 모두 그 당시 폭발한 생물종들의 후예들이다.

그리하여 엘드리지는 이렇게 말한다. "우리 고생물학자는 실제로는 그렇지 않은 줄 알면서도 생물의 역사가(점진적인 적응변화를) 입증해 준다고 말해 왔다."<#13> 그러나 도킨스는 《확장된 표현형》에서 단속평형설이 자연선택의 허위성을 입증하는 것은 아니라고 변호한다. 즉 환경의 차이에 의해 진화의 시차時差가 발생할 수도 있다는 것이다. 따라서 단속평형설은 점진론에 대한 도전이 아니라, 항속성에 대한 도전이라는 것이다. 즉 단속기간도 몇만 년은 될 수 있으므로, 그 속에서도 점진성이 가능하다는 것이다.

---

65) punctuated equilibrium theory.
66) 5억 4천만 년 전부터 4억 9천만 년 전 사이 기간.

그런데 도킨스는 과학자로서 그에 상응하는 증거를 제출한 것이 아니라, 말로만 이러저러하다는 것뿐이다. 이에 대해서는 뒤 6의 '단속평형설 재고'에서 다시 거론될 것이다.

여하튼 화석이 나타내듯이 평형에 비해 뚜렷한 단속과 현생종들의 균열을 고려할 때, 단속평형설을 환경 차이로만 보기에는 무리가 있어 어느 정도 인정될 수밖에 없는 이론이다. 즉 캄브리아기 전후에서의 환경은 평형을 나타내어야만 하고, 캄브리아기에서만이 뚜렷한 단속이 되어야 하는 이유가 크게 없는 것이다. 그리하여 다원주의에서 큰 예외가 나타나는 사례로 볼 수 있는 것이다.

그리고 비슷한 이론으로 '도약진화'와 '도약이론'이 있다. 도약진화는 주로 창조론자들[67] 혹은 설계론자들[68]의 주장으로, 진화는 점진적이 아니라 어떤 기획으로 인해 단계를 뛰어넘는 진화가 이루어질 수 있다고 보는 것이다. 그리고 도약이론은 리처드 골드슈미트에 의해 주창된 것으로, 점진적인 진화보다도 거대돌연변이에 의해 갑작스럽게 새로운 종[69]이 출현함을 말한다. 여하튼 이러한 단속과 평형의 현상에 대해 본문 '6 진화의 균열'에서, 그 출현의 이유를 명확하게 정리할 것이다.

자연표류설

그리고 자연선택이라는 강한 선택개념을 완화하여, 다소 부드러운

---

67) 세상이 신에 의해 창조되었다는 사람들.
68) 세상이 누군가에 의해 설계되었다는 사람들.
69) '운 좋은 괴물'이라 불린다.

'**자연표류**'自然漂流, natural drift라는 개념을 제시하는 사람들도 있다. 즉 1960~70년대 신경생물학자들인 움베르또 마뚜라나1928~2021와 프란시스코 바렐라 등이 그들이다. 그들은 《앎의 나무》 등에서 생물의 탄생과 진화는 자연선택설에서 말하듯 무기자연의 선택에 따라 형성된다기보다, 산 정상에서 흘러내리는 물방울같이 자연스레 표류하는 가운데 나타난다는 것이다. 즉 그들은 우연도 아니고 강한 선택압도 아닌, 중력 같은 자연스러운 법칙에 따라 진화가 이루어진다는 것이다.

따라서 원시지구의 바다 안에서 자연발생 한 유기 분자들이 '분자 반응들의 그물체'를 이루고, 그 그물체에 의해 생물이 발생한다고 한다. 그리고 진화는 생물이 자체의 생성과 적응력(그물체 같은)을 보존하는 가운데, 기존의 구조적인 환경과의 조우에 따른 표류에 의해 나타난다는 것이다. 따라서 생물의 탄생은 우연한 자연발생에 의한 것이며, 생물의 진화에 있어서는 생물의 적응력과 자연의 틀 모두를 인정하는 셈이다.

"진화란 자기생성과 적응이 보존되는 가운데 일어나는 **자연표류다**. 물방울의 예처럼 환경과의 사이에서 발견되는 다양성과 상보성이 산출되는 데에는 그것을 조종하는 어떤 외부의 힘도 필요하지 않다. (중략)
진화란 오히려 **방랑하는 예술가**와 비슷하다. 그는 세상을 떠돌아다니며 여기저기에서 실 한 가닥, 깡통 한 개, 나무 한 토막을 주워 그것들의 구조와 주위 사정이 허락하는 대로 그것들을 합친다. (중략) 여기에는 어떤 계획도 없으며 그저 자연스럽게 표류하는 가운데 생겨났을 뿐이다. 우리 모두도 이렇게 생겨났다." <#14>

그러나 '자연표류'도 근본적으로 우연성을 극복하지 못한 것이다. 왜냐하면 무기물이 아무리 분자 그물체를 이룬다고 해도, 마냥 자연표류만 해서는 유기체가 될 수 없다. 왜냐하면 무기물이 유기체가 되기 위해서는 어느 시점에서는 자연표류를 멈추고 시스템화되어야 하기 때문이다. 그리하여 그들 또한 생물의 기원에 대해 '자연발생'이라는 우연 외에는 제시하지 못하고 있는 셈이다.

따라서 최초 유기물의 우연한 자연발생에 이어, 또한 그러한 우연성의 연장선에 있는 생물의 적응이 주변 환경을 아무리 표류하더라도, 진화가 우연으로 이어질 수밖에 없는 것이다. 왜냐하면 결국 적응을 지속하는 주체가 없는 것은 마찬가지이기 때문이다.

그러므로 무기물 속에서 유기체의 지속적인 유지는 어떤 분명한 목적을 가진 주체만이 가능하다. 즉 본문 '제3장 생명(생물)의 기원'에서 설명하듯이, 단백질 형성을 위한 펩티드결합에서, 지속적으로 D형 아미노산을 배제하고 L형 아미노산만을 사용하는 주체가 있어야 할 것이다. 그렇지 못할 때는 자연표류는 무기화(풍화)를 벗어날 수 없는 것이다.

물론 그들이 다윈주의의 자연선택이나 유전자결정론의 불합리를 지적하는 대목은 찬동할 만하다. 또한 그들은 자연표류의 우연성을 극복하기 위해 이런저런 설명으로 노력한다. 즉 그들은 진화는 유기체의 응집된 전체가 구조변화를 겪는 것으로 이해시키고자 한다.

그러나 그들도 자연선택과 마찬가지로 우연성의 대안을 효과적으로 설명하지 못한다. 즉 만약 우연이 아니면 어떤 신비한 필연에 의해 구조변화를 겪는 것일까? 또한 우연도 아니고 필연도 아니라면 어떤 힘이 작용하는 것일까? 따라서 여전히 생물의 탄생과 그 진화에 대한 문제가 해결되지 않는 것이다.

중립진화론

1968년 모토 기무라는 분자 수준에서 진화를 연구한 결과, 대부분의 돌연변이는 중립적[70]이며, 이 중립돌연변이의 '유전자부동'遺傳子浮動[71]이 진화의 주된 원인이라고 발표한다. 즉 '중립진화론'中立進化論은 분자 수준에서 볼 때 대부분의 변이는, 자연선택과 관계없이, 대립유전자의 무작위적 변이를 통해 축적되는 '중립적 돌연변이'에 의해 발생한다는 것이다. 그리고 이 중립돌연변이도 다시 유전자부동이라는 무작위적 현상을 통해 자식 세대로 전달되어 고착되고, 이러한 과정의 누적이 결국 임의의 진화로 이어진다는 것이다.

이는 진화의 주원인이 '유전자부동'이라는 임의적인 진화임을 말하는 것이므로, 사실상 적응성 진화를 무너뜨리는 것이다. 이것은 일부 다윈주의자들에 의해 **선택 없는 진화**로 인정되기도 한다. 따라서 자연선택에 의해 우성유전자는 선택되고 열성유전자는 제거된다는 전통적 다윈주의와는 상당히 상충된다. 이에 일부 분자생물학자들은 중립진화론이 진화의 대전환이라 여겨, 1969년에 '비다윈 진화이론'을 발표하기도 한다.

여하튼 중립진화론은 상당한 진실을 담고 있다. 다만 몇 가지 문제점이 있다. 첫째, 유전자부동을 무작위적이거나 우연으로 보는 것은 과학적이지 못하다. 그 중립과 부동浮動의 이유를 아직 알 수 없다고 말하는 것이 정확할 것이다. 왜냐하면 부동에도 우리가 미처 알지 못하는 어떤 요인과 비가시적인 에너지가 작용할 수 있기 때문이다.

---

70) 일방적인 우성 혹은 열성의 누적과는 관계없다는 것.
71) 유전자의 기회적 변동에 의한 무작위적인 표집.

둘째, 앞의 단속평형설을 어느 정도 인정할 경우, 그 중립돌연변이의 시료 추출 시점이 현재 생물변이의 단속기간에서인지, 평형기간에서인지 확인하기가 사실상 어렵다는 것이다. 왜냐하면 아무리 짧은 단속기간이라 하더라도 추출 시점이 수십만 년 가운데가 될 수 있기 때문이다. 즉 아무래도 평형 시보다 단속 시에 우성돌연변이가 더욱 추출될 수 있다는 것이다.

셋째, 중립돌연변이에 이은 유전자부동이 실제의 진화 현상을 어떻게 설명할 수 있느냐이다. 즉 중립진화론은 진화의 추동력이 거의 없는 것이나 마찬가지다. 왜냐하면 유전자부동은 평균을 향하기 때문이다. 그러므로 어떤 생물의 진화가 미진할 때는 돌연변이가 거의 부동하므로, 기무라와 같은 실험으로는 진화의 원인을 파악하기 어려울 것이다.

그런데 급진적인 진화에서는 돌연변이의 부동이 아니라 반드시 편향된 축적이 나타나야 하므로, 그 편향성은 어떤 의도적인 축적이어야만 하는 것이다. 그렇다면 그 의도는 어디서 나오는 것일까? 여하튼 그 후 진화에 대한 중립론자들의 이론이 더 진척되지 않고, 명확하게 자연선택을 비판하지 못함에 따라, 다윈주의와 중립론 양측은 휴전상태에 있다고 볼 것이다.

가이아 이론

가이아Gaia 이론은 1970년대 영국의 대기화학자 제임스 러브록 1919~2022이 주창한 이론이다. 즉 러브록은 이 지구도 하나의 살아 있는 거대한 유기체 같은 것이라고 주장한다. 그리하여 지구의 생물들은 환경에 적응하는 소극적인 삶을 사는 것이 아니라, 오히려 지구의 제반 물리화학적인 환경을 활발하게 변화시키는 능동적인 삶을 산다는 것이다.

이처럼 지난 수십억 년 동안 해수 중의 영양염류 농도가 거의 일정하다는 과학자들의 연구 결과를 확인하고, 러브록은 그 이유가 무엇일까를 연구했다. 즉 해수 중 영양염류의 일정함은, 육지에서 비와 바람으로 인해 바다로 쓸려 간 영양염류가 다시 육지로 환원됨을 의미하며, 그 환원은 육상식물들을 위한 생존의 바탕이 되기 때문이다. 그리하여 러브록은 해양 해초류들이 영양염류를 흡수했다가 그것을 황화디메틸이나 요오드화메틸 등의 화학물질로 다시 공기 중으로 방출해 육지로 환원시킨다고 주장한 것이다.

이 이론에 찬동하는 과학자가 점점 많아진다. 현재 어떤 연구에 따르면 식물플랑크톤이 지구 산소의 약 50%를 생성하고 있다고도 한다. 따라서 본 서도 생물이 환경에 적응하면서도, 어느 정도는 생물에게 차츰 유리한 환경이 조성되도록 물질을 지속적으로 회유하고 있다고 설명한다. 왜냐하면 최소한 식물은 탄소동화작용으로, 동물에게 필요한 산소를 공급하기 때문이다. '가이아'란 그리스 신화에 나오는 대지의 여신을 말한다.

유도진화

'유도진화'誘導進化. Directed evolution란 자연적인 진화 과정을 모방하여 실험실 환경에서 인위적인 돌연변이를 일으키려는 방법이다. 이러한 기술개발에서 프랜시스 아널드[72]는 주도적이고도 창의적인 역할을 하였다. 즉 모든 생물체는 단백질로 구성되는 염기서열이 변화하는 과정에서 창출되는 유전형질의 돌연변이 과정을 통해 진화한다.

그런데 아널드는 무작위적으로 발생하는 돌연변이 현상을 의도적으로 모사(模寫)하고, 그중에서 유효한 단백질 분자만을 분리하여, 기존 대비 수백 배 이상의 강력한 효소를 만들 수 있는 생화학 공정 기술을 확보한 것이다.

그리하여 유도진화 기술은 신규 단백질 생산 연구를 수행할 때 유용하게 적용될 수 있게 되었다. 특히, 다음의 세 가지는 단백질 공학 연구에서 매우 유용하게 활용된다.

- 고온 또는 특수 용매에서 생명공학적 용도로 쓰이는 단백질의 안정성 증진.
- 질병 치료용 항체의 결합성 증진과 신규 합성 효소의 활성도 향상.
- 산업용으로 활용되는 효소들의 기질 특이성 증진.

더불어 유도진화 기술은 기초 진화 연구에도 적용될 수 있다. 가령, 통제된 환경의 실험을 통해 자연선택의 강도, 돌연변이의 정도, 주변 환경 등을 조절하는 데 이 기술이 활용된다. 즉 일반적으로 자연 진화 연구는 전통적으로 현존하는 생물과 그 유전자에 기반해 이루어져 왔지만, 화석의 부족과 고대 환경을 완벽하게 이해하지 못하는 한계가 있다.

그런데 유도진화 실험은 진화 과정에서의 모든 유전자의 기록이 가능

---

72) Frances Hamilton Arnold. 1956~. 미 화학공학자. 캘리포니아 공대 재직. 1990년대 생명체에서 일어나는 화학반응의 촉매가 되는 효소 단백질을 진화의 원리를 통해 인공 개량하는 방법을 개발한 공로로 2018년 노벨 화학상을 수상했다.

하여 진화의 속도와 방향에 대한 의미 있는 자료들을 제공할 수 있다는 것이다.<#15> 그리되면 진화론자들은 유도진화의 효과가 다윈주의 진화론을 증명하는 것처럼 인식할 수 있을 것이다.

그러나 유도진화는 다윈주의가 필요로 하는 진화의 증거가 되기는 어렵다. 왜냐하면 다윈주의는 엄밀히 돌연변이 이전의 순수한 무기자연의 선택력을 말하기 때문이다. 그런데 앞 머리글에서도 말했듯이, 돌연변이는 무기자연의 항상성 혹은 점진성과 길항하고 있다. 즉 돌연변이는 생명의식을 강하게 의미하는 것이다. 따라서 기존의 생명의식인 돌연변이를 활용하는 유도진화는, 다윈주의와 그 궤를 분명 달리하는 것이다.

그러므로 본문에서 차츰 설명하겠지만, 결론적으로 유도진화는 생명의식인 돌연변이에 생명의식인 인간의식을 더 주입(첨가)함으로 인해, 그 생물진화의 방법과 속도를 배가할 수 있게 하는 방법일 뿐인 것이다.

자기조직화 이론

'자기조직화'自己組織化 이론은 2000년대 전후 스튜어트 카우프만에 의해 주창된 이론으로, 물질도 특수한 상황에서는 창발적이어서 스스로 조직화할 수 있다는 것이다. 즉 카우프만은 《다시 만들어진 신》, 《무질서가 만든 질서》 등에서 충분한 재료가 주어지는 복잡한 비선형계에서는 집단적 '자기촉매'라는 성질이 등장하게 될 것이라고 말한다. 이어 이러한 촉매의 활약으로 인해 무기자연 스스로 새로운 물질을 만들어 낼 수 있다는 것이다.

그리하여 아마 생물도 이렇게 시작되었을 것으로 보는 것이다. 그에 따라 이러한 자기조직화 이론은 자연선택설의 취약한 부분인 '전적응'前適應을 설명할 때 측면 지원하게 된다.

즉 자연선택은 목적성이 없으므로 신체의 어떤 기관을 목표로 중간단계의 물질을 축적할 수 없다. 따라서 자연선택은 온전히 작동하는 기관이 만들어지기까지 중간단계인 전적응의 설명이 어려운 것이었다. 그런데 자기조직화의 창발성이 개입되면 중간물질의 축적도 가능하다는 논리가 이루어지는 것이다.

그러나 이러한 카우프만의 자기조직화 이론은 고대에서부터 물질주의자들이 비슷하게 주장해 온 것이다. 즉 물질주의자 에피쿠로스는 수직으로 낙하하는 원자 중에서 어쩌다 비스듬히 낙하하는 것들도 있어 자유의식이 발생할 수 있다고 주장하였다. 그러나 그러한 주장은 물질의 항상성을 폄훼하는 것이다. 왜냐하면 물질은 그 범주를 넘어 우연히 비스듬하게 낙하하지 않기 때문이다. 더군다나 설령 비스듬히 낙하한다고 해서, 물질이 생물처럼 실제적인 창발성을 일으킨다는 증거는 전혀 없는 것이다.

예를 들어 태양이 방출하는 빛과 열은 핵융합(수소 원자 → 헬륨 원자) 후 남은 에너지이다. 즉 가장 집약적인 물질에 속하는 태양에서도 물질에서 물질로 변하는 것뿐, 다른 것이 발생하지 않는다. 이렇듯 이론과 논리를 떠나 우리의 지속적 경험은 재료가 많든 적든, 선형이든 비선형이든, 물질에서 생물 같은 창발성을 볼 수 없는 것이다.

이처럼 뒤 '제6장 카나드'에서도 밝히겠지만, 물질은 에너지가 주가 되어 규칙적인 성질을 가지는 것이다. 즉 물질은 계속 **항상성** 범주 내의 변화를 하는 것이지, 생물처럼 수시로 **가치선택**에 따른 변화를 하지는 않는 것이다. 따라서 1950년대의 일리야 프리고진1917~2003이 말하는 비평형 비선형계에서의 혼돈 후 새로운 질서가 나타나리라는 것도, 엄밀히는 물질의 항상성 범주 내에 있는 것이다.

나아가 물질은 단속적이어서 생물의식과 같은 연속성이 거의 없다. 즉 진화론에서 말하듯 생물은 연속적인 진화가 가능하지만, 수소에서 헬륨으로의 변화는 진화 관계에 있는 것이 아니라 완전히 다른 물질이 되는 것이다.

이처럼 생명화를 시도하는 물질의 자기조직화는 우리의 과학적인 실험과 경험칙을 심히 위배한다. 또한 만약 일시적으로 물질에서 어떤 유기적인 자기조직화가 이루어지더라도, 오랜 무기자연의 관성에 의해 속히 무기화(풍화)가 이루어져야 할 것이다. 더군다나 앞 머리글에서도 말했듯이 만약 무기자연에서 생명이 배태되었다면 그 생명은 항상적 생명, 즉 삶도 죽음도 없는 생명이 되었을 것이다. 그러므로 유사 이래 물질주의자들은 사실 물질의 성질을 무시하면서 자신들의 이념에 따라 물질조작을 했던 셈이다.

여하튼 물질의 상위개념까지도 배제하지 않는 일리야 프리고진의 '산일[73] 구조론', '자기조직 시스템'에 비해, 물질에만 한정하는 카우프만의 자기조직화 이론은 더욱 물질주의로 회귀되고, 다원주의와 맥락을 같이하게 된다.

뒤 제3장 '2 새로운 생물의 기원- 물질회유'에서 거론되겠지만, 생물은 '생명의식에너지'가 '물질을 회유'함에 따라 나타난 것이며, 그리하여 '독립정신'과 '가치선택'이 가능한 것이다. 따라서 카우프만이 의도하

---

73) 散逸. 흩어지기.

는 복잡계는 생물계를 말하는 것으로, 생물계는 생물의식이 주체인 계를 말하는 것이다.

3 다윈주의 모순

그러면 우선 진화와 진보의 뜻을 조금 알아보자. 첫째, 진화란 무엇을 의미하는 것일까? 진화에 대한 일반적인 정의는 '생물이 환경에 적응하면서 그 기능이 발달하는 것' 정도가 될 것이다. 그렇지만 여기에서는 좀 더 분명히 해 보자. 만약 어떤 생물이 그 신체가 크게 되고 일부 기능이 발달하였다고 전체적인 진화를 이루었다고 할 수 있을까?

물론 그 각 부분을 구분해서는 그것들에 발달이나 진화적 의미가 있었다고 말할 수 있을지 모르겠다. 그러나 전체적으로 볼 때 그렇게 단정할 수는 없을 것이다. 왜냐하면 단적인 예로 가장 진화되었다는 인간은 코끼리보다 신체가 작고, 독수리처럼 날 수 없기 때문이다.

그러므로 본 서는 진화란 어떤 문제에 대하여 생물의 **'전체적인 능력의 확충'**이라고 한다. 여기서 전체적인 능력이란 부분적인 우위가 아니라, 전반적인 능력을 말하는 것이다. 따라서 생물이 여러 문제를 더욱 전체적으로 해결할 수 있느냐가 진화의 기준이 되는 것이다.

둘째, 진보란 무엇을 의미하는 것일까? 초기 다윈주의자들의 대부분은 진화가 진보를 이룬다고 생각했었다. 그러나 현대의 진화생물학자 대부분은 진화가 진보를 의미한다고는 생각지 않는 듯하다. 물론 그들은 그 차이에 대해서는 정확히 개진하지 못하고 있지만 말이다.

본 서 또한 진화가 진보를 의미한다고는 하지 않는다. 그렇다면 진보란 무엇일까? 진보에 대한 일반적인 정의는 '정도나 수준이 나아짐' 정도라고 할 것이다.

그러나 좀 더 정확히 말해 진보는 개체나 사회의 '**전체적인 행복의 확충**'이라고 생각한다. 왜냐하면 진보도 결국 행복을 위한 것이어야 하기 때문이다. 그리고 여기서 전체적인 행복이란 부분적인 기쁨이나 만족을 의미하는 것이 아니라, 그 기쁨이나 만족이 전반적인 상태를 말하는 것이다.

혹자들은 자유의 증진이나 과학기술의 발전, 문화예술의 창달을 진보라고 생각한다. 물론 그 각 부분의 단위에서는 그 발전이 진보라고 말할 수 있을지 모르겠다. 그러한 발전도 부분적인 행복을 견인할 수 있기 때문이다.

그러나 그것들의 발전만으로 반드시 전반적인 진보를 이루었다고 하기 어려울 것이다. 왜냐하면 어떤 혁명이나 핵기술이 반드시 전반적인 행복을 견인하지는 않기 때문이다. 즉 그것들의 반대급부로 새로운 걱정과 고통이 뒤따를 수 있는 것이다.[74] 따라서 자유의 증진이나 과학기술의 발전, 문화예술의 창달도 전체적인 행복의 확충으로 이어져야만 진정한 진보를 이루었다고 할 것이다.

이와 마찬가지로 문제의 해결 능력이 반드시 전체적인 행복을 구축

---

74) 대개의 혁명은 하향평준화와 새로운 독재가 대두되고, 핵폭탄은 인류 멸종이라는 큰 재앙의 불씨가 되고 있다.

한다고 볼 수 없으므로, 진화가 반드시 진보를 견인한다고 보기 어렵다. 또한 정신적 성숙이 없는 자유의 증진이나 과학기술의 발전, 문화예술의 창달만으로는 전체적인 행복에 이를 수 없는 것이다. 그러한 것은 대부분 표피적이고 지엽적이면서 일시적인 기쁨이다. 다만 부분적인 진화와 진보라도 행복을 위한 다양한 방법에 속하며, 행복의 기회를 증대시킨다고 볼 수는 있을 것이다.

그러므로 결국 단세포인 박테리아로 행복을 구가할 수도 있고, 다세포동물과 인간으로 행복을 구가할 수도 있을 것이다. 또한 유목민으로 행복을 구가할 수도 있고, 첨단 과학자로 행복을 구가할 수도 있을 것이다. 그리하여 레비 스트로스[75]는 "진보란 필수적이지도 않고 연속적이지도 않다."<#16>라고 말한다.

따라서 결국 진보는 행복과 관련해서는 전반적인 발전이 필요한 것이다. 그리하여 대개 물질과 정신의 균형을 이루는 가운데, 여러 가지 다양한 발전과 함께 이루어질 것이다. 여하튼 진화와 진보의 여부를 떠나, 이해를 돕기 위해 기존의 '하등동물'과 '고등동물'이란 표현을 그대로 쓰기로 하자.

상황 논리

생물의 생물학적인 정의는 '스스로 물질대사가 가능한 유기체'를 말한다. 그러므로 생물학적으로는 박테리아 이상의 유기체를 생물이라고 하며, 바이러스는 스스로 대사를 하지 않고 순전히 기생하므로 생물로

---

75) Claude Levi-Strauss. 1908~2009. 인류학자.

분류되지 않는다. 그러나 생물의식의 측면에서는 바이러스도 생물에 속한다. 왜냐하면 바이러스도 살아 있기 때문이다. 즉 살아 있다는 것은 생물의식이 있다는 의미이다.

이처럼 생물의식이 있는 모든 생물체는 '자기애'와 '생의 의지'로 살아간다고 할 수 있다. 특히 생의 의지는 생물이 살아갈 수 있는 가장 기초적인 욕구이다. 만약 생의 의지가 없다면 삶의 의욕도 사라져 생명을 이어 갈 수가 없는 것이다.

그런데 생명이 물질에서 발현되어 진화했다면 생의 의지가 불필요할지 모른다. 왜냐하면 살아도 물질이고 죽어도 물질이며, 진화해도 물질이고 진화를 하지 못해도 물질일 뿐이기 때문이다. 따라서 의식이나 정신의 고유성이 부정된다면 생물은 아무렇게나 되어도 물질일 뿐이어서, 굳이 고통스러운 생존경쟁과 진화가 나타날 이유가 전혀 없을 것이다.

나아가 설령 물질에서 우연히 생의 의지가 나타났더라도 오랜 우주적인 균형, 즉 무기화의 관성(풍화작용)에 의해 생의 의지가 속히 사라져야 하는 게 순리일 것이다. 그러므로 물질은 생물처럼 진화하지 않는 것이다.

더군다나 생물체에는 생의 의지 외에도 물질과는 완전히 다른 속성을 수없이 보여 준다. 즉 '심리철학' 등에서는 '주관적 의식'[76]으로 물질과 마음 사이에는 엄연히 채워지지 않는 심연이 있음을 밝히고 있다. 다만 여기서는 진화생물학과 관련하여 주로 생물과 무생물의 차이에 집중하고자 한다.

즉 생물체에서는 무생물에는 없는 생장·복제·노화·죽음·행복·자유·사

---

76) **'현상적 의식'**이라고도 하며, 오감으로 들어오는 지각적 경험을 말한다. 즉 지각적 경험은 본질적으로 갖추어진 의식 요소인 느낌을 통해 이루어지는 것이다. 《우리말 철학사전 4》, 의식(김기현) 편.

랑·향수·양심·도덕·정의·문화·예술·정체성·우울·허무·독립성·사회성·이기심·이타심·직관력·상상력 등이 나타난다. 특히 루돌프 카르납[77]이 말하듯이 인간이 경험하는 시간은 물리화학적으로 다룰 수 없다는 것이다.

더욱 중요한 것은 생물의식은 **물질을 지배**하려 한다는 사실이다. 예를 들어 우리는 우리의 필요에 따라 석유를 정제하여 자동차의 연료로 활용하고, 원자력을 활용하여 전기를 생산하고 있다. 그런데 활용한다는 것은 지배한다는 의미이다. 따라서 우리 의식은 물질을 가치에 맞게 지배하는 것이다.

그런데 만약 생물의식이 물질로부터 기인한 것이라면 물질이 물질을 지배하려 한다는 것은 이상한 일이다. 왜냐하면 우리는 물질에 대한 물질의 우위를 경험한 바 없기 때문이다. 이처럼 물질을 지배하려는 것은, 물질과 다름을 의미한다. 따라서 생물의식은 물질로부터 기인되는 것이 아니라, 물질과는 다른 기원을 가졌다고 생각하는 것이 합리적이다.

그러므로 자연선택설은 이와 같은 상황에 대한 논리적 근거가 빈약하다고 볼 수밖에 없다. 다윈주의자들 중 누구도 그에 대한 적절한 설명이 없었으며 앞으로도 설명할 수 있을 것 같지 않다. 아마 그들은 계속 '우연히'라고 하거나, 기껏해야 연구가 더 필요하다고 할 것이다.

그런데 처음부터 생명에 대한 이러한 상황 논리를 거론하는 데는 이유가 있다. 첫째, '자연선택설'은 단계적이고도 과학적인 추론의 결과가 아니라, 비약적인 연역 혹은 추상이라는 것이다. 즉 자연선택설에서는 구체적으로 어떤 자연이 무엇을 선택하는지 알 수 없다. 따라서 무기자연의 어떤 것이 진화를 일으킨다는 말일까? 태양일까 바람일까? 구름

---

77) 1891~1970. 신실증주의자 혹은 분석철학자.

일까 바위일까?

그리고 어느 동력이 눈과 귀를 기획하고 질료를 선택하는 것일까? 혹 핵력, 전자기력, 중력, 화학력 중에 있는 것일까? 이처럼 자연선택의 능력이 밝혀진 것도 없거니와 일말의 자료도 경험도 할 수 없다. 그러므로 자연선택설은 창조론과 마찬가지로 과도한 추상이어서 과학이라고 하기에는 무리가 있는 것이다.

둘째, 다원주의자들이 물질과 생물의식에 대해 균형적이고도 포괄적인 연구가 부족하다는 것을 강조하기 위함이다. 맨 뒤 마침글에서도 설명되겠지만 자연선택설은 생물학의 '외적 연역'外的演繹[78])이므로, 생물의식에 대해서도 포괄적이고도 균형적인 연구가 필요한 것이다. 왜냐하면 물질과 함께 생물의식에 관한 연구도 이루어지지 않으면, 한 면만 지나치게 강조하여 사실을 오도할 수 있기 때문이다.

그런데 무기자연에는 항상적 물리화학 등의 물질법칙이 나타난다. 반면 생물체에는 양심과 행복 등의 가치적인 생명법칙이 나타나고 있어 서로 확연하게 다르다. 따라서 생물체는 물리화학적 요소들만으로 이루어진 것이 아니다. 그러한 물리화학적인 바탕에다 생물의식이 부가되어야 생명법칙을 설명할 수 있는 것이다.

그러므로 물질신체와 함께 생물의식의 연구도 견지해야 균형 있는 과학이 되는 것이다. 그런데 물질을 중시하면서도, 물질을 파악하는 지신들의 생물의식을 폄훼貶毁하는 것은 이상한 일이다. 나아가 생물에게 있어 물질법칙과 사뭇 다른 생물의식을 더욱 연구하여도 부족할 판에, 의도적으로 배제하는 것은 생물을 올바른 방향으로 연구하지 않음을 의미한다.

---

78) 그 학문의 범주를 넘어 타 학문까지 침범하는 가설.

아마 생물학자들은 생물을 연구하다 보면 더욱 가시적인 원인을 밝혀 보고 싶은 욕구를 가지게 될 것이다. 그리하여 가시적인 원인을 연구할수록 시야가 좁아지게 될 가능성이 크다. 나아가 조금 심하게 되면 점점 물질주의자가 되어 이제는 생물의식과 정신 같은 것에는 좀처럼 마음 쓸 필요를 느끼지 못할 수 있다. 그리하여 '선택적 관찰'[79]과 '관측의 이론 적재성'[80]이 깊어지는 것이다.

이러한 확증편향確定偏向은 다소 차이가 있지만 모든 사람에게 심리적으로 나타난다. 즉 "굴드는 자기가 가정할 필요가 있는 것을 가정하고, 도킨스는 자신이 믿기 원하는 것을 쉽게 믿는다."<#17>라는 것이다. 다만 엄밀한 증거가 요구되는 과학자들과 지성을 자처하는 사람들은 더욱 조심하고 신중해야 할 것이다.

그러므로 과학은 귀납적 방법으로 미지의 세계를 아주 조심스럽게 그리고 아주 점진적으로 나아가야 한다. 왜냐하면 인간의 지적인 수준[81]에 비해 우주는 너무 광활하며 너무 복잡하게 얽혀 있기 때문이며, 나아가 '결과관찰'[82]만 가능한 인간의 지성은 가시적이고도 단속적인 현상만 취합할 수 있기 때문이다. 물론 앞에서도 말했듯이 과학이 가시적인 물질을 우선 연구하는 것은 좋은 방법이다. 또한 체계를 위해 어느 정도 이론적인 연역을 하거나, 창의적인 상상을 하는 것도 지극히 온당하다.

그러나 과학이 가설을 과도하게 사용하는 것은 자제되어야 한다. 왜냐하면 과학의 힘은 귀납적인 증거에서 나오며, 추상에는 그리 큰 힘이 실릴 수 없기 때문이다. 특히 자연과학은 그 인과성에서 충분히 인정할

---

79) 자신이 원하는 것만 관찰.
80) 감각으로 사물을 관측할 때, 이미 자신의 선입견과 상황의 영향을 받는 현상.
81) 현재 가시적 우주의 1% 정도 파악했다.
82) 관찰 가능한 것은 결과적 세계일 뿐이라는 것.

만한 '**밀접추론**'密接推論[83]만이 허용되는 것이다.

특히 과학 외적으로 인문 분야와 연관이 되어 있을 시에는 더욱 신중하여야 한다. 왜냐하면 자연과학이 활용하는 환원은 가시적인 무기물을 분석하는 것에 유용하며, 비가시적인 의식과 의미를 분석하는 데는 거의 무용지물이기 때문이다. 따라서 우리의 지각이 내리는 섣부른 결정론은 오류의 확률이 높은 것이다.

그리하여 메를로퐁티[84]는 이렇게 말한다. "과학적 사유에 충실하다 보면 진짜 존재하는 세계는 볼 수도 없고 만질 수도 없고 들을 수도 없을 것이고, 우리가 실제로 보고 만지고 들으면서 연속적으로 반응해 나가는 세계는 가짜가 되고 맙니다."<#18>

자연선택설의 허구성

앞에서 자연선택설의 자연은 무기자연인 물질만을 의미한다는 사실을 누차 밝혔었다. 왜냐하면 만약 자연선택의 자연이 물질에 한정되지 않고 생물의식도 포함하는 포괄적인 자연이라면, 자연선택을 '생물선택'이라고 하면 별 논란이 없을 것이기 때문이다. 그런데 굳이 자연선택이라는 용어를 고집하는 이유는 자연선택의 자연은 생물의식을 제외한 물질만을 표방하는 것이기 때문이다.

---

83) 자연과학이나 인문학 모두 추론을 하지 않을 수 없지만, 그 추론의 간격에서 차이가 난다. 예를 들어 수소와 산소가 결합하여 물이 되는 과학실험도 상호 밀접한 인과이지만 엄밀히는 추론일 뿐이기 때문이다. 왜냐하면 우리는 물이 되는 중간 과정에 대해 온전히 알기 어렵기 때문이다. 그리하여 흄의 '심리주의'가 '과학은 신념'이라고까지 하는 것이다. 반면 철학과 인문학은 더 폭넓은 인과로 포괄적인 **근접추론**近接推論을 하는 것이다. 그래서 밀접추론 하는 과학은 더 사실적 학문으로 인정받는 것이다. 필자의 《카나드》 참조.

84) Maurice Merleau Ponty. 1908~1961. 현상철학자.

즉 자연선택은 '무기자연의 자연스러운 선택'이라는 동어반복인 셈이다. 그러면 생물에 대하여 '무기자연의 자연스러운 선택'은 어떤 선택일까? 정답은 '아무런 선택도 아니다'이다. 왜냐하면 구름과 바위들이 우리를 위해, 오늘은 이것을 내일은 저것을 선택해 주지 않는 것을 우리는 잘 알기 때문이다.

과잉 단순화

그리고 앞의 다윈 어록에서도 보았듯이, 다윈은 자연선택의 영향력을 확대하려는 의지는 분명했다. 하지만 굳이 자연선택만이 변이의 유일한 원인이라는 데는 주저했다. 그런데도 다윈의 후예들은 더욱 강경하게 생물의 근원은 물질이며, 진화는 자연선택에 의한 것일 뿐이라고 한다. 나아가 의식은 물질의 연장이며 그 부수기작附隨機作일 뿐이라고 한다. 즉 생물의식은 뇌물질의 발달에 따른 부산물이며, 그 고유성은 착각이라는 것이다.

그러나 제5장에서부터 더욱 설명되겠지만, 생물학자들의 연구에 따르면 편형동물 '**플라나리아**'planaria[85])에서 뇌腦가 최초로 나타난다고 한다. 따라서 플라나리아 이전의 미생물과 식물 등은 뇌가 없다. 그런데도 바이러스와 박테리아를 비롯한 모든 생물은 생물의식이 있는 존재이다. 왜냐하면 바이러스와 박테리아도 자기애[86])와 생의 의지로 생존하며, 현재 자신에게 가장 적절한 가치선택을 하기 때문이다.

예를 들어 코로나바이러스(COVID-19)도 백신에 대항하여 알파~오미

---

85) 편형동물 와충류로 몸길이 3.5㎝ 정도.
86) 자기애와 이기심은 다르다. 자기애는 혼자서도 가능하지만, 이기심은 공동체에서 나타난다.

크론 등 다양한 변이로 생존하려 한다. 또한 대장균과 같은 박테리아도 매번 동일 선택을 하지 않는다. 즉 박테리아는 먹이와 안전을 위해, 가장 바람직한 곳으로 수시로 행로를 바꾸는 것이다. 따라서 박테리아는 그때그때 행복을 위한 가치에 따라 움직이는 것이다. 그리하여 혐기성과 호기성 등 수많은 종으로 나뉘는 것이다. 이러한 생물의 변이와 선택은 물질의 항상성 범주와는 분명히 다른 것이다.

그리고 뇌는커녕 신경조직조차 없는 식물도 마찬가지로 생물의식과 지능이 있다. 그리하여 식물의 뿌리는 수분과 무기염류를 탐사하여 섭취한다. 그런데 뿌리는 성공적인 탐사를 위해 미리 에너지를 투자해 시스템을 잘 갖추어야만 한다. 그래서 스테파노 만쿠소 교수(피렌체 대)는 "미래의 수익을 위해 투자한다는 것은 식물이 지능을 보유하고 있다. (중략) 전에 없던 지능이 생물의 진화 과정에서 마법처럼 불쑥 튀어나온 시점은 없다. 지능이란 생물체에 당연히 수반되는 것이다."<#19>라고 말하고 있다.

더군다나 르네 데퐁테이누1750~1833의 실험에 따르면 달리는 수레에 실린 미모사(mimosa. 신경초)들은 처음에는 그 진동에 따라 잎을 닫았으나, 곧 위험하지 않음을 학습하고는 에너지의 낭비를 줄이기 위해 더는 잎을 닫지 않는다는 것이다.[87]

그러므로 앙리 베르그송1859~1941의 지적처럼 "뇌가 없다는 이유로 의식이 없다고 단정하는 것은 위가 없다는 이유로 영양을 섭취할 수 없다고 말하는 경우와 마찬가지로 어리석은 생각."<#20>이다. 이에 물질과는 전혀 다른 생물의식을, 물질로 일원화하려는 다원주의의 시도는 과잉 단순화라고 하는 것이다.

---

87) 스테파노 만쿠소 《식물혁명》에서 파리 거리를 수레로 미모사를 운반하면서 관찰한 데퐁테이누의 실험(라마르크와 드 캉돌의 《프랑스 식물지》에 발표)이 소개된다.

물질일원론

특히 일본 국립 유전학연구소 고조보리 다카시 교수는 최근의 연구에서 "뇌에서 기능을 발휘하고 있는 유전자의 대개는 뇌나 신경계가 생기기 이전부터 이미 존재했다고 생각된다."<#21>라고 말한다. 이처럼 양식 있는 생물학자들은 오랜 연구 끝에 모든 생물은 생물의식이 존재함을 밝히고 있다.

그리하여 린 마굴리스도 "동물만 의식적인 게 아니라 모든 생물체, 모든 자기생산세포 역시 의식을 한다."<#22> 유전학자 바버라 매클린톡 1902~1992도 "게놈genome[88]은 인지능력이 탁월한 기관이다. (중략) 세포들은 현명한 결정을 내리고 난 뒤에 행동한다."<#23> 분자생물학자 제임스 샤피로도 "DNA는 커뮤니케이션 분자, (중략) 세포들은 인지능력을 가진 단위들"<#24>이라고 여러 경로를 통해 밝히고 있다.

그러므로 미생물일지라도 생물의식이 없는 것이 아니라, 고등동물보다 미약할 뿐이다. 즉 미생물과 인간의 의식 차이는 양적인 차이일 뿐, 질적인 차이는 아닌 것이다. 이처럼 유아와 성인의 양상도 마찬가지다. 유아와 비교해 의식이 뚜렷한 성인은 그 의식의 양에서 차이가 나는 것이며, 질적인 공통속성은 같은 것이다.

그런데 다윈주의로서는 생물의식을 연구에서 배제하거나 무시하는 과정은 어쩔 수 없는 행로였다. 왜냐하면 생물의식의 고유성을 한번 인정하게 되면 자연선택의 동력이 거의 사라지게 되기 때문이다. 즉 미생물에까지 생물의식의 존재를 소급시켜 인정하게 되면, 물질의 우연보다 실재하는 생물의식의 힘에 그 자리를 내어줄 수밖에 없는 것이다. 이러한 연유로 다윈주의자들은 자연선택의 물질일원론을 강화하며, 생물의

---

88) 유전체. 유전자 정보의 총합.

변이현상에 대해, 물질만을 그 원인으로 주장해 온 것이다.

그러나 다윈주의자들의 주장에도 불구하고 진화가 물질의 우연으로 이루어진다는 증거는 있을 수 없다. 나아가 우연성은 과학적 증거로 채택될 수 있는 것도 아니다. 뒤 '9 우연성 비판'에서 다시 설명하겠지만, '우연은 상상'일 뿐이기 때문이다. 그러므로 자연선택설이 과학적으로 증명된 것은 아무것도 없는 셈이다.

나아가 흔히 많은 다윈주의자는 자연선택을 규명하는 방정식으로 '하디-바인베르크 평형'[89]을 활용한다. 그리하여 이 평형이 유지되는 5가지 큰 조건으로 자연선택, 돌연변이, 이주가 없고 무작위적 교배와 대집단이 만족되어야 한다는 것이다. 따라서 이 평형이 와해되면 특히 자연선택이 일어난 것으로 의심해 볼 수 있다는 것이다.

그러나 문제는 이 방정식에 자연선택이 이미 평형유지 조건으로 반영되고 있다는 것이다. 왜냐하면 자연선택이 평형유지 조건이 되어야 할 아무런 증거가 없기 때문이다. 따라서 증명되지 않은(혹은 존재하지 않는) 자연선택을 이미 증명된 것으로 방정식에 반영하는 것은 큰 오류라는 것이다.[90]

뒤에서 설명되겠지만, 생물의 적응과 돌연변이 또한 무기자연에 의하여 이루어질 수는 없다. 그것은 모두 생물의식에 의해 이루어진다. 따라서 자연선택은 앞으로도 증명될 수 없다. 즉 카를 포퍼[91]의 말대로 자

---

89) Hardy-Weinberg equilibrium. 특정 조건 내에서 유전자의 빈도가 일정한 상태. 즉 자연선택, 돌연변이, 이주가 없고 무작위적 교배와 대집단이라는 조건을 가정하면, 새로 생성된 세대의 대립유전자 빈도가 항상 일정하게 유지되는 것을 말한다. 이때 이 집단은 평형상태에 있다고 한다. 그러나 조금씩 이런 평형상태가 와해되어 유전자풀이 변한다. 따라서 이 와해를 추정하면 진화를 연구할 수 있다는 것이다.
90) 2022년도 한국 수능 문제에서 하디-바인베르크 평형치가 음수로 나와 무효 처리된 촌극이 벌어졌다. 이는 이 방정식에 문제가 있음을 말하는 것이다.
91) 1902~1994. 오스트리아 과학철학자.

연선택은 다목적이어서 과학적으로 증명할 수 있는 사안이 아니다. 또한 자연선택은 니콜라이 하르트만[92]의 지적처럼 하나의 존재층(물질층)에서 무리하게 다른 존재층(생명층)으로 근거 없이 비약해 버린 것이다.

그러므로 자연선택은 자연과학이 아니라, 형이상학적인 추상이라고 할 수 있다. 따라서 자연선택설은 과학적 가설의 금도襟度를 넘어서는 것이다. 나아가 자연선택은 신기루이자 자폐증적인 미신으로까지 진행되고 있다 할 것이다.

따라서 어떻든 다윈주의 자연선택은 '물질일원론'이며, 자연선택의 자연은 무기자연(물질)만을 의미한다는 사실을 다시 강조하고 다음으로 넘어가자. 왜냐하면 자연선택이 물질과 그 우연성에 기반한다는 사실을 순간적으로 놓치면, 물질과 생물의식을 버무리는 다윈주의자들의 현란한 수사로 인해 그만 혼란에 빠질 수 있기 때문이다. 따라서 지금부터 자연선택의 자연을 물질에 한한 자연임을 강조할 시에는, 물질 혹은 '무기자연'이라고 분명히 표현하고자 한다. 그래야만 진화의 동력이 물질인지 생물의식인지, 더 명확하게 규명될 것이기 때문이다.

선택은 가치행위

다윈과 다윈주의자들이 말하는 물질이 변이를 일으킬 수 있다는 자연선택설의 주장은, 생물의식의 역할이나 능력을 간과하거나 폄훼하는 것에서 기인하는 것이다. 그런 관계로 자연선택설은 처음부터 상당한 모순이 드러나고 있다. 그것은 '자연'과 '선택'은 서로 조합될 수 없는 다

---

92) 1882~1950. 독일의 철학자.

른 차원의 단어들이라는 것이다. 즉 다원주의에서 의미하는 자연선택의 자연은 물질만을 의미하며, 선택은 유기체적인 선택을 의미한다. 그들은 이 둘을 교묘히 버무려 마치 물질이 유기체의 가치선택을 할 수 있는 것으로 위장(僞裝)을 하고 있다는 것이다.

항상성과 가치성

물질은 항상적(恒常的. 기계적) 성질을 나타낼 뿐이다. 가령 수소의 전자는 원자핵 주위를 1초 동안 4경(4×10^{16}) 번 정도를 변함없이 돈다고 한다. 그런데 엄밀히 말해 물질도 천천히 변한다. 현재 보통물질계는 원소주기율표에서 보듯 1번 수소(H)를 시작으로 118번 오가네손(Og)까지 있다. 이것은 항성의 핵융합에 따라 양성자가 뭉쳐져 원자들이 무겁게 변화하고 있는 것이다. 또한 우주는 더욱 가속 팽창 하고 있으며, 그 안의 항성은 기한이 다하면 '초신성'이 된다.

그런데도 우리는 이러한 물질의 존재나 그 변화를 '자연현상'이라고 말한다. 그리고 그러한 자연현상은 물리화학적인 법칙에 따라 물질들이 이합집산 하는 것일 뿐이다. 따라서 태양이 무엇을 선택하기 위해 태양광을 발하고, 구름과 바위가 가치를 위해 변화한다고 우기면, 정상이 아니라는 소리를 들을 것이다.

그러므로 미시적이든 거시적이든 이러한 물질변화가 아무리 지속된다 해도, 그것은 생물의 가치선택과는 다르다. 그리하여 그러한 물질변화는 항상적이어서 진화한다고는 할 수 없다는 것이다.

그에 비해 생물은 물질과 같이 항상적이지 않다. 생물은 물리화학적인 법칙을 넘어서 의식적인 선택, 즉 가치선택을 하여, 비교적 급격히 변하고 진화할 수 있는 것이다. 여기서 항상성이란, 같은 조건에서는 항상 같은 결과가 나타나는 것을 말하고 가치성이란, 같은 조건에서도 수시로 다른 결과가 나올 수 있음을 말한다.

이처럼 조금만 생각해도 물질의 항상성에 반해 생물의 강력한 가치성이 대두되는데도, 물질주의자들과 다윈주의자들은 자신들의 이념에 맞게 물질과 버무린 가치선택만을 계속하는 것이다. 즉 자연선택설은 항상적 무기자연과 생물의 가치선택이라는 서로 이질적인 것을 무리하게라도 버무려야만 했던 것이다.

그런데도 《종의 기원》에서 산과 염기의 결합, 《이기적 유전자》에서 빛의 지름길 찾기(직진성), 그리고 《다시 만들어진 신》에서 해안 파도에 의한 큰 돌과 작은 돌의 배열 등의 예로, 다윈주의자들은 여전히 물질이 어떤 선택을 하거나 '자기조직화'를 할 수 있는 것으로 말한다. 그러나 그러한 것도 물질의 항상성 범주 내의 것으로 유기체적인 가치선택과는 크게 다르다.

즉 산은 항상 염기와 결합하고, 빛은 항상 초속 약 30만㎞로 직진하며, 해안 파도는 그 세기의 감소에 따라 항상 큰 돌에서 작은 돌을 거쳐 미세한 모래를 해변 가까이 이동시킨다. 따라서 산과 염기, 빛, 조약돌은 같은 조건에서는 항상 같은 결과로 나타나는 것이다. 그리하여 물질은 생물과 같은 가치선택을 한다고 할 수 없으며, 살아 있는 것이라고 할 수 없는 것이다.

그런데 생물은 무기자연처럼 항상적이지 않다. 생물은 의지에 따라 빠르게 움직이다 느리게 갈 수 있다. 생물은 감성에 따라 큰 돌과 작은 돌을 서로 달리 교차해 두기도 한다. 나아가 너와 나는 같은 분자로 이루어졌더라도 다른 생각을 하고 있다. 더욱이 뇌과학자들에 의하면 뇌는 같은 사물을 보아도, 시간에 따라 다른 반응을 한다고 한다. 즉 의식이 있는 생물은 자기의 행복을 위해 이성과 감성을 적절히 사용하여, 순간순간 가장 바람직한 가치선택을 하려는 것이다.

따라서 생물은 진화해도 가치선택이고 진화하지 않아도 가치선택이다. 나아가 생물은 가치선택으로 끝나는 것이 아니다. 생물은 그 선택한 것의 완성을 위하여, 대부분 지속적인 노력을 하게 되는 것이다.

다른 말로 하자면 물질에는 그 기계적인 항상성으로 말미암아 '수학적' 표현이 가능하다. 즉 화성의 공전과 맞추려는 화성탐사선은 수학적 계산에 의한 것이다. 그러나 생물의 행태에는 수학적 표현이 불가한 것이다. 왜냐하면 가치선택은 감성까지 개입되어 수시로 바뀔 수 있기 때문이다. 따라서 생물학 내에서 항상성을 연구하는 것은 '자연과학'에 속하고, 가치성까지 포함되는 연구는 '인문(과)학'에 해당하는 것이다.

그리하여 이에 대한 필자의 표현으로는 무생물은 상대적으로 가치선택을 하지 않으므로 가치존재가 아니다. 그러나 생물은 가치판단에 따른 가치선택을 하는 만큼 가치존재가 되는 것이다. 즉 보석도 자체적으로 가치가 있는 것이 아니라, 사람들의 가치판단과 가치선택에 의해서만 가치가 있는 것이다.

물질과 의식의 버무림

그러므로 자연선택설은 물질의 항상성만을 가지고 설명하고 있는 것이 아니다. 자연선택설은 물질의 항상성에다 생물의식의 가치성을 버무려 생물의식을 물질화해 보려는 것이다. 즉 물질이 마치 '가치선택'을 할 수 있는 것처럼 호도하려는 것이다. 그리하여 다윈주의는 근본적으로 생물의식의 고유성을 부정하다, 필요할 시에는 물질에다 생물의식을 교묘히 버무려 활용하고 있다.

그 첫째의 예가 1964년 발표된 윌리엄 해밀턴1936~2000의 '혈연선택설'血緣選擇設이다. 이 가설은 동물들의 이타적인 행동에 대해 자연선택설을 변호하기 위해 개발된 것이다. 즉 자연선택설은 적자생존이므로 동물들은 이기적인 행동만을 해야 할 것이다. 그런데 이상하리만치 현실에서는 이타적인 행동을 하는 동물들이 계속 나타나는 것이었다. 즉 상리공생, 편리공생 등이 나타나는 것이다. 그에 따라 해밀턴은 혈연선택설을 가지고 그 이타성은 바로 이기성의 발로일 뿐이라고 설명하고자 한 것이다.

즉 간단하게 설명하자면 혈연선택이란 동물이 이타심을 발휘할 때, 자신과의 근친도近親度를 중시한다는 것이다. 그리하여 자연선택의 이기적인 적자생존 중에도 이타심이 나타날 수 있다는 것이다. 예를 들어, 물에 빠진 사람 중 자신과 가장 근친관계에 있는 혈연부터 구하게 되는 것은, 물질로부터 나타난 유전자의 이기적인 범주 내에 있는 행동이라는 것이다.

그러나 혈연선택설은 아주 피상적이고 미숙한 사유의 결과이다. 물론 동물들은 대개 이타심을 나타낼 때 혈연관계를 중요하게 생각한다. 그러나 무턱대고 근친도 순서에 따라 이타심이 발휘되고 있는 것이 아니다. 다른 조건이 같을 경우 근친도를 우선 배려할 수는 있지만, 그것보다 더욱 우선되는 것은 자신의 행복이다.

즉 이기적이든 이타적이든 둘 다 생물의식에서 나타나는 가치성이므로, 자신이 행복한 순서에 따라 발휘됨을 깨달아야 한다. 즉 긴급한 상황에서 평소 친근한 사촌을 우선 구하지, 생면부지生面不知의 삼촌을 구할 리 없지 않겠는가? 또한 그러한 친족들이 같은 근친도를 가지더라도 감정의 기복에 따라 우선순위가 항상 바뀔 수 있는 것이다. 즉 오늘은 삼촌이 좋고 내일은 사촌이 좋을 수 있는 것이다.

이처럼 혈연선택의 오류에 대해서는 제4장의 '2《이기적 유전자》비판'에서 다시 다루겠지만, 여기서는 다원주의자들이 이타심을 설명할 때 물질에다 생물의식을 버무려 이용한다는 사실만 지적해 두자. 왜냐하면 '혈연선택'은 생물의식을 사용하지 않으면 성립되지 않기 때문이다. 즉 누가 가장 가까운 친척인지 어떤 경로로든 일단 의식적으로 인지해야 하기 때문이다.

다음으로 물질과 생물의식을 버무리는 뚜렷한 예가 '자연선택은 환경에 유리한 돌연변이를 선호한다.' 혹은 '자연선택은 유전자의 생존율 차이', '변이의 무작위성과 선택과정에 있어서 통계적 원리' 등과 같은 비과학적인 수사다. 즉 다원주의자에게는 모든 진화 현상이 물질법칙 내의 결과(혹은 우연)여야만 한다. 그런데 다원주의자들은 물질의 진화동력이 결핍되면 '유리한' '선호' '생존율' '유전자빈도' '통계적 원리'라는 생물의식과 버무리기를 하는 것이다. 그러나 진정한 물질은 유리하다거나 선호한다는 개념이 없다. 그것은 물질의 정체성을 무시하는 말이다.

생존율과 빈도頻度와 통계도 마찬가지다. 생물에게는 자기애와 생의 의지라는 생물의식의 강약이 있어 생존율의 차이가 나고, 그에 따른 빈도와 통계가 나오는 것이다. 그러나 이러한 의지가 없는 물질은 생물에 관한 생존율과 빈도와 통계를 만들 수 없다. 물질은 그저 동일한 빈도와 통계가 나타날 뿐이다.

예를 들어 다윈주의자들이 뇌가 없어 생물의식도 없다고 여기는 박테리아는, 어떻게 유리하게 선호하며 빈도와 통계를 나타내겠는가? 그러므로 생물에게 있어 물질분자와 다른 생물의식의 고유성·자율성·독립성을 인정하지 않을 경우, 물질일원론인 자연선택설로는 진화의 어느 하나라도 정상적으로 설명되지 않는 것이다.

과학은 항상 재현再現 가능해야 증거로 삼을 수 있다고 한다. 그러나 이성뿐만 아니라 감성까지 개입된 생물의 가치선택은 항상 똑같이 재현되기 어렵다. 그러므로 이제 자연선택설에서 말하는 자연이 생물의식을 포함한 총체적 자연이라고 말하려면, 생물의식을 그에 걸맞게 대접해 주어야만 한다. 따라서 다윈주의자들이 자연선택설을 설명하기 위해 생물의식을 버무리며 이용하다, 그 가치를 인정하지 않은 채 다시 무기자연의 물질주의로 숨어 버리는 것은 염치없는 일이다.

다시 말하지만 생물의식이 결합한 생물의 선택은 '가치선택'이고, 그에 비해 생물의식이 결합하지 않은 무생물의 선택은 가치선택이 아니다. 이에 따라 생물의 가치성은 양심과 도덕과 문화와 예술이 나타나고, 물질의 항상성은 그러한 것들이 나타나지 않는 것이다. 그리고 이러한 차이는 생물학에서만이라도 구별되어야 한다. 그래야만 생물학의 고유성이 보장되는 것이다. 즉 물질의 항상성만 연구하는 것은 물리학이다. 반면 진화생물학은 물리학에다 가치성을 부가하여야만 하는 것이다. 이러한 사실로 볼 때 다윈주의자의 대부분 사유와 논리는 사실 생각보다 매우 허접한 수준이라 할 것이다.

물질의 맹목성

만약 물질이 무엇을 선택하는 것처럼 보이더라도 우리는 그것을 선택이라고 해서는 안 된다. 왜냐하면 물질은 생물과 비교해 무작위적이기 때문이다. 반면에 유기체적인 선택은 목적을 가지고 작위적이어야 한다. 뒤에서 다시 설명되겠지만 생물의 선택은 분명한 목적을 가진다. 그것은 행복이며, 모든 선택은 이에 따라 행해진다. 그러므로 무작위적인 선택은 진정한 선택이 아니다. 무작위적인 선택은 시간이 경과될수록 평균화되어 아무런 결과에 도달할 수 없다.

따라서 자연선택의 무작위적인 선택은 우성優性을 누적시킬 수 없다. 설령 일시적으로 우연히 우성이 누적되었다고 해도 곧이어 열성劣性도 무작위로 선택될 것이기 때문에 평균으로 돌아갈 수밖에 없는 것이다. 이러한 평균화는 '**무기화**'이므로, 자연선택은 진화를 견인하기는커녕 오히려 무기화에 앞장서야만 하는 것이다. 다른 말로 표현하면, 자연선택은 오히려 생물진화를 방해해야 정상인 것이다.

그러므로 자연선택의 무기화가 적용되는 강독에는 무성한[93] 생물들이 살아서는 안 된다. 그 무성한 생물들은 자연선택을 무시하는 것이다. 그래서 일부 다윈주의자들조차 '안정화'니, '평균선택'이니, '어쩔 수 없는 진화'라는 말까지 하는 것이다.

따라서 앞서 소개한 《종의 기원》의 "(생존에) 유익한 개체적 차이와 변이는 보존되고 유해한 변이는 버려지는 것을 가리켜 나는 자연선택, 또는 적자생존이라고 부른다."라는 요점은 바로 물질에 생물의식을 버무린 것이다.

---

93) tangled. 《종의 기원》의 마지막 문단에서 보인다.

즉 자연선택은 물질주의자들과 다윈주의자들이 의도하는 순수한 무기자연의 선택이 아니라는 말이다. 그 자연선택에는 생물의식이 항상 버무려져 있는 것이다. 왜냐하면 물질은 유익한 것과 무익한 것을 구분하지 않기 때문이다. 즉 생물의식만이 유익함과 무익함을 구분하는 것이다.

이러한 자연과 선택의 불합치에 대해 최고의 다윈주의자에 속하는 에른스트 마이어는 선택이 생물의식의 산물임을 의식한 듯, 첫째 선택 대신 '제거'라는 단어를 제시한다.

"자연선택에서는 그러한 선택을 행하는 행위자는 존재하지 않는다. 다윈이 자연선택이라고 부른 것은 실제로는 **제거** 과정이다. 새로운 세대의 창시자는 그 부모가 낳은 여러 개체 가운데 운이 좋아서, 또는 당시의 환경조건에 잘 적응할 만한 형질(특성)을 갖춘 덕분에 살아남는 개체들이다. 그들이 살아남은 반면에 그들의 형제자매는 자연선택이라는 과정을 통해 제거되었던 것이다."<#25>

앞에서 인용한 자연선택설을 위한 마이어의 변론에는 세 가지의 중요한 이율배반적인 메시지가 내포되어 있다. 첫째, 마이어는 자연선택이라는 뜻은 우성을 '선택'하는 것이 아니라, 열성을 '제거'하는 것이라 한다. 즉 이것저것 '자연제거'하다 보면 우연스럽게 진화가 이루어지리라고 생각하는 것이다.

물론 자연의 엄중함이 제거작용을 한다는 것은 사실이다. 그러나 엄중한 자연은 무작위적이어서 열성만 제거하는 것이 아니라, 우성도 함께 제거한다. 즉 모두가 무차별 제거의 대상이 되는 것이다. 과거 큰 운석과 화산과 지각변동과 빙하기 등으로 과거 생물종 중 **99%가 멸종**되었다. 이로 볼 때 자연은 우성과 열성뿐만 아니라 진화의 동력마저도 사라지게 한다.

더군다나 제거만으로는 부가적인 진화를 이룰 수 없는 것이다. 즉 제거되어 없어지기만 하는데 무엇이 부가되어 더 나은 진화를 이룰 수 있겠는가? 다만 이러한 엄중한 자연환경의 틈바구니에서도 생물 스스로가 물질을 헤집고 활용하며 여러 살길을 모색하는 것이다. 즉 무기자연은 모두를 공평하게 제거하려고 하지만, 생물의 의지가 스스로 불공평하게 살아남아 행복을 찾고 진화도 이루는 것이다.

그러므로 자연의 제거 효과가 진화를 견인할 것이라는 사고는, 결국 진화 주체인 생물의식을 전제하는 것이다. 즉 앞에서 자연선택이 물질의 항상성과 생물의 가치성을 버무린 것처럼, 마이어는 제거와 생의 의지를 버무려 진화의 동력이 물질인 것처럼 위장하였던 것이다.

물론 마이어의 말대로 선택보다 제거라는 개념이, 제거 후의 생존개체가 더 남을 수 있으므로 적응에 유리할 수 있고, 어떤 시기에는 생존확률의 차이를 더 잘 설명해 줄 수 있을 것이다. 그러나 선택과 제거는 거의 동의어이다. 선택은 변이에 대해 적극적인 설명이고 제거는 약간 소극적인 설명일 뿐이다. 즉 선택은 '최적자'崔適者만을 남기지만 제거는 최적자 외에도 보통 적자들도 남겨 둘 수 있다는 뜻이다.

나아가 운이 좋아 열성도 남겨질 수 있을 것이다. 그렇다면 이제 제거 후 남은 개체들은 최적자의 진화에 방해되거나 방치될 수 있을 것이다.

그런데 그리되면 변이에 소극적인 제거라는 것이 진화를 확실히 주도한다고 할 수 없을 것이다. 왜냐하면 세월이 가면 최적자도 '유전자교차'(遺傳子交叉. 양성교합)에 의해 퇴행할 수 있고, 방치된 보통 적자들과 열성들이 최적자가 되는 기회를 다시 가질 수 있기 때문이다. 그리하여 결국 평균화가 이루어지게 될 것이기 때문이다.

이렇게 되면 진화에 소극적인 제거를 보충하기 위해, 다른 동력에 의지할 수밖에 없다. 그렇다면 다른 동력으로 어떤 것이 남아 있는가? 그런데 경험 세계에서 그 남은 유일한 동력은 생물의식밖에 없다.

이렇듯 마이어는 진화에 필요한 선택의 힘을 약화하고 생물의식의 능동성을 용인하면서까지, 선택의 불합리를 희석하고자 제거라는 민망한 단어를 사용하고 있는 것이다. 그러나 제거도 '선택적인 제거'가 되지 않으면 평균화일 뿐이므로, 진화가 일어날 수 없는 것이다.

결국 선택과 제거는 동의어일 뿐이다. 이것은 자연선택의 불합리를 변호하기 위해, 선택과 같은 의미일 뿐인 '제거'라는 단어로 에둘러 표현하는 것이다. 이처럼 진화종합설을 주도한 대석학이 선택과 제거가 동의어임을 몰랐을 리 없다. 다만 자신의 물질주의 이념을 어떻게든 유지하려 했던 것이리라 생각된다.

둘째, 마이어는 진화의 우연성을 희석하기 위하여, 유전적 변이가 생산되는 단계에서의 임의성과 그것이 나타나는 신체의 적응성을 나누어 설명한다. 즉 유전자는 무작위적인 돌연변이를 일으키게 되지만 그 표현형(형태와 기능)인 눈은 환경에 유리한 방향(작위적)으로 적응해 나간다는 것이다.

자연선택이 전적으로 우연에 의존한 과정이라는 주장은 완전한 몰이해를 드러내는 것이다. (중략) 간단히 말해서 두 단계로 이루어진 자연선택의 속성 덕분에 진화는 우연의 산물이기도 하고 필연의 산물이기도 하다. 과연 진화에는 엄청난 정도의 **임의성**(우연)이 존재한다. 특히 유전적 변이가 생산되는 단계에서 그러하다. 그러나 자연선택의 두 번째 단계는 그것을 선택으로 보든 제거로 보든 우연의 산물이 아니다. 눈을 가진 개체들이 **생존에 유리**했기 때문에 여러 세대를 거치면서 가장 효율적인 시각구조를 갖춘 생물들이 걸러져 왔던 것이다.<#26>

그러나 진화라는 것은 유전자와 그 표현형이 나누어질 수 없는 연속적인 과정이다. 즉 유전자형과 표현형이 함께하는 일련의 진화 과정에서는 아무리 적은 우연이 일시적으로 개입되더라도 그 우연성은 무시될 수 없다.

그리하여 첫 단계에서 유전적 변이가 우연히 생산된다면 전체적인 진화에 영향을 미칠 수밖에 없는 것이다. 즉 표현형이 눈에 유리한 적응으로 나타난다고 해도, 다시 유전자교차 때 유전자형의 임의성으로 인해 부동浮動하게 되면, 그 유리함이 상실될 확률이 높아지는 것이다. 더군다나 프랜시스 크릭[94]의 '생물학의 중심원리'[95]에 따르면, 표현형(획득형질)이 유전자로 역전사逆轉寫. reverse transcription되지 않는다고도 하지 않는가.

---

94) Francis Harry Compton Crick. OM. 1916~2004. 제임스 왓슨과 킹스 칼리지의 윌킨스의 협력을 얻어 1953년 DNA의 이중나선 구조를 발표. 1962년 왓슨, 윌킨스와 함께 노벨 생리·의학상 수상.
95) 1958년에 발표된 분자생물학 원칙. 즉 유전정보는 DNA → RNA → 단백질 방향으로만 전사되고 그 역으로는 되지 않는다는 주장.

셋째, 마이어는 무기자연의 '제거'에는 목적이 있을 수 없으므로, 자연선택은 목적론적이지 않다고 강조한다.

"자연선택에 대해 널리 퍼져 있는 잘못된 견해 중 반박해야 할 것이 또 있다. 선택은 **목적론적이지 않다.** 생각해보라. 어떻게 제거 과정이 목적론적일 수 있겠는가? 선택은 장기적 목표를 가지고 있지 않다."<#27>

그렇다! 다윈주의 물질은 당연히 생물과 같은 목적이 있을 리 없다. 따라서 눈이 물질에서 발달한 것이라면 어떠한 목적이 있어서는 안 된다. 그런데 바로 앞에서 마이어는 진화의 우연성을 희석하기 위해 눈이라는 표현형에는 유리한 방향성이 있다고 표현하지 않았던가. 그러나 '유리하다'는 개념은 생물의식의 개념이며 가치개념이며 목적적인 개념이다. 만약 물질이 다른 역할(제거)에는 목적이 없다가, 눈이라는 기능발달에서는 목적이 나타난다면 그것은 일관성을 가진 물질이라고 말할 수 없다. 나아가 일관성이 없는 물질은 물질이라 할 수 없다.

이처럼 물질은 유불리라는 목적개념이 있을 수 없다. 유불리라는 개념은 생물의식을 가진 존재가 가치선택 시 국한되어 사용되는 용어이다. 따라서 눈의 발달은 물질에 유불리가 없는 것이기에, 눈이 유리한 방향으로 일시적이 아닌 지속적으로 진화되어 완성되는 것은, 물질에 의해서가 아니라 다른 요인에 의한 것이 된다.

그렇다면 무엇이 눈의 발달이 유리하다고 판단하고 그것을 지속적으로 완성할 것인가. 그것은 필연적으로 생물체에 있을 것이고, 생물체에서도 물질적인 요소를 전부 제외하면 생물의식이라는 것밖에 남지 않는다. 그러므로 눈의 발달이 유리하다고 판단하고 실천한 것은 생물의식이라는 결론에 도달할 수밖에 없는 것이다.

이처럼 마이어는 생물학은 결코 제2의 물리학이 될 수 없다고 생각하면서도 다윈주의를 극복하지는 못한 것이었다. 이러한 관점으로 볼 때 마이어를 비롯한 다윈주의자들의 논리에는 대부분 생물의 목적의식이 결부되어 있는 것이다. 또한 자연선택의 의미를 그때그때 상황에 맞춰 여러 가지 생물처럼 변이해 반론에 대응하고 있을 뿐이다.

자연선택의 증거는 의식의 증거

사실 다윈주의가 진화를 위해 표현하는 단어들은 거의 생물의식을 표현하는 인문학적인 용어들이다. 선택·제거·변이·적응·경쟁·도태·창발적·자기조직화·이기적·이타적·개체이론·집단이론 등등. 그리하여 은유적 표현이라고 변명하지만, 다윈주의자들이 열심히 찾아온 자연선택의 증거는 생물의식의 고유성에 대한 증거일 뿐이었던 것이다.

그리하여 이제 다윈주의자들이 자연선택의 강력한 증거라고 주장하는 것 중에서, 가장 대표적이라고 볼 수 있는 네 가지를 예로 들어, 무기자연만의 선택 능력을 한번 검증해 보자. 이 네 가지 자연선택의 증거는 그동안 여러 반론에 부딪혀 왔지만 끈질기게 생명을 유지해 왔다. 이제 더욱 새롭고도 강력한 반증에 부딪히게 될 것이다.

공업암화

첫 번째로 영국에서 발생한 회색가지나방, 일명 '후추나방'의 공업암화工業暗化에 관한 이야기다. 다원주의자들은 이 후추나방의 공업암화를 자연선택에서의 최적의 소재로 자랑하고 있는 듯하다. 먼저 1896년 곤충학자 J.W. 터트는 희귀하던 검은 후추나방이 영국 산업혁명이 시작된 후 갑자기 증가한 사례를 연구해 보았다.

그리하여 매연 등의 오염에 의해 대기나 나무껍질의 색이 어두워지자, 흰 후추나방들이 새, 박쥐, 도마뱀 등과 같은 포식자를 따돌리기 위해 주위 색상에 맞춰 검게 변하게 되었다는 가설을 내놓는다. 그 후 일련의 조사에서 1950년대 들어 「대기오염 방지법」이 통과되어 대기오염이 감소되자 공업암화가 줄게 되어, 다시 흰 후추나방이 원래대로 증가하였다는 보고가 있었던 것이었다.

그러던 중 1973년 H. 케틀웰은 《흑색증의 진화》에서 후추나방의 공업암화를 자연선택에 대한 강력한 증거로 제시한다. 그런데 이 공업암화에 관한 연구는 후추나방의 색상 변이가 진화와 관계없다는 주장에서부터 연구의 축소조작설까지 논란이 많았다.

그러나 어떻든 만약 후추나방에 대한 암화가 이루어졌다면, 후추나방들은 대기나 나무의 짙은 색깔을 활용하여 포식자를 따돌렸을 가능성이 충분히 있다고 본다. 왜냐하면 그보다 더한 인간의 진화도 인정하고 있기 때문이다.

그런데 문제는 이러한 후추나방의 암화는 자연선택설로는 설명할 수 없다는 것이다. 그 이유를 알아보자. 우리는 고래로 물질의 불공평을 경험한 적이 없다. 따라서 무기자연은 그 지역의 생물이든 무생물이든 모든 것에 공평하게 적용되어야 한다. 그것이 옳은 자연선택이다.

그러나 만약 자연선택이 후추나방의 암화에만 작용하였다면, 이것은 그 포식자들에게는 '불공평한' 처사가 된다. 왜냐하면 자연선택이 후추나방에게 유리하게 작용하여 짙은 색으로 위장하게 하였다면, 반대로 그 포식자들의 생존에는 그에 상응한 불이익이 작용하기 때문이다. 그러므로 공평한 자연선택은 후추나방의 암화에만 작용할 수 없는 것이다. 그리하여 동일 지역에 있는 모든 생물에게도 암화가 비슷하게 나타나야 하는 것이었다. 그러나 그 지역 대부분 생물에게는 암화가 나타난 것은 아니었다.

그러므로 이제 암화의 주체는 무기자연과 같은 공평한 환경요인이 아니라, 후추나방 자신뿐이라는 사실을 감지했을 것이다. 즉 후추나방의 고유한 생물의식이 환경을 활용하여, 암화라는 어려운 선택으로 색다르게 생존하고 있었던 것이다.

뒤에서 상세히 설명되겠지만 미생물을 비롯한 모든 생물은 생물의식이 있고, 그 의식으로 순간순간 자기 나름대로 선택하며 살아가고 있다. 따라서 미생물의 의식을 절대로 미약하게만 볼 수 없다. 그러한 미생물도 스스로 살아갈 만큼의 의식은 있는 것이다. 하물며 다윈의 따개비와 핀치새는 미생물에 비할 바가 아니다.

더욱 중요한 것은 암화할 수 있는 후추나방의 '**변이력**'變異力이다. 즉 후추나방은 대기오염이라는 '선택압'에 대하여 여러 가지 대응을 모색하였을 것이다. 그리고 그중 자기의 신체를 짙게 변하게 하는 것이, 가장 적절하다고 느껴 실행하였을 것이다. 그런데 만약 후추나방이 짙게 변하고 싶다 하더라도 그럴 능력이 부족하다면 다른 방법을 택하여야 한다. 즉 차선책으로 나뭇잎 사이로 재빨리 숨는다든지, 다른 지역으로 이주하는 등의 계획도 세워야 했을지 모른다.

이렇듯 물질은 한 가지 방법만을 택할지 모르지만, 생물은 한 가지 방법만을 모색하지 않는다. 생물은 여러 방법 중 자기의 능력으로 해결할 수 있는 것들을 수렴할 것이고, 그중에서도 가장 효과적, 가장 경제적, 가장 행복한 것을 가치선택 하는 것이다. 여하튼 후추나방이 암화할 수 있었던 동력은 무엇을 의미하는지 좀 더 자세히 알아보자.

1) 생명력: 어떻든 후추나방은 다행히 짙은 색으로의 '변이력'이 있었다. 그런데 이 변이력은 후추나방의 생물의식에밖에 없다. 왜냐하면 물질만으로는 처음부터 항상적이어서 그러한 급격한 변이를 할 수 없기 때문이다.

그러므로 생물의식은 물질을 활용하여 실제로 변이게 하는 힘을 가진 것이다. 그 변이력이 앞 머리글에서 말한 생물의식의 힘인 생명의식에너지(생명력)이다. 이러한 생명력은 뒤 제6장에서 설명하듯이 정보처리가 가능하며, 사유함으로써 정보처리가 가능하며, 원자로 된 '보통물질'과는 달리 비가시적이고도 '비물질적 에너지'[96]에 속한다고 할 수 있을 것이다.

이처럼 지그문트 프로이트1856~1939도 '이드'[97]와 '자아'(自我. 자기의식)와 '초자아'超自我[98] 등으로 구성되는 심적 장치를 하나의 에너지 체계로 보았다. 그리하여 우리는 신진대사뿐 아니라, 생각만 해도 많은 에너지가 요구된다. 따라서 의식과 에너지, 물질과 에너지, 정신과 영혼 등으로 나누는 이분법적인 사고는, 실제적인 것이 아니고 관념적이고 이념적이다. 따라서 우리가 그동안 진화의 원인을 알기 어려웠던 이유는, 바

---

96) 암흑물질, 암흑에너지, 홀로그램 등도 비가시적인 비물질적 에너지이다.
97) Id. 타고난 욕동. Es라고도 한다.
98) 도덕을 추구하는 정신.

로 이러한 비가시적이고도 비물질적인 에너지 때문이었다.

그리하여 생물의식의 고유성과 그 에너지에 대해서는, 특히 제5장에서 여러 증거로 설명할 것이다. 다만 여기서는 이해를 돕기 위해 몇 가지를 정리해 보자.

첫째, 생물의식은 감각(지향)하고 반성하여 신체를 움직일 수 있다. 즉 우리 의식은 길을 보고 판단한 후 신체를 작동하게 되는 것이다. 예를 들어 시각은 시각기관(눈)에서 신경전달물질(아세틸콜린, 글루탐산, 세로토닌 등)에 의해 뇌로 전달되어 그것을 느낄 수 있다고 한다. 그러나 신경전달물질이 시감각은 아니다. 그러한 시감각은 보통물질인 신경전달물질과 결합되어 전달되는 감각 생명력이다.

둘째, 사유함은 에너지를 소비한다. 즉 사유함도 에너지를 소비하는 것이어서 피곤하게 되는 것이다. 그런데 에너지를 소비한다는 것은 에너지를 가진다는 의미와 다르지 않다.

셋째, 뒤 4의 '의식압'에서도 다시 설명하겠지만 최근 의학계에서는 '스트레스'stress[99]와 건강과의 관계를 더욱 광범위하게 인정하고 있다. 그 하나의 예로 우울증이 섬유근육통증후군을 유발한다는 것이다. 이처럼 생물의식과 그 에너지를 인정하지 않는다면 스트레스와 신경성과 심리상태로 인한 건강상태를 거의 설명할 수 없는 것이다. 즉 스트레스는 비가시적인 에너지인 것이다. 왜냐하면 만약 스트레스에 에너지가 없다면, 사람의 건강에 아무런 영향도 끼칠 수 없기 때문이다.

그러므로 이러한 생물의식의 '심적에너지'는 자연선택보다 비과학적이지 않다. 왜냐하면 자연선택은 증명되지도 경험되지도 않지만, 생물의식의 힘은 우리가 현재 '스트레스'와 그에 따른 증상으로 최소한 체득

---

[99] 감당하기 어려운 외부의 신체적, 심리적인 상황에 대해 생물이 가지는 불안과 위협.

하고 있는 것이기 때문이다. 이처럼 생물의식에 에너지가 없다면 아무 짝에도 쓸모없는 것이다. 즉 감각하고 반성한 것을 실행할 에너지가 없다면 사람은 느끼거나 행동할 수 없는 것이다.

나아가 모든 전달에너지, 즉 중력·전자기력·약한 핵력·강한 핵력 등도 비가시적이다. 그러한 에너지들은 아직도 물체의 낙하나 나침반, 방사능 붕괴, 양성자 간의 '척력상쇄'斥力相殺 등과 같은 간접방법으로만 확인된다. 마찬가지로 생물의식의 힘도 앞에서 설명한 가치선택과 스트레스라는 간접방법으로 그 고유성을 확인할 수 있는 것이다.

그러므로 앞의 전달에너지와 함께 생명의식에너지도 더욱 밝혀져야 할 과학적 사안일 뿐이다. 아마 어느 정도 시간이 지나면 이제 암흑물질과 암흑에너지가 더욱 실재성을 가질 것이고, 다음으로 블랙홀black hole[100])과 생명의식에너지가 더욱 실재성을 띠게 될 것이다.

2) '자연효과': 한편 생물에게는 무기자연이 이중적인 역할과 성질을 가지는 것이다. 왜냐하면 생물은 무기자연이 있음으로써 살아갈 수 있다. 반면 무기자연은 생물에게 무척 강력한 장애물이기 때문이다. 이처럼 무기자연은 생물의 **바탕** 혹은 터전이기도 하지만, 반면 삶을 위해 극복해야 할 '**장애**'障礙 혹은 '장벽'이기도 한 것이다.

그런데 우리가 자연이라고 하면 보통 녹색의 산과 들을 떠올리지만, 녹색식물은 무기자연이 아니라 유기자연이다. 즉 무기자연이란 식물조차 제외된 무생물을 말한다. 따라서 식물조차도 무기자연의 바탕과 장애의 틈새에서 겨우 살아가는 것이다.

---

100) 대개 은하의 중심에 위치하여 강한 중력에 의해 모든 것을 빨아들이며, 빛조차 빠져나올 수 없어서 검게 보이는 천체를 말한다.

그러므로 무기자연은 생물을 절대 도와주지 않거니와, 순순히 자기 것을 내어주지도 않는다. 오히려 무기자연의 장애는 엄청난 위협으로 다가올 수 있다. 예를 들어 다나킬[101]의 무더위와 오이먀콘[102]의 혹한과 데스밸리[103]와 사하라의 건조함은 모든 생물에게 치명적인 어려움을 제공한다.

또한 향초香草는 캘리포니아 중부를 가로지르는 산과 분지에 따라 키와 성장 시기에 있어 커다란 차이를 보인다고 한다. (몬로 스트릭버그, 《진화학》) 즉 향초는 낮은 분지에서는 키가 크고, 높은 산의 정상 부근에서는 키가 아주 작다. 그 이유는 토질과 바람 등의 영향 때문으로 보인다. 이처럼 향초는 산악환경에서는 장애의 영향을 더 크게 받고 있음이 분명하다. 아마 향초는 산의 정상 부근에서 바람과 사투를 벌이다, 어쩔 수 없이 키를 조정해야 했을 것이다. 이같이 무기자연은 상당한 '선택압'으로 작용할 수 있다.

그러나 선택압과 선택은 다른 것이다. 즉 선택의 주체는 분명히 향초이다. 왜냐하면 정상 부근에서 살아가려면 키를 줄이라고, 바람이 향초에게 선택해 주지도 않거니와 귀띔조차 해 주지 않기 때문이다. 그런데도 다윈주의자들은 지금껏 바람이 향초에게 귀띔 정도는 해 주는 걸로 착각하고 있다.

마찬가지로 앞의 후추나방에게 대기는 생명을 이어 갈 수 있는 중요한 바탕이다. 반면 대기는 후추나방의 장애이어서 그것을 넘어서기 어렵다. 따라서 대기오염은 선택압으로 작용하였음에 틀림이 없다. 그러나 대기오염은 후추나방에게 암화를 귀띔해 주지 않는다. 따라서 암화

---

101) 세계에서 가장 더운 곳에 속하는 에티오피아 소금 분지.
102) 가장 추운 시베리아 마을.
103) 캘리포니아에 있는 구조곡.

를 선택한 것은 오로지 후추나방일 뿐이다.

그리하여 본 서에서는 이와 같은 생물에 대한 물질의 선택압을 '**자연효과**'自然效果라고 부른다. 즉 '자연효과'란, '생물이 자연을 고려하게 되는 것'을 말한다. 예를 들어 생물은 어디에 좋은 물이 있는지 생각해 활용해야 하고, 추위와 더위에 대한 피난을 강구해야 하는 것이다.

이처럼 자연효과는 생물이 살아가기 위해 반드시 고려해야 한다. 그렇지만 자연효과가 생물의 모든 것을 좌지우지할 수는 없다. 즉 우리가 약을 먹는 것은 그 '도움효과'를 기대할 뿐, 결국은 우리의 면역력이 병을 낫게 하는 것이다.

따라서 자연효과는 생물의 **의식반응**이 있어야 가능할 뿐만 아니라, 각 생물의 의식반응에 따라서 다르게도 나타난다. 그리하여 다양한 진화가 나타나는 것이다. 그러므로 생물은 자연효과를 고려하겠지만, 그 행로는 결국 스스로 선택하는 것이다. 즉 생물은 자연효과를 고려하여 자신의 처지에 맞는 방법을 찾아야만 하는 것이다.

나아가 당연히 생물 선택이 있어야 선택압도 작용할 수 있다. 선택이 없는 선택압은 애초에 작동할 수 없다. 왜냐하면 죽은 생물에게는 선택압이든 자연효과든 모두 나타날 수 없기 때문이다. 그러므로 자연선택설은 변이현상에 대한 가시성을 확보하기 위해, 자연효과를 자연선택으로 과장하여 마치 물질이 선택하는 것으로 위장하는 것이다.

조금 더 들어가 보자. 유물론에 투철한 진화론자들은 다음과 같은 논리를 펼 것이다. 즉 후추나방의 선택과 그 변이능력이 무엇보다 중요하다고 인정하더라도, 후추나방의 선택과 그 변이능력을 환원해 보면 결국 물질밖에 남지 않게 될 것이다. 따라서 물질이 변이를 일으키는 셈이

되고 자연선택의 선택 능력이 입증되는 것이 아니겠느냐는 것이다. 이렇듯 유물론자들은 지금까지 항상 그러한 논리를 펴 왔었다. 즉 변명이 막힐 때 형이상학적인 궁극적 추상까지 동원하는 것이다.

그러나 다윈주의자들이 생물의 선택과 그 변이능력이 궁극적으로 물질로 환원된다고 주장한다면, 창조론자들의 창조나 설계의 주장에도 공평하게 찬동해야 할 것이다. 왜냐하면 둘 다 증거가 없는 무한소급이기는 마찬가지이기 때문이다.

그러므로 특히 자연과학은 어떤 사안에 대한 증거와 논리를 펼 때, 단계적 방법을 무시하면 안 되는 것이다. 즉 후추나방의 암화에 대해, 우선 물질의 선택압에 따른 것이었는지 후추나방의 의식의 변이능력에 따른 것인지를 먼저 규명해야만 하는 것이다. 그리고 만약 현재로는 규명이 되지 않더라도 계속 연구할 뿐이지, 과학은 무리하게 단계를 뛰어넘어 추상해서는 안 되는 것이다.

따라서 '단계적 규명'을 무시한 채 모든 변이는 물질의 능력이고 자연선택이라고 주장한다면, 그것은 과학적 규명단계를 파기한 '사이비과학'(의사과학)이거나, 특정 이데올로기의 대변자라는 비난을 감수해야만 하는 것이다.

겸상적혈구

두 번째, 다윈주의자들이 환경에 의해 다형성多形性[104]이 발현한다고 주장하는 것 중에 대표적으로 '겸상적혈구'鎌狀赤血球가 있다. 즉 아프리카 적도 부근 및 지중해 연안의 흑인들은 빈혈에 시달린다. 그리고

---

104) 동일종의 여러 다양한 표현형.

그에 상응하여 말라리아에 대한 내성이 강하다. 이러한 현상에 대해 다윈주의자들은 인간이 환경에 적응하는 자연선택의 강력한 증거라고 주장한다.

주지하다시피 보통 사람들의 적혈구는 원형인데, 현재 그 지역 흑인들은 겸상(鎌狀. 낫 모양)의 길쭉하게 생긴 적혈구가 많이 보인다. 그리하여 그러한 '겸상적혈구'鎌狀赤血球는 '원형적혈구'圓形赤血球와 비교해 산소와의 결합력이 떨어져, 모세혈관으로의 산소이동이 어려워지게 되고, 이에 그러한 흑인들은 빈혈로 힘들어한다.

그러나 겸상적혈구는 말라리아에 강한 장점이 나타날 수 있다.[105] 즉 말라리아 기생충은 대개 원형적혈구 내에서 기생하고 번식하다, 그 적혈구를 파열하면서 나와 전파하게 되는데, 이때의 발열과 오한으로 사람들은 병이 나는 것이다. 그런데 겸상적혈구는 말라리아 기생충이 적혈구 내로 침투하기 전에 미리 파열되는 성질 때문에, 말라리아 기생충이 기생하고 번식할 수가 없는 것이다. 이처럼 그러한 흑인들의 조상 유전자는 빈혈의 위험을 무릅쓰고, 말라리아에 대응하기 위해 겸상적혈구를 택한 것이라고 볼 수 있다.

여하튼 겸상적혈구가 진화에 도움이 되는지는 의문이지만, 그 흑인들이 말라리아 환경에 적응하는 것만큼은 분명해 보인다. 그렇더라도 역시 형평성이 문제가 된다. 만약 무기자연이 흑인들에게 겸상적혈구를 선택해 주었다면, 말라리아 기생충에게는 숙주가 줄어드는 불공평한 처사가 되는 것이다.

나아가 자연선택은 어디서 겸상적혈구를 그 흑인들에게 나누어 주었던 것일까. 즉 외부 물질 어디에도 겸상적혈구 같은 것은 없다. 아예 선

---

105) 대개 겸상적혈구 유전자와 원형적혈구 유전자가 이형접합(대립유전자가 서로 다름)일 경우.

택할 자재가 없는 것이다. 더 나아가 물질은 겸상적혈구를 상상하지도 않고 기획할 필요도 없다. 즉 무기자연은 그 흑인들이 어찌 되어도 답답할 게 없는 것이다. 따라서 자연선택은 실제로 생물에게 하고 싶은 일도, 할 수 있는 일도 아무것도 없는 것이다.

그러므로 이제 여기서도 나머지 유일한 방법은 그 흑인들의 의식이 겸상적혈구라는 방법을 기획하는 것뿐이다. 즉 그것은 뒤 제2장의 '2 유전자변경'에서 설명하듯, 그 흑인들의 **집단무의식**[106]이 말라리아에 대응하는 오랜 시행착오에서, 그중 가장 바람직하다고 여겨지는 겸상적혈구를 선택한 것이다.

그리고 앞 후추나방의 사례처럼 겸상적혈구에 대한 선택압도 분석해 보자. 물론 가장 큰 선택압은 말라리아 기생충이며, 다음으로는 무더위와 물 부족 등 부차적인 선택압도 있었을 것이다. 앞뒤 사례에서도 설명되듯이, 먼저 말라리아 기생충은 유기체이므로 제외된다. 왜냐하면 자연선택은 물질만의 작용이어야만 보다 뚜렷한 증거로 인정되기 때문이다. 그리고 나머지 무더위와 물 부족 같은 물질이 선택압으로 남는다.

그러나 무더위와 물은 장애이긴 하지만 아무것도 선택할 수 없다. 왜냐하면 무기자연은 자신의 현상에 충실하기 바쁠 뿐이기 때문이다. 그러므로 이제 겸상적혈구를 무엇이 선택하였는지 정답이 가려지게 된다. 정답은 그 흑인들의 '집단무의식'이 겸상적혈구를 기획한 것이다.

여기서 뒤에 나오는 변이의 중간단계, 도약진화, 진화의 균열에 대해서 조금 생각해 보자. 즉 현생인류가 모두 원형적혈구를 가지는 데 반해, 그 흑인들 일부만 겸상적혈구를 가지고 있으므로, 그 겸상적혈구는

---

106) 칼 융의 심리학적 용어. 일정한 공동체에서 암묵적으로 이루어지는 집단적인 의식동조나 합의.

원형적혈구에서 돌연변이가 나타난 것이 분명해 보인다. 그런데 자연선택은 아주 점진적 변이이므로 원형적혈구와 겸상적혈구 사이에 '**반원형적혈구**'半圓形赤血球 등이 세분되어 나타난다면, 자연선택의 효과가 더욱 입증될 것이다.

그러나 현재 그 흑인들에게 원형적혈구와 겸상적혈구가 동시에 나타나지만, 반원형적혈구는 나타나지 않는다. 따라서 이것은 생물변이가 자연선택에 의해 점진적으로 이루어지기보다, 흑인들의 생물의식에 의해 어느 정도 도약적으로도 이루어짐을 잘 나타낸다고 할 것이다.

따라서 이 겸상적혈구는 자연선택설의 증거라기보다, 오히려 생물의식에 의한 불필요한(효과 없는) 중간단계의 생략을 나타내므로, 도약진화와 진화의 균열을 잘 설명한다고 할 것이다. 이 중간단계의 생략 문제는 뒤에서 다시 거론될 것이다.

베이츠 의태

세 번째, 헨리 베이츠1825~1892 스스로가 가장 확실한 진화의 증거라고 주장하는 '베이츠 의태'擬態에 관해 알아보자. 1862년 베이츠는 아마존 정글에서 헬리코니드과의 맛없는 나비(제중왕나비)의 형태를 흉내 내고 있는 이종異種 나비(부왕나비)들을 발견하고 학회에 보고한다.[107] 즉 이 이종 나비들은 포식자로부터의 생존 가능성을 높이기 위해 맛없는 나비를 흉내 내고 있었던 것이다. 그리하여 베이츠는 이것을 자연선택의 강력한 증거라고 주장한다.

---

107) 바이스만도 아프리카 나비 '파필리오 다르다누스'의 암컷들이 맛없는 다른 종을 모방하는 것을 연구했다. 비슷한 의태 사례는 상당히 많이 밝혀지고 있다.

그런데 사실 생물의 의태나 위장술로는 이러한 이종 나비뿐만 아니라, 그 종류가 부지기수로 많다. 주지하다시피 해마와 문어와 카멜레온 등은 주변 서식지에 맞춰 모양과 색깔이 시시때때로 변한다. 그리하여 필자가 볼 때 위장술이 가장 잘된 것 중 하나는 애알락명주잠자리 유충(일명 이끼개미귀신)으로 생각한다. 그 유충은 나무 덩굴의 이끼 낀 부위에서 이끼와 비슷하게 위장해 숨어 있다가, 개미가 무심코 지나갈 때 사냥하는 것이다.

여하튼 이종 나비들의 의태가 변이의 일종인 것만은 분명하다. 그런데 여기서도 문제는 의태가 자연선택에 의한 것이라는 주장에 있다. 먼저 앞의 사례들과 같이 무기자연의 형평성이 문제가 된다. 즉 자연선택에 의하여 이종 나비들이 변이되어 포식자들을 잘 따돌리게 된다면, 동일 서식지의 그 포식자들은 당연히 피해를 보게 된다. 그리되면 무기자연은 일시적으로라도 불공평을 행사하게 되는 것이다. 따라서 이종 나비에게만 유리한 그러한 자연은 진정한 무기자연이 아닌 것이다.

다음으로 이종 나비들도 '선택압'을 받았을 것이다. 먼저 이종 나비에 대한 가장 큰 선택압은 역시 포식자들일 것이고, 다음으로 은폐 장소의 부족과 같은 여러 부차적인 선택압도 있었을 것이다. 그런데 다윈주의자들은 이러한 선택압을 뭉뚱그려 자연선택을 위한 선택압이라고 생각한다. 즉 무엇이 무엇에 대한 선택압인지 구분하지 않는다.

여하튼 이 경우에도 포식자인 새가 선택압이 가장 셀 것이다. 그런데 유기체인 새의 선택압에 의해 유기체인 이종 나비들이 변이하는 데 무기자연이 확실히 주도하였다고 보기 어렵다. 오히려 생물의식 작용의 고유성만이 더욱 뚜렷이 나타난다고 보는 것이 합리적이다.

마찬가지로 영양들이 빨리 뛰는 것은 사자와 같은 포식자 때문이다. 즉 사자와 영양 모두 유기체이다. 이처럼 변이의 많은 부분은 유기체 간의 효과이다. 즉 생물의식과 생물의식의 충돌이다. 따라서 생물의 '**의식압**'[108]에 대한 생물의식의 선택이다. 설령 물질만의 극한 선택압이 있더라도 생물은 자기의 의식으로 스스로 방어하고 극복해야만 한다.

그러나 만약 이종 나비가 무기자연의 선택을 기다렸다면, 오랜 시간 그 무심함으로 인해 벌써 멸종되었을 것이다. 또한 물질이 무엇인가를 선택해 주었다 하더라도 물질을 위한 선택이 되므로 아마 이종 나비에게 거의 도움이 되었을 리 없다. 왜냐하면 물질은 물질을 위해 존재하고, 생물은 생물을 위해 존재할 뿐이기 때문이다.

그리고 이와 관련하여 '변이력'에 관하여 좀 더 설명해 보자.

1) 불합리한 기관: 만약 다윈주의자들의 바람대로 무기자연의 선택(우성 누적)이 생물체에 알맞은 것이었다면, 그 능력에 비례해 과거 생물의 멸종 비율(99%)이 그리 높지 않았을 것이다. 그런데도 오히려 다윈주의자들은 멸종과 불합리한 기관들을 두고 창조론자 혹은 설계론자들을 비판한다.

즉 다윈주의자들은 전지전능한 신이 동물들을 설계했다면 동물들은 멸종하지 않았을 것이고, '되돌이 후두신경'[109] '수뇨관에 걸친 정관'[110] '후두개'[111] 등과 같은 불합리한 기관도 나타나지 않았을 것이라고 한다. 그렇지만 자연선택설도 멸종과 불합리한 기관에서 자유롭기 어렵다.

---

108) stress. 뒤에서 설명한다.
109) 바로 뇌로 올라가지 않고 아래 대동맥활 등을 돌아서 뇌로 올라가는 성대조절신경.
110) 고환에서 위에 있는 방광의 수뇨관을 돌아서 다시 아래의 전립선으로 연결되는 정관.
111) 숨을 쉴 때 음식물이 후두로 들어가지 못하게 하는 덮개. 즉 기도와 식도가 같이 있어 필요한 기작.

즉 은하와 태양과 지구라는 우주적인 무기자연이 멸종과 불합리한 기관을 배태하였다는 것도 이해하기 어려운 것은 마찬가지이다. 왜냐하면 우리는 지질학적인 무기자연의 물리화학적 결합은, 마냥 자연적이므로 멸종과 불합리가 나타날 수 없기 때문이다.

따라서 이제 멸종과 불합리한 기관에 대해 이렇게 설명할 수 있을 것이다. 그것은 생물의식 작용의 결과이다. 즉 생물의식이 고유하게 활동하지 않았다면 모든 것이 물질일 것이므로, 탄생과 멸종도 없었을 것이고, 불합리한 기관의 발생과 이를 불합리하다고 말할 필요도 없었을 것이다.

그런데 생물의식은 무능하지도 않지만 전능하지도 않다. 뒤 제3장의 '2 생물의 기원- 물질회유'에서 설명되겠지만, 멸종은 부족한 유기체가 환경과 양립하려다 실패한 경우이고, 불합리한 기관은 유기체가 조금씩 확충되는 미약한 생물의식으로 말미암아 그때그때 적응하기 위한 것이다. 따라서 불합리한 기관은 부족하게 확충된 생물의식이 과거의 기관을 최대한 활용한 것으로, 오히려 환경을 조금씩 극복한 좋은 사례이다.

그러므로 앞에서 말했듯이 이종 나비가 변이할 수 있는 것은, 흉내 낼 수 있는 생물의식의 기획력과 이종 나비 내부의 '변이력'뿐이다. 이처럼 포식자에 의한 선택압도 생물의식에 의한 것이고 이종 나비의 선택도 생물의식에 의한 것이면 생물의 '의식력'이 전부를 하는 것이다.

2) 변이의 한계: 한편 이종 나비의 가장 바람직한 바람으로는, 아마 천적들을 능가하는 변이가 이루어져 그들로부터 아예 쫓기지 않기를 바랄지도 모른다. 그러나 그런 바람으로 선택한다고 하여도 당장 천적들을 능가할 수는 없다. 왜냐하면 그것은 이종 나비의 변이능력의 '한계' 때문이다. 따라서 이종 나비들도 생존을 위해 자신들의 변이능력을 가

늠해 보면서, 이것저것을 시도해 보고 시행착오도 거쳤을 것이다. 그리고 여러 대안 중 이종 나비들에게는 가장 알맞은, 고작 맛없는 나비를 흉내 내는 정도였을 것이다.

어떻든 그 이종 나비들과 그 변이능력은 물질인가? 아니다! 천적들은 살기 위해 이종 나비를 사냥해야 하고, 그 이종 나비들도 살아남기 위해 의태를 해야만 하는 등 모두 생물의 의식적 행태이다. 이종 나비와 천적은 물질이 아니라 모두 유기체이다. 그러므로 물질인 자연선택이 이종 나비들의 흉내에 직접적인 역할을 했다고 볼 근거는 전혀 없는 것이다.

수렴진화

넷째, '수렴진화'收斂進化라는 것이 있다. 다른 계통의 조상을 가진 종들이 여러 지역에서 서로 비슷한 형태와 기능으로 발달하는 것을 말한다. 예를 들어 곤충과 조류, 조류와 박쥐, 어류와 고래, 캥거루와 주머니여우[112], 두족류의 눈과 포유류의 눈 등등. 이에 대해 학술적으로는 계통적 평행진화 혹은 발산진화는 상동성相同性의 구조를 가지는 데 반해, 비계통적 수렴진화는 상사성相似性의 구조를 가진다고 말한다.

여하튼 이 수렴진화도 다원주의자들이 자연선택의 강력한 증거라고 주장하는 사례이다. 마이어는 또 말한다. "수렴은 자연선택이 어떻게 생물이 가진 내재된 변이성[113]을 이용해서 생물이 거의 모든 환경의 생태적 지위에 적응하도록 하는지를 보여 주는 완벽한 예이다." <#28>

---

112) 캥거루처럼 새끼를 육아 주머니에 넣어 기른다.
113) 변이의 내재성 인정.

당연히 일부 다른 계통의 생물들이 서로 수렴현상을 보이는 것은 사실이다. 그러나 수렴진화는 다윈주의로는 근본적으로 설명할 수 없다. 그 이유는 이렇다. 진화론에서는 '지리적 격리'가 종의 분화나 진화의 가장 큰 요인이 될 수 있다고 본다. 따라서 진화의 근간은 큰 산이나 강 같은 장애가 있거나 혹은 서로의 거리가 멀게 되면, 종의 분화가 잘 이루어진다고 하는 것이다.

그런데 수렴진화론에서의 자연선택은 이제 격리와 관계없이 환경이 비슷하면 수렴진화가 가능하다고 보는 것이다. 그러나 격리와 관계없이 비슷한 환경에서 자연선택에 의해 수렴이 추진된다면 다음과 같은 문제가 발생한다.

1) 첫째, 진화가 하나의 박테리아로부터 시작되었다는 '단계통기원설'은 거의 의미가 사라지게 된다는 것이다. 왜냐하면 비슷한 환경에서 수렴진화가 이루어졌다면, 지구의 거의 모든 곳에 분포해 있는 박테리아로 인해, 여러 계통으로 진화되어야 하기 때문이다. 즉 수렴진화 할 정도로 지구상 여러 비슷한 환경이 존재한다면, 가장 넓게 분포하는 박테리아로 볼 때, 각 종의 조상은 다계통일 수 있다는 것이다.

2) 둘째, 동소同所에서 어떻게 그토록 다양한 계통의 생물들이 살아가는지의 문제도 해결해야 한다. 왜냐하면 비슷한 환경의 이소異所에서 수렴이 이루어진다면, 동소에서는 환경이 더욱 비슷할 것이기에, 그곳 생물들은 더욱더 수렴되어야 타당할 것이기 때문이다.

쉬운 예를 들어 보자. 아프리카 세렝게티에는 다른 계통의 수많은 동물이 함께 살아가고 있다. 그곳에는 큰 동물들만 해도 사자·표범·하이에나·리카온·몽구스·코끼리·기린·혹멧돼지·얼룩말·물소·누·톰슨가젤 등등이 있고, 하늘과 땅속에서도 아주 다양한 생물들이 살아가고 있다.

그러나 이 동소에서 이러한 동물들이 수렴되고 있다는 증거는 없다. 오히려 더욱 독특하게 진화하고 있다는 것이 합리적이다. 왜냐하면 《종의 기원》에서 다윈조차도 좁은 강둑에서도 얼마나 다양한 생물들이 살아가는지 강조하고 있기 때문이다.

그러므로 다윈주의자들이 수렴진화를 자연선택의 증거로 내세우는 것은 자승자박하는 것이다. 왜냐하면 현재 세렝게티라는 동소에서 이 소 못지않게 훨씬 더 다양한 생물들이 나타나고 있다는 사실은, 수렴진화의 시각으로는 이율배반이 되기 때문이다. 따라서 자연선택이 수렴을 추진한다면, 좁은 지역일수록 점점 더 동일 행태로 생물들이 살아가야 할 것이다.

예를 들어 박쥐가 날개를 가진 것이 자연선택의 결과라면, 박쥐와 동소에서 서식하는 원숭이들에게도 날개 비슷한 것이 있어야 할 것이다. 또한 태즈메이니아Tasmania[114]의 주머니여우가 다소 멀리 있는 캥거루와 수렴한다면, 더욱 가까이 있는 오리너구리도 주머니 비슷한 것이 나타나야 할 것이다.

그러므로 다윈주의자들이 수렴을 자연선택의 증거라고 내세우는 한, 자연선택은 진화를 점점 무력화시키고, 급기야는 모든 생물을 단일화 혹은 무기화無機化로 수렴시켜야만 하는 것이다.

따라서 그러한 이유로 생물의식을 진화의 유일한 동력으로 볼 수밖에 없는 것이다. 즉 수렴진화는 '**생물의식의 상동성**'[115]을 말하는 것이다. 왜냐하면 생물의식은 어디 있으나 공통적 속성이나 창의력을 가지고 있기 때문이다. 뒤의 제5장에서 설명되겠지만 미생물의 의식이나 인

---

114) 호주 남동부의 섬.
115) 생물의식의 기본속성은 거의 비슷하다.

간의 의식이나 그 양적인 차이가 있을 뿐, 근본적으로는 동일 속성에서 배태되는 것이다.

그러므로 생물들은 멀리 있으나 가까이 있으나 필요하다면 어느 정도 비슷한 아이디어를 나타낼 수 있는 것이다. 그러한 생물의식의 상동성에 관한 극적인 일화로는, 다윈과 윌리스를 보면 될 것이다. 즉 그 두 사람은 서로 다른 환경에서 다른 연구 활동을 해 왔지만, 똑같은 자연선택을 생각해 낸 것이다.[116]

자연선택은 심리적 현상

그러면 다윈주의자들은 왜 굳이 물질만을 진화의 동력으로 삼으려는 것일까? 나아가 왜 인간이 물질에 그런 기대를 하려는 것일까? 그에 대한 해답 또한 인간의 의식 때문이다. 즉 행복하고 싶은 의식 말이다. 이처럼 행복은 이성이 아니라 감성이다. 따라서 행복은 반드시 합리적인 경로를 따르지 않는다. 즉 자신의 행복을 위해 일부는 신을 믿고, 일부는 철학과 과학을 하고, 일부는 단순한 물질주의를 따르는 것이다.

그런데 이러한 물질주의에 경도된 사람들은 설명하기 쉬운 길을 택하며, 그에 발맞춰 가시적인 증거를 선호하는 심리적 경향이 있다. 즉 가시적인 증거를 선호하는 경향은, 파악하기 어려운 우리의 근원과 미래를 어느 정도 가늠하게 해 줄 수 있기 때문이다. 그리하여 이런 물질주의 현상은 아주 옛날부터 인류의 의식에 나타나고 있다.

---

[116] 몬보도 가문의 스코틀랜드 인류학자인 제임스 버넷James Burnett. 1714~1799 또한 비슷한 시기에 다윈의 진화이론을 예견했다고 한다.

예를 들어 토테미즘Totemism[117]이나 애니미즘Animism[118] 같은 원시 신앙도 이런 종류의 의식 현상이다. 즉 토테미즘이나 애니미즘은 비가시적인 초월적 대상을 가시적인 동물이나 사물에 투영해 자기의식의 안정화를 기하는 것이다. 그리하여 결국 물질적 결정론으로 악용되기도 하는 것이다.

고대 그리스의 자연철학자들도 이러한 물질주의(자연주의)를 보인다. 그런데 이러한 철학이 나타나는 것은 광대하고 유구한 무기자연이 믿음직하며, 비가시적인 의식보다는 손에 잡히는 가시적인 물질을 근원으로 삼으려는 '행복의식' 때문인 것이다. 그 후 여러 유물론이나 물질주의를 거쳐 다윈의 자연선택설이 등장한다. 다윈도 자신의 사유를 안정시키기 위해, 무기자연에다 생물의식을 버무린 셈이다.

그러므로 자연선택설은 인간의 모든 정신과 문화까지 오직 물질로부터 기인되었다고 하는 부족한 사유와 가시화 심리에 따른 오류라 할 것이다. 따라서 자연선택설의 '선택'은 생물의식이나 정신이 사용하는 용어를 차용한 정도를 넘어, 물질이 선택권을 가지고 생물의 변이를 주도할 것이라는 마취상태에 있는 셈이다. 즉 '자연효과'를 '자연선택'으로 위장하는 것이다.

그러나 생물의 역사에서 자연선택이란 없다. 생물의식의 선택만이 존재한다. 나아가 생물의 선택은 규격화할 수도 없다. 생물의 선택은 항상적 선택이 아니라, 그 생물만의 행복을 위해서 환경과 상황에 따라 바뀌며 가치선택 하는 것이다. 그리하여 그 가치선택으로 인해 다형성과 생

---

[117] 동식물을 신성시하는 원시 신앙.
[118] 자연계의 모든 사물에 영혼이 있다고 믿는 원시 신앙.

명의 나무 같은 다양한 계통이 나타나게 되는 것이다.

다시 말해 우리가 일반적으로 자연이 변이를 가능케 할 수 있을 것이라 느끼는 이유는, 무기자연과 이를 극복하려는 생물의식을 정확히 구분하지 않기 때문이다. 또한 다원주의자들은 지금까지 자신들의 이론을 꿰맞추기 위해 무기자연과 생물의식을 계속 버무려 두는 것이 유리하였기 때문이기도 하다. 즉 물질과 생물의식, 항상성과 가치성, 선택압과 '**의식압**'stress을 버무려 두는 것이다.

그러므로 자연선택설이란 '선택'이라는 생물의식 작용에, '자연'이라는 그럴듯한 가시성을 덧입혀, 과학적이라고 위장하는 것이다. 이어 진화의 동력이 물질일 것이라고 주장하여 심리적 안정을 취하려는 가설인 것이다. 이처럼 자연선택설은 서로 조립될 수 없는 자연과 선택을 버무림으로써 지성의 작용을 혼탁하게 하였으며, 생물의식을 더욱 밝히기는커녕 문화와 도덕까지 폄훼貶毁하여 온 것이다. 이에 대해서는 뒤에서 사안별로 계속해서 거론할 것이다.

4 적응은 가치선택

전통적인 다윈의 설명과는 달리 돌연변이가 발견되면서부터, 다원주의자들은 적응의 의미와 그 메커니즘을 차츰 다르게 해석하고 있다. 우선 전통적인 다윈의 적응에 대하여 알아보자.

앞 다윈의 어록에서 보았듯이 적자생존은 자연선택과 같은 의미이다. 즉 다윈은 맬서스의 《인구론》에 이어 스펜서의 《생물학의 원리》에 나오는 '적자생존'을 적극적으로 받아들여 생물변이를 설명하고자 했다. 즉 기하급수적 인구의 증가는 부족한 자원으로 인해 악덕과 투쟁이 발생하게 되고, 그에 따라 가장 적응이 잘된 개체 순서로 살아남으리라는 것이다.

이처럼 당시 자연선택의 동력을 찾던 다윈은, 적자생존이라는 생물의 방법이 물질과 버무리기 가장 적당하다고 생각한 것이다. 왜냐하면 물질은 임의적이어서 그것으로는 일정한 방향성이 나타나는 동력의 확보가 어려웠기 때문이다.

그러나 앞 머리글에서부터 강조해 왔듯이, 다윈의 자연선택과 맬서스의 《인구론》은 별로 관련이 없다. 왜냐하면 자연선택에서의 무기자연(바위, 구름 등)은 인류의 악덕과 투쟁에 관심도 없을 뿐만 아니라 관계하려고도 않기 때문이다. 마찬가지로 자연선택과 '적자생존' 또한 관련이 없다. 왜냐하면 무기자연은 무심하여 적자든 비적자든 공평하게 무기화할 뿐이기 때문이다.

그러므로 주지하다시피 무기자연은 적응이나 진화, 싸움이나 경쟁하지 않는다. 즉 적응이나 진화, 싸움이나 경쟁은 생물에게서만 나타난다. 따라서 이것들은 생물의 의지가 반영된 것이므로, 적자생존은 물질적 성질이 아니라 확연한 생물의식의 성질인 것이다. 왜냐하면 박테리아에서부터 자기애와 생의 의지라는 생물의식이 없다면, 적응이나 진화, 싸움이나 경쟁을 할 수 없을 것이기 때문이다.

그런데도 다윈주의자들은 생물의식은 뇌의 발생 이후 나타나는 것으로 치부한다. 그렇다면 뇌가 없는 플라나리아 이전의 생물들은 어떻게 싸움과 경쟁하며 적자생존 한다는 것일까? 즉 박테리아는 뇌는커녕 신경계조차도 없는 것이다. 그런데도 박테리아는 뇌의 존재와는 상관없이, 자기애와 생의 의지라는 생물의식이 존재하므로 적자생존도 가능한 것이다.

나아가 무기자연이 생물을 알맞게 적응시키리라는 발상이 왜 거짓인지는, '이식종'移植種 혹은 귀화종이 기존의 생태계를 파괴하는 현상에서 잘 나타난다. 우리나라에서도 이식종들이 토착종들의 씨를 말리는 현상으로 골머리를 앓고 있다. 즉 뉴트리아[119], 황소개구리[120], 베스(북미가 원산지인 민물어류), 부루길(북미가 원산지인 민물어류), 붉은귀거북[121], 가시박[122], 단풍잎돼지풀[123], 아까시나무 등등이 강과 산에서 토착 동식물들을 괴롭히거나 몰아내고 그 자리를 차지해 가고 있다. 또한 유럽의 전염병들(특히 홍역과 천연두)은 수많은 인디오를 사망에 이르게 하여 잉카제국의 멸망을 도왔다고도 한다.

그런데 만약 그 지역 무기자연이 토착종들을 적자생존 시켰다면, 적자인 토착종들이 이식종들을 먼저 몰아냈어야 할 것이다. 또한 무기자연에 오랜 적응을 마친 인디오들의 면역체계는, 굴러온 일시적 병균을 단번에 물리쳤어야 할 것이다.

더 나아가 진화종 혹은 고등동물들과 같은 최적자들이 마냥 우위에 있는 것도 아니다. 인간조차 바이러스나 박테리아에 의해 생명을 위협

---

119) 남미가 원산지인 설치류.
120) 아메리카 등에 서식하는 양서류.
121) 북미가 원산지인 파충류.
122) 북미가 원산지인 한해살이 덩굴식물, 1990년대 한국에 나타난 귀화식물.
123) 북미가 원산지인 한해살이풀.

받는다. 그리하여 역사상 전쟁보다 전염병으로 더 많은 사람이 죽음에 이르렀다고 한다. 또한 약자들이 모여 강자를 몰아내기도 한다. 예를 들어 늑대나 하이에나 사회에서도 종종 동료들이 연합하여 억압하는 두목을 몰아낸다. 아마 프랑스 혁명은 가장 뚜렷한 약자들의 승리일 것이다.

그리고 적자생존이란 엄밀히 말해 동어반복이자 결과론적인 용어이다. 즉 정확한 적응 메커니즘의 인과에서 도출된 것이 아니라, 생존자가 모두 적자라고 마냥 생각하는 것이다. 따라서 결국 무기자연이 적자를 선택하리라는 사고는, 다원주의자들이 무기자연의 정체성을 무시한 일방적인 생각일 따름이다.

적응과 적자생존의 오용

다윈이 말하는 '적자생존'의 뜻은 자연환경에 가장 적응이 잘된 생물이 경쟁에서 생존할 확률이 가장 높으며, 이에 따라 번식에 성공할 확률도 높다는 의미이다. 이것은 물질에다 경쟁과 번식 등의 생물의식을 버무려 동력을 확보해야만 하는 것이었다. 그러나 그것은 사실 적응과 적자생존의 원래 의미를 오용하는 것이다.

적응의 오용

우선 '적응'適應. adaptation이란 단어의 의미를 명확히 하자. 우리가 일상에서 '적응한다.'라고 할 때는 익숙하지 않은 환경에서 익숙하게 되는 과정을 말한다. 그리고 익숙하게 된다는 뜻은 그 적응과정이 웬만큼 지나면, 이제 서서히 본연의 자신으로 더욱 잘 살아갈 것을 함축하고 있다. 왜냐하면 행복을 추구하는 우리는 지속적으로 적응만을 위해서 살아갈 수는 없는 노릇이기 때문이다. 즉 적응은 환경을 **극복**하고 활용하기 위한 행복 추구의 과정인 것이다.

예를 들어 우리가 자전거 타기 배울 때를 생각해 보자. 먼저 우리가 자전거를 잘 타기 위해서는 그 자전거의 나아감에 적응하고 익숙해져야 한다. 그리고 익숙해져 여유가 생기면, 어디든 가고 싶은 곳으로 달리게 된다. 따라서 자전거 타기 연습을 하는 것은 마냥 자전거에 순응하고 매달리기만을 위한 것이 아니다. 즉 자전거를 활용해서 나의 자유의 지대로 마음껏 달리기 위한 것이다. 그러므로 이러한 것이 진정한 생물의 적응이란 것이다.

그런데 진화론에서의 적응의 의미는 마냥 자전거에 순응하기만 하면, 자전거가 알아서 잘 달려 주리라고 생각하고 있다. 즉 자연이 선택하는 대로 생물은 가만히 있어야 적응된다는 것이다. 이것은 주체와 객체를 전도시켜 생물 적응을 앞의 '자연효과'와 어떻게든 치환해 보려는 것이다. 그리하여 진중한 조지 윌리암스 1926~2010조차 "진화론에서 의미하는 적응이란 생물이 환경에 적응하려는 목적의식을 가지고 어떻게 해 보는 것이 아니라, 자연이 환경에 가장 잘 맞는 개체를 선택한 결과 나타나는 현상이다."<#29>라고 곡해하고 있을 정도이다.

그런데 생물 적응은 물질적이고도 기계론적인 해석만으로는 도저히 풀 수 없다. 즉 생물은 무턱대고 항상적 적응을 하는 것이 아니라 오히려 '**선택적응**'[124]을 한다. 예를 들어 갈라파고스에는 바다이구아나와 육지이구아나가 서식하고 있다. 그 둘은 모두 본토에서 온 공통 조상을 가

---

124) 자신에게 가장 적합한 환경을 먼저 찾음. 도킨스의 《눈먼 시계공》에서 소개한 '도버의 설'.

진다. 그런데 바다이구아나는 바다를, 육지이구아나는 산지를 선택하여 적응하다 보니 분기된 것이다.

나아가 생물에게는 오늘의 적응과 내일의 적응이 다를 수 있다. 즉 생물의 적응은 감성에 따라 시시때때로 다를 수 있고, 그 의지에 따라 적응력도 달라지는 것이다. 따라서 생물은 또한 자신의 행복에 맞는 '**가치적응**'[125]도 하는 것이다. 그리하여 그 미세한 가치 차이에 따라 동소同所에서든 이소異所에서든 종 분화가 나타날 수도 있는 것이다. 그러므로 생물은 무기자연의 압력에 무턱대고 순응하는 것이 아니라, 자연에 '**대응적응**'對應適應[126] 하고 진화하는 것이다.

그러므로 결국 다윈주의 진화론에서는 생물의식의 활동력인 적응을, 무기자연에 의한 순응으로 오용하는 것이다. 그러나 우리는 죽은 듯이 보이는 씨앗들이 봄에 대지를 떨치고 피어나는 것을 본다. 그 씨앗들이 마냥 대지에 순응하기만 했다면 어떻게 꽃을 피울 수 있었겠는가? 이처럼 어느 생물도 무기자연에 마냥 순응되기만을 기다리며 살아가지는 않는다. 초기에 순응하더라도 익숙한 과정이 지나면 환경을 극복하고 자신의 자유의지대로 마음껏 살아 보려는 것이다.

그러므로 생물은 분명한 목적을 가지고 환경에 적응한다. 그 목적은 환경의 극복과 활용이다. 즉 환경을 극복하고 활용하여 '행복'해지려는 것이다. 다른 말로 하면 자연환경은 생물의 행복을 위한 활용물이라는 것이다.

---

125) 자신이 선호하는 적응.
126) 무기자연의 도전에 대응하는 적응. 필자의 용어.

적자생존의 오용

다음으로 진화론에서 말하는 적자생존의 오용을 지적해 보자. 먼저 적자생존은 생물계의 현실에서 일부 인정된다. 특히 일시적으로 어떤 자원과 욕구가 충족되지 않을 때 투쟁이 증폭될 수 있다. 그러나 그것이 진화론에서 의미하는 지속적이고도 극단적인 투쟁일 수는 없다. 왜냐하면 다양한 사회구성원도 필요하고, 근친교배도 회피해야만 하기 때문이다.

예를 들어 침팬지 사회를 한번 관찰해 보자. 침팬지 사회는 아무리 강한 무리라 하더라도 약한 무리를 끝없이 공격하지는 않는다. 대개 최소한 자신들의 영역을 보장받는 선에서 타협이 이루어진다. 왜냐하면 강한 무리라 하더라도 무리하게 공격하다가는, 자신들의 무리에도 적지 않은 피해가 올 수 있기 때문이다.

그리고 같은 무리 내에서도 알파 침팬지(대장 침팬지)가 약한 침팬지들을 무차별로 공격하지도 않는다. 만약 알파 침팬지가 무리하게 억압하여 민심을 잃게 되면, 부하 여럿이 동맹을 맺어 알파 침팬지를 내쫓아 버린다. 그리하여 대개 알파 침팬지는 여러 암수와의 동맹을 맺어 지위를 유지하는 것이다. 또한 자연에는 어느 정도의 먹이가 보장되어 있으므로, 다른 무리의 견제를 위해서도, 생식을 위해서도 함께 사회를 이루어 나가야만 하는 것이다.

그리고 우리는 강자에게 당하는 약자를 심정적으로 동정하고 도우려 한다. 왜냐하면 우리 의식은 양심과 정의감이 어느 정도 발달되어 있기 때문이다. 예를 들어 현재 네팔에서는 '카말라리'Kamalari와 '할리야'Halliya라는 제도에 대한 자성의 목소리가 높다. 먼저 카말라리 제도란, 가난한 집의 어린 여식女息을 다른 집의 하녀로 팔아넘기는 사회관습을 말한다. 그리하여 그 팔려 간 여식은 노예 생활을 하고 주인의 화풀이 대상이 되기도 한다.

다음으로 할리야 제도란, 대대로 노예 생활을 하게 되는 관습을 말한다. 즉 가난한 사람들이 돈을 빌려 갚지 못하게 되면, 그 돈을 갚을 때까지 자식들도 대를 이어 할리야라는 노예가 되는 것이다.

이러한 카말라리와 할리야 제도가 조금씩 외부 세계에 알려지자, 세계 각지에서는 지탄의 목소리가 팽배하고 있다. 이에 발맞춰 지금 네팔 정부에서도 카말라리와 할리야 관습을 법으로 금지하고 있으며, 이 관습을 타파하기 위해 노력하고 있다. 이렇듯 우리는 약자를 보호하려는 양심과 강자를 몰아내려는 정의감도 있는 것이다. 따라서 적자생존으로는 양심과 도덕과 정의가 발현되는 현상을 도저히 설명하기 어려운 것이다.

그러므로 극단적인 적자생존은 현실에서는 거의 나타나지 않는 것이다. 이렇듯 다수의 개체가 형성될 수밖에 없으므로, 적자는 여러 세대를 지나는 동안 '유전자교차'에 따라 다시 평균적인 침팬지와 인류가 될 수 있는 것이다. 이처럼 극단적인 적자생존은 비현실적이고도 사변적인 상상일 뿐이다.

나아가 생존경쟁에서 제거되는 경우는 동종에 의해서라기보다 대부분 상위포식자에 의해서다. 즉 아무리 그 종의 적자라 해도 상위포식자에게는 거의 무의미하다. 예를 들어 장수말벌 몇몇이 꿀벌 집을 공격하면, 수백의 꿀벌들은 맥없이 주검으로 쌓인다.[127] 이와 마찬가지로 장수말벌 또한 그 포식자인 벌매, 오소리 등에게는 거의 속수무책이다.

---

127) 물론 드물게 꿀벌들이 말벌을 겹겹이 에워싸 퇴치할 때도 있다. 즉 말벌의 체온을 상승시켜 죽이는 것이다.

그리하여 그러한 싸움에는 적자든 비적자든 어떤 피식자라도 전혀 상관없다. 즉 어떤 피식자가 아무리 적자가 되었어도 상위포식자에게는 거의 무의미하다는 말이다. 따라서 적자는 잘 보아도 그 종 내에서의 적자일 뿐, 상위포식자에게까지 적자가 아니라는 것이다. 이것이 피식자들의 '적응한계'이다. 그리하여 마이어도 모든 유전자형은 변화할 수 있는 능력에 한계가 있는 것으로 생각했다. 이 적응한계는 뒤에서 설명할 '의식의 한계'이기도 하다.

최적화와 안정화

좀 더 생각해 보자. '최적화이론'이라는 게 있다. 즉 어떤 생물이 그 환경에서 최적의 상태일 때 가장 잘 살아남으리라는 것이다. 그런데 이 이론은 최적화된 '적자생존'이 오히려 진화를 방해하고 있음이 잘 드러난다고 할 것이다. 왜냐하면 최적자는 환경이 변화된다면 새로운 환경에서 가장 큰 어려움을 겪게 될 것이기 때문이다. 즉 어류로서 최적화되면 양서류로 진화함에 오히려 걸림돌이 될 뿐이라는 말이다.

그리하여 '피셔1890~1962의 기초원리'[128]는 특정 환경에 잘 적응된 시스템일수록 새로운 환경에 잘 적응하지 못한다고 말한다. 즉 캄브리아기의 삼엽충들에 관한 연구 결과, 신체를 키우고 특정한 환경에 잘 적응한 것들이 먼저 멸절하게 되었다. 반면 조그마하고 평범한 삼엽충들이 오히려 오랫동안 살아남았다고 한다. 그러므로 최적화이론으로 볼 때, 진화론에서 적자생존은 오용되고 있음을 말하고 있는 것이다.

---

128) 로널드 피셔 《자연 선택의 유전학적 이론》.

이러한 진화론의 실상을 인정한 듯, 조지 윌리암스는 《진화의 미스터리》The pony fish's glow에서 '평균선택'을 소개하고 있다. 즉 자연선택이 최적자보다 평균을 선택하는 가운데, '진화는 어쩔 수 없이 예외적으로' 발생한다는 것이다. 그러나 이 '평균선택'은 자연선택에게서 진화의 추진력을 무력화시키는 것이다. 더군다나 예외적인 유전자의 고장으로 진화를 이룬다는 것도, 동력이나 방향성에서 평균선택보다 나을 것이 없어 보인다.

나아가 일부 다윈주의자들은 '안정화 선택' 등의 용어로 적자생존의 모순을 무마하려고도 한다. 즉 자연선택 과정은 오히려 진화를 방지하여 종을 안정시키는 작용이라는 것이다. 그러므로 우성 누적과 적자생존과 자연도태를 일으키는 자연과, 평균과 안정을 유지하는 자연은 분명히 상호모순 된다. 즉 최적화이론, 평균선택, 안정화 선택들은 모두 다윈주의자들 간에도 상호모순 되는 이론들인 것이다.

그러므로 무기자연이 평균과 안정화를 이루리라는 사고는, 엄밀히 말해 다윈주의가 아니다. 즉 이 평균과 안정화는 전통적인 다윈주의를 거의 허물어뜨리는 것이다. 나아가 더한 문제는 최적화이론, 평균선택, 안정화 선택도 모두 생물의식의 용어라는 것이다. 즉 무기자연은 생물의 최적화와 평균과 안정을 인지하지도 않거니와 추구하지도 않는다. 오히려 무기자연의 오랜 시간은 무기화에 이를 뿐이다. 다만 생물의식만이 무기자연의 틈바구니에서 상황에 따라 최적화와 균형과 안정을 이루려고 노력하는 것이다.

획득형질의 유전 논란

라마르크의 '용불용설'은 기린의 목이나 코끼리의 코처럼 어느 신체 부위를 자주 사용하면 그 부분이 더욱 발달하게 되고, 사용하지 않는 부위는 점점 퇴화하게 된다는 이론이다. 그리고 그러한 진화와 퇴화가 결국 유전도 가능하게 된다는 것이다. 즉 용불용이 '볼드윈 효과'[129]로 나타난다는 것이다. 그리하여 앞에서도 말했듯이, 다윈도 용불용의 효과에 대해《종의 기원》에서 여러 차례 인정하였다.

이처럼 생물에게서 용불용이 유전되는 것은 '획득형질의 유전'이라고 한다. 이러한 획득형질의 유전이 이루어진 증거실험으로는 '짚신벌레 실험'과 '초파리 실험' 등이 있다. 짚신벌레의 섬모들을 일정 부분 싹둑 잘라 180도 돌려 붙일 경우, 그 바뀐 형질이 200세대 동안 계속 유전이 되었다.[130] 또한 에테르ether에 노출된 초파리 후손들이 이중흉부(두 개의 가슴)의 가계를 계속 만드는 것이었다.[131] 또한《종의 기원》에서 소개한 수술 결과가 유전된 모르모트marmotte의 경우도 있다.[132]

그러나 바이스만의 '생식질 연속설'과 크릭의 '생물학의 중심원리'에 따르면 획득형질은 유전되지 않는다는 것이다. 그리하여 대부분의 다윈주의자는 이 원리들을 수용하여 획득형질의 유전을 포기했다. 도킨스도 "개체는 살아가는 동안 자기의 유전자에 어떤 영향도 주지 못한다."<#30>라고 한 것이다.

---

129) 일단 유익한 행동이 그 집단에 받아들여지고 나면, 그 행동을 받아들인 종의 유전자 가닥이 서서히 고쳐지고 그 결과 생물학적인 재조정이 일어난다는 이론.
130) 소녀본과 배송의 실험.
131) 와딩턴 실험.《적응과 자연선택》에서 소개.
132) 브라운 세카르의 관찰.

그런데 앞에서도 말했듯이 라마르크의 용불용과 다윈의 적응은 사실상 같은 뜻이다. 전통적인 다윈주의는 다윈이 《종의 기원》에서 스스로 인정하였듯이, 용불용 하고 적응하여 새로운 형질을 획득하고, 그 새로운 형질의 유전이 누적되어 진화하는 것이다.

그러므로 앞에서도 말했듯이 단백질(신체)에서 핵산(유전자)으로의 전사가 단절된다고 하면, 용불용뿐만 아니라 적응도 진화론에서 폐기되어야 마땅한 일이었던 것이다. 즉 단백질에서 핵산으로의 단절성은 라마르크의 용불용설과 획득형질의 유전에 큰 불신을 안겼듯이, 다윈의 적응과 적자생존에도 그만한 불신을 안겨야 공평한 것이었다. 그런데 그 후 생물의 의지와 노력이라는 의식적 요소가 가미되었다고 보아, 라마르크의 용불용설과 획득형질의 유전만 다윈주의자들로부터 크게 배척되었다.

그런데 사실 일반적으로 용불용과 적응의 유전적 불연속성은 이론상의 문제만이 아니다. 그 불연속성은 경험과 현실에서도 어느 정도 분명히 나타난다. 가장 적응되어 진화된 인간에서조차 그 적자 요소가 3~4대도 이어지기 어렵다는 것을 우리는 너무도 쉽게 발견한다. 과거 역사상 불세출의 영웅들과 위대한 인물들도 아들이나 손자로 넘어가면 범부를 면치 못하거나 대마저 끊긴다.

그리하여 다른 후손들과 오히려 역치된다. 즉 3~4대가 지나기도 전에 적자가 희석되어 일반화되는 것이다. 예를 들어 이스라엘의 다윗과 솔로몬, 아시리아 센나케리브, 신바빌로니아 네부카드네자르 2세, 페르시아 키루스 2세, 그리스 알렉산더, 로마 줄리어스 시저, 몽골의 칭기즈 칸, 당 태종, 명 태조, 청의 강희제, 공자, 마하트마 간디, 에이브러햄 링컨 등의 후손들이 그러하였던 것이다.

동물들도 마찬가지이다. 동물들은 주로 연약한 영아기 때 포식자의 먹이가 된다. 왜냐하면 포식자는 그 영아의 우열을 가리지 않고 닥치는 대로 사냥하기 때문이다. 예를 들어 알에서 부화한 새끼거북들은 0.1% 정도만이 성체가 될 수 있다. 따라서 새끼거북 0.1%는 거의 무작위에 의존하여 살아남는 셈이다. 혹 적자 새끼거북이 있다고 해도 앞의 꿀벌들처럼 전혀 의미가 없는 셈이다. 즉 여우나 갈매기, 물고기 등의 포식자들에게는 새끼거북이 아무리 적자의 인자를 가지더라도 상대가 되지 않는 것이다.

그리하여 일부 부모가 쌓아 온 적자 형질은 대가 거듭될수록 무작위성에 편승되어 평균화에 이르는 것이다. 이것이 '적자단절' 현상이다. 나아가 어떤 적자 형질, 즉 인간의 후각과 비타민 생성력 등은 퇴화하기까지 하는 것이다.

그렇다면 앞의 짚신벌레와 초파리의 획득형질은 어떻게 유전된 것일까? 즉 짚신벌레와 초파리의 획득형질은 유전이 되고, 바이스만의 잘린 쥐 꼬리와 '양피 제거'[133]는 왜 유전되지 않는 것일까? 그러나 이같이 상충하는 결과에 대해 진화생물학자들 가운데서 누구도 납득할 만한 설명이 없었다. 그렇다면 이러한 생물의 이율배반적인 유전 현상은 어떻게 설명할 수 있을까?

이에 대해서는 '제2장 변이와 유전의 재해석'에서 비다윈주의적인 새로운 메커니즘으로 자세히 설명될 것이다. 즉 '생물학의 중심원리'와는 달리 유전자가 단백질의 통제를 받는다는 것과, 그리고 그것이 생물의 식의 힘에 의한 것이라고 밝혀지게 될 것이다. 그리되면 용불용과 획득형질의 유전도 살리고 적응과 적응의 유전마저 살릴 수 있다.

---

133) 유대 민족의 남성 할례割禮와 아프리카 일부의 여성 할례.

유전자적응론

이같이 신체적인 '표현형'表現型[134]의 적응에서 수많은 모순이 노출되자, 1900년대 신다윈주의에서부터 다윈주의자들은 차츰 표현형의 적응을 무시하고 유전자가 직접 적응하는 그림을 그리게 되었다. 즉 '유전자적응론'은 '유전자의 빈도 차이'[135]가 적응을 이루리라는 것이다.

그러나 그것 또한 자연선택의 적응모순을 미세한 유전자에 숨기려는 의도로밖에 보이지 않는다. 왜냐하면 유전자의 빈도 차이에 대한 자연선택의 증거도 없거니와, 자연선택이 보편적이라면 생물의 모든 현상 전반에 작용하는 것이어야만 하기 때문이다. 즉 무기적인 자연선택은 하늘이건 땅이건, 개체이건 집단이건, 어리건 노쇠하건, 유전자형遺傳子型이건 표현형이건, 모든 곳에 작용하여야 하고 적용되어야만 하는 것이다. 즉 무기자연은 유전자에만 작용하는 그런 편의적이고 편향적인 힘이 되어서는 의미가 없는 것이다.

그리고 표현형에서 시작되었든 유전자형에서 시작되었든, 그 형질은 외부환경과 지속적으로 만나 수정되는 것이다. "사람의 유전자를 켜고 끄는 것은 의식적이든 무의식적이든 외부적 활동의 영향을 받는다."<#31> 따라서 유전형질이 환경에 노출되지 않을 도리가 없다. 왜냐하면 자연선택 자체가 바로 자연환경 전반을 의미하기 때문이다.

1960년대에 '유전자적응론'을 이론화한 학자 중에 해밀턴과 윌리엄스가 두드러진다. 앞에서 물질과 생물의식을 버무리는 혈연선택설의 예

---

134) phenotype. 신체적인 형태로 나타나는 기관과 기능. 유전자형genotype과 대비.
135) 하나의 집단에서 대립유전자의 상대적인 비율을 말하며 돌연변이와 이주, 기회적 부동 등 외부적 요인이 작용하지 않는다는 조건에서는 유전자빈도는 일정하다.

로 조금 거론되었던 해밀턴은, 뒤 제4장의 '2《이기적 유전자》 비판'에서 다시 다루기로 하고, 여기서는 윌리암스를 다루기로 하자.

윌리암스가 《적응과 자연선택》에서 주장하는 적응은 "상호 대안적 대립유전자 간의 차별적 생존[136]"<#32>으로 표현된다. 이 뜻은 어떤 환경에 유리한 유전자가 나타나게 되면, 그 표현형은 자동으로 그 환경에 적응성을 갖추게 된다는 의미이다. 이러한 주장은 유전자 내의 선택을 '**유기적 적응**'(유전자 적응)이라 하여, 표현형의 '생물상 적응'(신체적 적응)을 대체하려는 의도에 따른 것이다. 또한 적합도適合度는 '번식적 생존을 위한 효율적인 설계'라고 하여, 개체는 '**최대번식**'最大繁殖[137]을 하도록 설정되어 있다는 것이다. 그리하여 '집단선택'[138]을 철저히 외면하고 '개체선택'[139]을 선호한다.

그리고 이러한 유전자 적응은 진화적 가소성可塑性(진화 여부)과는 별 관계가 없으며, 진화는 유기적 적응이 '고장'을 일으킨 결과라고도 말한다. 물론 그 고장은 통제 안 된 돌연변이를 의미한다. 즉 자연선택은 평균선택 및 안정화를 위해 돌연변이를 오히려 제거한다는 것이다. 그러므로 진화는 자연선택에도 불구하고 그 '불완전한 작동', 즉 '선택 없는 진화'로 어쩔 수 없이 일어나는 것으로 설명한다.

유전자적응론의 문제

그러나 이러한 '유전자적응론'도 당장 피치 못할 여러 어려운 상황에

---

136) 대립유전자(우성과 열성이라는 한 쌍)의 빈도 차이.
137) 후손을 최대한 가지려는 생식.
138) 종 단위의 무리 선택. 개체 선택과 대비.
139) 종 단위가 아닌 개체별 선택.

직면한다. 즉 앞에서도 말했듯이 전반적인 자연환경을 의미하는 자연선택은, 유전자형이건 표현형이건 모든 곳에 보편적으로 적용되어야 한다. 또한 같은 유전자 내에서 유기적 적응에 적용되는 돌연변이는 가만두고, 그 외의 돌연변이만 자연선택이 제거하리라는 것도 이상하다. 왜냐하면 물질주의에서는 모든 돌연변이가 함께 적응되든지 함께 제거되든지 해야 합리적이기 때문이다.

나아가 자연선택설은 번식의 당위성, 즉 번식목적과 그 근거를 설명할 수 없다. 특히 유전자는 왜 최대번식을 해야 하는지 알 수 없다.[140]

또한 양성의 존재는 유전자가 재조합되는 것이므로 이미 집단선택을 말해 주고 있다. 즉 현대의 많은 다원주의자는 유전자재조합(양성교합)이 돌연변이를 재조정하고 있다고 보는 것이다.

더군다나 '어쩔 수 없는 진화'는 무엇이 주도하여 진화를 이루게 되는지 알 수 없다. 즉 자연선택에 의한 것이 아닌 '선택 없는 진화'는 어떤 동력에 의한 것인지 도무지 알 수 없는 것이다.

나아가 유전자적응론은 곧 '유전자결정론'으로 이어져, 환경과 노력은 무용지물이 되어, 모든 생물은 가만히 누워 유전자의 빈도에만 귀를 기울여야 할 것이다.

그러면 번식과 집단선택 문제는 뒤에서 다루기로 하고, 여기서는 진화에 초점을 맞추어 비판해 보자. 그리하여 가급적 쉬운 설명을 위해 처음부터 잘못된 길로 들어선 윌리암스의 모호하고 난삽한 표현보다는, 도킨스의 《이기적 유전자》에 나오는 북극곰을 예로 들어 보자.

도킨스는 유전자적응론을 설명하면서, 북극곰의 유전자는 미래의 '생

---

[140] '최대번식'의 문제점에 대해서는 다음 '5 성선택도 가치선택'에서 거론된다.

존기계'(생물, 신체, 표현형)가 추위를 느낄 것을 예측할 수 있다고 한다. 그러나 그러한 도킨스의 말은 비과학적이다. 그러한 예측은 그 유전자가 무속적인 신내림을 받아야 가능할 것이다.

여하튼 윌리엄스의 '유전자적응론'은 일단 자연선택이 북극곰을 북극으로 인도한 바 없으므로 성립되지 않는다. 나아가 북극곰이 유전자의 '예측적응'[141])에 이끌려 북극으로 간다는 것은 상상할 수 없는 일이다. 왜냐하면 유전자이든 표현형이든 어떤 환경과 전혀 조우 없이, 먼저 예측하여 그 환경에 적응할 수는 없기 때문이다.

따라서 우리는 북극곰이 유전자의 예측적응에 따라 북극으로 유인되었다기보다, 먹이와 터전의 경쟁 등으로 인해 북극 쪽으로 가게 되고, 그 후 그 유전자가 그 환경에 따라 변이되었다고 보는 것이 합리적이다.

그렇더라도 만약의 경우를 모두 따져 보자. 첫째, 저위도에서 유전자의 예측적응이 이미 나타나, 이에 어떤 곰이 북극으로 유인된 경우를 생각해 보자. 왜냐하면 대개의 생물학자는 저위도의 회색곰이 북극곰의 조상이라고 인정하기 때문이다. 그런데 이런 경우에는 북극이 유전자의 예측보다 덥거나 춥다면 낭패를 볼 것이다. 왜냐하면 아무래도 북극이 아닌 곳에서의 예측은 북극에서 오차가 날 확률이 크기 때문이다.

둘째, 북극에 있던 미완의 북극곰에게 유전자 적응이 나타났다고 생각해 보자. 이 경우 아마 미완의 북극곰은 유전자 적응이나 그 표현형이 발현되기 전에 이미 도태되어야 할 것이다. 왜냐하면 유전자 적응이나 그 표현형이 미발현된 미완의 북극곰은, 당장 추위와 먹이로 인해 견디기 어렵기 때문이다.

더군다나 만약 유전자 적응이 일어났더라도 그에 따른 표현형의 발

---

141) 유전자가 어떤 환경에 노출됨이 없이, 그 환경을 예측하여 미리 적응을 마친다는 것.

현은 현실적으로 상당한 시차가 나타나기에, 이 틈에 혹독한 북극에서 미완의 북극곰이 살아남는다고 생각하기는 더욱 어려운 일이다. 따라서 모든 경우를 가정해 보아도, 윌리암스의 유전자적응론은 가당치 않은 것이다.

그렇다면 이제 조금 더 다윈주의 입장에서 들여다보자. 즉 윌리암스는 자연선택의 기능이 돌연변이를 제거하는 것에 국한되는 것이라고 한다.[142] 이 말은 앞에서 마이어의 '자연선택은 제거'라고 한 것과 비슷하며, 이미 앞에서 그 불합리를 비판한 바 있다.

따라서 여기서는 추가로 진화는 자연선택의 불완전한 작동에 따라 일어난다는 논리만을 더 살펴보자. 그런데 이 논리는 머리글에서 소개한 도킨스의 "자연선택이란 무작위적인 변이들의 무작위적이지 않은 생존"이라는 주장과는 그 궤를 완전히 다르게 하는 것이다. 즉 도킨스 등은 자연선택은 열성 대립유전자를 없애고 우성 대립유전자를 선택하여 진화시킬 수 있다고 생각하는 것이다.

따라서 이처럼 상반된 주장들은 다윈주의자들의 부속가설 상호 간에 자연선택의 기능에 대해 모순을 빚는 것이다. 즉 과거 전통적인 다윈의 이론을 제외하더라도, 한쪽 다윈주의자들에게 있어 자연선택은 돌연변이를 활용하는 기능을 한다는 것이고, 다른 쪽은 돌연변이를 제거하는 기능을 한다는 것이다.

그러므로 이 두 부속가설은 여기서 통약이 전혀 불가능하게 된다. 이처럼 다윈주의자들 상호 간에 양립되는 모습은 자연선택 자체가 허상이므로, 어떤 경우에도 그 역할을 정합하기 어렵기 때문으로 보인다. 따

---

[142] 조지 윌리암스도 '자연선택'에 어떤 역할을 부여한다는 점에서는 범다윈주의자로 볼 수 있다.

라서 결론적으로 돌연변이를 활용하든 제거하든 통약 가능한 동력은, 역시 '**가치선택**'이 가능한 생물의식의 힘뿐임이 더욱 두드러지게 되는 것이다.

윌리암스의 오류

윌리암스와 도킨스의 주장들을 더 따져 보자. 먼저 윌리암스의 주장대로 자연선택이 돌연변이를 제거하는 경우를 보자. 그 주장의 근저에는 돌연변이의 **99.99%는 열성돌연변이**여서, 이러한 열성돌연변이를 제거하지 않고서는 진화는커녕 생명조차 부지하기 어렵다는 것이다. 그리하여 자연선택의 기능은 제거로 귀결된다고 보는 것이다.

그렇다면 진화는 어떻게 이루어지는 것일까? 진화론과 다윈주의에서는 진화가 이루어져야만 한다. 그런데 유일한 변이메커니즘인 돌연변이를, 제거만 해서는 진화를 이룰 수 없다. 그렇다면 윌리암스의 주장대로 자연선택의 불완전한 작동이 진화를 견인할 수 있을까? 그럴 수는 없다. 즉 불완전한 제거로 남는 여분의 돌연변이도 열성돌연변이가 다수이긴 마찬가지다. 우성돌연변이만 남는다는 것은 확률상 불가능하다.

그리하여 윌리암스는 어쩔 수 없이 '피셔의 이론'에 의지한다. 간단히 말해 피셔의 이론이란 이형접합체의 중간성이 정상적인 표현형 효과이며, 이 중간성은 나중에 또 변경된다는 것이다.[143] 즉 자연선택은 중간적인 유전자를 선택하고, 다시 새로운 '변경유전자'에 의해 우성의 최적이 다시 선택될 수 있다는 것이다.

---

143) 참고로 '피셔주의'는 1918~1934년 사이에 주창된 것으로, **진화는** 유전자빈도와 심지어 작은 선택압력의 힘으로 간주한다.

그러나 이 피셔의 이론마저도 근거가 없을 뿐만 아니라 논리적이지도 않다. 즉 대립유전자의 중간성이 표현형으로 나타난다는 과학적 근거는 없다. 오히려 멘델의 '분리의 법칙'은 우성과 열성의 비율에 따라 그 표현형이 분리되어 뚜렷이 나타난다.

또한 백번 양보하여 중간성을 선택하더라도 그 자연선택이 갑자기 변경유전자를 매개로 최적화된 우성을 다시 선택한다는 것도, 아무런 과학적 근거가 없을 뿐만 아니라 논리에 맞지 않는 것이다. 왜냐하면 무기자연에서는 이런 기회주의적인 이중선택은 있을 수 없기 때문이다.

나아가 더 중요한 사실은 이 피셔의 이론이 윌리암스의 주장과 별로 일치하지 않는다는 것이다. 즉 피셔는 선택의 가변성을 말한 것이고, 윌리암스는 선택의 불완전성을 말한 것이다. 그러므로 결국 윌리암스는 적응을 유전자에 꾸겨 넣기 위해 진화를 포기하고 있는 셈이다.

도킨스의 오류

다음으로 도킨스의 바람대로 돌연변이를 활용하는 자연선택에 대하여 생각해 보자. 즉 앞에서부터 거론되던 '무작위적인 돌연변이에 비무작위적인 자연선택'으로 진화가 이루어지는 경우이다. 더욱이 제리 코인은 자연선택은 강한 '형성력'이 있다고까지 말한다. 이제 어떤 우성돌연변이가 발생한 가운데 자연선택이 그 역할을 하기 위해서는 우성돌연변이가 고정되어야 한다. 그런데 그 고정되는 방법이 여간 어려운 문제가 아니다. 물론 여기서도 우연은 비과학적이므로 제외된다.

첫째, 만약 자연선택의 역할을 넓게 보아 어떤 표현형(신체)의 적응에 따라 우성돌연변이가 고정된다고 보면, 자연선택은 바로 용불용의 함정에 빠지게 된다. 왜냐하면 어쨌든 신체가 적응된다는 사실은 용불용을 의미하기 때문이다. 즉 앞의 북극곰이 춥다고 느끼는 순간, 용불용은 이미 진행되는 것이다. 따라서 용불용 하지 않는 신체의 적응은 없다. 예를 들어 새의 날개는 날아 보아야만 잘 적응되는지 알 수 있다. 즉 생각과 예측과 상상만으로는 적응 여부를 정확히 알 수 없는 것이다.

그런데 용불용에 의한 우성돌연변이(획득형질)는 다윈주의에서는 인정하지 않으므로, 그 우성돌연변이는 어디론가 사라지게 될 것이다.

둘째, 그렇다면 그의 '유전자선택론'[144]의 경우를 보자. 즉 만약 자연선택의 역할을 좁게 보아 순전히 유전자 내에서만 이루어진 우성돌연변이가 고정된다면, 그러한 자연선택의 자연은 보편적이고도 전체적인 자연이라고 할 수 없을 것이다. 왜냐하면 자연선택이 보편적이라면 유전자형에도 작용하고 표현형에도 작용하여야 하기 때문이다.

예를 들어 지금까지의 과학적 연구는 공룡은 소행성의 충돌로 멸종하였고, 매머드는 기후, 인간, 돌연변이 등 복합적인 원인에 의해 멸종되었다고 한다. 따라서 이러한 외부환경에 의한 제거와 도태까지 생각해 볼 때, 자연선택은 유전자뿐만 아니라 표현형(신체) 등 모든 현상 전반에 작용하여야 할 것이다. 즉 보편적인 무기자연의 강한 형성력이라고 자처하는 자연선택이 표현형에는 작용치 않고, 유전자형에만 작용하는 것은 매우 편향적이다.

그런데도 도킨스는 《이기적 유전자》 Chapter 4에서 "북극곰의 유전자는 곧 태어날 자신들의 생존기계(생물)의 미래가 추위를 느낄 것이라고 예측할 수 있다."라고 하였다. 아마 이런 말은 앞에서도 말했듯이 비과학적일 뿐만 아니라 무속신앙에 가까울 것이다.

---

144) 집단선택이나 개체선택이 아닌 유전자 단위의 선택.

여하튼 이 말은 유전자 내부에서 선택이 이루어지리라고 강조한 것이다. 그렇다면 뇌는 어떤가? 객관적으로 뇌의 기능 중에는 반성뿐만 아니라 예측, 상상의 기능이 있다. 그리하여 백번 양보해서 유전자가 예측할 수 있어 자연선택이 작용한다면, 표현형인 뇌도 예측할 수 있어 자연선택이 작용하여야만 하는 것이다.

따라서 생물의 유전자나 신체가 모두 예측이 가능하게 되므로, 생물의 모든 곳에 자연선택이 작용하여야만 하는 것이다. 그런데 우리는 뇌의 예측은 체득되지만, 유전자의 예측은 경험하지 못한다. 따라서 일단 뇌의 예측을 우선할 수밖에 없다. 즉 먹이 등으로 북극 쪽으로 간 북극곰은 일단 표현형인 그 뇌의 예측에 따라 적응하고 있었던 것이다.

그러므로 윌리암스와 도킨스의 두 부속가설은 상호모순 될 뿐만 아니라 그 두 가지 모두 잘못된 것이다. 그렇다면 왜 이런 모순들이 계속 나타나는 것일까? 그것은 다윈주의의 자연선택 자체가 허상이기 때문이다. 나아가 그러한 허상을 지속시키려는 잘못된 물질주의 이념 때문이기도 할 것이다. 이것은 도킨스와 코인 등이 나중에 자연선택과 '자연제거'를 통합하려 시도하지만, 그 또한 어려움에 봉착하는 것이기도 하다.

실제 적응력

1830년대 영국 학계에서는 직감적으로 적응을 생물의 고유한 능력으로 당연하게 받아들이고 있었다. 즉 R. 체임버스, 휴 밀러 등의 진화론자들도 어쩔 수 없이 적응은 '설계'로 간주했던 것이다. 그러나 1840년대에 이르자 적응 자체에는 아무런 변화가 없었는데도, 그 적응이 물질적 작용으로 차츰 변하고 있었다. 즉 이전에는 적응에 관하여 생물의 삶을 위한 능력이라고 생각되었는데, 차츰 진화론자들은 적응이 물질의 압력(선택압)이라는 데 초점을 맞추어 변증해 갔던 것이다. 이것은 진화론자들이 적응력을 고의로 물질화하려고 조작했던 셈이다.

그에 따라 다윈도 차츰 생물변이의 원인을 생물의 의지나 욕구 때문이라 생각하지 않고, 물리적인 환경인 공기·물·흙 등의 탓이라고 생각해 간 것이다. 그리하여 다윈도 중대한 착각을 하게 되는 것이다. 왜냐하면 생물의 변이가 물론 의지나 욕구 때문만은 아니지만, 자연의 물리적인 환경 때문만도 아니라는 사실 때문이다. 그것은 앞에서도 누차 거론했듯이 바로 생물체 내에 이미 존재하는 '변이 가능한 힘', 즉 **적응력**을 간과하였거나 무시한 것이다.

그러므로 이러한 '적응력'이야말로 생물이 변이할 수 있는 가장 중요한 동력인 것이다. 적응력은 신화가 아니라, 우리 신체에 나타나는 실제적인 현상이다. 즉 의지나 욕구나 물리적인 환경이 모두 갖추어져 있다고 해도 생물 개체 내부에 적응력이라는 이미 주어진 '세포의 힘'이 없으면 그 모든 것은 아무 소용이 없게 된다.

나아가 '적응력'은 사실상 '미래를 위한 힘'이다. 왜냐하면 환경이 바뀌었다고 당장 적응되는 생물은 없기 때문이다. 즉 아무리 짧은 경험이더라도 미래의 나은 삶을 위해 현재의 고통을 감수하고 적응할 준비를 해야만 하는 것이다. 그리하여 나은 미래를 위해 개체는 경험에 대한 적응을 조금씩 쌓고, 그 종은 유전자에 그 적응을 기억시켜야만 한다. 물론 이러한 적응력은 생명의식이 물질을 회유하여 물질에 심어 둔 것이다.

그러나 자연선택은 고통을 알지 못할뿐더러, 미래를 위해 고통을 감수하며 준비할 줄도 모른다. 따라서 적응력은 이제 다시 생물의 능력으로 되돌아올 수밖에 없고, 되돌아와야만 하는 것이다. 그리하여 진화론자들도 개체의 내재된 적응력을 어떻게든 표현하고 있다.

> "자연선택을 가장 단순하게 나타내자면, 어떤 종에게 환경이 주어지면 그 환경에 가장 잘 적응한 유전적 변이개체가 살아남는다는 것이다."<#33>
>
> "수렴은 자연선택이 어떻게, 생물이 가진 **내재된 변이성**을 이용해서 생물이 거의 모든 환경의 생태적 지위에 적응하도록 하는지를 보여주는 완벽한 예이다."<#34>

앞의 어록들은 다윈주의자들이 자신들의 주장을 표현하기 위한 것이지만, 이 말들은 오히려 생물은 자연환경의 바탕 속에서 개체 내의 적응력으로 살아간다는 의미만 부각하는 것이다. 즉 바탕만 제공하는 수동적인 무기자연이 주도적인 적응을 도모할 수는 없는 것이다.

이처럼 진화론자들도 처음에는 물질과 적응을 버무렸다가 그 후 모순점을 발견하고 적응에 있어 생물의 주도성을 다시 인정하고 있는 셈이다.

예를 들어 보자. 어떤 늑대가 포식을 위해 오래 달리는 데 필요한 의지나 환경이 갖추어졌다 해도, 근육과 심장이 그에 부응하여 점점 발달하지 않았다면, 지금의 달리기에 도달할 수 없었을 것이다. 그러므로 늑대의 오래 달리는 근육과 심장의 적응력은 늑대의 세포에 이미 잠재되어 있었다고 볼 수밖에 없는 것이다. 이것은 여성과 남성의 경우 비슷한 운동을 해도 근육단련의 정도에서 차이가 나는 것으로도 알 수 있다.

재생 현상

적응력이 자연선택에 의한 것인지 원래부터 세포에 내재되어 있었던 것인지 좀 더 확실히 알아보자. '재생 현상'은 하등생물일수록 잘 이루어진다. 왜냐하면 앞에서 말했듯이 고등동물이 될수록 기관의 '**고착도**'가 높아지기 때문이다. 즉 해삼의 반을 잘라 놓으면 각각 완전한 형태로 복구된다. 물잠자리 알은 가운데를 묶어 놓으면 반은 죽지만, 나머지 반은 원래의 온전한 형태로 변한다고 한다.

그리고 대부분 게들은 다리가 떨어져 나가더라도 새로이 재생된다. 이처럼 떨어져 나가 버린 물질들이 새로 형성되어 온전한 개체로 회생하는 것은, 물질 외적인 동인이 작용하고 있다는 것이다. 왜냐하면 바위나 기계는 한번 손상되면 스스로 회생할 수 없기 때문이다.

좀 더 확실한 이해를 돕기 위해 도롱뇽 수정체의 인위적인 재생실험까지 알아보자. 즉 도롱뇽의 수정체를 예리하게 제거하여 새로운 수정체가 형성되는 것을 알아보는 실험이다. 도롱뇽은 자연 상태의 알로부터 태가 발생할 때는 태의 상피 중 눈이 생길 부위가 안으로 접혀 들어가면서 만들어진다. 그런데 인위적으로 수정체만 예리하게 제거하고 관찰해 보면, 시간이 지나면서 눈동자의 테두리에 새살이 돋으면서 새로운 수정체가 형성되는 것을 볼 수 있다는 것이다.

"이 실험에서 행해진 손상방식은 자연 상태에서는 결코 일어날 수 없는 경우입니다. 자연 상태에서는 도롱뇽 눈의 수정체만 예리하게 제거되는 일이 일어날 수 없기 때문입니다. 따라서 여기서 보이는 재생능력은 도롱뇽의 눈에만 특별히 있는, 자연에 적응하려고 생긴 진화의 산물이 아니라 도롱뇽의 몸 전체에 퍼져 있는 **재생능력**인 것입니다. 그러니까 도롱뇽의 눈은 수정체를 포함한 하나의 옴살스러운 전체로서의 원모습을 유지하려는 통합적인 재생능력을 가지고 있다는 뜻이 됩니다."<#35>

전구체 준비

또한 수없이 지적되었듯이 물질에는 적응을 위한 프로그램이 없다. 적응을 위한 시간과 방향도 없고, 기관의 형태나 기능도 준비되어 있지 않다. 그러나 이상하게도 각각의 생물들은 앞날의 그림을 그 나름대로 조금씩 그릴 수 있다. 시시각각 새로운 아이디어로 기존의 것을 고치거나 부가하여, 그 나름대로 행복을 위해 자신에게 맞는 형태나 기능을 준비해 가는 것이다. 즉 물질은 전구체前驅體[145]나 중간물질을 보전할 수 없지만, 생물의식은 당장 필요하지 않은 전구체나 중간물질이라도 훗날의 행복을 기약하며, 고통 속에 조금씩 준비해 둘 수가 있는 것이다. 즉 창의력과 저축성이 있기 때문이다.

2005. 12. 20. 미 펜실베이니아주 연방 재판소는 '지적설계론' Intelligent design을 도버지역 공립고등학교에서 가르칠 수 없다고 판결했다. 도버교육위원회가 지적설계론을 교과과정에 넣자, 지역 학부모들이 위헌소송을 내었기 때문이다. 이에 대한 결과는 도버교육위원회와 지적설계론의 패소였다.

그런데 이 재판의 주요 쟁점 이론은 '환원 불가능한 복잡성'이었다. 피

---

145) 어떤 물체에 선행하는 물체.

고 측 지적설계이론가 마이클 베히1952~[146]는 단세포생물의 섬모만 해도 너무도 복잡해서 환원 불가능하며, 섬모의 모든 부품이 온전히 모여 작동해야만 섬모가 제대로 기능할 수가 있다고 항변한다. 즉 수많은 섬모의 부품이 모두 만들어져 작동하기 전까지는 섬모가 기능을 할 수 없으므로, 점진적인 변이로 진화하는 다윈주의로는 섬모의 복잡성을 설명할 수 없다는 것이었다. 따라서 점진적으로 환원해 보면 섬모의 전구체들은 아무런 기능을 할 수 없는 잡동사니일 뿐이라는 것이다. 당연한 논리였다.

그러나 원고 측 다윈주의자들은 섬모의 수많은 전구체가 다른 기능을 수행하다 우연히 점진적으로 모여 섬모로 진화할 수 있었다고 했다. 분자생물학적으로 다른 기능을 수행하던 섬모의 전구체들이 몇 개가 증명[147]되었고, 쥐덫이 되기 전 일부 철사가 넥타이핀으로도 사용될 수 있다고도 주장했다. 어떻든 여러 부차적인 내용과 함께 변호가 미비하여 지적설계론 측에서 패소한 것이다. 우연이 어떻게 과학적 근거가 될 수 있었는지 안타깝다.

그런데 지적설계론이 패소한 것은 지적설계론이 잘못되었다기보다, 지적설계론에 대한 변호가 조금 아쉬웠기 때문으로 보인다. 결론부터 말하자면 섬모의 전구체들이 제대로 된 섬모의 작동을 위해 '어떤 동력'으로 기능과 모양을 바꾸어 집합했느냐를 초점으로 두고 변호했어야 한다는 것이다. 물론 생물의식과 그 에너지의 능동성에 대해 미처 깨닫지 못했기 때문에, 피고 측에서도 변이의 동력에 대해 뚜렷한 변호를 하기가 어려웠을 것이다.

---

146) Michael J. Behe. 미 리하이 대 생화학 교수. 지적설계에 대한 의사과학적 원리의 옹호자이다.
147) 박테리아 편모의 일부 단백질이 다른 세포에서 독소 주입용이었다는 사실과, 인간 혈액 응고 시스템의 몇 개의 단백질은 소화기계에서 발견되는 등이었다.

그렇더라도 그것은 앞에서 길게 설명했듯이 자연선택의 우연은 과학이 아니라는 것을 강하게 변호했어야 했다는 말이다. 물론 창조론이나 설계론에 기댈 필요도 없이 그 방법은 오직, 생물의식의 추진력과 노력만이 고통 속에 전구체들을 준비해, 섬모의 작동을 예비할 수가 있었다는 것을 변호했어야만 한 것이다.

그러므로 앞에서도 말했듯이 전구체들이 만들어지는 단계에 대한 자연선택의 증거도 없지만, 전구체를 인정한다고 해도, 무기적인 자연선택이 어떻게 섬모의 전체 그림을 기획하며, 섬모의 전구체들이 무슨 의도와 에너지를 가지고 기능과 형태를 변화시켜 섬모로 변이하고 통합할 수 있었는지가 문제라는 것이다. 따라서 단세포생물에서 인간까지의 진화는 물질의 적층積層이 아니다. 즉 새로운 생물이 나타날 때는 기존의 물질 모임 외에 새로운 무언가가 부가되는 것이었다.

이처럼 철학자 니콜라이 하르트만의 지적대로 유기체의 진화(아래층에서 위층으로)에서는 '새로운 것의 법칙'이 수없이 나타나고 있다. 그 새로운 것들로는 자기 활동적 신진대사, 능동적 형태 형성, 자기조절, 생식과 유전을 통한 종의 지속, 공생(다세포) 등이 나타나고 있다.<#36> 그리하여 다윈이나 다윈주의자들이 진화를 설명할 때는 대부분 유익하게, 모아, 만든, 도움을, 신호로, 수행하고, 협력하고, 공생하는 등과 같은 생물의식의 단어가 버무려져 있다. 왜냐하면 순수한 무기자연의 우연한 자연선택으로는 진화의 동력이나 의도를 마련하지 못하기 때문이다.

따라서 인문학이 분석한 이러한 생물의식의 법칙은 과학이 아직 도달하지 못한다 해도 무시될 수 있는 것이 아니다. 결국 49% 눈이나 날개도 무엇이 50%에까지 이르게 하는지가 문제이다. 즉 앞에서 말했듯이

'반원형적혈구'는 말라리아 대응에 효과가 없듯이, 50%의 눈이나 날개가 조금이라도 작동하여 도움이 되는지도 문제지만, 도대체 자연선택이 어떻게 50%에 이르게 할 수 있는지가 문제인 것이다.[148]

따라서 우연에 의존하는 자연선택의 전구체들로서는 가당치 않은 일이다. 왜냐하면 무기자연의 환경을 의미하는 자연선택은 무기화로 향하는 벡터이기 때문이다. 즉 자연선택은 전구체를 모으기는커녕 흩트려 버리는 '엔트로피'이다. 그러므로 백번 양보하여 만약 생물의식이 비가시적이라 하여 그 능력이 배제되면, 자연선택도 비가시적이므로 섬모의 기획력에서 배제되어야 공평한 것이었다.

더군다나 자연선택의 전구체들은 목적이 없으며 섬모라는 전체적인 기능을 기획하는 중앙통제소도 없다. 편모가 우연히 모이더라도 그것이 섬모가 되지 않는다. 편모의 모임이 섬모가 되려면 반드시 새로운 것의 법칙[149]이 생겨나야만 하는 것이다.

그런데 현재 우리가 체득하며 알 수 있듯이, 생물의식의 사령탑인 뇌는 '중앙통제소'中央統制所[150]가 되어, 그 모든 것들을 새로이 배열하고 통합하게 하는 것이다. 즉 뇌는 다른 용도로 쓰이던 전구체들을 변이시키고, 추가로 필요한 전구체들을 고통 속에서 준비하고, 미래의 행복을 위해 새로운 법칙을 고안하여 전구체를 통합해 나갈 수 있는 것이다.

더 나아가 전구체가 우연히 모여 현재의 신체가 되었다는 것을, 과거사라고 치부하고 일단 넘어가자. 그런데 현재의 신체는 과거보다 더욱 세련되고도 지속적으로 일을 처리하지 않으면 안 된다. 그 예로 세

---

148) 도킨스는 "절반의 눈이 49퍼센트의 눈보다 1% 더 좋고, 49%의 눈이 48%의 눈보다 더 좋다."라고 한다.⟨#37⟩
149) 예를 들어 편모는 하나만 움직이면 되지만, 섬모는 전체가 물결치듯 조직적으로 움직여야 한다.
150) 뇌가 없는 경우에는 세포막 등이 임시 통제하는 것으로 밝혀지고 있다. 제5장 참조.

포 내의 '동적평형'動的平衡[151]을 살펴보자. 세포 내의 분자들은 정확하면서도, 적절한 느슨함으로 결합해야 한다. 우연히 대충 결합하거나, 너무 강하게 결합하여서는 세포가 작동하기 어려워 점점 사라지게 될 것이다.

예를 들어 어떤 "효소는 자신이 목표로 삼은 분자와 정확하게 결합해야 하며, 비슷하다고 해서 아무렇게나 결합하면 안 된다. 인슐린을 지정하고 있는 DNA 사슬에 달라붙어야 하는 효소가, 갑상선 호르몬을 지정하고 있는 부분에 달라붙는 것을 바랄 사람은 아무도 없을 것이다."<#38> 나아가 아무리 행복감을 주는 '세로토닌'이라고 하더라도, 너무 많이 분비되면 행복감이 넘쳐 위기에 대한 정상적인 판단을 흐리게 할 것이다. 그리하여 베르그송의 말을 의미 있게 새겨 보자.

"유기체가 살아가야 하는 환경에 적응한다고 할 때, 물질을 기다리고 있는 형태가 어디에 미리 있다는 말인가? 환경이란 생명의 형태를 찍어내는 틀이 아니니 말이다. (중략)
생명은 이 환경을 이용해 그 가운데에서 불리한 점은 없애고 유익한 점은 취해야 하며, 요컨대 외부의 작용에 대해 그와는 전혀 다른 기관을 만들어 반응(방어)해야만 한다. 이때 적응한다는 것은 되풀이 한다는 뜻이 아니라 그것과는 전혀 다른, 응수한다는 의미이다. 이 둘은 전혀 다른 뜻이다."<#39>

---

151) 화학 반응계에서 내부는 미시적으로 움직이고 있는데도 외관상 정지해 있는 것처럼 보이는 경우의 평형상태를 말한다.

선택압의 허실

앞 머리글에서 언급한 '선택압이 사실 의식압'이란 것을 좀 더 설명해 보자. 다시 말하지만 자연환경은 생물에게 있어 삶의 바탕이기도 하지만, 때로는 아주 엄정하여 장벽 같은 것이다. 그리하여 그 엄정한 장애로 인해 생물 99%가 멸종에 이르러 무기화되었던 것이다. 이처럼 생물은 그러한 자연의 틈바구니에서 생활해야 하므로 자연에 영향을 받지 않을 수 없다.

다윈주의자들이 말하는 소위 '선택압'이다. 즉 다윈주의가 의도하는 선택압은 무기자연이 생물을 압박하여 그 모습과 행태行態를 새롭게 고치려 한다는 뜻이다. 그러나 그럴 수는 없다. 왜냐하면 무기자연은 생물을 고칠 의도도 없을 뿐만 아니라, 그러한 선별적인 가치선택을 할 수도 없기 때문이다.

선택압의 극복

그렇다면 무엇이 생물의 적응과 변이를 일으키는 것일까? 이제 외부적인 무기자연의 선택압을 뒤로하고 생물 내부로 들어가 보자. 이처럼 생물 내부로 들어가 보면, 선택압을 받은 생물이 그에 관한 대응을 하게 되면서 상황이 확연히 달라진다. 즉 생물의 대응은 이제 자연환경을 점차 객체적인 작용으로 밀어내게 되는 것이다. 왜냐하면 내부로 들어와서는 적응과 변이에 대해, 아무리 외부의 선택압이 강하더라도 생물 내부의 의식이 점차 주체적인 역할을 하려 하기 때문이다.

말하자면 생물의식이 자신의 처지에 맞게 선택압을 극복하려 한다는 것이다. 그리하여 그 극복과정에서 각 생물의 가치선택에 따라 적응과 변이의 내용이 달라져 종이 분화되기도 하고 독특하게 진화하기도 하는 것이다.

그러므로 선택압도 생물에 따라 그 강도와 대응이 달라지는 것이다. 예를 들어 절벽은 늑대에게는 상당히 큰 장애물이다. 그러나 독수리에게는 오히려 좋은 둥지 자리가 되기도 하는 것이다. 나아가 생물의식이 없으면 자연의 선택압도 자연 사라지게 된다. 즉 생물이 죽어 의식을 잃게 되면, 자연환경의 모든 선택압에서 해방되는 것이다. 그러므로 결국 선택압이란 사실 생물의 '**의식압**'stress의 다른 이름일 뿐인 것이다.

그렇다면 이제 구체적으로 생물들이 선택압을 어떻게 극복해 가는지 알아보자. 우선 의식이 아주 미약한 하등생물들은 선택압에 자신의 의식을 유연하게 밀착시키고자 한다. 그러나 의식이 점점 뚜렷해지는 고등동물일수록 선택압을 극복하기 위해, 오히려 자연을 활용하기 위한 노력을 더 하게 된다.

그러면 가장 하등생물인 박테리아의 예를 들어 보자. 의식이 미약하여 선택의 폭이 좁은 박테리아는 환경에 유연하게 대응하기 위해, 자신의 에너지 메커니즘까지 변화시키며 호기성이나 혐기성 등 다양하게 적응한다.

그러나 박테리아의 의식에는 언제든지 환경을 극복하려는 바탕이 깔려 있다. 왜냐하면 그래야만 박테리아로서라도 존재할 수 있기 때문이다. 만약 박테리아의 의식에 환경을 극복하고 자신을 유지, 발전시키려는 의지가 없다면, 마냥 순응이 되어 그 삶은 무기자연에 흡수되어 버릴 것이다.

따라서 앞에서 말했듯이 박테리아의 환경 밀착형 적응은 환경극복을 위한 '일시적 타협'인 것이다. 그리하여 지금은 환경과 타협을 하더라도 언젠가는 환경을 극복하리라는, 박테리아의 희망이 항상 내포되어 있는 것이다. 그래서 환경을 극복하기 위해 무수한 변종들이 발생하는 것이다.

다음으로 흰개미 정도만 되어도 무더위에 대처하기 위해 시원한 셸터shelter를 짓는다. 즉 아프리카 등에서는 흰개미는 곰팡이 농사를 지어 생활한다. 그런데 곰팡이 농사에는 적절한 온도가 필요하다. 그리하여 흰개미는 이를 해결하기 위해 진흙 환기구를 높게 지어, 그 통풍의 시원함으로 무더운 환경을 극복하는 것이다.

이처럼 생물들이 환경을 극복하려는 실제적인 방법을 보면 크게 세 가지로 요약된다. ① **이주**移住 → ② **환경개선**環境改善 → ③ **신체변형**身體變形. 이 세 가지 방법은 생물들이 처한 현실에 따라 다소 다를 수도 있지만, 대개는 거의 순차적으로 사용된다. 이에 대해 어떤 진화론자도 이러한 순서와 방법을 체계적으로 거론한 것을 보지 못한 것 같다. 왜냐하면 그것은 생물의식의 경로를 강하게 표현하는 것이기 때문이다.

여하튼 환경극복을 위해 생물들은 적용하기 쉬운 것부터 우선 시도한다. 첫 번째가 이주 혹은 탈주이다. 즉 동물들은 지금의 살아가는 환경이 버거우면 우선 다른 곳으로 속히 이주하는 것을 택한다. 이처럼 지금의 환경에서 천적·경쟁·먹이·물·날씨 등으로 인해 살아가기 어려우면, 가장 손쉬운 방법으로 부근으로 이주하고 보는 것이다. 그리하여 점점 그 범위가 확대된다. 예를 들어 세렝게티의 누 무리와 툰드라 순록의 대이동, 야크(티벳 들소)와 산양들의 산간지대 거주 등이 그것이다. 나아가 인류가 아프리카를 떠나 유럽이나 아시아로 점점 나가게 된 이유도 그것이 될 것이다. 그런데 이 경우에도 무기자연이 떠나라고 귀띔한 것이 아니다.

두 번째 손쉬운 방법은 지혜를 써서 주변의 환경을 개선하는 것이다. 즉 이주가 마땅치 않을 때는(이주하더라도 특별히 나아질 것이 없는 경우), 앞의 흰개미처럼 시원한 흙집을 짓고, 곤충들은 나뭇잎을 말아 알을 낳고, 벌들은 벌집을 짓고, 설치류들은 땅굴을 파고, 비버들은 둑을 쌓고, 새들은 둥지를 짓고, 인간들은 불과 옷과 집으로 환경을 변경시키는 것이다. 그런데 이 경우에도 무기자연이 환경을 개선해 보라고 귀띔한 것이 아니다.

이제 앞의 두 가지 방법으로도 마땅치 않을 때는 마지막 세 번째 방법에 도전한다. 즉 자기의 신체까지 변형시키는 어려운 결정을 할 수밖에 없다. 예를 들어 앞의 후추나방, 새똥거미, 꿀벌란(암벌 모양의 난초꽃), 아이라이트피시(눈가에 발광박테리아와 공생), 라마(안데스의 낙타과 동물), 북극곰, 고래를 비롯하여 수없이 많은 동물이, 환경극복을 위해 자기의 신체까지도 변형시키고 있다. 그리하여 생물 도감에 있는 독특하고 괴팍하게 생긴 생물들은 거의 이런 경우이다. 물론 겸상적혈구도 이 방법에 속할 것이다.

특히 신체변형은 북극곰(표현형)이 환경과 직접적인 조우를 잘 보여 주고 있다. 왜냐하면 북극곰이 유전자에 이끌려 북극으로 간 것이 아니기 때문이다. 그러나 이 경우도 절대로 무기자연이 신체를 변경시키라고 귀띔한 것이 아니다. 다시 말하지만 무기자연에 따른다면 생물은 무기화無機化되는 것뿐이다.

앞에서 말한 이 세 가지 방법은 혼용되기도 하고, 당시 생물의 능력에 따라 여러 가지로 변용되기도 한다. 물론 그 순서도 그 생물이 처한 현실에 따라 다소 바뀌기도 한다. 그러나 중요한 것은 전체적으로 손쉬운 것부터 진행된다는 것이다. 그러므로 다윈주의자들은 독특하고 괴팍한 생물들이 무기자연의 우연이라고 우기지만, 생물은 자신들의 능력에 견주어 고민 끝에 ① 이주 → ② 환경개선 → ③ 신체변형 등의 순서로 선택압을 극복하였던 것이다.

그리고 여기서 중요한 사실은 자연의 선택압도 적당할 때만이 생물의 발전이 보장된다는 것이다. 즉 선택압의 강렬한 비례대로 끝없이 적응 또는 진화가 가능한 것은 아니라는 말이다. 따라서 생물의 자체 능력과 비교해 과도한 환경은 그 생물을 멸종에 이르게 할 수 있다. 예를 들어 공룡과 매머드는 운석과 추위라는 과도한 환경에 노출되어 멸종한 것이다.

그리하여 아놀드 토인비1889~1975는 《역사의 연구》에서 자연의 적당한 도전만이 문명을 잘 발전시킬 수 있다고 한다. 즉 자연환경의 과도한 도전은 인간을 급급하게 만들어 피폐케 하고, 느슨한 도전은 게으름의 단초가 된다는 것이다. 또한 인간이 너무 자연에 의지하는 삶도 발전을 가로막는다고도 했다. 즉 수렵채집과 유목 생활은 자연에 너무 의지하여 발전이 늦어지는 이유가 되는 것이다.

여하튼 생물은 그 기원부터 적응력을 향상해 왔으며 환경을 극복하기 위한 노력을 다하고 있다. 만약 현생종이 그 의지로 적응력을 향상하지 않았더라면, 변화가 엄정한 자연에서 진화는커녕 목숨조차 담보할 수 없었을 것이다. 그 적응력 향상을 위한 구체적 생물학적인 방법으로는 뒤 '제2장 변이와 유전의 재해석'에서부터 설명될 '유전자변경'遺傳子變更[152] '의식확충'意識擴充[153] 등이 있다.

의식압

그러므로 다원주의에서 말하는 선택압이 있다 하더라도, 선택압과 선택은 전혀 다른 것이다. 즉 선택은 선택압을 극복하는 과정에서 선택 주체의 고유한 의지를 나타내는 것이다. 따라서 선택압을 가하는 자연에 끌려가는 것은 생을 포기하는 것이다.

그리하여 생물에게는 선택압에 대항하는 '스트레스'가 발생할 수밖에 없다. 즉 과도한 스트레스는 생물들의 번식욕마저 줄어들게 하며, 또한 '텔로미어'telomere[154]를 줄어들게 하는 가장 주요한 요인이라고 한다. 나아가 의학계에서는 이러한 스트레스가 만병의 원인이라고까지 하는 것이다.

그런데 스트레스는 그 종류가 수없이 많다. 비교적 미미한 것에서부터 병적으로 큰 고통을 받는 것도 허다하다. 특히 동일 스트레스에 지속적으로 노출되는 것은 건강에 아주 해롭다. 그러한 스트레스의 종류로는 미래에 대한 걱정과 두려움, 인간관계의 어려움, 불안장애(범불안장애·사회공포증·트라우마·공황장애 등), 히스테리 등이 있다.

특히 인구의 25% 정도가 불안장애를 경험하고, 여성이 남성보다 약 2배 정도 많이 겪게 된다고 하며, 심한 경우 우울증도 동반된다. 심지어 우울증으로 인해 뇌의 뉴런까지 파괴될 수 있다고 한다.

---

152) 표현형에 대한 유전자의 정보변경. 즉 유전자의 수정과 개발.
153) 고등동물로의 생물의식의 증가. 제5장에서 설명한다.
154) 염색체 선단. 이것이 줄어들면 노화와 죽음에 이른다.

또한 고독(외로움)도 스트레스의 큰 요인이다. 고독이란 혼자인 상태를 벗어날 수 없는 정신적인 감정이다. 어떤 사람이 홀로 종일 갇힌 실험의 결과, 그의 스트레스가 약 30% 증가했다고 한다. 또한 현대인의 약 40%가 고독을 느낀다고 한다. 또한 권태(倦怠)도 그 스트레스가 만만찮다. 그리하여 지속된 권태는 절벽 뛰어내리기와 자살 시도에까지 이르게 한다. 따라서 "심리적인 것이 물리적인 것에 앞서고 있다. 마음이 몸을 조절하고 게놈을 조절한다."<#40>

물론 스트레스도 적절하면 면역력을 상승시키는 등 순기능이 있다. 그래도 대개 감성이 있는 생물은 높은 스트레스에 시달리는 경우가 많다. 그리하여 만약 스트레스가 물질이라면 적절히 제거해 주면 좋을 것이다. 그러나 그러한 물질적 수단은 별로 없다. 왜냐하면 스트레스는 물질이 아니므로 환원되지 않기 때문이다. 오직 안정제 정도와 공감과 위로로 마음을 편히 가지도록 돕는 것뿐이다.

그러므로 스트레스는 당연히 물질이 아닌 비가시적 에너지임이 분명하다. 즉 스트레스라는 에너지는 생물의 '**의식압**'이 되는 것이다. 개체와 집단, 시간과 상황에 따라 약간의 차이가 있겠지만, 대개 생물의 '의식압'이 크고 민감한 순서로는 ① 신체압(신체의 직접 고통) 〉② 먹이압(식량 부족) 〉③ 환경압(터전의 안정성) 〉④ 정신압(성격 및 주장의 갈등) 〉⑤ 문화압(문화적, 종교적, 이데올로기적 갈등)이 될 것이다.

따라서 이러한 생물의 의식압은 감성과 이성 등 여러 방법으로, 제때 제대로 해소되어야 할 것이다. 왜냐하면 이러한 스트레스가 장기간 충분히 해소되지 않으면, 정신적인 손상뿐만 아니라 신체적인 손상으로도 이어지기 때문이다. 그런데 이러한 순서와 방법 또한 다원주의자 누구도 체계적으로 거론한 것을 본 적이 없다. 왜냐하면 이것도 생물의식의 경로를 강하게 표현하는 것이기 때문이다.

그런데도 도킨스는 생뚱맞게 "우리의 뇌는 이기적 유전자에 배반할 수 있는 능력을 가지는 정도로까지 진화했다."<#41>라고 한다. 즉 이 말의 의미는 신체와 스트레스의 이질성이 자연선택을 부정하는 것은 아니라는 의미이다. 그러나 다윈주의에서는 유전자와 뇌는 일련의 진화과정에서 물질을 공통의 기반으로 하고 있다. 따라서 서로 배반할 수 있는 관계가 아니다. 따라서 도킨스는 유전자의 이기성을 진화의 동력으로 치켜세우다가, 다시 뇌의 의식 능력을 치켜세우기 위해 어쩔 수 없이 유전자를 배반하고 있는 셈이다. 그가 진정한 다윈주의자인지 의심된다. 그런데 물질과 생물의식은 서로 다른 고유성을 가지므로 얼마든지 배반할 수가 있는 것이다.

이처럼 도킨스와 같은 다윈주의자들은 이러한 임시방편의 가설로 과학성을 탈피하여 점점 이데올로기화하고 있다. 그리하여 중립진화론·단속평형설·공생이론·성선택 등과 분자 수준의 새로운 과학적 사실을 열린 마음으로 받아들이려 하지 않는다. 자신들의 이데올로기에 꿰맞추려고만 하고 있다. 그러므로 결국 다윈주의는 선택압과 의식압을 버무리며 악용하는 것이다.

마무리해 보자. 무기자연은 무척 강력한 것이다. 그러나 아무리 그렇다 하더라도 무기자연은 생물의 삶에 있어서는 객체로서 존재할 뿐, 삶의 가치에 개입할 수 있는 것이 아니다. 어떻게 가치 있는 생물의 적응과 적자생존이 항상적 무기자연에서 나올 수 있겠는가?

따라서 다윈주의자들이 자연선택의 증거라며 제시하는 수많은 생물의 특별한 기능들은 자연선택을 증명하는 것이 아니라, 오히려 생물의식의 환경극복을 극명하게 증명하는 것이다. 즉 자연환경은 생물에 선택압으로 작용할 수는 있지만, 최종 선택은 의식압에 이른 생물이 그 나름의 합리성을 가지고 하는 것이다. 그러므로 자연선택은 생물의식의 적응력을 물질로 치환해 보려 무리하는 것이다.

그리고 제5장에서 본격 거론되겠지만, 이 의식압에 따른 적응력은 '생명의 약동'이다. 생명의 약동은 물질에 의한 것이 아니라, 생물의 의식력에 의한 것이다. 한번 엄밀히 생각해 보자. 누가 진화를 하는가? 무기자연인가 생물인가. 누가 적자인가? 무생물이 적자인가 생물이 적자인가. 누가 새똥을 흉내 내었나? 물질인가 새똥거미인가.[155]

5 성선택도 가치선택

다윈주의자들은 적응에서와 마찬가지로 '성선택'에서도 어려움에 직면해 있다. 즉 앞에서도 조금 설명하였듯이, 현재 여러 변명에도 불구하고 성선택은 다윈주의로는 도저히 설명될 수 없다. 모든 환경에 전반적으로 적자생존 해야만 하는 자연선택과는 달리, 성선택은 생물이 적자

---

155) 데이비드 스토브의 《다윈의 동화》에서 예를 든, 새똥같이 위장하는 새똥거미의 의태. 스토브는 새똥을 흉내 낼 수 있는 조건은 '**목적의식**'과 '**지능**'과 '**실천적인 힘**'이라는 세 요소가 결합되어야만 가능하다고 강조한다.

생존보다 '암수교합'을 우선하는 현상이다. 그리하여 다윈도 성선택의 경쟁이 극단적일 경우 생존이익을 넘어 버린다고 생각했다.

그리고 실제 자연계에서는 '자손을 위한 적응의 양보' 정도가 아니라, 그 종의 멸종까지도 나타나고 있다. 이처럼 성선택은 자연선택을 무시해 왔다. 그러므로 자연선택과 성선택은 다른 동력이라 할 수 있다.

그런데도 다윈주의자들은 성선택이 상대에 서로 적응하여 유전자를 후대에 잘 전달하리라고 보아 자연선택의 범주에 속한다는 것이다.

그러나 앞에서 후추나방과 부왕나비 등의 예를 들어 유기체 간의 선택압은, 자연선택보다는 생물의식을 증명하는 것이라고 했다. 이처럼 성선택 또한 이성異性이라는 유기체 상호 간의 가치 대응일 뿐이어서, 무기자연의 자연선택과는 별 관계가 없는 것이다.

그런데도 성선택이 넓은 범주의 자연선택이라고 계속 주장한다면, 우리는 그들의 지성을 의심할 수밖에 없을 것이다. 왜냐하면 이성異性에 적응하기 급급하다 포식자에 쉽게 잡혀 멸종에 이른다면, 자연선택의 적응조차 그 의미가 모두 사라져 버리기 때문이다. 우리는 뒤에서 그러한 예를 쉽게 제시할 것이다.

따라서 자연선택으로서의 적응은 우선 포식자에 더욱 대응하기 위해서는 어려운 양성을 포기하고, 오히려 무성생식이나 단성생식으로 되돌아가야만 할 것이다. 그것이 진정한 적자생존의 길일 것이다. 그러므로 생존과 번식이라는 두 배치되는 현상을 자연선택의 동일 힘으로 채택할 수는 없는 것이다.

또한 앞에서도 말했듯이 무기자연 어디에서 '최대번식'을 추구하는지 알 수 없다. 무기자연은 생물의 최대번식에 전혀 관심 없다. 오히려 생물의 최대번식으로 인해 무기자연은 훼손되어 피해를 볼 뿐이다. 이 최대번식 문제는 뒤에서 다시 짚어 보기로 하자.

성선택과 자연선택

동물에게 있어 암수가 상대에게 선택받는 방법은 대략 두 가지로 나뉜다. 먼저 포유류 등 대부분의 동물에서 나타나듯이, 수컷끼리의 경쟁에서 이긴 놈이 암컷을 차지하는 방법이 있다. 이 경우에 암컷들은 그 경쟁에 방관자로 있다가, 최후승리자에게 교합을 수동적으로 허락하는 것이다. 다음으로 조류鳥類 등에서 주로 나타나듯이 수컷의 선물(벌레나 물고기 등)과 행동(자태·노래·춤·높이뛰기 등) 등을 살펴, 암컷이 마음에 드는 수컷을 다소 능동적으로 선택하는 방법이다.

성선택의 가장 뚜렷한 증거로 '**케찰**'quetzal이란 새를 들 수 있다. 케찰은 멕시코 남부와 과테말라 등지에서 서식하는 조류이며, 그 길이는 암수 모두 약 36㎝ 정도이다. 그런데 번식기가 되면 수컷에게만 긴 꼬리가 자라나 1m에 이른다.

그리고 번식기가 지나면 꼬리가 자동으로 떨어져 나가 다시 암컷과 비슷해지는 것이다. 다시 번식기가 시작되면 수컷의 꼬리가 자라난다. 이처럼 케찰은 성선택만이 작용하는 표현형이 있음을 분명하게 확인시켜 준다. 물론 원앙새·극락조·사다새·공작 등 많은 조류에서도 비슷한 성선택이 증명된다.

그런데 이러한 성선택에서 중요한 것은, 항상적 물질에서는 도저히 배태될 수 없는, 아주 다양한 방법으로 이루어진다는 것이다. 즉 성선택에서 선호되는 가치는 수없이 다양하다. 그리하여 인간들은 사랑·아름

다움·유쾌함·정성·배려·노력·의지·의리·가족관계·주위 관계·사회성·능력·경쟁력 등의 다양한 관점에서 이성을 선택한다. 나아가 그러한 방법의 호불호도 시공에 따라 다르게 나타난다.

본격적으로 성선택이 자연선택과 정면으로 배치되는 이유를 네 가지 들어 보려 한다. 첫째, 성선택을 주고받는다는 것은 암수 간의 생물의식의 행태일 뿐이며, 여기서 무기자연은 장애의 역할마저도 거의 무시된다. 즉 자연의 큰 장애가 있어도 암수는 교합하고자 노력하는 것이다. 예를 들어 극락조, 공작 등의 크고 화려한 수컷의 깃털은, 포식자에게 쉽게 노출되어 생존에서는 크게 불리한 것이다. 이러한 깃털처럼 환경(포식자)이 무시되는 선택은 자연선택의 범주를 크게 벗어나는 것이다.

앞에서도 말했듯이 성선택은 생존보다 번식에 우선권이 있다. 이러한 이유로 암수교합 시 위험을 초래하여 그들의 생명유지에 불리할 때가 비일비재하다. 다시 예를 들면 우리는 나비나 잠자리 등이 교합할 때, 평소보다 쉽게 채집할 수 있다. 또한 수컷 야생닭들이 암컷을 두고 다투다, 포식자에게 모두 잡히기도 한다. 그리고 아무리 재빠른 수컷 치타들도 암컷을 차지하려고 정신없이 싸우는 중에는, 지나가는 사자에게 치명상을 입곤 한다.

그러므로 성선택은 앞에서 말한 선호도 등이 우선된다는 말이며, 이러한 행복의식이 우선되기 때문에 적자생존과는 다른 현상이 나타나는 것이다.

물론 번식은 진화의 기본적 메커니즘이다. 즉 번식으로 변이를 이어 진화가 되도록 하는 것이다. 그러나 자연선택의 경제성으로 볼 때, 대개의 부모에게는 물질적으로 비경제적이고 매우 불리하다. 즉 일부 사회적 생물이 집단을 형성하여 생존을 유지하려는 경우 외에는, 새끼는 부모에게 물질적으로 별로 도움이 되지 못한다. 그리하여 포유류 새끼가 독립하거나 조류 새끼가 성체가 되어 날아가 버리면, 그동안의 부모의 물질적인 헌신에 대한 보상 가능성은 완전히 사라진다.
 그러므로 성선택을 점점 파악하다 보면 생물의 행복의식 외에, 물질주의 자연선택은 설 자리가 더욱 없어지는 것이다.

 둘째, '아일랜드 엘크'156)와 '검치호'157) 등은 끝을 모르는 성선택의 작용으로 멸종되었다고 알려져 있다. 즉 암컷을 차지하기 위한 뿔과 엄니 키우기 경쟁은 수컷 엘크와 검치호의 적응한계를 넘어서게 된 것이다. 그리하여 둔해진 엘크는 포식자의 쉬운 먹이가 되었을 것이고, 검치호의 과도한 엄니는 먹이를 먹기조차 어려운 단계에까지 이르렀던 것이다.
 이렇듯 성선택은 진화는커녕 목숨마저도 위태로운 것이다. 즉 멸종되면 유전자의 전달뿐만 아니라 진화도 없다. 그런데 자연계에는 이처럼 성선택의 과도함이 넘쳐난다.
 그리하여 다윈주의자들은 '적당한 성선택은 자연선택의 과정의 하나일 것'이라고 풀이 꺾여 말한다. 즉 적당한 성선택이라면 적응과 유전자 전달에 어느 정도 유리할 것이라는 말이다.
 그러나 이 말은 적응을 약화시켜서라도 성선택의 모순을 피해, 자연선택설을 어떻게든 지켜 보려는 임기응변이다. 즉 다윈주의 자연선택은 '적당한 성선택'을 허용해서는 안 되는 것이다. 왜냐하면 앞 윌리암스의 표현대로 '적합도는 최대번식'을 의미하기 때문이다. 따라서 적당한

---

156) 뿔이 40kg나 되었던 사슴.
157) 엄니가 너무 길었던 북아메리카 호랑이.

성선택은 양보이고, 양보는 적자생존과 유전자 전달에 큰 타격을 입히게 된다. 따라서 다윈주의 생물들이 자신들의 유전자를 최대로 전달하기 위해서는 끝까지 투쟁해야 한다. 왜냐하면 물질주의 다윈주의의의 이념상 양보는 있을 수 없는 것이기 때문이다.

그런데도 많은 다윈주의자는 근자에 나타난 아모츠 자하비1928~2017[158]의 '핸디캡이론'으로 성선택의 난제가 해결되리라 여긴다. 즉 핸디캡이론이란, 앞의 케찰과 공작, 엘크와 검치호 등과 같이, 더 큰 위험을 감수한 수컷일수록 그 우수함과 진정성이 느껴져, 암컷들에 의해 더욱 선택받게 된다는 것을 말한다.

그러나 핸디캡이론은 이미 양성분화 된 후의 특정 성선택의 '전략적 효용성'을 말하는 것이지, 양성분화(성선택)의 근본적 원인을 말하는 것은 아니다. 왜냐하면 양성분화 전에는 핸디캡이 아예 나타날 수 없기 때문이다.

나아가 앞에서 누차 말했듯이 무성생식에서 유성생식으로의 성선택의 효용이 클수록 오히려 자연선택과의 모순은 더욱 커지기 때문이다. 즉 케찰과 공작의 깃털이 더욱 크고 화려해지더라도, 매나 독수리 같은 포식자에게는 점점 더 손쉬운 먹잇감이 될 뿐인 것이다.

그러므로 성선택과 자연선택은 '반대 벡터'이다. 따라서 자연선택으로는 과도하든 적당하든 성선택을 전혀 설명할 수 없는 것이다.

그렇다면 동물들이 왜 생존에 대한 핸디캡을 감수하고서라도 양성분화와 성선택 형질을 발달시키는 것일까? 그것은 물질적인 자연선택과는 정반대의 성질이 작용한 까닭이다. 즉 동물은 곧 뒤에서 설명할 '**건강한 후손**'이라는 안정적인 가치선택을 위한 것이다.

---

158) 이스라엘 동물학자.

셋째, 암수의 '성적이형'性的異形 혹은 '암수이형'도 자연선택설로는 설명하기 어렵다. 고등동물들 대부분은 암수의 체형이 상당히 다르다. 그런데 자연선택이 작용한다면 암수가 동일 시공에 비슷하게 노출되는데 성적이형이 두드러져서는 안 될 것이다. 오히려 수렴되어야 옳을 것이다. 왜냐하면 물질은 암수를 알지 못할 뿐만 아니라 암수의 행태에 관심을 가지지도 않을 것이기 때문이다. 즉 성적이형은 물질의 본성과 전혀 상관없다는 말이다.

암수이형의 가장 극단적인 예의 하나로 '심해아귀'를 들 수 있다. 그 성체 암컷은 60㎝ 정도인 데 반해 수컷은 고작 4㎝ 정도이다. 그리하여 수컷은 암컷을 만나면, 암컷 몸에 붙어 평생 기생하며 생식한다.

그리고 대부분의 암수이형의 새들은 수컷이 화려하다. 그런데 인간은 여성이 화려하다. 이처럼 성적이형은 자웅의 상호의식 등으로 인해 종마다 독특하고도 다르게 심화할 수 있는 것이다. 따라서 성적이형은 무기적 자연선택의 보편적인 형성력이 작용하지 않음을 잘 보여 주는 것이다.

이렇듯 전반적인 생물계의 변화를 고려할 때, 성적이형은 자연선택의 공평한 작용이라고 보기 어렵다. 따라서 고등동물이 될수록 성적이형이 두드러지는 이유는 생물의식의 독특한 요구가 더욱 반영되는 걸로 보인다. 즉 암컷은 암컷대로 수고하고 수컷은 수컷대로 노력한다. 암컷은 튼튼하고 영민한 수컷과 교합해야만 건강한 새끼를 낳을 확률이 높을 것이고, 그렇게 되어야만 암컷 자신이 더욱 행복해질 것이다.

그리고 수컷은 많은 후세를 보전하기 위해, 힘껏 노력하여 많은 암컷과 상대해야만 더욱 행복해지는 것이다. 이처럼 개체와 종에 따라 암수가 각기 행복으로 가는 생물의식의 행로도 수없이 다르다. 그러므로 성적이형은 생물의식이 그러한 역할과 목적을 위해 독특한 형질과 표현을 최대한 심화시킨 결과일 것이다.

그러므로 성적이형도 물질의 작용이 아니라 생물의식 간의 관계라는 것을 알 수 있다. 그리하여 하등생물에는 암수이형이 잘 나타나지 않는다. 식물과 하등동물은 거의 암수동형이다. 그러나 고등동물이 될수록 의식이 뚜렷해져 암수이형이 뚜렷하게 되는 것이다. 즉 성적이형은 암수 간의 의식 작용에 따른 고유한 삶의 역할과 관계가 깊은 것이다.

넷째, 성선택은 고등동물일수록 '근교약세'近交弱勢[159]와 '종간불임'種間不姙[160] 사이의 비교적 좁은 통로에서 행해진다고 볼 수 있다. 먼저 생물은 가장 가까이 있는 이성과 교합할 수 있다면 가장 안전하고 경제적이다. 그런데 이상하게도 현실에서는 고등동물일수록 근교약세가 뚜렷해진다. 그리하여 동물들은 이를 회피하기 위해서 멀리서 배우자를 찾다 보니, 상당한 위험과 노력이 가중되고 있다.

그런데 물질의 경제성과 적자생존의 안전성을 강조해야 하는 다원주의로는, 근교약세에 대한 이유를 설명하는 것이 사실상 불가능하다. 따라서 불안전하고 비경제적인 진화와 자연선택과는 모순되는 것이다.

다음으로 종간불임도 자연선택의 산물이라고 보기 어렵다. 즉 단계통의 유전자와 그 보편성(HOX 유전자 등)을 고려할 때, 자연선택이 그러한 구분을 새로이 만들어 제한할 이유가 없는 것이다. 따라서 될수록 많은 생물종이 서로 교합이 가능해야, 안전하고 경제적이며 보편적인 무기자연에 부합할 것이다. 이 근교약세와 종간불임에 대해서는 바로 뒤에

---

159) 근친교배에서 병약한 후손이 태어나는 현상.
160) 이종 간의 생식불능 현상.

서 추가적인 설명을 하도록 하자.

  그러므로 앞의 네 가지 사례로 볼 때 성선택은 생물의식의 가치선택이므로, 당연히 물질일원론인 자연선택으로는 설명할 수 없는 것이다. 이러한 내용은 거의 생물의식의 요소들이며 생물의식의 고유성을 강력히 증명하는 사항들이다. 바이스만도 성선택은 외부환경이 아니라 개체들의 '선호도'에 따른다는 것을 인정하였다.
  그리하여 인간은 이제 수정과 교합을 의식적으로 분리하는 정도까지 이르렀다. 즉 하등동물들은 대부분 수정을 위해서만 교합을 하게 된다. 그런데 일부 유인원들은 사회교류를 위해서 교합을 한다고 한다. 나아가 인간은 개인적인 행복을 넘어 가문을 위한 결혼까지 하고 있다. 즉 인간은 하등동물에게서 나타나는 기능적 성선택까지도 초월하여, 더욱 가치적으로 활용하는 것이다.

유성생식과 근교약세와 종간불임의 문제

  유성생식(有性生殖. 양성생식)을 위한 양성분화는 초기에 자웅동주雌雄同株나 자웅동체雌雄同體에서부터 차츰 시작된다. 즉 동주나 동체에서도 어떡하든 점점 이질적 수정을 시도하려는 것이다. 이처럼 식물의 경우 자웅동주에서 암술과 수술이 나타날 때, 아마 자가수분自家受粉에서 차츰 타가수분他家受粉의 메커니즘으로 발달한 것으로 보인다.
  따라서 초기에는 동주에 속한 암술과 수술 간에서도 수분이 어느 정도 가능했지만, 어떤 이유에선지 차츰 이주異株에 속한 것끼리만 수분되는 것이다. 즉 암술은 차츰 동주의 수술과는 수정을 피하는 시차 메커니즘161)을 발달시키게 되었다. 이를 '자가불화합성'自家不和合性이라고 한다.

마찬가지로 자웅동체인 지렁이, 굴 등도 대부분 이체異體와의 수정을 위해 시차를 두고 정자와 난자를 방출한다. 그리하여 동체끼리의 정자와 난자의 수정을 가능한 한 피하고, 이체의 것과 수정되도록 하는 것이다.

다음으로 차츰 단성생식單性生殖162)과 유성생식을 번갈아 하는 물벼룩, 진딧물 같은 생물들이 나타나게 된다. 그리하여 결국 이러한 하등생물들이 나타내는 과도기적인 생식은, 의식이 더욱 뚜렷해지면서 고등동물의 뚜렷한 유성생식으로 나아가는 것이다.

그런데 문제는 다윈주의로는 이러한 고등동물일수록 점점 뚜렷해지는, 유성생식과 근교약세와 종간불임을 거의 설명하기 어렵다는 것이다. 왜냐하면 무성생물이 적응과 번식을 잘하기 위해서는 유성생식으로 진화할 이유가 전혀 없기 때문이다.

나아가 근교약세와 종간불임이라는 좁은 통로의 메커니즘으로 진화할 이유는 더더욱 없는 것이다. 왜냐하면 그러한 메커니즘은 생물에게 있어 상당한 노력과 위험을 증가시키기 때문이다. 따라서 진화론자들도 그것을 당연히 인정한다. "번식은 종을 증식시키는 수단이므로 원핵생물들이 활용하는 무성출아법과 이분법보다 더 능률적인 방법은 없다."<#42>

---

161) 동주에서도 암술과 수술의 발현시기가 다르다.
162) 수정되지 않은 암컷 생식세포로부터 배아가 형성, 즉 무수정 생식. 아예 성이 없는 무성생식과는 다르다.

유성생식에 대한 진화론적 설명

궁색하지만 진화론자들이 내세우는 유성생식으로의 진화 이유는 대략 세 가지 가설로 요약된다. 첫째로는 복제오류를 최소화하기 위해 복제를 두 벌 하여 다시 결합하는 기작에서 양성으로 진화하였다는 설이다. 즉 유전자는 복제 시 약간의 오류가 발생하는데, 심할 경우 개체에 치명적일 수 있다. 따라서 그 오류를 가능한 한 줄이면 좋을 것이다. 그리하여 그러한 목적을 위해서 유성생식으로 진화하였다는 것이다.

그러나 두 벌 복제 후 재결합이라는 가설은 실제로 나타나는 현상과 배치된다. 즉 가장 가까운 근친교배일수록 대립유전자 수가 줄어 복제오류를 최소화할 수 있는데, 이는 현재 근교약세가 나타나는 현상을 설명할 수 없는 것이다. 비교적 유전자 수가 많고 신경계가 발달한 고등생물일수록 전체 복제오류가 더 많을 것이다. 따라서 고등동물일수록 근친교배가 되어야 복제오류를 최소화할 수 있을 것이다. 그런데 이상하게도 그 반대 현상이 나타나 고등동물일수록 근교약세가 더욱 뚜렷해진다.

현실적으로 근친교배는 자녀에게 '이중열성유전자'=重劣性遺傳子[163]가 증가할 확률이 매우 높다. 그리하여 사자와 개코원숭이 등 많은 대형포유류는 근교약세를 줄이기 위해 새끼수컷을 무리에서 방출해 버리기까지 하는 것이다.

특히 인간에 있어 근친혼의 폐해는 밝혀진 것만으로도 아주 다양하다. 예를 들어 유방암유전자[164], 테이삭스병[165], 쿠루병[166], 라론증후군[167],

---

163) 2개의 대립유전자 모두 열성. 근친교배는 이러한 동형접합의 확률이 높다.
164) 특히 아이슬란드 유대인에게서 많이 나타난다.
165) 혈청에 지방질의 양이 많아져 인지기능이 떨어진다. 특히 아슈케나지 유대인 등에서 나타난다.
166) 운동장애와 무력증 등이 나타난다. 특히 식인 문화가 있는 파푸아뉴기니 포르족 여자에게서 나타난다.
167) 세포자멸사로 암억제 기능이 나타난다. 특히 에콰도르 난쟁이에게서 나타난다.

알캅톤뇨증[168]), 파파피네[169]) 등등. 나아가 암과 백혈병 등 수많은 선천성 질환들도 과거 누적된 근친혼의 폐해일 거라고 의료계에서는 파악하고 있다.

현재 근교약세로 나타나는 구체적 원인의 하나로는, PRP 유전자(자가혈청유전자)의 돌연변이에 의해 생산되는 '프라이온 단백질'[170])과 관련된 것으로 밝혀지고 있다. 이 프라이온 단백질은 이상하게도 유전자 없이도 자체적으로 전염 혹은 복제된다.[171]) 광우병도 대개 진전병[172])에 걸린 동물을 사료로 사용하는 데 따른 것이다.

그런데 문제는 환원주의 과학으로는 PRP 유전자가 왜 동형접합(同形接合)[173])에서만 프라이온 단백질을 생성시키는지 알 도리가 없다는 것이다. 또한 그것이 하등동물보다는 왜 고등동물에서 격렬하게 나타나는지도 알 수 없다.

결국 양성분화는 복제정확도 감소와 자기유전자의 소실[174])로 나타날 뿐이어서, 복제오류의 최소화는 고사하고 자기유전자의 비율을 줄이는 메커니즘이 되는 것이다. 나아가 복제오류를 최소화하기 위해 두 벌을 준비하는 것은 누구의 아이디어일까? 즉 물질에서 복제오류가 나타난다는 것도 있을 수 없지만, 만약 복제오류가 자연적이라면 오류대로 두는 것도 자연일 것이다. 왜냐하면 수소에서 헬륨으로 변화되더라도, 자

---

168) 알캅톤(검은 소변)을 소변으로 배출시키는, 선천성 대사이상 질환.
169) 사모아의 제3의 성으로, 여장한 남자를 일컫는다.
170) 딱딱해져 파괴되지 않는 단백질.
171) 이것도 유전자결정론과 배치된다.
172) 양 등에 나타나는 근교약세. 프라이온 단백질에 의함.
173) 한 쌍의 상동염색체상에 있는 대립유전자가 서로 동일한 것일 때를 말한다.
174) 자기유전자가 열성 대립유전자로 잠복될 수 있다.

연은 그냥 두기 때문이다.

 그러므로 오류가 나타나는 것도, 그에 따른 수선도 모두 생물의식의 오류[175]와 이의 보완의지에 따른 것이다. 따라서 두 벌 복제 메커니즘은 근거 없는 허상이다.

 둘째로는 다양한 환경변화에 잘 대처하기 위해 유전적 다양성이 발현될 수 있는 유성생식으로 진화하였다는 가설이다. 즉 진화생물학자 피셔와 유전학자 멀러 등에 따르면 유전자재조합은 다량의 변이를 생산하여 환경변화에 대한 빠른 대처를 가능케 한다는 것이다.

 그러나 이 가설도 타당하지 않다. 왜냐하면 유성생식이 무성생식보다 다양한 환경에 더 잘 적응한다는 증거는 없기 때문이다. 오히려 지구에는 박테리아 등 무성 세균이나 균류(곰팡이) 등이 가장 잘 번식하고 널리 분포한다. 즉 "미생물의 다양성은 곤충의 다양성을 훨씬 능가한다. (중략) 티스푼 하나만큼의 흙에는 유전학적으로 서로 다른 미생물들이 수만 가지나 포함되어 있다."<#43>라고 한다.

 그리고 급진성은 대부분 무성생식에서 나타난다. 그리하여 유성 생물이 살 수 없는 극한 환경과 한계 지역에서도, 세대가 짧은 세균과 균류는 급진적으로 변이하며 더욱 번성하고 있다. 특히 박테리아는 그 종류와 서식처가 정말 다양하다. 호기성·혐기성·호염성·호열성·광합성·항산화·화산분출·메타노겐(메탄생성)·리조비움(뿌리혹)·대장균·철박테리아 등등.

 나아가 단성생식도 유성생식보다 더 다양성을 나타낸다. "웰치와 메젤슨은 단성생식을 하는 개체들이 유성생식을 하는 개체들보다 더 많은 유전적 다양성을 나타낸다는 놀라운 결론에 도달했다."<#44>라고 알

---

175) 뒤에서 설명될 물질회유의 부족.

린다. 더군다나 뒤 제2장에서는 유전자재조합의 평균화에 대한 설명에서, 유성생식에서 다양성이 나타나더라도 그 고정은 자연선택에 의해서는 불가능함을 알게 될 것이다.

한편 유성생식 중 '잡종강세'雜種强勢 현상이 나타난다. 즉 잡종강세는 동종 내에서 근친도가 멀수록 신체적으로 튼튼해져, 적응력을 증대시키는 유전적 다양성의 장점으로 설명될 수 있다. 하지만 잡종강세는 대부분 동종 내에서만 가능하므로, 더욱 폭넓은 다양성을 제한하는 '종간불임'을 설명하기 어려운 건 마찬가지다. 즉 종간생식이 되면 유전자가 더욱 다양해지고 튼튼해질 것이므로, 왜 종간불임 기작이 나타나 유전적 다양성을 제한하는지, 다윈주의로서는 그 이유를 설명할 수 없는 것이다.

셋째로는 좀 더 어설프겠지만, 혈연선택을 주장한 해밀턴의 '기생충 가설'이 있다. 즉 대부분 기생충은 세대가 짧으므로 무성생식을 하면서 공격무기를 속히 만들어 숙주를 공격한다. 이에 숙주들은 이러한 기생충의 공격에 맞서기 위해, 유전자재조합을 통해 더욱 빠른 변이를 형성하는 성을 발전시켰다는 것이다. 그리하여 기생충과 숙주는 끊임없이 공격과 방어를 통해 서로 진화한다는 것이다. 일종의 '붉은 여왕' 효과이다.
그러나 이 가설은 이미 숙주의 유성생식이 발현된 이후를 상정하고 있다. 왜냐하면 유성생식이 존재하기 전에는 모두 무성생식인데 어떻게 숙주만이 유성생식으로 진화하는지를 설명하지 못하기 때문이다. 또한 앞에서 이미 유성생식이 무성생식보다 빠른 변이를 하지 못한다고 말한 바 있다. 그러므로 기생충과 숙주는 끝까지 가장 빠르게 변이할 수 있는, 차라리 무성생식 대 무성생식으로 공수하는 것이 타당한 것이다.

유성생식과 근교약세와 종간불임의 이유

결론적으로 앞의 세 가설 모두 타당하지 않다. 그렇다면 현재 인간의 게놈지도까지 만들어진 마당에, 진화생물학자들은 어찌하여 유성생식과 근교약세와 종간불임이 나타나는 이유를 정확히 설명하지 못하는 것일까? 이것은 자연과학적 환원의 한계를 다시 말해 줄 뿐이다. 나아가 다윈주의가 물질주의의 이념에 매몰되어 있음을 말하는 것이다.

즉 자연과학은 가시적인 물질에 관한 메커니즘은 밝힐 수 있지만, 생물의식의 비가시적인 가치선택에 따른 이유는 밝히기 어려운 것이다. 그리하여 생물의식의 가치선택 작용을 누락시키고 물질적 메커니즘만으로 이념을 완성하려고 하니, 계속 모순이 나타나게 되는 것이다.

그러므로 양성분화의 이유에 대해 우리는 이제 물질적 원인을 넘어, 마지막으로 생물의식으로 인한 원인으로 눈을 돌릴 수밖에 없다. 즉 양성분화의 이유에 대해 물질의 환원으로 파악하기 어렵다면, 양성분화로 인해 어떤 결과가 나타났는지 알아보면, 그 근원적 이유를 파악할 수도 있을 것이다.

유성생식 등의 새로운 이유

생물들은 왜 위험하고 비경제적인 양성으로 분화해야만 했을까? 또한 근교약세와 종간불임은 왜 나타나는 것일까? 그 이유에 대해 이제 그 결과를 먼저 알아보고, 거기에다 생물의식을 대입하여 알아보자. 그리하면 생각보다 쉽게 양성분화의 이유를 밝혀낼 수 있을 것이다.

그런데 양성분화의 결과로 인한 '유전자교차'(양성교합)는, 그 우성을 표현형으로 하고 열성은 잠복시킬 수 있는 비교 메커니즘이므로, 더욱 안정적으로 '**건강한 후손**'을 생산할 수 있다는 것이다. 더불어 암수교배 시 난자는 일단 제일 먼저 도착한 건강한 정자를 받아들이고, 나아가 해로운 돌연변이를 배척하는 기작도 가능할 수 있다.

따라서 이러한 결과에 대해 합리적인 추론을 해 보자. 생물은 대대로 노력한 것을 최대한 보전하기 위해, 유전자를 만들어 후대에 전달해 왔다. 그런데 미생물처럼 초기에는 편리한 무성생식만으로도 유전자 전달에 별문제가 없었을 것이다. 왜냐하면 그때는 신체기능이 단순하고 생물의식도 미약하여 무뎠기 때문이다.

그러나 조금씩 진화하는 과정에서 신체기능과 생물의식이 확충됨에 따라, 그 복잡함과 예민함이 증가하게 된다. 그런데 복잡하게 진화하는 대개의 생물은 환경에 충분히 대응하지 못하는 부족한 시스템이 많게 될 것이다. 그리하여 이처럼 불충분한 시스템으로 인해, 환경과 길항하는 자체 돌연변이가 증가하게 되는 것이다.

특히 다세포로 모이면서 많은 생물은 생존(먹이와 경쟁)의 가능성을 높이기 위해, 신체 기관을 확장하려는 의욕이 앞설 수 있다. 그리되면 아직 미흡한 환경적응으로 돌연변이가 다수 발생하여 허약한 후손이 양산될 가능성이 커지는 것이다.

즉 다세포생물이 신체기능을 확충하면 할수록, 돌연변이에 의해 허약한 후손이 다수 생산됨에 따라, 실효 없이 괜히 에너지만 낭비하는 셈이 되었던 것이다. 따라서 그러한 진화생물들은 이전보다 증가하는 해로운 돌연변이[176]를 좀 더 안정적으로 관리할 필요가 있었던 것이다.

---

176) 돌연변이는 99.99%가 유해하다.

그리하여 진화가 더욱 진행됨에 따라 유전의 미비함을 좀 더 보완하게 되는 것이다. 즉 이질적 유전자를 교차하게 하여 그중 더 건강한 유전자를 고르는 것이다. 그리되면 더 '효과적인 번식'이 가능해진다. 그리하여 결국 진화가 되더라도 좀 더 건강한 후손이 생산될 확률이 높아지게 되는 것이다.

따라서 결국 무성생식은 서로의 유전자를 비교하여 우열을 관리할 수 있는 '번식공생', 즉 유성생식으로 나아간 것으로 생각된다. 물론 그 교차메커니즘은 각 종에 따라 여러 방법이 있을 것이다.

그러므로 유성생식은 진화의 과정에서 신체기능과 생물의식이 복잡함과 예민함이 증가함에 따라, 더불어 증가한 유해 돌연변이를 최대한 처리하여 더 효과적인 번식을 하기 위한 것이다.

이처럼 물질주의의 이념에 매몰되거나 생물의식을 폄훼하지 않으면, 유성생식의 이유에 대해 충분한 추론이 가능한 것이다. 즉 유성생식의 이유는 현재 밝혀진 생물학적 기작으로도, '**건강한 후손**'을 위한 생물의식의 작용이라는 대답이 가능하다.

그러므로 고등동물일수록 증가한 돌연변이를 무시하고 근친교배가 지속될 때는 허약한 후손이 나타날 확률이 그만큼 증가하는 것이다. 왜냐하면 근친도가 가까운 교합일수록 동형접합의 확률이 높아져, 유성생식의 열성잠복 메커니즘을 무력화시키기 때문이다. 나아가 이런 근친교배가 누적될 때는 '우성강화'(주로 신경계통의 예민함)와 '열성강화'(주로 근육계통의 허약함)라는 양극단의 신체가 되어 균형이 무너지는 것이다.

그리고 그 열성강화 과정에서 앞에서 말한 PRP 유전자의 돌연변이가 나타나는 것으로 보인다. 그러므로 고등동물일수록 종 내에서 가능한 한 근친도가 먼 교합일수록, 더 새롭고도 건강한 유전자를 고를 수 있는 것이다.

 그렇다면 종간불임은 어떻게 나타나는 것일까? 종간은 종내와 비교해 근친도가 더욱 멀어 건강한 후손을 더 잘 생산할 수 있어야 하는 것이 아닐까? 그 이유에 대해서도 다윈주의에서는 전혀 설명할 수 없었다. 왜냐하면 그것은 생물의 행복의식이라는 감성적 문제가 개입되기 때문이다.
 이처럼 종간불임은 종이 분화되는 과정에서 물심양면의 차이가 발생했기 때문으로 보인다. 즉 동종同種이라 하더라도 '지역격리'나 먹이활동으로 점점 왕래가 줄어들게 되면, 환경과의 대응에서 물심양면에서 차이가 늘어나게 되는 것이다. 그리하여 생식메커니즘의 차이도 뚜렷해지고, 심리적인 부분에서도 동질감이 약화될 것이다. 그리되면 정상적인 교합이 어렵게 되는 이종異種에 이르게 되는 것이다. 따라서 이종들은 결국 생식메커니즘의 불합치와 감성의 불통이 더욱 심화되어 불임이 확대되는 것이다.

 그런데 다윈주의 근변의 석학들이 양성분화가 건강한 후손을 위한 기작이라는 것을 몰랐을 리 없다. 더불어 종간불임이 생식메커니즘과 '심리차이'라는 것을 몰랐을 리 없다. 다만 그들은 물질주의 이념으로만 처리하기 위해 복제오류, 환경변화, 기생충 가설 등만을 제기하였다고 할 수 있을 것이다.
 나아가 우연에 기반하는 목표 없는 자연선택은, 결국 건강한 후손이라는 의식적 목표를 거론할 수 없었을 것이다. 더불어 종간불임에 대해서도 '심리차이'라는 의식적인 감성을 드러낼 수가 없었을 것이다.
 그러나 가치선택이 가능한 생물의식은 건강한 후손이라는 정향적인 목표를 세워, 오랫동안 인내하며 방법을 개발하고 재료를 모아 그 목표를 이룰 수 있는 것이다. 더불어 생물 간의 격리는 생식메커니즘뿐만 아니라, 심리차이라는 감성으로까지 이어져 어쩔 수 없는 종간불임이 되는 것이다.

성선택에서의 감성적 요구

그렇다면 여기서는 생물의식의 감성적인 부분이, 유성생식에 어떤 영향을 미치는지 알아보자. 그런데 유성생식과 근교회피近交回避[177]는 건강한 후손을 위한 기작일 뿐만 아니라, 더불어 감성적인 교류를 만족시키는 부가효과까지 있다. 즉 뚜렷한 유성생식과 근교회피는 다양한 교류와 폭넓은 사회를 형성시킨다는 데는 이견이 없을 것이다. 예를 들어 미생물도 사회성이 존재하는 것으로 보인다. 즉 박테리아를 보아도 '콜로니'[178], 밀키시 현상[179], '플라스미드'[180] 교환, 공생 등이 나타난다.

그러나 무성생식과 근친교배는 아무래도 다양한 교류와 사회성을 확장하는 데 극히 제한적일 것이다. 그런데 의식이 뚜렷해지는 고등동물일수록, 다양한 교류와 폭넓은 사회가 필요하게 되는 것이다. 아마 의식이 뚜렷해지면서 건강한 유전자 전달뿐만 아니라 사회성의 요구가 함께 증대되어, 뚜렷한 유성생식과 근교회피로 더욱 진화되었다고 볼 수 있다. 즉 의식이 뚜렷해질수록 다양한 감성교류 또한 충족되지 않으면 그 스트레스로 병이 나는 것이다.

---

177) 근친교배의 의도적 회피.
178) 세균 또는 단세포 조류藻類, 균류菌類 등이 고형배지에서 육안으로 볼 수 있는 뭉쳐진 집단.
179) 인도양 등에서 나타나는 박테리아의 큰 모임.
180) 세균의 세포 내의 염색체와는 별개로 존재하면서 독자적으로 증식할 수 있는 DNA.

물론 개미 등 일부 곤충에도 제법 사회성이 나타날 수도 있고, 각 종의 상황에 따라 조금씩 다를 수도 있지만, 크게 보아 의식이 뚜렷해지는 고등동물일수록 다양한 교류를 더욱 추구하게 되는 것이다. 왜냐하면 뒤에서도 설명하겠지만, '**동질성**'과 '**이질성**'(다양성)은 행복을 구축하는 감성의 두 가지 방법이기 때문이다. 그리하여 생물의 행복감성은 동질성과 이질성을 오가며 어느 정도 균형을 이루어 가고자 하는 것이다.

그런데 의식이 뚜렷하지 않은 하등동물은 단순하거나 좁은 사회에서도 그럭저럭 삶을 영위할 수 있을지 모른다. 그러나 의식이 뚜렷할수록 단순하고 좁은 사회는 고독과 권태로 나타나, 행복을 저해하는 큰 요인이 되는 것이다. 그리하여 고등동물일수록 생물의식의 감성적 작용이 더 나타나, 동질성을 위해서는 혈연선택과 종간불임을 나타나게 하고, 이질성을 위해서는 유성생식과 근교회피를 나타나게 하는 것이다.

따라서 대개 동질성이 어느 정도 확보되면 차츰 다양한 이질성에서 행복을 찾는다. 특히 인간은 감성교류와 사회성이 부족하면 견디기 힘들게 된다. 즉 가족들과만 교류하고 가정 내에서만 생활한다면 얼마나 권태롭고 우울하겠는가? 그는 자칫 은둔형 외톨이가 될 것이다. 따라서 자녀들은 자라면서 부모 형제보다 친구들과 더욱 자주 어울리게 되는 것이다.

나아가 각 민족의 고유의상 내에서도, 그 구성원들은 조금이라도 개성을 연출하려고 안달이다. 또한 할리우드나 충무로에서는 동일 장르의 영화가 몇 편 연속 개봉되면, 양식 있는 사람들은 다양성을 걱정한다. 이러한 동질성과 다양성에 대한 선호도는 감정과 환경에 따라 조금씩 차이가 날 수 있지만, 큰 틀에서는 동질성에서 다양성으로 나아가는 것이다.

물론 마냥 다양하게는 되지는 않고, 그 생물이 감당할 수 있는 정도까지 나아갈 것이다. 그리하여 결국 고등동물일수록 근교회피와 종간불임 사이의 좁은 통로에서 행해지는 성선택은, 동질성과 이질성이라는 행복감성의 사이에서 미세하게 진행된다고 볼 수 있다.

특히 근교회피라는 메커니즘은 건강한 후손과 사회성을 위해, 진화 시 확충된 생물의식의 최소한의 방어책이다. 현재 근친혼의 폐해는 광범위하게 입증되고 있다. 혈통을 보존하기 위해 과거 일부 왕족들과 귀족들이 근친혼으로 허약한 자손을 출산하거나 대가 끊긴 경우가 허다하다.

대표적으로 스페인과 오스트리아의 합스부르크가와 신라의 성골이 '순혈주의'로 어려움을 겪다 절손되었다. 유대계 금융재벌 로스차일드 가문도 일족 경영을 위한 근친혼으로 대를 잇는 어려움이 있었다. 그리고 이슬람 문화권에서도 친족 간 혼인이 많다. 근자에 요르단에서는 근친혼병 '탈라세미아'thalassemia[181]가 두드러져 혼전에 염색체 검사를 강화하고 있다.

그리하여 지금은 많은 나라에서 근친혼을 법으로 제한하고 있다. 뒤 제2장에서 유성생식 및 근친교배의 변이와 유전에 작용하는 생물의식에 대해서 좀 더 자세한 설명이 있을 것이다.

최대번식과 실효번식

이제 앞에서 보류한 '최대번식'에 대해서 거론해 보자. 많은 다윈주의

---

181) 헤모글로빈 α, β 폴리펩티드의 어느 한쪽의 합성이 저하하기 때문에 일어나는 유전적 변형으로 빈혈이 발생한다.

자는 '유전자가 최대번식을 목표'로 하고 있다고 주장한다. 그러나 이러한 유전자의 최대번식에는 두 가지 문제가 대두된다.

첫째, 유전자가 최대번식을 목표로 하느냐, 생물이 최대번식을 목표로 하느냐이다. 유전자가 최대번식을 목표한다는 이론은 대개 유전자 결정론자들의 주장이다. 그러나 뒤 제4장에서 설명하겠지만, 생물신체 전체가 최대번식을 목표로 한다는 것이 합리적이다. 왜냐하면 근자에 유전자도 유전자를 ON-OFF 하는 단백질의 영향 아래 있다는 것이 밝혀졌기 때문이다.

둘째, 생물들이 최대번식을 목표로 하지만 하등동물들은 '최대생산'最大生産[182]을 하는 데 비해, 고등동물일수록 점점 번식 효과를 생각하여 '실효생산'實效生産[183]을 한다는 것이다.

최대생산과 실효생산

여기서 첫 번째 문제는 뒤 '제4장 물질적 결정론 비판'에서 다루기로 하고, 두 번째 문제에 집중해 보자. 생물들이 '최대번식'을 목표로 하는 것은 어느 정도 인정된다. 인간들도 대개 심정적으로는 자손을 많이 두기를 원하는 것이다. 그런데 먼저 알아둘 것은 번식과 생산의 개념에 대해서는 조금 다르게 분류할 수 있다는 것이다. 즉 번식은 자손 두기의 결과론적인 개념이고, 생산은 그 과정이라 할 수 있을 것이다. 따라서 대개 하등동물일수록 최대생산으로 최대번식을 하고 있으며, 고등동물일수록 실제 양육까지 고려한 '실효생산'으로 최대번식을 한다는 것이다.

---

182) 최대한 낳기.
183) 실제 양육 가능한 낳기.

이에 여기서는 고등동물이 실효생산으로 최대번식 하려는 것을 '**실효 번식**'實效繁殖이라고도 하는 것이다. 예를 들어 현재 바다거북의 알은 약 0.1% 정도만이 성체가 된다고 한다. 즉 바다거북 암컷은 한 번에 200개 정도까지 알을 낳지만, 어미의 보살핌이 없어 대부분 포식자의 먹이로 낭비된다. 그러나 대형포유류인 바다사자, 침팬지, 인간 등은 한 번에 한 둘을 낳더라도, 잘 보살펴 대부분 성체가 되는 것이다.

이처럼 생물종들 간의 번식에는 실제로 많은 차이가 있다. 특히 하등동물의 '최대생산'에서 점차 고등동물의 '실효생산'으로 전환되는 것으로 보인다. 즉 진화의 계통상 약간의 진폭이 있지만, 하등동물일수록 많은 알을 낳는 대신 거의 그 알을 돌보지 못한다. 반면 고등동물일수록 적은 수의 새끼를 낳지만 잘 돌보려고 애쓴다. 그런데 진화론자들 대부분 이러한 차이를 구분하지 않았다.

그렇다면 고등동물일수록 최대생산에서 실효생산으로 전환되는 이유는 무엇일까? 그것은 하등동물일수록 의식이 부족하여 자신의 알만을 인지하거나 알을 지키는 능력에 어려움이 있다는 것이다. 그러니 그나마 많이 산란하여 번식확률을 높이는 방법 외에 특별한 수가 없는 것이다. 따라서 최대생산 혹은 '동시산란'[184]이 효과적일 것이다.

반면 고등동물이 될수록 점차 자신의 새끼를 인지하고 지키는 능력도 나아지게 되는 것이다. 그리하여 현실(바람과 실제 차이)을 고려한 실효생산으로, 가능한 낭비 없이 자손을 실효적으로 번식하는 것이다.

또한 이러한 실효번식에는 중요한 장점이 부가된다. 그것은 가족 유대가 강하게 형성될 수 있다는 것이다. 즉 바다거북은 알을 낳고 떠나 버리니 새끼들과 유대관계가 전혀 형성될 수 없다.

---

184) 가급적 많은 수가 동시에 산란에 참여하여 수정과 새끼의 생존확률을 높이는 것.

그러나 영장류는 자신의 새끼를 인지하여 지속적으로 돌봄으로써 가족 유대가 강하게 형성된다. 그리하여 부모의 열정과 투자가 대부분 새끼의 성공으로까지 이어지게 되고, 새끼는 부모에게 크나큰 행복을 안겨 주는 것이다.

이것은 '내리사랑'慈愛과 '치사랑'孝이라는 새로운 행복을 발현시키는 셈이다. 따라서 동물들은 그 생물의식이 확충될수록 실효번식을 할 수 있게 되는 것이고, 가족 유대라는 새로운 행복도 구가한다고 생각된다. 그런데 실효번식과 가족 유대는 물질주의로는 도저히 설명될 수 없는 것들이다. 그것은 생물의식이 점점 확충되어 새끼에 대한 인지와 돌봄의 능력이 생겨야 실효번식을 할 수 있게 되는 것이다.

행복한 번식

그리고 생물의식의 작용을 확인하기 위해 번식에 대해 좀 더 알아보자. '최대번식'은 자신의 행복 추구 중에서 확실히 이기심이 발휘된 것으로 보인다. 즉 개체마다 최대번식의 의도가 어느 정도 있음은 부정할 수 없다. 그러나 앞에서 설명한 대로 진화의 행로는 최대생산에서 실효생산으로 진행된다는 사실이다. 그리하여 개체의 크기와 삶의 주기를 기준으로 비교해 보면, 번식량과 번식 속도는 세대가 짧은 무성생식이 훌륭하다.

그런데 이상하게도 생물이 진화하면서 번식량과 번식 속도가 상당히 줄어든다. 곤충의 번식량과 번식 속도는 상상을 초월한다. 그러나 곤충도 박테리아와 균류에 비하면 아무것도 아니다.

나아가 앞에서 설명했듯이 건강한 유전자의 전달을 위해 무성생식에서 유성생식을 이루며 포유류로까지 발달해 왔다. 그리하여 가장 진화된 인간의 번식량과 번식 속도가 가장 적고 느린 편이다. 이처럼 진화는 사실 최대생산을 점점 방기하고 있는 셈이다. 그 이유가 무엇일까?

그것은 다윈주의자들이 주장하듯 단편적인 이기심만으로는 도저히 설명할 수 없다. 따라서 그것은 생물의식에 관한 종합적인 설명이 필요할 것이다.

앞에서부터 말했듯이 생물의 목적은 행복이다. 그리하여 생물은 행복을 추구하며 살아가는 것이다. 그런데 행복에는 '이기적 행복'과 '이타적 행복'이 있다. 이에 대해서는 제4장 중 '2《이기적 유전자》비판'에서 좀 더 설명될 것이다.

물론 들쑥날쑥 약간의 예외도 있지만, 생물은 일반적으로 이기적 행복에서 점점 이타적 행복으로 향해 간다. 첫째, 이기적 행복은 자신의 욕구를 우선으로 만족시켜 행복해 보려는 것이다. 이것은 주로 신체적·물질적 행복 추구를 말한다. 즉 일단 자신부터 생존하려는 것이다.

둘째, 그러고 나서 조금 여유가 생기면 차츰 번식과 자녀 양육에도 관심을 가지고, 더 나아가면 주위와의 관계와 베푸는 배려에도 관심을 가질 것이다.

그리하여 아마 미생물은 유전자형의 기본 본능에 따라, 이기적 행복 추구가 생식과 가장 밀접할 것이다. 즉 미생물은 본능적으로 최대생산을 하는 것이다. 그러나 의식이 늘어나 고등동물이 될수록 최대생산이 약화되고 있다. 그 최대생산을 가로막는 단적인 예로 산후우울증이 있다. 산후우울증은 여러 행태로 나타나고 있다. 즉 인간은 물론 동물들도 산후우울증을 앓고 있다.

그리하여 동물전문가들에 따르면 산후우울증이 있는 듯한 어미 사자가, 가끔 갓난 새끼가 죽도록 방치하는 경우가 있다고 한다. 특히 요즘 뉴스에는 산후우울증을 앓던 어머니가 간혹 자녀들과 동반자살을 시도하기도 한다. 나아가 현대인들의 독신 비율이 언젠가부터 뚜렷이 증가하고 있다. 따라서 번식도 자신의 행복이 우선되어 최대번식에서 실효번식으로, 나아가 아예 독신으로까지 나타나기도 하는 것이다.

이와 같은 이유를 볼 때, "적합도는 개체가 최대한의 번식을 하게 되어 있다."라는 윌리암스의 말은 진화론적으로 별로 타당하지 않다. 즉 하등동물에서 고등동물이 될수록 적합도는 점점 자기 행복에 따라 번식을 조절하고 있는 것이다.

나아가 뒤 제4장에서 거론될 도킨스의 《이기적 유전자》에서 말하듯, 물질일원론인 유전자가 반드시 이기적으로 최대번식을 하려 한다는 것도 잘못된 것이다. 특히 물질(자연선택)은 이기성과 번식에 전혀 관심을 가질 리 없다. 더군다나 생물의 이기심과 번식은 오히려 무기자연을 훼손할 뿐이다.

6 진화의 균열

본 서는 진화론적인 관점에서 무생물과 생물의 차이점을 앞에서부터 계속 다루어 왔다. 그리하여 무생물에서는 도저히 나타나지 않던 성질들이 생물에서는 뚜렷이 나타나고 있는 것이다. 즉 라마르크의 말대로 중간존재인 반무기체, 반생물체가 없는 것이다. 이러한 큰 불연속은 생물을 무생물의 연장으로 보기에는 납득하기 어려운 현상이다.

이와 마찬가지로 대부분 생물 사이에도 연속되지 않는 커다란 차이가 존재한다. 현재 지구상에는 중간종이 촘촘하지 않아 누가 보기에도 '진화의 균열'이 너무도 심하다.

그런데 이러한 균열은 오랜 시간 아주 점진적인 발달을 가정하는 다윈주의 자연선택설에서는 나타나서는 곤란한 현상이다. 다윈도 "자연은 비약하지 않는다."<#45>라고 강조했다.

따라서 자연선택설 또한 물질의 보편적이고도 우연한 과정이므로, 갑자기 변화될 수 없음을 의미하며, 무수한 과정을 거쳐서 아주 점진적으로 변화된다고 보는 것이다. 즉 진화를 위한 자연선택의 지질학적인 오랜 시간은 종들 사이에 아주 촘촘한 간격을 의미한다. 즉 현재 우리는 인간의 진화 과정이 너무도 점진적이어서 그 진행을 도무지 알아차릴 수 없을 정도이다.

자연도태설 재고

그런데 이상하게도 개와 고양이의 차이처럼 과₩들 사이에는 뚜렷한 차이가 있는 것이 현실이다. 더군다나 다윈이 시인한 대로 조류와 포유류, 척추동물과 체절동물, 동물과 식물 사이에도 더 큰 균열이 있는 것이다.

이러한 균열의 원인에 대하여 진화론자들은 '자연도태설'로 무마하고

자 한다. 즉 모든 균열 사이 생물(이행종 혹은 중간종)들은 적응을 못 해 자연적으로 도태되어 현재 보이지 않는다는 것이다. 그리하여 《종의 기원》에는 다음과 같이 적혀 있다.

"자연선택은 매우 유리한 변화의 보존에 의해서만 작용하기 때문에, 각각의 새로운 종류는 생물이 구석구석 분포되어 있는 지역에서는, 자신과 경쟁관계에 있는, 자기보다 개량이 덜 된 원래의 종류나 자기보다 불리한 다른 종류의 지위를 차지하여 마침내 그들을 절멸시켜 버리게 될 것이다. (중략) 원래의 종류와 모든 이행변종은, 일반적으로 새로운 종류의 형성 및 완성과정에 의해 **절멸**당해 버린 셈이 된다."<#46>

그러나 위와 같은 설명은 논리적으로 타당하지 않다. 아마 다윈의 생각은 진화가 잘된 종이 아직 진화가 부진한 종을 제거해 버린다는 뜻인 것 같다. 그런데 이 자연도태설은 다윈주의의 결함을 더욱 증폭시키는 것이다.

앞에서 자연선택의 작용으로 "유익한 개체적 차이와 변이는 보존되고 유해한 변이는 버려진다."라고 했다. 그런데 유익한 변이로 고생스럽게 진화한 개체가 다시 자연도태 된다는 것은, 실제적이든 논리적이든 그리 간단한 문제가 아니다.

그 부당함을 설명하기 위해 어류의 예를 들어 설명해 보자. 이는 균열이 너무 심하고 다윈주의자들의 여러 변명 때문에, 다른 예를 별로 들 수 없음을 양해해 주었으면 한다.

현 생물계에는 분명히 어류와 파충류가 공존한다. 그러므로 어떻게든 어류가(양서류를 거치는 여부를 떠나) 파충류로 진화되어야 한다. 여기 이행 중인 어류 한 종이 유익한 변이를 누적시켜 파충류가 되는 과정에 있었다고 하자. 그렇다면 이 우성을 더 누적시킨 이행종은 다른 어떠한 어류보다 모든 경쟁에서 유리하여 기존의 어류보다 더 잘 살아남아야 한다. 즉 더 진화된 파충류가 나타나기 전에, 기존의 어류들이 이 이행종보다 먼저 도태되어야 하는 것이 적자생존의 순리일 것이다. 왜냐하면 이행종은 파충류가 되기 위해 유익한 우성을 더 누적시켜 왔기 때문이다.

그런데 자연도태설에 의하면 기존의 어류들은 아직도 열성으로 건재하는데, 그 우성인 이행종만 도태되었다는 것이다. 즉 어류는 가만두고 어렵게 우성을 누적시킨 이행 파충류만, 미지의 완성 파충류에 의해 도태되어 버린다는 것이다.

따라서 이것은 아주 국지적인 부분에서가 아니라면 전체적으로 앞뒤가 맞지 않는다. 즉 이행 파충류가 멸절되려면 기존의 먹잇감인 어류들이 먼저 도태되어야 자연도태설이 말하는 전반적이고도 합리적인 논리가 될 것이다.

더군다나 자연도태설은 생태계에서 아직도 박테리아가 최다수를 자랑하는 사실을 설명할 수 없다. 즉 나머지 생물 모두 박테리아보다 진화한 생물이며, 중간종들이 도태될 때는 박테리아가 먼저 도태되어야만 했던 것이다.

그리고 다원주의자들은 현재 지구상에서 생존하는 대부분 생물을 이행종이 아니라 완성종으로 보는 듯하다. 왜냐하면 이행종들이 허다하게 남아 있는데 균열이 이토록 심할 수는 없기 때문이다. 만약 지구상에 수많은 이행종들의 존재를 가정하면, '진화의 균열'에 그들이 논리적으로 대처할 수 없기 때문이다.

그러나 사실 모든 종에 돌연변이가 나타나므로 완성종은 있을 수 없는 것이다. 즉 모든 종은 돌연변이로 환경에 계속 적응 중인 것이다. 따라서 모든 종은 진화 가능하여, 완성종이란 있을 수 없는 것이다. 그리하여 인간도 생물인 이상 적응 중이며 진화 중인 것이다.

그리고 오랜 시간 제각기 우성을 누적시켜 온 종들이, 꼭 현시대에 완성종만이 남아 있는 상황도 거의 불가능하다고 생각된다. 그러므로 한 종의 계통에서만이라도 비교적 촘촘히 연속된다면, 자연선택의 능력을 더 확인할 수 있었을 것이다.

이처럼 진화론자들의 '오랜 시간'은 진화와 마찬가지로 도태도 비슷하게 길어짐을 의미하는 것이다. 물론 진화보다는 도태가 비교적 적은 시간을 소요할 수는 있겠지만 말이다. 즉 수많은 식물·어류·파충류·조류·포유류는 그 나름대로 각각 다른 환경과 경로를 거쳐 왔으므로 각각 나름의 다른 진화 과정과 다른 도태 시간이 필요하다고 보는 것이 합리적이다.

그러므로 어떤 종은 멸종되지 않은 이행종들이 남아 있을 수 있고, 어떤 종들은 도태 중이더라도 촘촘히 남아 있고, 어떤 종들은 계속 진화 중이어야 오랜 시간의 무작위적인 스펙트럼에 걸맞은 것이다.

따라서 진화의 논리를 위해서는 오랜 시간이 필요하고, 도태에는 그리 긴 시간을 주지 않는다는 것은 비합리적인 것이다. 더군다나 그 나름대로 우성을 누적시킨 이행종들이 하위열성 먹잇감도 여전한 상태에서 급격히 도태되었다는 것도 무리한 주장이다.

또한 지구라는 동일 시공 아래서 모두 단세포에서 시작하여, 어떤 종은 아둔한 매미로 남아 있고 어떤 종은 지적인 인간으로까지 진화되었

6 진화의 균열 169

다고 하는 것도 이상한 일이다.

그리하여 지금까지 화석증거를 기반으로 '단속평형설'이 등장하고, 분자 수준에서의 돌연변이도 대개 중립적이며, 생화학 연구도 진화를 위한 중간물질과 그 누적을 잘 설명하지 못하고 있다.

그러므로 이러한 균열은 다윈주의자들이 진화 현상을 잘못 해석하고 있다는 의미가 크다. 따라서 진화는 무기자연의 보편적 점진성에 의한 것이 아니라는 것이 확실해 보인다. 나아가 모든 균열의 원인으로서 자연도태만으로는 그 근거가 희박하다는 것을 알 수 있다.

단속평형설 재고

단속평형설은 앞 '2 현대의 다양한 진화론'에서도 소개한 바 있다. 즉 '캄브리아기 대폭발'에 관한 연구로서, 고생물학자인 닐스 엘드리지와 진화생물학자인 스티븐 J. 굴드가 캄브리아기 화석의 실상에 대하여, 점진적인 진화로는 도저히 이해하기 어려워 그 대안으로 내린 가설이다. 캄브리아기는 로키산맥의 버제스 혈암, 중국 징강澄江, 에뮤베이 혈암[185] 등에서 보여 주듯이, 5억 4천만 년 전부터 4억 9천만 년 전 사이 약 6천만 년 정도의 기간을 말한다.

그런데 38억 년 전부터 시작된 선캄브리아기[186]에서는 나타나지 않던 동물 50문 이상이 이 시기의 화석에서 갑자기 폭발적으로 등장한 것이다. 그리하여 현재의 생물 문은 대부분 그 연장이다. 그리고 이러한 '대폭발'이 나타난 이유에 대하여, 다윈주의자들은 산소농도 증가, 직전

---

185) 서호주 캥거루섬.
186) 시생대와 원생대.

의 대량멸종에 따른 적응공간 확보, HOX 유전자 출현 등의 요인을 거론하고 있다.

그러나 이러한 가설적 요인들이 과학적으로 인정되더라도, 그것이 자연선택설에 타당성을 부여하는 것은 아니다. 왜냐하면 탄소동화작용으로 산소농도가 증가한 이유만 하더라도, 무기자연의 역할이 아니라 남조류 등의 생물의식의 행위라고도 볼 수 있기 때문이다.

나아가 화석상 도약적인 진화가 나타나는 단속평형설에 대하여, 도킨스 같은 일부 다원주의자들은 넓은 범위의 점진론이라고 얼버무린다. 즉 캄브리아 대폭발도 몇천만 년이므로 자연선택이 가능한 시간 속에 속하리라는 것이다. 그리하여 단속평형설도 점진론을 부정하는 것이 아니라 '항속성'(동일 진화 속도)에 대한 도전이라는 것이다. 따라서 단속평형설에 대해 '가속화된 점진론'이라고 하는 사람들도 있다.

그러나 단속평형설에 대해 도킨스 등이 항속성의 문제로 대응하는 것은 올바른 과학자의 자세로 보기 어렵다. 왜냐하면 버제스 혈암이라는 과학적 증거를 제시하고 있는 단속평형설에 비해, '항속성에 대한 도전'이라는 것은 말뿐이고 아무런 과학적 증거가 제시되지 않기 때문이다. 즉 단속평형설의 주장과 항속성 문제라는 주장은, 과학적 증거의 제시에 불균형이 존재하는 것이다. 따라서 과학자라면 당연히 과학적 증거를 제시한 측에 무게를 두어야 할 것이다.

여하튼 항속성의 문제든 가속화의 문제든 진화 과정의 예외라는 뜻이다. 물론 지질학적인 시공을 고려할 때, 아무래도 생물마다 진화의 속도가 약간 다를 수 있을 것이다. 그러나 다른 기간에 비해 50문 이상이 폭발적으로 나타날 수 있었다는 것은 선뜻 납득되지 않는다.

왜냐하면 캄브리아기 이전이나 이후에 그러한 폭발이 없었기 때문이다. 나아가 캄브리아기에만 진화하기 가장 좋은 조건이 있었다고 볼 이유도 없거니와, 캄브리아기 전후가 더 나쁜 조건이었다고 볼 근거도 없다.

따라서 무기자연의 보편성을 생각해 볼 때 그러한 대규모의 예외는, 뒤에서 설명할 보편적인 우연이 적용되지 못할 뿐만 아니라, 현재 나타나는 진화의 균열과 더불어 자연선택에 의문을 가중하는 것이다.

그러므로 자연도태설에서도 일부 시기에 일부 종만이라도 아주 촘촘한 중간종들이 존재해야 한다는 것이 합리적이다. 즉 자연의 격동과 화석발굴의 어려움이 있다고 하더라도, 극히 일부라도 점진적 형태의 생물이 증명되어야 한다는 말이다. 왜냐하면 뒤 '우성과 열성'을 설명할 때 자세히 밝히겠지만 이러한 균열의 원인에 대해, 박테리아는 더 진화하지 못하더라도 그 의식으로 충분히 환경에 대응하며 생존할 수 있기 때문이다. 나아가 어류는 파충류와 비교해 생존력에서 떨어지는 것이 아니다.

따라서 이행종은 이행종대로 완성종은 완성종대로 그 의식으로 생존할 수 있는 것이다. 다만 인간의 편의상 분류하자면 우성과 열성, 하등과 고등으로 나누는 것이다. 그러므로 진화의 균열과 단속평형은 자연선택설로 설명하기에는 무리인 것이다.

결론적으로 말해 생물은 행복이 목적이다. 그리하여 생물의식은 지금 어느 정도 만족하다고 여기면, 당연히 발전을 소홀히 할 것이다. 반대로 지금 불만이라면 속히 다른 발전을 모색할 것이다. 나아가 항상적 무기자연에 비해 생물의식은 변화의 완급 폭이 훨씬 클 수 있을 것이다. 예를 들어 앞에서 설명한 겸상적혈구는 한 사람 내에서도 **'반원형적혈구'**를 뛰어넘어 원형적혈구와 공존하고 있다는 것이다.

그러므로 진화론적으로 볼 때 진화의 열망을 가진 생물은 미래의 행복을 위해 고통 속에서도 그에 필요한 중간물질과 에너지를 비축할 수 있다는 것이다. 그리하여 결국 어느 순간 일시적으로 완성하여 '단속'과 '도약진화'가 나타날 수 있는 것이다. 그것은 인간이 비행기나 로켓을 위해 오랜 연구와 자재 비축 기간을 지나, 비교적 단기간에 그것들을 조립하여 완성하는 것과 비슷하다고 할 것이다.

예를 더 들어 보자. 아프리카 모잠비크 고롱고사 국립공원에는 2,500마리가 넘던 코끼리가 이제 겨우 200마리 정도만이 남아 있다. 왜냐하면 그 나라는 20여 년의 내전1970~1990 중 양측의 군비 조달을 위해 코끼리를 밀렵해 왔기 때문이다.

그런데 남아 있는 코끼리에게서 이상한 조짐이 발견됐다. 즉 보통 암컷 코끼리는 그 90% 정도에서 멋진 엄니가 자라는데, 이제 암컷 코끼리의 절반 정도가 엄니가 없는 상태로 태어난다는 것이었다.

그리하여 과학자들이 그 이유를 추적한 결과, 주로 엄니 있는 코끼리가 밀렵의 피해를 본 것이다. 즉 유전자를 분석해 보니 엄니 있는 개체보다 엄니 없는 개체의 생존율이 5배 이상 높았다. 따라서 그러한 코끼리의 엄니 변화는 자명해진다. 즉 환금성이 큰 엄니 있는 코끼리가 집중적으로 밀렵당하다 보니, 코끼리 사회에서는 엄니 없는 유전형질로의 변이를 통해, 암컷 코끼리의 생존율을 높이려 하였다는 것이다.[187]

---

[187] 2021. 10. 21. 국제학술지 《사이언스》는 미 프린스턴대 셰인 켐벨-스태튼 교수 연구진의 연구를 게재했다고 한다. 그 연구 결과는 모잠비크에서 상아 밀렵으로 암컷 코끼리들이 엄니 없는 형태로의 진화를 이루었다는 것이다. 즉 1970~1990년의 모잠비크 내전 중 밀렵으로 인해 코끼리 개체 수가 2,500여 마리에서 200여 마리로 급감했다. 그런데 그중에서 상아 없는 암컷들이 18.5%에서 33%로 늘어난 것이다. 이는 상아로 인한 밀렵의 반작용으로 X성염색체의 돌연변이가 이루어진 것으로 추정된다. 그에 따라 암컷은 상아를 잃게 되지만, 수컷은 아예 태어나지도 못한다고 한다. 비슷한 사례로 2009년 캐나다 앨버트주 큰뿔야생양들이 20년 동안 20%로 줄자, 그 뿔의 크기도 줄어들었다. 또한 스리랑카의 아시아코끼리 수컷들의 상아 유지 비율도 5% 이하로 낮아졌다. (2021. 10. 22. 《조선일보》 보도)

이처럼 20여 년 만에 코끼리 엄니의 표현형에 큰 차이를 보일 정도면 이는 단속과 도약에 해당할 것이다. 그렇다면 그에 대한 생물학적인 방법은 무엇으로 가능할까? 그것은 뒤에서도 설명할 '유전자 이용변경'[188]이 될 것이다. 즉 생물의 열망과 신체적인 조건이 따라 줄 때, 그에 따라 유전자(DNA)를 비교적 신속하게 변경함으로써 도약적인 효과가 나타나는 것이다.

나아가 이러한 단속과 도약은 주변의 여러 발전과 맞물려 갑자기 시너지효과를 나타낼 수도 있을 것이다.[189] 물론 생물의 전반적인 대폭발은 단속기간이라 하더라도, 최소 몇만 년에서 몇백만 년이라는 기간은 소요될 것이다.

여하튼 여기서는 이러한 '캄브리아기 대폭발'에 대해 그것은 '돌연변이 의식의 대폭발'이라고 생각한다. 그리고 이러한 단속평형이 나타나는 현상에 대해서는, 생물의식에 대한 뒷부분의 설명이 진행됨에 따라 자연스레 해결될 것이다.

---

188) 뒤에서 '유전자 이용변경'을 설명한다.
189) 뒤 제3장 '2 새로운 생물의 기원- 물질회유' 참조.

7 진화의 차이와 한계

진화생물학의 관점으로 보았을 때, 생물계에는 자연선택설에 부합하지 않는 이상한 현상이 무수히 나타난다. 예를 하나만 들자면 박테리아는 아직도 박테리아로 남아 있고, 인간은 인간으로까지 진화했다. 즉 생물마다 서로 진화의 차이가 뚜렷이 나타나는 것이다. 그렇다면 이처럼 비슷한 무기자연에서 다양한 진화는 어떻게 나타날 수 있을 것인가. 이에 대해 진화론자들은 환경의 차이로 그러한 차이가 나타날 수 있다고 얼버무린다.

그러나 필자는 그 모든 것을 환경의 차이만으로 설명할 수는 없다는 것이다. 왜냐하면 동식물들은 극단적인 곳을 피해, 비교적 기후가 온난한 곳에서 대부분 서식하고 있기 때문이다.

그리하여 극단적인 곳보다 오히려 온난한 기후에서 다양한 생물들이 나타나고 있는 것으로 보인다. 예를 들어 남극보다 열대지방에서 더욱 다양한 생물종이 살아가고 있는 것이다. 따라서 기후나 토양의 다양한 스펙트럼과 비례해, 생물들의 분포가 다양하게 나타나는 것은 아니라는 말이다.

단계통기원설의 문제

우선 '단계통기원설'의 문제부터 다시 지적해 보자. 단계통기원설은 수많은 박테리아를 뒤로하고 한 종의 박테리아만이 진핵생물이 됨을 말한다. 나아가 한 종의 어류만이 양서류가 되어야 하고, 한 종의 양서류만이 파충류나 조류가 되어야 하며, 한 종의 파충류만이 포유류가 되어야 하며, 한 종의 포유류만이 원숭이가 되어야 하며, 한 종의 원숭이만이 인간이 되었다는 것이다. 나머지는 멸종이나 정체, 또는 다른 진화를 하는 것이다.

그리하여 다원주의자들은 단계통기원설을 강력히 주장하고 있다. 왜냐하면 우연에 기반한 다원주의로서는 '다계통기원설'은 배가되는 우연에 기대야 하기 때문이다. 즉 여러 종의 생물이 우연히 동시에 한 종의 생물로 진화되는 것은, 한 종의 진화보다 기하급수적으로 어렵기 때문이다. 그들은 이러한 단계통기원설의 증거로 DNA의 동일 구조와 호환성, 해부학적 상동성 등을 들고 있다.

그러므로 여기서는 박테리아에 집중하여 그 단계통기원설의 문제점을 지적해 보자. 필자는 무작위적이며 공평한 무기자연이 한 종의 박테리아만을 진핵세포로 진화시킨다는 것이 더욱 어려운 일로 생각된다. 이것은 '보편적 우연'에 반하는 것이다. 왜냐하면 박테리아는 가장 광범위하게 분포하기 때문에, 다른 종들보다 수렴진화 할 가능성이 더욱 크기 때문이다. 즉 다원주의의 수렴진화가 사실이라면 비슷한 환경에 의해 많은 종의 박테리아를 비슷하게 진화시킬 수 있으리라는 것이 논리적일 것이다.

또한 DNA 동일 구조도 반드시 단계통기원설의 근거가 된다고 보기 어렵다. 왜냐하면 현재 아직 진화되지 못한 수많은 박테리아 종도 DNA 동일 구조를 갖고 있기 때문이다. 즉 인간으로 진화되지 않았던 여러 종의 박테리아도 DNA 동일 구조이므로, 그것으로 단계통기원설을 설명할 수는 없는 것이다.

나아가 단계통기원설의 더 큰 문제점은 고세균古細菌[190]과 진정세균眞正細菌[191]에서 고세균이 진핵세포와 더욱 가깝다는 사실로 나타난다. 즉 최소한 고세균의 DNA가 인간으로까지 들어와 있는 것이다. 또한 인간의 DNA 경우 약 8% 이상이 바이러스로부터 유래된 것으로 밝혀지고 있다. 즉 바이러스까지 진화에 참여하고 있는 셈이다. 그리고 뒤 제3장 '2 새로운 생물의 기원- 물질회유'에서 아미노기와 카르복실기, 아미노산과 RNARibonucleic Acid는 완전히 다른 계통의 분자이므로 다른 컨베이어벨트에서 생산되었다고 보는 것이 합리적이라고 설명하고 있다.

이처럼 단계통기원설은 쉽게 납득하기 어렵다. 즉 루이 아가시 1807~1873처럼 네 대표동물들[192]이 처음부터 함께 등장했다고 주장하는 것도 무리가 아니다. 따라서 진화는 단계통으로만 이루어진다고 보기에는 무리가 있다. 진화는 다양하게 얽혀 이루어질 수 있는 것이다.

따라서 앞에서 거론한 단계통기원설의 문제점을 볼 때, 다계통의 진화도 가능할 것이다. 그 방법으로는 첫째, 여러 다양한 종이 함께 '유전자주입', '유전자교차' 등을 사용하여 새로운 종으로 진화할 수 있을 것이다. 왜냐하면 미생물은 '**고착도**'固着度[193]가 매우 낮으므로, 서로 유연하게 유전자를 교차할 수 있기 때문이다. 이것은 앞 '2 현대의 다양한 진화론'에서 린 마굴리스의 '공생 실험'(이종 박테리아의 공생)이나 우장춘의 '종의 합성 이론'(유채는 배추와 양배추의 교잡종)에서 설명한 바 있다.

둘째, 동일종 내에서라도 DNA 이용변경이나 새로운 DNA의 부가가 나타나 원 계통을 벗어난 완전히 새로운 종으로 탈바꿈하는 것이다. 셋

---

190) 과거 오래전의 박테리아.
191) 현재의 박테리아.
192) 방사형, 체절형, 연체형, 척추형.
193) 어떤 기관의 기능이나 형태의 변경이 어려운 정도.

째, 진정한 다계통기원은 하등한 여러 종이 서로 지속적으로 교차하면서 고등한 여러 종으로 진화하는 것이다. 그러면서 여러 종의 DNA가 섞이게 되는 것이다. 이에 대해서는 제2장 이후 다시 자세히 설명할 것이다.

동질변이, 이질변이

또한 대부분의 진화론자가 가장 혼동하는 사실 하나가 있다. 특히 다원주의자들은 어떤 종이 환경에 적응하다 보면 변종變種 혹은 아종亞種이 되고, 그로 인한 종 분기가 자연스레 진화를 이루게 되리라고 본다. 그리하여 변종을 진화를 위한 '발단의 종'으로 보는 것이다. 물론 진화할 경우의 진행은 대개 그러한 경로로 이루어질 것이다.

그러나 우리는 이러한 진행에 상충되는 사례를 많이 접하게 된다. 즉 대부분 변종이 반드시 진화를 위한 발단이 아니라는 것이다. 즉 일반적으로 여러 변종은 처음 종을 더욱 잘 유지하기 위한 것이거나, 비슷한 '동질종'[194]의 확산이어서, 대부분 고등동물로 진화된다고 보기 어렵다는 것이다.

예를 들어 보자. 세계 각지에는 수많은 종류의 어류들이 서식하고 있다. 즉 몸의 크기·모양·색깔, 지느러미의 길이·모양, 주둥이의 크기·모양 등등에서 수많은 종으로 나뉜다. 그런데 그 어류들은 어류로서 더 잘 살아가기 위해, 그곳 수중환경에 적응하다 보니 각각 다르게 발달한 것이다.

즉 그 어류들은 양서류로 진화하려고 발달한다기보다, 어류로 더 공고하게 살기 위해 발달시켰다는 것이 합리적이다. 만약 어류가 육상생

---

194) 비슷한 능력의 종. 필자의 용어.

물이 되려면, 체온유지와 보행 등을 위해 양서류와 파충류같이 몸통이 두꺼워져야 한다.

그러나 대부분 어류는 몸통이 더욱 유선형으로 발달되는 것이다. 그리하여 어류의 생존에 필요한 유선형의 몸통과 날렵한 지느러미의 발달은, 육상종으로의 생존에는 전혀 도움이 되지 않는 것이다.

대부분 진화론자는 어류에서 양서류로 진화했다고 주장하며 이렇게 설명할 것이다. 어떤 어류종이 얕은 물가에서 살다가 육지와 자주 접하게 되거나, 건기 때 호수 물이 얕아지는 일이 빈번해지면, 그 어류종이 오랜 세월에 걸쳐 육지의 환경에 맞도록 적응하고 진화되었다고 할 것이다. 물론 양서류로의 진화를 위해서는 어느 정도 그러한 경로가 필요할 것이다.

그러나 호수의 물이 얕아지는 일이 아무리 빈번하다고 해도, 어류로서 적응하고 살아온 오랜 세월에 비하면 찰나에 불과할 것이다. 따라서 그 어류로서는 그 오랜 세월은 어류로서의 오랜 세월이지 양서류로서의 오랜 세월이 아니다. 즉 어류로서의 오랜 세월은 오히려 어류로서 더 잘 살아가기 위한 적응의 세월일 뿐이라는 말이다.

따라서 변종이 되는 것은 그 어류종이 멸종하지 않기 위한 처절한 노력일 뿐이라는 말이다. 즉 그 어류로서의 오랜 세월 적응해 온 현실을 버리고, 갑자기 양서류로 진화한다는 것은 진화는 차치하고 죽을 가능성이 더 큰 것이다. 그러므로 어류에서 양서류로 진화한다는 것은 어떤 계기에 의해 아주 특별한 일에 해당할 것이다.

그러므로 실제적인 형질분기는 자연선택설에서 말하는 것과는 무척 다르다는 것을 알 수 있다. 즉 일반적으로는 어떤 종이 환경에 따라 비숫한 수준의 변종이나 아종 정도로는 될지 모르겠지만, 새로운 과나 목 이상으로 자연스레 진화하기는 어렵다는 것이다.

여기서는 이러한 비슷한 수준의 변이를 '동질변이'同質變異[195]혹은 '수평변이'[196]라고 한다. 예를 들어 바이러스[197]나 박테리아의 변종뿐만 아니라, 앞의 공업암화·겸상적혈구·베이츠 의태 등도 모두 이런 동질변이에 해당할 것이다. 그리하여 이러한 동질변이는 일반적인 의미에서 소진화에 해당할 것이다.

그리고 종내변이는 소진화이고, 종간변이는 소진화이기도 하고 대진화이기도 할 것이다. 그러므로 동질변이를 넘어 확실한 '이질변이'異質變異[198]를 위해서는 특별한 무언가가 부가되어야 할 것이다. 이 새로운 부가에 대해서는 뒤에서 설명이 있을 것이다.

변이의 한계

앞에서 살펴본 어류가 양서류로 진화되는 한계에 이어, 동일종 내에서의 노력도 마찬가지이다. 예를 들어 포유류, 조류 등의 암컷들은 건강한 새끼를 낳기 위해 강건한 수컷과의 교미를 원한다. 또한 앞에서 말했듯이 난자는 튼튼한 정자를 골라 받는다.

그런데 그렇게 튼튼하게 낳은 새끼들이 무한대로 마냥 튼튼해지지 않는다. 나아가 마냥 진화되지도 않는다. 그리하여 이러한 동물들은 인간보다 훨씬 오랫동안 그 종으로 살아왔다.

---

195) 진화의 효과가 거의 없는 비슷한 수준의 변이를 말한다. 필자의 용어.
196) 동질변이와 동의어.
197) 코로나19 바이러스의 변이도 알파에서 오미크론까지 다양하다.
198) 진화를 일으키는 수준의 변이를 말한다. 필자의 용어. 즉 수직변이, 대진화.

그러므로 결국 대부분 생물은 동질변이 수준으로만 변이할 수 있는 한계를 가졌다는 말이다. 그러면 무엇 때문에 이러한 진화와 그 한계가 나타나는 것일까? 그것은 앞에서 설명한 대로 생물변이의 한계에서 기인한 것으로 생각할 수 있다.

그러나 같은 지역의 바다같이 비슷한 환경에서도 진화의 진척에 차이가 나며, 생물계가 인간으로까지 면면히 대진화한 것도 사실이다. 따라서 모든 생물이 마음껏 변이할 수 있으면 좋을 것인데, 그러지 못하는 면이 나타나는 것은 이상한 일일 것이다.

그런데 모든 생물은 단백질과 핵산이라는 공통물질로 이루어져 있으므로, 물질적 원인으로 변이의 한계가 나타난다고는 보기 어렵다. 그렇다면 유일하게 남은 것은 생물의식밖에 없다. 즉 **변이한계**가 나타나는 원인은 생물의식과 관련이 있다고 생각할 수밖에 없는 것이다.

특히 하등동물과 고등동물은 대개 '의식총량'意識總量[199]에서 차이 나는 것으로 보인다. 즉 의식총량이 증가하여 전체적인 능력이 확충되어야만, 더 고등동물로 대진화를 이룰 수 있는 것이다.

뒤 제5장에서 다시 거론되겠지만 비슷한 크기라면, 어류는 양서류와 의식총량에서 차이 나며 인간의식과는 더욱 차이가 나는 것이다. 즉 생물의식이라는 본성은 동일해도 이 세 생물류는 그 결합한 의식총량에서는 많은 차이가 난다는 뜻이다. 따라서 결국 진화는 의식총량이 늘어나야 가능한 것으로 생각된다.

반대로 의식총량이 늘어나지 않으면 동질변이(수평변이)의 소진화는 가능하더라도 수직적인 대진화는 어려운 것이다. 그리하여 대부분 종은

---

199) 한 생물이 가진 전체 의식량. 뒤 제5장에서 설명한다.

그 가진 만큼의 의식총량으로 동질변이를 할 수밖에 없었던 것이다.

이러한 변이한계는 베르그송이 《창조적 진화》에서 의아해하듯이, 자연계에 널리 퍼져 있는 균류가 아직도 진화하지 못한 이유이기도 한 것이다. 마찬가지로 병원성 바이러스(코로나19, 메르스, 사스 등)도 백신에 내성을 가지기 위해 급진성은 보이지만, 더 진화하지는 못하는 것도 의식총량에서 그 한계가 있기 때문이다.

이 진화의 차이를 남조류와 박테리아의 예를 들면 더욱 잘 알 수 있다. 아마 다른 예를 들면 다윈주의자들이 변명할 여지가 많을 것이다. 남조류와 박테리아는 세포핵·염색체·엽록체·미토콘드리아 등의 세포기관이 없어 원핵생물이라 한다.[200] 그리고 세포기관이 존재하는 아메바나 짚신벌레 등은 진핵생물이라고 한다.

그런데 고등동물의 세포가 되려면 이 원핵생물에서 진핵생물로 진화가 반드시 이루어져야 한다. 그러지 못하면 진화론 자체가 무너진다. 왜냐하면 고등동물은 진핵세포로 이루어진 다세포동물이기 때문이다. 그런데 우리는 현재 지구상 거의 어디서나 남조류나 박테리아를 발견할 수 있다.

그렇다면 우리에게 발견되는 남조류나 박테리아는 왜 진핵세포로 진화하지 못한 것일까. 이에 대해 진화론자들은 다음과 같은 여러 변명을 할 것이다.

첫째 변명은, 환경에 따라 원핵생물이 진핵생물이 될 수도 있고, 정체하기도 한다는 것이다. 그러나 남조류나 박테리아는 지구상 가장 넓게 분포하고 있어 환경적 차이만으로는 이를 설명하기 어렵다. 더불어 앞

---

[200] C.R. 우즈는 원핵생물보다 더욱 오래되어 보이는 세균을 발견하고는 원핵생물을 다시 고세균, 진정세균으로 분류하며, 굴드는 앞의 생물군을 모네라와 원생생물로 구분하기도 한다.

에서도 말했듯이 수렴진화를 가정하면 비슷한 무기자연의 공평성으로 볼 때 이를 찬동하기 어렵다.

둘째 변명은, 순간적인 환경 차이로 원핵생물이 진핵생물이 될 수 있다고도 할 것이다. 그러나 앞의 최적화이론에서도 설명하였듯이 순간적인 환경의 차이는 오랜 적응을 거친 원핵생물에게는 진화보다는 멸종할 가능성이 큰 것이다.

더구나 화석연구에서는 남조류나 박테리아 등의 원핵생물은 지구가 식은 30억 년 전부터 나타난다. 이는 캄브리아기 직전인 6억 년 전 진핵생물의 화석이 발견되기까지 지구 나이의 2/3 이상에 해당하는 24억 년을 고고하게 적응해 온 것이다. 그러므로 이것도 무기자연의 공평성으로 볼 때, 그렇게 급진된다는 것은 합리적일 수 없는 것이다.

셋째 변명은, 남조류나 박테리아가 그 환경에 적절히 적응했기 때문에 진화가 불필요하다고 할지 모르겠다. 그러면 적자생존은 어찌 되는가. 다윈주의를 위해서는 모든 생물은 적자생존 하여야 하며, 적자가 되면 반드시 진화가 이루어져야만 하는 것이다.

이런 모순으로 볼 때 진화의 차이에 대한 다윈주의 설명은 성립되기 어려운 것이다. 따라서 그러한 진화적 차이가 여전히 남아 있는 현상은, 앞에서 말한 대로 그것에는 변이한계가 있으리라고 생각할 수밖에 없다는 것이다.

그러므로 결국 남조류나 박테리아는 진화하고 싶어도 '의식총량'에 따른 능력의 한계가 있을 것으로 생각되는 것이다. 나아가 오랫동안 진화가 정체되는 호아친[201], 상어, 악어, 투구게, 은행나무 같은 종들도 마찬

---

201) 중남미에 서식하는 65㎝ 정도의 새.

가지이다. 따라서 이러한 사실들은 생물학적으로는 '잠재적 유전정보의 한계'라 볼 수 있으며, 필자는 이를 '**진화의 한계**'라고 하는 것이다.

　결론적으로 다윈주의의 적자생존으로는 어류가 고등동물로의 진화는 둘째치고, 다른 과로의 형질분기조차 어렵다는 것을 말해 준다. 예를 들어 아무리 얕은 물가에 같이 살아도 미꾸리과의 미꾸라지가 그 최적화를 무시하고, 도롱뇽목의 도롱뇽이 되려는 과정에서는, 오히려 그 미꾸라지는 가장 열등한 어류가 될 수 있다는 것이다. 이처럼 물질주의 자연선택은 형질분기 할 기획력과 동력이 전혀 없는 것이다.

　따라서 자연선택에 진화의 동력이 없다면 마지막 수단은 생물의식뿐일 것이다. 즉 어류가 양서류로 진화하는 것은 우연에 의한 것이 아니라, 반드시 '의식총량'의 증가가 필요한 것이다. 지금 가진 의식총량으로는 동질변이로 변종 정도가 될 수 있을 뿐이다.

　그러므로 오직 생물의 의식총량의 증가로 추가적인 능력이 확충되어야만 대진화를 견인할 수 있는 것이다. 반대로 의식의 증가가 이루어지지 않은 상태에서의 무리한 진화 시도는 오히려 멸종에 이를 수 있을 것이다. 뒤 제5장에서 대진화를 이루는 의식총량의 증가에 대해 '유전자 변경', '의식확충' 등으로 설명될 것이다.

생태계의 조절과 조화

　그리고 다윈주의로는 생태계의 조절과 조화에서도 문제가 나타난다. 주지하다시피 먹이사슬은 생물들 사이에 서로 견제가 있어야 그 수가 조절되고 안정되는 것이다. 그러나 자연선택설은 매 순간 최상위 포식자에 대한 견제 기능이 있을 수 없다. 왜냐하면 순차적이고도 계통적인 진화는 상위포식자의 존재가 미리 있을 리 없기 때문이다. 그리하여 자연선택의 적자생존으로는 생물의 수도 조절될 수 없으며, 생태계가 안정될 수 없는 것이다.

그러므로 다윈주의는 우리 눈앞에 보이는 실제 생태계에 반하는 것이다. 즉 어류에서 우성을 누적한 파충류가 우연히 출현하면 파충류를 견제할 상위포식자가 없으므로 그 수가 팽창할 수밖에 없고, 그리하여 파충류의 먹이가 되는 열등한 어류는 상당수 멸절되어 생태계가 완전히 무너질 가능성이 큰 것이다. 물론 무기자연의 장애가 최상위포식자에 대한 조절의 기능으로도 가능할지 모르지만, 그것은 모든 생물에게 적용되므로 조절의 충분한 이유가 되지 못한다.

이에 대해 다윈주의자들은 조절과 안정은 진화되는 과정에서의 그것이기 때문에, 조절과 안정은 결정된 것은 아니라고 두서없는 변명으로 일관한다. 아마 자연선택이 오랜 시간 임의로 조절하리라고 믿는 것일 것이다.

그러나 조절과 안정은 당장 견제가 가능한 상태에서만 이루어질 수밖에 없다. 왜냐하면 새로운 포식자가 급격히 팽창하는 가운데, 피식자들은 오래 견딜 수 없기 때문이다. 즉 물질의 우연에 근거한 자연선택설로는 조절과 안정을 이룰 수 없어 매 순간 생태계가 불안정하여, 각 생물의 진화도 기대하기 어려운 것이다.

그런데 이상하게도 생태계의 내부는 어느 정도 안정적으로 조절되어 진화를 거듭해 왔다. 이러한 생태계의 생물들이 적정선에서 조화롭게 변이하거나 진화되는 현상을, 필자는 '변이의 통제' 혹은 **'진화의 통제'** 라고 한다.

그리고 이 진화의 통제는 앞에서 설명한 '진화의 한계'와 일련의 관계가 있다. 즉 어떤 어류는 포유류로까지 진화했고, 어떤 어류는 아직도 어류일 뿐이다. 또한 지구상 널리 분포하고 있는 균류를 위시하여 백상아리, 은행 등은 1억 년 이상 거의 변화되지 않고 있다. 따라서 조화와 조절은 자연환경에 의해 행해지는 것으로 보기 어렵다. 그러면 무엇이 조화와 조절을 이루는 것일까? 한번 살펴보도록 하자.

첫째, 수직변이가 어렵더라도 각 종들은 그 나름대로 수평변이로 포식자에 대응해 살길을 모색한다. 예를 들어 어류들의 군집 활동과 동시다발적 산란이라든지, 소목의 가젤gazelle과 누wildebeest의 집단서식과 빠른 달음박질 등을 말하는 것이다. 그리하면 포식자라 하더라도 피식자들을 무조건 포식하기 어렵게 되는 것이다. 따라서 진화하지 못하더라도 자기의식으로 대개 살길이 있는 것이다.

둘째, 고등동물일수록 자체 조절 의지를 배양한다. 예를 들어 새들은 먹이를 구하기 어려울 때 알을 적게 낳거나 맏이부터 먼저 먹이를 준다. 또한 인간도 빈곤한 시절에는 소녀들의 사춘기가 늦어져 임신 가능성도 그만큼 낮아진다. 나아가 각 나라는 근대화 이후 정책적인 산아조절을 많이 해 왔다. 이처럼 고등동물은 그 나름의 의식에 따라 그 수나 변이를 조절하고, 인간은 최고 고등동물이더라도 그 상황과 행복의식에 따라 그 수나 변이를 조절하고 있다는 것이다.

그러므로 생물은 그 의식으로 주변의 환경과 생태를 고려하여 변이를 조절하기도 하고 진화하기도 하는 것이다. 그리하여 모든 생물이 주변 상황을 의식하여 조절하게 되면, 전체적으로 조화에 가까워질 수 있는 것이다.

8 우성과 열성의 재고

《종의 기원》에서는 자연의 오랜 역할로 어떤 종에 있어서 우성은 선호되어 누적되고, 열성은 버려지게 되어 진화가 이루어진다고 한다. 또한 그리되면 그 종이 변종이 되거나 새로운 종이 될 수 있다는 것이다. 즉 자연선택에 의해 '나쁜 것은 버려지고 좋은 것은 보존하고 축적하게 된다'는 것이다.

그러나 무기자연에는 우열愚劣도 있을 수 없고 선악善惡도 있을 수 없다. 즉 무기자연은 차별을 두지 않는 것이다. 그것은 자연재해가 모든 생물에게 무차별적인 것으로 알 수 있다. 또한 어떤 면에서는 무기자연은 생물의 우열과 선악마저도 모두 똑같이 포용한다고 볼 수 있다. 즉 무기자연은 왕과 농부, 선인과 악인 할 것 없이 모두 품어 주는 것이다.

우열의 문제

자연선택이 우성을 선호하여 누적시킨다는 이론은, 그야말로 무기자연과 그곳의 생물을 구분하지 않고 버무리는 것이다. 즉 물질에는 우성과 열성이 없다. 이처럼 우열이 없는 무기자연이 우성의 누적에 어떠한 역할도 할 수 없다는 것은 자명하다. 따라서 무기자연은 우성이나 열성 누적에 어떠한 역할도 하지 못한다. 자연환경은 그냥 삶의 바탕이거나 장애일 뿐이어서 '자연효과'가 나타날 뿐이다.

그러나 모든 생물은 환경에 적응하기 위해 가장 유리한 방법부터 찾는 것이다. 즉 앞의 '① 이주 → ② 환경개선 → ③ 신체변형'이라는 경로를 따르는 것이다. 그리하여 마지막 신체변형을 해야만 하는 상황에 이르면, 생물들이 그곳의 환경에 극복하기 위해 그에 맞는 형질을 꾸미게 될 것이다. 그리하여 우열을 구분하여 적당한 것을 선택하고 그것을 꾸준히 누적시키는 것이다.

예를 들어 보자. 세계 곳곳에는 어두운 곳에 서식하는 어류들이 많다. 그러한 어류들에게는 환경을 극복하기 위해서 크게 두 가지 정도의 방법이 나타난다. 한 가지 방법은 별 쓸데없는 눈을 퇴화시키는 대신, 그 에너지로 더듬이 초음파기관 등 다른 감각기관을 발달시키는 것이다. 또 다른 방법은 발광박테리아와 공생을 하며 주위를 어느 정도 볼 수 있게 하는 것이다. 먼저 눈이 퇴화하는 맹어盲魚는 주로 동굴 속의 담수에서 확인할 수 있다. 그리고 눈 주위에 발광박테리아가 공생하는 어류로는 아이라이트피시EyeLight fish라 하여 주로 어두운 바다 지형에서 많이 확인된다.

그렇다면 여기에서 무기자연이 무엇을 선택할 수 있었다는 말인가. 그것은 어두운 곳에 서식하는 어류들 스스로가 환경을 극복하기 위해 그들에게 가장 알맞은 방법을 찾았던 것뿐이다. 즉 맹어는 발광박테리아를 활용하기보다 촉각 같은 다른 감각기관을 발달시키는 것이 유리하였을 것이고, 아이라이트피시 등은 발광박테리아와 공생을 할 수 있어 굳이 눈을 퇴화시킬 필요가 없었던 것이다.

다른 예를 더 들어 보자. 각종 펭귄·각종 고래·듀공·매너티·바다코끼리·바다사자·물개 등은 조류 또는 포유류이나 바다나 강에서의 먹이활동으로 인해 어류와 비슷하게 적응해 왔다. 그런데 다윈주의에서는 어류에서 파충류를 거쳐 조류나 포유류가 되는 과정에서, 우성을 누적시켜 단순한 기관에서 복잡한 기관으로 진화된다고 본다.

그러나 앞의 조류 또는 포유류들은 어류의 행태로 다시 돌아가고 있다. 따라서 조류 또는 포유류가 어류의 기능을 발달시키는 것이 우성을 누적시키는 것인가? 아니다. 그것은 진화론적 계통으로 볼 때 열성의 누적이다. 그러므로 생물에게 있어 동일 기능이라 하더라도, 당시의 상황에 따라 우성이 되었다 열성이 되기도 하는 것이다.

나아가 고등동물로의 진화는 반드시 좋은 것은 아니다. 즉 신체의 비대함, 신경계통 확충, 뇌의 발달은 반드시 우성의 누적이 아니다. 그러한 진화는 오히려 더욱 많은 먹이가 필요하고, 날카로운 고통의 증가를 가져오는 열성의 누적일 수도 있다.

그리고 인간의 모든 행복감이 진화의 산물이라면, 모든 고통 또한 진화의 산물일 것이다. 그런데 고통은 우성의 누적이라고 보기 어렵다. 따라서 고통의 관점에서만 보면 인간은 반드시 다른 동물보다 진화된 것이 아니다.

또한 사육재배에서 특정 종자를 골라 번식시키는 경우 이미 인간의식이 반영되기 때문에 비교적 급격한 개량이 이루어진다. 그런데 그 종자 개량은 인간적인 관점의 우성을 누적시키는 것으로, 그것은 그 개체나 종에는 물론이거니와 전체적인 자연의 균형으로 볼 때 반드시 우성의 효과가 될 수 있는 것은 아니다. 따라서 인간의 관점에서의 우열은, 아마 다른 생물에게는 반드시 우열이 아닐 수 있는 것이다.

그러므로 진화상 소나무나 대구가 인간보다 더 오랜 시간을 지나고도 인간의 지적 수준에 도달하지 않았다는 것은, 인간과는 다른 우성을 소나무나 대구가 가지는 셈이다. 즉 독립영양으로 볼 때는 엽록소가 우성이고, 물속에서는 아가미가 우성이다.

특히 가장 많은 우성을 누적시켰다고 보는 인간은 독립영양에서는 소나무보다 못하고, 물속에서는 대구만도 못한 것이다. 따라서 우성과 열성이라는 구별은 인간의 관점에서 인간이 편의상 분류한 이름일 뿐, 전체 생물에 대한 보편적인 의미가 있는 것은 아니다. 즉 굴드의 말대로 아메바가 인간보다 환경에 잘 적응한다면 우리를 고등동물이라고 말할 수 없는 것이다.

결론적으로 말해 생물의식을 제외하면 우성과 열성이라는 개념이 성립되기 어렵다는 것이다. 그래서 본 서는 진화란, 생물의식에 관한 사태라는 것이다. 따라서 적응과 진화를 위해서는 각 생물의식이 그 종에 대해 수시로 우열을 점검하는 것이다.

특히 진화는 행복을 중심으로 바라보아야 한다. 생물들은 각각의 삶에서 그 나름대로 행복을 추구한다. 그런데 지금의 상태에 만족하는 생물도 있겠지만, 더 나은 행복을 치열하게 추구하려는 생물도 있을 것이다. 아마 그러한 행복 추구가 진화의 동력일 것이다. 따라서 더 나은 행복을 위해 새로운 고통도 어느 정도 감내하는 것이다.

가역성 문제

'진화는 비가역적이다.'라는 '달로의 법칙'Dollo's law이 과학적으로 아직 연구 중이나, 다윈주의 진화가 성립되려면 달로의 법칙이 성립되어야 함을 의미한다. 왜냐하면 다윈주의는 열성의 누적을 고려치 않기 때문이다. 즉 열성의 누적을 인정하게 되면 우성과 열성의 혼재로, 자연선택이라는 진화의 동력이 무력하게 되기 때문이다.

그런데 도킨스를 비롯한 일부 다윈주의자들은 진화가 가역적可逆的일

수 있다고 주장한다. 왜냐하면 펭귄과 고래 같은 열성을 누적시키는 듯한 생태계의 명백한 사실로 가역성을 부인하기 어렵기 때문이다.

그런데 문제는 앞의 사실들로 보아 가역적이든 비가역적이든 모두 다 원주의 진화론에 정면으로 배치되는 현상이 발생한다는 사실이다. 만약 가역성이 가능하다면 자연선택의 성질상 진화는 가역과 비가역이 오가는 무질서의 평균이 되어, 자연선택으로 진화가 반드시 이루어진다고 볼 수 없을 것이다.

반면 비가역적이면 실제로 나타나는 앞의 펭귄과 고래 등을 설명할 수 없는 것이다. 이처럼 가역성과 비가역성이 혼재하는 생태계로 인해, 진화론 내에서도 현재 갈피를 잡지 못하고 있다.

그러면 이러한 혼재 상황을 어떻게 볼 수 있을까. 앞의 펭귄과 고래 등은 육상생활에 적응하다, 먹이 등 여러 이유로 다시 바다로 가서 적응하고 있다. 그럴 때는 지느러미가 다시 우성이 되어야 할 것이다. 따라서 펭귄과 고래 등의 삶에 대해서는 우성의 누적에 근거한 자연선택설로는 설명할 수 없고, 생물의식의 환경극복으로 설명할 수밖에 없는 것이다.

그러므로 무기자연은 펭귄과 고래가 어디서 서식하든 관여할 필요가 없고, 어디로 가야 할지 귀띔도 하지 않는다. 즉 생물의식의 내용에 대해서는 뒤에 더욱 자세하게 설명되겠지만 펭귄의 주체는 펭귄의식이고 고래의 주체는 고래의식이다. 즉 펭귄과 고래가 육지에서 살든 바다에서 살든, 그것은 펭귄의식과 고래의식의 자유에 따른 것이다. 그리하여 펭귄과 고래의 자유의식이 그들에게 현재 가장 알맞은 곳에서 서식하도록 하는 것일 뿐이다.

이처럼 펭귄과 고래의식은 진화보다는 우선 펭귄과 고래 자신의 행복만을 추구한다. 아마 그 과정에서 부수적으로 진화나 퇴화현상이 나타나는 것이다. 이것은 우성과 열성은 자연선택의 시각이 아니라 인간적인 시각일 뿐이며, 생물선택의 결과적 개념이라는 사실을 다시 말하는 것이다.

그리고 부연하여 하나의 대립유전자 간의 관계에서만 보면 우성과 열성으로 나눌 수 있지만, 전체적으로는 우성과 열성도 그 정도를 무수히 나눌 수 있을 것이다. 우성 내에서도 상위우성·중위우성·하위우성, 열성 중에서도 상위열성·중위열성·하위열성 등으로 나눌 수 있다는 말이다.

따라서 어떤 대립유전자 간에 열성으로 보이는 하위우성도 버려지는 게 아니라, 특별한 경우를 제외하고는 대부분 잠재되어 있다고 보는 것이 합리적이다. 이것은 '귀선유전'歸先遺傳[202], '형질회귀'形質回歸[203], '복귀돌연변이'[204] 등이 잘 말해 주고 있다.

그러므로 흔적기관은 퇴화의 흔적이라기보다 생물선택의 흔적이라고 말할 수 있는 것이다. 그 흔적은 생물이 필요하다면 언제든 다시 상위우성이 될 수 있는 것이다. 그것이 잠재하는 곳은 아마 뒤에서 거론할 'Junk 유전자'[205]의 일부일 수도 있을 것이다.

---

202) 사라진 유전형질이 잠재되었다 다시 나타나는 것.
203) 귀선유전과 비슷한 의미.
204) 사라진 돌연변이가 잠재되었다 다시 나타나는 것.
205) 표현형으로 나타나지 않는 빈 유전자.

9 우연성 비판

머리글에서부터 말했듯이, 자연선택설은 아무래도 생물의 탄생과 우성의 누적에서 진화의 근본 동력을 설명하지 못하고 있다. 그러한 물질주의로는 앞으로도 생명의 근본 동력을 설명할 수 없을 것이다. 왜냐하면 예나 지금이나 물질은 적응은 물론 가치선택을 하지 않기 때문이다.

그러므로 고대의 유물론자 에피쿠로스가 말한 원자의 우연한 편위운동[206]을 시작으로, 다른 물질주의자들과 마찬가지로 다윈주의자들도 생물의 탄생과 그 변이를 어쩔 수 없이 우연으로 설명할 수밖에 없었던 것이다.

그리하여 수많은 지구형 행성의 존재 가능성[207]과 지질학적인 오랜 시간으로 생물의 탄생이 확률적으로 높다고 주장하면서도, 도킨스는 "누적적인 자연선택의 기원 그 자체에서도 일회의 우연에 의해 발생한 사건을 생각해야 한다."<#47>라고 말하는 것이다. 그런데 그는 다시 "진화론은 무작위적인 우연에 좌우되는 이론이 아니다. 진화론은 무작위적인 돌연변이에다가 비무작위적인 자연선택의 누적이 더해진 결과를 바탕으로 하는 이론"<#48>이라고 하여 오락가락하는 변증을 기하고 있다.

애초부터 다윈을 위시한 다윈주의자들은 자연선택은 무작위적인 우연의 산물이라고 부르짖었다. 왜냐하면 필연성은 무기자연의 동력이 아니라 신의 동력이라고 보았기 때문이다. 즉 생물체의 존재에 대해 자연

---

206) 원자는 원래 직선운동을 하여 자유가 없으나, 어떤 것은 우연히 비스듬한 운동을 하여 자유의지가 발생한다는 것. 아마 우연을 철학에 적용한 첫 사례일 것이다.
207) 주로 '드레이크 방정식'에 따른다. 그러나 이 방정식에는 근거 없는 항이 대입되어 불확실성을 가진다.

선택의 우연이 아니라면 신의 필연이 개입될 것이기 때문이었다.

그런데 그 후 '우연'은 비과학적이라는 비판이 계속되자, 다윈주의자들은 이제 다시 그 우연성을 슬며시 거둬들이려 한다. 나아가 지금 일부 다윈주의자들은 자연선택의 필연성을 강변하고 있다. '비무작위적인 자연선택'이라는 말은 바로 필연적이며 의도적인 진화를 의미하는 것이다.

그런데 이들과 달리 앞 4의 '유전자적응론'에서 보았던 윌리암스의 후예들은, 다시 자연선택은 '안정화'에 기여하고 진화는 **'어쩔 수 없는 우연'**으로 선회하고 있다. 따라서 이러한 우연과 필연을 넘나드는 혼동에 대해서는, 앞 3의 '물질의 맹목성'에서 마이어가 유전자의 임의성과 표현형의 유리함을 구분하고자 할 때 이미 비판했던 사항이다. 즉 진화 과정에서 유전자와 그 표현형은 상호 연속적인 과정이므로 동일 신체 내에서 구분될 수 없는 것이다.

그러므로 돌연변이에서 일회의 우연이라도 개입되면 자연선택과 생물 전체가 무작위적이 될 수밖에 없는 것이다. 이렇게 볼 때 다윈주의자들은 진화생물학을, 우연과 필연을 오가며 신학도 아니고 철학도 아닌 이상한 학문으로 바꿔 버린 셈이다.

여하튼 생물의 역사 약 38억 년의 시간은 지구 나이 약 46억 년으로 볼 때뿐만 아니라, 우주 나이 약 138억 년에 견주어도 결코 짧은 시간이 아니다. 따라서 생물의 탄생과 그 진화를 논할 때, 38억 년을 지속적인 우연에 기대한다는 것은, 과학도 아니지만 무모하기까지 하다. 또한 생물의 탄생과 진화에서 발생하는 몇십 억 가지 이상의 생화학 결합과 반응들 전부, 우연히 일어난다는 것에는 민망하기까지 하다.

아마 다윈주의에 따라 우연히 생물의식이 발생되었다고 하면, SETI(외계 지적생명체 탐사)가 찾는 외계인은 지적이기는커녕 생물의식조차 없을 가능성이 훨씬 크다. 왜냐하면 물질만의 우주에서 생물의식이 우연히 다시 나타나기도 어려울 뿐만 아니라, 우연히 지적생물이 될 확률은 더더욱 희박하기 때문이다.

그러므로 제임스 글리크는 《카오스》에서 "생물학에서 우연성은 죽음이며, 카오스도 죽음이다. 모든 것은 고도로 조직되어 있다. (중략) 생물학에서 우연성이라고 하는 것은 반사적인 생각일 뿐이다."<#49>라고 하였다. 또한 아리스토텔레스는 《니코마코스 윤리학》에서 "가장 중대하고 가장 고귀한 것을 우연의 소치로 봄은 매우 엉성한 생각"<#50>이라고 했으며, 몽테스키외는 《법의 정신》에서 지적존재가 맹목적인 운명의 산물이라는 것은 이치에 맞지 않는다고 한 것이다.

어떻든 다윈주의는 처음부터 끝까지 생물탄생의 우연, 돌연변이의 우연, 우성 누적의 우연, 의식발생의 우연 등에 기대고 있다. 왜냐하면 그런 것에 대한 과학적 증거가 없는데도, 그 원인을 추상하려 하기 때문이다.

그런데 진화론에서 기대하는 우연은 모두 사실관계에서는 나타날 수 없는 것이다. 왜냐하면 모든 현상은 원인이 있어야 결과가 있기 때문이다. 그야말로 인과율과 '알고리듬'algorithm[208])이 있는 것이다. 그리하여 "인간게놈에서는 한정된 영역이 있는데, 이곳은 평균에 비해서 돌연변이율이 20퍼센트 정도 더 활발하다. (중략) 그리고 X 염색체와 비교할 때 Y 염색체의 유전자가 다섯 배 정도 돌연변이가 높은 이유도 우연의 원칙으로는 설명할 수 없다."<#51>라는 것이다. 이처럼 우주가 우연처럼 보이지만 우연인 것은 없다.

그런데도 다윈주의는 항상적인 물질에서 우연히 가치적인 생물의식이 나타난다는 것이다. 그러나 그러한 우연은 무無로부터 유有가 나타남

---

208) 어떤 문제를 해결하기 위하여 구체적으로 계산하는 절차나 방법. 즉 input이 있어야 output이 나온다.

을 의미한다. 그런데 무에서 유가 나오는 것은 논리적 모순(모순율)이다. 왜냐하면 무에서는 아무것도 나올 수 없기 때문이다.[209] 따라서 반드시 유로부터 유가 나와야만 하는 것이다. 그러므로 다원주의자들은 우연이 어떠한 용어인지 정확히 알지 못하고 무리하게 사용하고 있는 셈이다.

그렇다면 생물의 탄생과 진화에서 신의 필연만이 나타날 것인가? 물론 그렇지도 않다. 즉 물질주의뿐만 아니라 창조론과 같은 모든 결정론도 잘못된 것이다. 그러한 결정론은 뒤에서 설명되듯이 의식의 자유와 행복 추구에 반한다. 따라서 우연과 마찬가지로 필연 또한 '상상관념'想像觀念 혹은 自作觀念일 뿐이다. 즉 우리의 상상은 실재를 사유하는 것이 아니다. 상상은 사유의 편의나 창의적인 미래를 위한 작용이다.

그러므로 우주의 미래는 결정된 것도 없고, 저절로 되거나, 우연히 되거나, 아무렇게나 되는 것도 없다. 뒤 제6장에서 밝히겠지만, 우주는 우연도 아니고 필연도 아닌 '의식에너지'(의식력)의 영원한 선택만이 작용한다. 그러한 의식에너지의 개별적인 선택들이 그때그때 조화를 이루며 나아가는 것이다.[210]

그런데 그러한 비가시적인 선택을 의식이 부족한 우리로서는 대부분 인지하기 어렵다. 왜냐하면 앞에서부터 강조해 왔듯이 항상적인 물질과는 달리 가치선택 하는 생물의식은 비가시적인 데다가 환원 불가능하기 때문이다. 더군다나 이성에 의한 선택보다 감성이 개입된 선택은 더욱 환원 불가능하다. 왜냐하면 감성적인 선택은 선택한 자신도 잘 알기 어렵기 때문이다. 따라서 우연으로 보이는 자연선택도 어떤 생물의식의 선택이었던 것이다.

---

209) 루크레티우스. 《사물의 본성에 대하여》. "무에서는 아무것도 생기지 않는다.".
210) 제6장에서 물질도 물질의식이 있음을 밝힌다.

우연의 발상

좀 더 알아보자. 우선 물질주의 관점에서도 모든 자연현상은 물질법칙의 결과여야 한다. 즉 물질의 법칙에는 우연이란 없다. 예를 들어 물은 항상 수소 원자 두 개와 산소 원자 하나가 결합한 물 분자들의 모임인 것이다. 나아가 '브라운 운동'[211]과 동전 던지기조차 모든 미세한 물리력의 총체적 결과이다. 따라서 물질주의에서는 엄밀히 말해 우연이란 없고 에너지의 인과적 결과만이 나타나야 한다.

나아가 생물의식의 관점에서도 우연이 없기는 마찬가지다. 왜냐하면 생물의식의 작용에서도 선택이 있어야만 그 결과가 나타나기 때문이다. 다만 항상적인 물질의 법칙과 달리, 생물의식의 가치선택은 시시때때로 동전을 다르게 배열할 수 있다. 그러므로 결국 모든 현상은 물질의 법칙에 의한 것이든, 생물의식의 가치선택에 의한 것이든, 아니면 물질과 생물의식의 복합적인 원인에 기인한 것이다.

임시충족

그렇다면 우연이란 상상관념은 왜 개념화로까지 이어지는 것일까? 결론적으로 말해 그것은 삶의 다음 진행을 위한 **'임시충족'**臨時充足이 필요하기 때문이다. 즉 우리는 삶을 지속하기 위해서는 당면한 문제를 해결하고 다음으로 가는 것이 바람직하다. 그리하여 그러한 문제를 해결하기 위해서는 문제의 원인을 파악해야 한다.

그런데 그러한 원인에 대해 비교적 잘 인식할 수도 있고, 그러지 못할

---

211) 물에 흐트러진 잉크와 같은 분자 간 충돌.

수도 있을 것이다. 왜냐하면 그러한 원인의 인식 여부는 대부분 객관적 (과학적) 자료의 여부에 달려 있기 때문이다. 즉 객관적 자료가 충분할 경우 원인의 인식이 원활할 것이고, 객관적 자료가 부족할 경우 원인의 인식이 어려울 것이다.

그러나 문제는 원인을 잘 인식하든 그러지 못하든 우리는 삶의 다음 진행을 위해, 어떻게든 그 문제를 정리하고 마무리해야 한다는 것이다. 그리하여 그 원인에 대한 객관적 자료가 어느 정도 충분할 경우, 그러한 자료를 분석하여 그 원인의 인식에 따라 비교적 합리적인 '**진리충족**' 眞理充足[212]으로 문제가 마무리되는 것이다. 물론 이러한 '진리충족'도 비교적 자료가 충분하다는 것일 뿐, 모든 인식과 인과가 완전한 것이라 할 수 없다. 왜냐하면 우리 의식은 아직 부족하여 물질의 인과조차 완전히 인지할 수 없기 때문이다.

그리하여 사물의 인식에 관하여 데이비드 흄[1711~1776]의 '회의론' 혹은 '불가지론'[213]이 대두된 것이다. 특히 물리학에서는 W. 하이젠베르크[1901~1976]의 '불확정성의 원리'[214]와 수학에서는 K. 괴델[1906~1978]의 '불완전성의 정리'[215], 다수결에서는 K. 애로[1921~2017]의 '불가능성의 정리'[216]가 대표적으로 나타나는 것이다.

그렇다면 그 원인에 대한 객관적 자료가 불충분할 경우는 어떻게 해

---

212) 사실을 만족시킴.
213) 흄에 따르면 과학적 인과성도 엄밀히 말해 완전한 증명이 불가능하다는 것. 즉 물이 분해되어 수소와 산소가 된다는 것도, 중간 과정에 우주의 무엇이 개입되어 있는지 온전히 알 수 없어 완벽히 증명할 수 없다는 것이다. 그리하여 '과학은 신념'일 뿐이라고 한다.
214) 관찰과 측정의 행위가 아원자에 영향을 미쳐(관찰영향), 전자의 위치와 에너지를 동시에 포착할 수 없다는 원리.
215) 수학의 공리 자체에 모순이 없다는 것을 증명할 수 없다는 것을 밝힌 정리.
216) 어떤 투표 제도도 공동체의 일관된 선호 순위를 반영할 수 없다는 정리.

야 할까? 삶의 진행을 멈추어야만 할까? 그렇지는 않을 것이다. 그리하여 그러한 경우에는 상상이나 감성적(비합리적)으로라도 문제를 마무리하는 것이다. 그것이 '임시충족'이다. 따라서 다원주의 또한 생물의 탄생이나 진화의 원인에 대한 객관적 자료가 부족하므로, 우연이라는 상상으로라도 임시충족 하여 마무리하려던 것이다.

우연의 사용

그렇다면 우연이란 관념은 주로 어떻게 사용되는지 좀 더 구체적으로 알아보자. 첫째, 그것은 부족한 우리의 의식에 대한 무마용이다. 즉 모든 생물은 '**의식부족**'意識不足[217])에 시달린다. 따라서 인간도 의식이 충분하다고 볼 수 없다. 예를 들어 첨단과학도 아직 중력·핵력·전자기력·암흑물질·암흑에너지 등의 근원을 모른다. 더불어 철학사의 고민은 우리의 인식은 대상의 본질을 충분히 투시하지 못하여 '표상'에 머문다는 것이다.

그리하여 굴드가 말한 '배경 속의 법칙과 세부 사항의 우연성'처럼 우주는 큰 부분에서 질서가 나타나고 작은 부분일수록 무질서해 보인다. 따라서 앞의 브라운 운동에서처럼 각 분자의 방향은 예측하기 어려워 우연한 움직임처럼 보인다. 그렇지만 브라운 운동은 '분자의 자유 운동'이라는 좀 더 큰 법칙에 따른 것이다. 이처럼 모든 사건에는 원인이 있다. 다만 크고 작은 여러 종류의 에너지들의 복합적 원인에 대해, 부족한 우리가 알지 못할 뿐이다.

그러므로 어떤 현상의 원인에 대해 무지할 때, 우리는 그 원인에 대해 우연이라고 에둘러 표현함으로써 의식의 부족함을 무마하는 것이다. 그

---

217) 우리가 원하는 만큼 의식이 충분히 확충되지 못한 상태.

리하여 아리스토텔레스는 "우연이란 당장은 그 근거를 알 수 없는 사건"이라고 하며, 데모크리토스는 "우연이란 단지 인간의 무지를 은폐하려는 데서 발단된 하나의 조작일 뿐"<#52>이라고 말한다. 결국 우연은 무지를 무마하기 위해 '상상'으로 '임시충족' 하려는 것이다.

둘째, 우연은 어떤 현상에 대하여 기쁨·만족·기대·반성·아쉬움·위로 등 감성의 표현으로 사용되고 있다. 우리는 TV에서 자연 다큐멘터리의 제목으로 '대자연의 선물' 혹은 '대자연의 분노'라는 표현을 많이 접한다. 그러나 대자연의 선물과 분노는 실제가 아니라 감성적인 표현이다. 또한 저번 홍수가 하필 이쪽으로 범람했었고 이번 낙뢰도 하필 이 나무에 떨어졌다는 감성이 더해질 때, 우연이란 관념이 더욱 심화하고 확장될 수 있는 것이다. 따라서 실제가 아닌 감성의 개입만으로는 어떤 현상의 인과를 변경시킬 수 없다. 즉 감성적인 표현으로서의 우연은 과학적 논리로는 사용할 수 없는 것이다. 다만 과학의 흥미를 더하기 위해 사용될 수는 있을 것이다.

셋째, 우연은 생물의식의 가치선택으로 인해 자주 발상發想될 수 있다. 즉 경험되고 밝혀진 물질의 인과성은 우리에게 우연의 관념을 거의 발상시키지 않는다. 그러나 가치선택은 인과성을 알기 어려워 우연이라는 관념이 쉽게 발상하는 것이다. 더군다나 이성적인 선택보다 감성적인 선택은 시간의 경과에 따라 선택한 자신도 잘 알지 못할 때가 많다.

그런데 생물이 하는 대부분의 선택과 판단은 감성이 개입되어 있다. 그리하여 그때그때의 감성이 결정한 선택을 후에 잊어버리게 되면, 우리는 나중에 그것을 우연으로 마무리해 버리기도 하는 것이다. 즉 "나는 우연히 그쪽 길로 접어들었다."라고 표현하게 되는 것이다. 이렇듯 미세한 감성적인 선택들이 모여 그럴듯한 우연이 발상되는 것이다.

더군다나 어떤 선택의 결과가 다른 원인에 의해 예상치 못한 방향으로 나타날 경우도 허다하다. 그럴 때도 우연으로 무마된다. 즉 "내가 찬 축구공에 그 사람이 우연히 맞았다."라고도 한다. 그러므로 우연은 우리가 미처 알 수 없는 수많은 과거 선택의 모임이다. 나아가 수많은 미래 선택의 모임을 잘 알지 못할 때도 우연이 될 것이다. 앙리 베르그송의 글로 우연은 어떤 사건의 원인이 될 수 없음을 확실히 하자.

"넓은 기왓장이 바람에 날려 지나가는 사람에게 상처를 입혔다고 하자. 우리는 그런 일을 우연이라고 말한다. (중략) 그러나 만일 그 요소가 없었다면 사람들은 기계론에 대해서만 말할 것이고, 우연은 더 이상 문제 되지 않을 것이다. 그러므로 **우연은 그 내용이 비워진 하나의 의도이다.** (중략) 그러나 그 형식만은 내용 없이 그곳에 남아 있다."<#53>

보편적 우연

조금 더 진행해 보자. 진화론에서 말하는 우연이라는 것은 자세히 들여다보면 '보편적 우연'을 무시한 편리한 우연이다. 우선 보편적 우연이란 무슨 뜻인지 이해해 보자. 생물은 우연을 가장假裝할 때 보편성이 있어야 할 필요는 없다. 왜냐하면 생물체는 각자 스스로 선택할 수 있기 때문이다.

예를 들어 A라는 사람이 산책 중이다. A가 이쪽 길을 선택하면 저쪽 길은 배제된다. 그리고 이쪽 길을 가는 도중 지인 B를 만날 수 있으며,

그 B와 대화하기를 선택하면 계속 산책하는 것이 배제된다. 그런데 A와 B가 서로 만남에 대한 원인에 대해 무지할 때 A, B는 서로 우연히 만난 것으로 처리한다.

그러나 우연은 A와 B를 만나게 한 실제적인 원인이 아니다. 실제적인 원인은 각자 여러 가치선택으로 인한 것이며, 그리하여 결국 서로 같은 시각에 그 길에서 만나게 된 것이다. 이처럼 생물은 개별적인 가치선택을 하므로, 그에 따른 우연은 보편적일 필요가 없는 것이다.

무기자연의 보편적 우연

그런데 생물의식이 없는 무기자연은 가치선택을 할 수 없다. 물질의 변화는 그 항상적 법칙 내에서 일어나는 것이다. 따라서 물질은 우연도 가장도 있을 수 없다. "태양이 우연히 동쪽에서 떴다." "오늘 보름달이 우연히 떴다."라고 하지는 않는 것이다. 이처럼 해와 달의 움직임은 가치선택이 아니다. 그리하여 해와 달에는 우연이라는 개념이 성립되지 않는 것이다.

그러므로 무기자연에서 우연이라는 표현을 꼭 쓰고 싶다면, 가치선택 후 나타나는 무마용 우연이 아니라 '보편적 우연'이 되어야 할 것이다. 즉 생물의식의 가치선택이 없는 무기자연에서는 이곳에서 우연이 발생하면 저곳에서도 발생하여야 하고, 오래전에 우연이 발생하였다면 지금도 발생하여야 하며, 이런 질료에서 우연이 발생하면 저런 질료에서도 발생하여야만 하는 것이다.

역으로 만약 무기자연에서 이곳에는 우연이 발생하고 저곳에는 안 되며, 오래전에는 우연이 발생하였는데 지금은 안 되며, 이런 질료에서는 우연이 발생하였는데 저런 질료에서는 발생하지 않는다고 한다면, 항상성도 없고 공평성도 없는 것이다. 따라서 그런 배타적 우연은 보편성이 없는 것이고 편의적인 우연일 것이다. 그러므로 무기자연에서는 우연이라도 무엇을 특별히 선택하거나 배제하지 않는 '보편적 우연'이 되어야만 하는 것이다.

진화론의 보편적 우연

그렇다면 보편적 우연을 진화론에 다시 대입해 보자. 다윈주의자들은 진화론을 성립시키기 위해, 생물의 초기발생에는 필수적인 두 가지 요건이 있어야 한다고 생각한다. 첫째, '38억 년 전쯤에 한정'. 둘째, '물'이다. 왜냐하면 이 두 요건이 필요충분조건으로 성립되지 않으면 진화생물학이 성립되지 않기 때문이다.

만약 원핵생물의 화석자료에 따라 생물의 발생을 38억 년 전쯤에 한정하지 않고 그 후에도 계속 생물이 발생한다고 하면, 생물의 단일계통설이 무너진다. 왜냐하면 다윈주의는 하나의 원핵생물에서 인간까지 이어지는 단일계통 진화로만 설명하기 때문이다. 또한 물은 현재의 모든 생물에게 필수적인 조건이기 때문에 생물의 발생 당시에도 반드시 물이 필요하다고 보는 것이다.

그리하여 물질적 다윈주의에서 보편적 우연이 성립하기 위해서는 다음의 조건이 성립해야 한다. 즉 무기자연에서 우연히 38억 년 전쯤에 원핵생물이 발생하였다면, 지금도 원핵생물이 우연히 발생하여 또 다른 계통의 진화가 일어나야 한다. 왜냐하면 지구탄생 후 8억 년 만에 우연히 생물이 발생하였는데, 그 후 38억 년이라는 약 4.8배의 시간이 흘

렀음에도 생물이 발생하지 않는다고 하는 것은 보편적 우연으로 볼 때 설득력이 없기 때문이다.

또한 무기자연이 물에서 생물이 발생하게 하였다면 물이 없는 조건에서도 살아갈 수 있는 철로 구성되었거나 탄소호흡 하는 다른 생물체가 발생할 수 있어야 할 것이다. 나아가 물과 산소의 여부나 온도의 차이에 상관없이, 태양이나 화성이나 달에서도 생물이 배제되어서는 안 된다. 그곳은 그곳에 알맞은 생물이 우연히 발생할 수 있어야 한다.

나아가 조금 더 생각해 보면, 우연히 인간처럼 생긴 지적 수준의 동물이 발생하였다면, 우연히 인간과 비슷한 지적 수준의 메뚜기가 여기저기 발생하여야만 할 것이다. 이렇게 되어야만 무기자연의 우연인 보편적 우연이 되는 것이다.

이렇게 볼 때 반대로 보편적 우연이 나타날 수 없을 것 같은 사례도 짚어 보자. 생물의 탄생 여부는 먼 옛날의 일이라 잘 알 수 없다고 해도, 생물의 죽음은 우리가 현재 경험하고 있는 현실이다. 따라서 생물의 탄생만큼이나 생물의 죽음도 진화론으로 보면 여간 불가사의한 일이 아니다.

그런데 무기자연에는 죽음이 없다. 어떤 사람이 구름과 바위가 죽는다고 말한다면 비웃음을 살 것이다. 즉 구름과 바위는 삶이 없으므로 죽음 또한 없는 것이다. 이처럼 삶과 죽음이라는 개념조차 없는 무기자연이 생물에게 삶과 죽음을 발현시킨다는 것은 보편적 우연일 수 없는 것이다.

나아가 우리 인간은 개인에 따라 다소 차이가 있지만, '고독과 우울'이라는 정신적인 고통과 '노화와 질병'의 여러 신체적인 고통에 직면하며 살아간다. 그런데 무기자연이 이러한 고통을 느끼지는 않을 것이라는 데는 누구나 찬동할 것이다. 이처럼 아무런 고통을 느끼지 못하는 물질이 여러 고통을 가진 생물로 진화한다는 것도 보편적 우연에 맞지 않는다. 더군다나 고통이 없는 무기자연이 구태여 고통스러운 존재를 배태시킬 리도 없는 것이다.

더 나아가 생물이 먹이가 있어야 살아갈 수 있다는 것도 상당히 기괴한 일이다. 왜냐하면 구름과 바위 같은 무생물은 먹이가 필요하지 않다. 그 무생물들은 대사작용을 하지 않기 때문이다. 그러나 생물들은 먹이로 대사작용을 하여 에너지를 얻어야 살아갈 수 있다.

그러므로 무생물이 먹이를 필요로 하는 생물을 배태시킨다는 것도 보편적 우연이 아닌 것이다. 만약 우리가 무기자연이라면 먹이가 필요 없는 진화가 더욱 자연스럽고 효과적일 것이며, 먹이가 필요 없는 진화가 가장 밀도 있는 적자생존일 것이다.

우연의 연속

다원주의의 진화는 우성의 누적으로 발생한다고 한다. 그러나 앞에서부터 지적했듯이 무기자연은 우성과 열성을 구분하거나 편애하지 않을 뿐만 아니라 그 누적에도 전혀 관여하지 않는다. 왜냐하면 무기자연은 우성과 열성과 그 누적이 무엇인지 알지도 못하고 관심도 없기 때문이다.

무기자연은 임의적이고 공평한 것이어서 평균적이다. 따라서 그것은 일시적으로 아미노기가 우연히 형성되었다고 해도, 무기자연의 오랜 관성에 의해 그 아미노기가 빠르게 다시 무기물로 되돌아가는 것을 의미하는 것이다. 그렇기에 초기지구보다 현재 더욱 많은 물이 바다가 되어 넘쳐흘러도 그 바다에서 무기물이 우연히 아미노산이나 단백질로 합성된다는 증거가 나타나지 않는 것이다.

그런데도 도킨스는 "현재의 바다에서 유기물이 생성되어도 박테리아 등에 의해 즉시 먹혀 버려 눈에 보이지 않을 뿐"<#54>이라고 한다. 그러나 도킨스는 지구상의 모든 바다에서 생성된 유기물이 남김없이 박테리아에 먹혀 버리는 현상을 조사할 수 없었음이 분명하다. 왜냐하면 아무리 현대과학이더라도 그러한 전수조사는 불가능하기 때문이다. 이처럼 도킨스는 여러 부분에서 과학적 증거를 제시하기보다, 다원주의에 유리하다고 생각되는 말부터 하는 것 같다.

따라서 이러한 어처구니없는 억지 논리에는 비슷한 억지 논리로 대처하는 것이 효과적일 것 같다. 즉 박테리아가 유기물이 생성되는 즉시 모두 먹어 버린다면, 당연히 "파충류와 양서류는 모든 어류가 생성되는 즉시 남김없이 먹어 버리지 않으면 안 될 것이다."라고. 여하튼 현재의 바다에서 유기물이 생성되지 않는 이유는 뒤 제3장 2의 '물질회유의 과정'에서 거론할 것이다.

그런데 유기물이 박테리아에 전부 먹히는 이런 우스꽝스러운 아이디어를 도킨스가 혼자서 생각해 낸 것은 아니다. 도킨스 이전에도 이와 비슷한 여러 가설이 존재했었다. 예를 들어 토마스 크라이튼Thomas Creighton이나 DNA 이중나선구조를 밝힌 제임스 왓슨 등도 진화에 필요한 생화학적 복잡성을 설명하기 위해, 유기체가 어떤 필요한 성분들을 모두 소비해 버린다는 극단적인 가설을 제기한 바 있다.<#55>

즉 최초에 유기체가 발생하고 그 개체수가 증가함에 따라 제일 손쉬운 필요성분 D를 모두 소비해 버린다는 것이다. 그렇게 되면 D를 대체하기 위해 유기체들이 노력하는 가운데, 그다음 손쉬운 성분인 C를 D로 만들 수 있는 효소를 개발한 유기체가 자연선택을 받는다는 것이다. C + 효소 = D. 그다음에는 C가 고갈되면 B + 효소 = C. 이렇게 되면 비기능적 특성이 보존될 수 없는 자연선택의 맹점과 진화에 필요한 생화학적 복잡성의 증가를 설명할 수 있게 된다는 것이다.

그러나 이러한 가설은 아무런 증거도 없을 뿐만 아니라 논리적인 비약도 심한 것이다. 즉 최초의 유기체가 발생한 것은 둘째치고라도 유기체의 증가로 모든 D성분이 없어진다는 극단적인 경우가 실제적일까? 만약 유기체가 증가하여 D성분이 모두 없어진다는 극단적인 가설이 가능하다면, 또한 D성분도 원래의 생산라인에서 충분히 생산될 수 있다는 가설은 안 될 것인가? 나아가 'C + 효소'가 유기체에 필요한 D를 채운다는 것이 실제적인가? 그리고 자연선택 이전에 성분 D를 대체하기 위해 'C + 효소 = D'가 되는 이 효소는 또 어떻게 생성될 수 있는가?

그러므로 이러한 맹점이 많은 가설은 그만큼 오류가 상당히 나타나는 것이다. 이에 대해 M. 베히의 다음과 같은 과학적 설명을 이해하면, 도킨스나 크라이튼이나 왓슨이 얼마나 비과학적인 접근을 하고 있는지 알 수 있다.

"사실, A → B → C → D 이야기에서처럼 가상문자로 실제 화학명을 붙이는 사람은 아무도 없을 것이다. (중략) 원시수프에는 D로 쉽게 바뀔 수 있는 C가 많이 떠돌아다닐 것이라고 어렵지 않게 상상할 수 있다. 그러나 거기에 AMP[218]로 바뀔 숙시네이트(adenylosuccinate,

---

218) 핵산의 뉴클레오티드 기초단위 A가 아직 핵산이라는 중합체로 연결되기 전의 상태.

중간체Ⅷ가 많이 포함되어 있다는 것을 믿기는 매우 어렵다. 그리고 카르복시아미노이미다졸 리보티드(carboxyaminoimidazole ribotide, 중간체Ⅷ)가 5-아미노이미다졸-4-(N-숙시닐로카르복소아미드) 리보티드 (5-aminoimidazole-4- (N-succinylocarboxamide) ribotide, 중간체 Ⅸ)로 바뀌려고 기다리며 떠돌아다닌다는 것은 더더욱 상상하기 어렵다. 화학물질에 실제이름을 붙이면, 그것을 만들어내는 실제 화학반응을 생각해내야 하기 때문에 믿기 어려운 것이다."<#56>

우연의 종결

이제 인문학적으로도 잠시 생각해 보자. 우리는 자유, 평등, 생명권 등을 '자연법'이라고 말한다. 즉 자연법이란, 인간이라면 태어나면서부터 자연스럽게 가지게 되는 권리를 말한다. 우리는 자연법을 심적으로뿐만 아니라 이성적으로도 강력하게 인정하여 '이성법'이라고도 한다. 그런데 여기서 고려해 봐야 하는 것은 자연법의 근거가 무엇인가이다. 즉 왜 우리의 이성이 자연법을 보편타당한 것으로 인정하게 되는 것일까? 그런데 가시적인 자연계 어디에서도 그 해답을 찾을 수 없다. 이상한 일이 아닐 수 없다. 그렇다면 우리의 이성이 우연히 자연법을 인정하게 되는 것일까? 그럴 리가 없다. 앞에서도 말했듯이 우연은 상상 이외 아무것도 아니기 때문이다.

결국 자연법은 자유에 대해서는 '사유의 자유성', 평등에 대해서는 '존재의 동등성', 생명권에 대해서는 '생명의 정당성'이라는 가치에 기인할 수밖에 없는 것이다. 첫째, 뒤 '제6장 카나드'에서 설명하겠지만, 사유에는 자유가 전제되어야 한다. 자유 없는 사유는 사유가 아니며, 자유롭지 못한 사유는 나의 사유가 아니다. 따라서 모든 사유(의식)는 자유가 근원적인 속성이 되는 것이다.

둘째, 사유는 곧 존재를 의미한다. 즉 의식에너지에 따른 사유는 존재 자체이다. 사유 없는 존재 없고, 존재 없는 사유란 없는 것이다. 따라서 존재는 사유함에 따라 동등한 가치를 가지는 것이다. 셋째, 모든 존재는 당연히 정당하다. 왜냐하면 정당하지 않다면 존재하지 못할 것이기 때문이다. 따라서 생명도 존재이기에 정당한 것이다. 즉 오늘 하루를 산다 해도 생명은 정당한 것이다.

그러므로 생명은 동등하고 정당하다. 다만 그것이 인간사회라는 실존적 현실에서는 빈부귀천貧富貴賤 등의 다양한 삶으로 나타나는 것뿐이다. 그리하여 뒤 제6장에서 자세히 설명하듯이, 생물의식은 그 속성에 근거한 '구성적 권리'[219]가 동등하지만, 실존적인 사회에서는 '규제적 권리'[220]가 나타나는 것이다.

'양심' 또한 마찬가지다. 양심은 이성애와 같은 사회적 본능이다. 그런데 양심은 그 근거를 물질계 어디에서도 찾을 수 없다. 그리고 양심은 우연히 발생할 수도 없다. 뒤 제4장에서 자세히 설명하겠지만, 결국 양심도 생물의식의 **'본능적인 윤리 균형감'**이어서, 생물의 사회적인 활동으로부터 기인할 수밖에 없는 것이다. 즉 양심은 개체가 사회생활을 함에 있어 옳고 그름을 판단하는 마음의 준거準據로, 생물이 오랜 사회생활에서 터득하여 부호화(본능화)한 균형감으로 말미암아 발현하게 된 것이다.

---

219) 존재의 속성에 다른 근원적 권리. 즉 목적성(행복추구성), 주체성, 자유성.
220) 사회윤리에 따른 관계적 권리. 즉 양심, 도덕, 정의, 법.

결론적으로 자연선택이 말하는 생물의 자연발생과 진화의 우연은 현실적으로 나타날 수 없다. 그러한 우연은 우리에게 우연히 길을 가 보라는 것과 마찬가지다. 따라서 자연선택에 의한 우연은 고의적 우연이며, 편의적 우연이다. 그것은 현재 무기물이 우연히 유기물로 변이되지 않는다는 사실이 이를 증명하는 것이다.

따라서 우연에 기대하는 것은 진정한 과학이 아니다. 차라리 "아직 잘 모르겠다."라고 하는 것이 정직한 것이다. 이처럼 다윈주의자들이 진화의 우연성을 꼭 주장하고 싶다면 자연과 선택이란 단어의 조립 대신 '자연우연'이라고 조립하는 것이 더 타당할 것이다.

그러므로 우연은 실제적인 원인이 아니라, 무지를 임시로 무마하기 위한 상상이라는 것이다. 즉 우주는 심원할수록 부족한 생물의식의 편의와 '임시충족'을 위해 우연으로 가장할 필요가 많아진다. 그리하여 과거 그리스 시대에는 물질에 관한 무지의 비율이 높았지만, 현재는 의식에 관한 무지의 비율이 빠르게 증가하고 있다.

따라서 인간의 무지를 깨트리는 확실한 방법으로는 과학이 좋지만, 과학도 항상 부족한 의식에 시달려 그 근원에 대한 무지에서 벗어나기가 요원한 것이다. 즉 쿼크까지 환원하여 보아도 새로운 무지가 무한히 나타나는 것이다. 그래서 과학이 끝나는 곳에 이성의 '추론'이 요구되는 것이다.

그리고 우리 의식이 그 부족함을 상당히 없애려면 '**의식확충**'에 따른 큰 진화가 있어야 가능할 것이다. 그러나 인간이 당장 큰 진화에 이르리라는 것은 사실상 어려운 것이다. 따라서 현실적으로 과학을 열심히 하되, 우리는 생물의식을 폄훼하지 말고 항상 의식의 소리에 귀를 기울일 필요가 있는 것이다. 다시 말하지만, 우연과 필연은 존재하지 않는다.

제2장

변이와 유전의 재해석

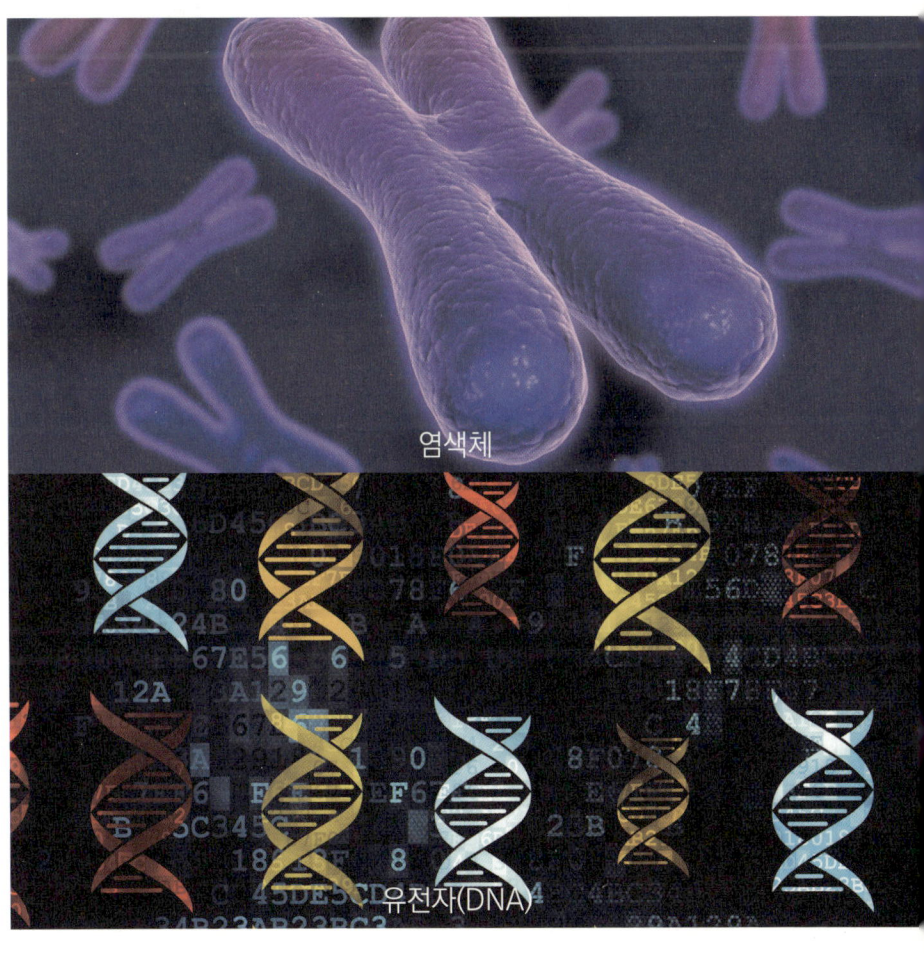

염색체

유전자(DNA)

제2장 변이와 유전의 재해석

 지금까지 다윈주의의 큰 문제점들을 살펴보았다. 이제 돌연변이와 유전에 관한 난제들을 집중적으로 해결해 보도록 하자. 앞에서 설명했듯이 '동질변이' 같은 소진화에서부터, 인간에 이르기까지 수많은 종이 뚜렷이 대진화해 온 것이 사실로 인정된다. 그렇다면 소진화가 되었건 대진화가 되었건 생물의 변이는 어떻게 발생하고 유전되는 것일까.

 현재 일부 RNA 바이러스의 '역전사'로 인해 RNA에서 DNA로 유전 정보가 전달되는 것이 발견되었지만, 진화론에서는 여전히 '생물학의 중심원리'가 대세다. 즉 신다원주의를 뒷받침하는 그 중심원리는 한 방향이어서, 반드시 DNA에서 RNA를 거쳐 단백질로 전사된다는 것이다. 그 중심원리는 단백질에서 DNA로의 역전사가 이루어지지 않는다고 본다.

 따라서 결론적으로 용불용과 적응의 획득형질이 유전되지 않는다는 것이다. 그리하여 현대의 다원주의는 변이와 유전을 위한 대안으로 '돌연변이'와 '유전자재조합'(유전자교차, 양성교합, SEX)에 의견을 모으고 있다.

 그러나 이제 이러한 다원주의에 입각한 돌연변이와 유전자재조합만으로는, 종의 변이나 유전이 고정(안착)되기가 거의 불가능함을 알 수 있게 될 것이다.

1 돌연변이

1901년 더 프리스1848~1935가 큰달맞이꽃의 변이를 발견하고, 그것에 기초하여 '돌연변이설'을 발표한다. 그 후 지금까지 생물학자들의 공통된 연구는, 돌연변이란 생물의 유전자가 무작위(임의적)으로 변하는 것이라고 말한다. 그리고 현재 돌연변이의 원인을 복제오류와 환경부적합(방사선과 화학물질 등에 의한) 그리고 동형접합(근친교배) 등으로 파악하고 있다.

그런데 점진적인 진화론인 다윈주의에서는 돌연변이가 나타나서는 곤란하다. 왜냐하면 무기자연은 그 변화가 오래 걸리고, 또한 오랜 기간 무기자연에 적합하게 진화했다면, 그 오랜 자연선택에 반하여 돌변하는 변이가 나타날 수 없는 일이기 때문이다. 그리하여 더프리스는 돌연변이에서는 자연선택이 작동하지 않는다고 말했다.

여하튼 현대 진화론의 요체는 돌연변이이다. 현재 생물학자들은 변이를 일으킬 수 있는 유일한 통로는 돌연변이뿐이라고 밝히고 있다. 즉 '**유일한 변이메커니즘은 돌연변이뿐**'이라는 것이다.

따라서 다윈주의에서는 이 돌연변이를 이용해 어떡하든 자연선택을 설명하려 애쓰고 있다. 그리하여 현재 다윈주의자들의 설명에서도 부가가 가능한 돌연변이가, 이를 제거하려는 자연선택보다 더욱 큰 역할을 하는 듯하다. 그러므로 현대에 이르러 자연선택은 오히려 자기의 힘을 무시하는 돌연변이에 기대어, 그 명맥을 유지하고 있다고 해도 과언이 아닐 것이다.

돌연변이 재고再考

다윈주의 자연선택으로는 돌연변이를 설명할 방법이 난감하다. 왜냐하면 먼저 생물의 탄생 시 돌연변이 작동 여부, 다음으로 돌연변이의 무작위성에 대한 자연선택의 역할 때문이다.

첫째, 돌연변이는 생물에게서 나타나는 실제적인 현상이다. 따라서 최초의 생물탄생에서도 돌연변이가 작동해야 자연선택설이 더욱 논리적일 것이다. 즉 생물의 진화는 모두 돌연변이에 의한 것이어서, 무기물에서 돌연변이가 있어야만 유기체로의 변이가 더욱 타당할 것이다.

그러나 무기물에서는 돌연변이가 나타나지 않는다. 따라서 당연한 의문이 생긴다. 즉 돌연변이가 없는데 어떻게 무기물에서 유기체가 되는 것일까? 또한 무기물일 때는 나타나지 않던 돌연변이가, 어떻게 유기체에서는 갑자기 나타나는 것일까?

그런데 물질법칙은 돌연변이처럼 조삼모사朝三暮四 하지 않는다. 따라서 물질법칙과 배치되는 돌연변이를 자연선택으로 포용할 수는 없을 것 같다. 그러므로 무기자연이 생물을 탄생시켰을 리 없다는 것이 합리적인 사고이다. 그렇다면 다윈주의는 또 우연에 기댈 수밖에 없을 것이다.

둘째, 돌연변이의 무작위성은 어디서 배태된 것일까. 무기자연의 자연선택이 무작위성을 부여한 것일까? 딜레마이다. 이에 1940년대 진화생물학 석학들이 '진화종합설'을 정리하면서도 돌연변이의 동력이 무엇인지, 자연선택과의 역학관계가 어떠한지 충분하게 고민했다고 볼 수 없는 것이다. 그리하여 마냥 자연선택의 당위성을 인정하는 가운데, 돌연변이는 어쩔 수 없이 발생하지만, 자연선택이 잘 조절하리라고 생각한 듯하다. 그러나 그러한 관계에는 아래와 같은 결정적인 모순이 뒤따른다.

1) 만약 다원주의의 보편적 동력인 무기자연의 자연선택이 돌연변이에 무작위성을 부여했다고 한다면, 자연선택은 자신의 선택적 역할을 스스로 포기하는 셈이다. 왜냐하면 오랜 세월 점진적인 진화를 견인해 온 자연선택이, 갑자기 돌연변이에게 그 동력을 부여해 진화가 퇴행(열성이 99.99%)되거나 무효로 될 수 있기 때문이다. 즉 자연선택과 돌연변이는 서로 길항하는 것이어서, 정향적 진화가 어려운 정도로 통약 불가능한 것이다.

2) 반면 자연선택이 돌연변이와 무관하다면 자연선택은 도대체 무엇을 할 수 있을지 의문이다. 즉 자연선택이 돌연변이와 겉돌면서 생물탄생과 진화를 견인하는 전체적이고도 보편적인 힘으로 자처할 수는 없다. 왜냐하면 오히려 돌연변이가 유일한 변이메커니즘이기 때문이다.

그런데도 앞에서도 말했듯이 다원주의자들과 그 근변의 학자들은 "돌연변이 형태 중에서 가장 적합한 것이 자연선택에 의해 선호된다."<#57> 라고 하거나, "모든 돌연변이는 자연선택 되거나 역선택된다."<#58>라고 하는 것이다. 그러나 이러한 수사 자체도 자연선택의 영향력이 미치기 전에 이미 돌연변이가 작동하는 것을 스스로 자증自證하는 것이다. 더불어 이것은 논리적이든 실제적이든 자연선택과 돌연변이는 근본적으로 다른 요인의 힘인 것을 나타내는 것이다.

즉 진화의 동력이라는 자연선택을 다원주의자들의 바람대로 무기자연이라고 생각해 보니, 어쩐 일인지 자연선택의 보편적 능력 내에 있어야만 하는 돌연변이가, 자연선택과는 전혀 다른 제멋대로의 길을 이미 가고 있었던 것이다. 따라서 자연선택의 영향력에서 벗어나 있는 돌연변이는, 당연히 무기자연의 힘으로 볼 수 없다는 것이다.

그러므로 결론적으로 자연선택과 돌연변이는 '**반대 벡터**'이다. 왜냐하면 오랜 기간 자연선택이 누적시킨 것을 갑자기 변경시켜 버리기 때문이다. 따라서 자연선택과 돌연변이는 공동목표를 향해 나타날 리가 없다. 왜냐하면 앞뒤에서 밝히듯이 자연선택은 무기화를 추진하는 것이고, 돌연변이는 '생명화'를 추진하는 것이기 때문이다.

따라서 무기자연에서는 돌연변이가 나타나서도 안 되며, 그 돌연변이가 다시 자연선택 되어서도 안 되는 것이다. 즉 돌연변이가 다시 자연선택 된다면, 그것은 진정한 돌연변이가 될 수 없는 것이다.

그러므로 진화의 관점에서는 자연선택과 돌연변이 둘 중 하나는 거짓이다. 그런데 돌연변이는 유일한 변이메커니즘으로서, 지금도 발생하는 엄연한 과학적 사실이다. 따라서 자연선택이 거짓이라는 것이다.

결론적으로 생물에는 생물의식이 존재하므로 돌연변이가 나타나는 것이다. 즉 돌연변이는 자연환경에 맞서 살아 보려는 생물의식의 **몸부림**이다. 또한 무기자연에는 생물의식이 없으므로 당연히 돌연변이가 나타나지 않으며, 무기자연에서 유기체로의 변이도 당연히 불가능한 것이다.

돌연변이 실상

그렇다면 이제 좀 더 구체적으로 다윈주의가 해석하는 돌연변이가, 생물의 진화에 실제로 도움이 될 수 있는가를 알아보자. 각 종마다 약간의 차이가 있겠지만 지금까지 생물학의 연구 결과, 자연적인 돌연변이는 대략 전체 세포분열 1억 회에 한 번 정도 나타난다고 한다. 즉 하나의 세포에서는 5회 분열 시 한 번 정도이다.[221]

그리고 일반적인 돌연변이는 **99.99% 이상이 열성**이며, 그 열성 대부분은 '수선유전자'에 의해 수선이 되든지, 대립유전자(우성)에 묻혀 표현형으로까지 나타나지 않는 것이다. 그리하여 대부분의 개체는 어느 정도 건강하게 살아갈 수 있는 것이다.

그런데 문제는 아래의 예들처럼 간혹 표현형으로 나타나는 돌연변이가 있으며, 그러한 경우 대부분 퇴행적이며 치명적이기까지 하다는 것이다. 따라서 현재의 생물이 대개 안정적(점진적인 변이 포함)으로 살고 있다고 볼 때, 돌연변이는 안정화에 방해되는 요인들로 인해 나타난다는 의미가 강하다. 또한 이는 평형 시에는 거의 모든 돌연변이가 진화는커녕 생존조차 어렵게 할 소지가 있다는 말이다. 이제 현실에서 그 돌연변이 실상을 살펴보자.

1) 유전자 돌연변이
- * 큰달맞이꽃: 보통보다 큰 달맞이꽃이 갑자기 나타난다.
- * 초파리: 돌연변이 초파리는 보통 초파리와는 눈과 날개의 모양과 채색이 다르다.
- * 알비노 현상: 피부백화 현상.
- * 동물의 암(癌): 유전자에 의한 세포의 돌연변이로 자연계에서는 자외선·방사선·기타 불명의 원인에 의해 발생하며, 그중 인간의 암은 방사선·화학물질·세균과 바이러스·유전적 감수성 등으로 나타난다.

---

221) 보통 한 세대에 한 쌍의 DNA 염기에 대해 10의 -10승~10의 -20승 정도라고도 한다.

2) 염색체 돌연변이

* 다운증후군: 보통 사람보다 21번 염색체가 1개 많은 3개로 두 눈 사이와 입이 벌어지고 성장과 지능이 낮다.
* 에드워드증후군: 18번 염색체가 3개로 좁은 두개골, 구개열 등의 여러 기형적 증상들이 나타난다.
* 파타우증후군: 13번 염색체가 3개로 소두증, 소하악증 등의 여러 기형 증상들이 나타난다.
* 클라인펠터증후군: 성염색체가 XXY로, 남자인데 유방이 발달하는 등 불완전한 남자가 된다.
* 터너증후군: 성염색체가 그냥 X로, 여성으로의 2차 성징이 느리고 지능과 키가 작은 경우.

3) 기타 돌연변이

로버츠증후군[222], 결합쌍생아[223], 단안기형[224], 인어체기형[225], 과다외이[226], 열지증[227], 무족증[228], 해표상지증[229], 진행성골화성섬유이행성증[230], 연골무형성증[231], 뇌하수체성왜소증 및 거인증, 프로테우스증후군[232], 눈피부백

---

222) 구개열과 구순열, 얼굴의 상악 부분 돌출.
223) 융합된 쌍생아.
224) 외눈증.
225) 다리 부분의 융합.
226) 목덜미에 또 다른 조직들이 튀어나옴.
227) 손과 발이 갈라짐.
228) 발이 없음.
229) 팔이 짧음.
230) 근육이 굳음.
231) 연골 없음.
232) 손발이 비틀림.

색증²³³⁾, 배내털과다증²³⁴⁾ 등.

다윈주의자들은 이와 같은 돌연변이의 퇴행성에 대해 이렇게 변명한다. 즉 "돌연변이가 대부분 퇴행적이지만 극히 일부라도 독소나 기생충에 강한 면을 나타내므로, 환경이 바뀌면 그 퇴행적 돌연변이도 우성화될 수 있을 것이다."라는 것이다. 그러나 퇴행적 돌연변이는 그 생물에 속히 퍼져 퇴행시킬 것이고, 환경의 변화는 상대적으로 아주 느리다. 따라서 그 시차時差는 생물에게는 치명적이어서 극복하기가 어려울 것이다.

그리고 일반적으로 야생이나 실험실에서 돌연변이 되어, 다른 종으로 진화되는 사례는 아직 확인된 바가 없다. 현재까지 일부 개체에서 극히 미세한 변이²³⁵⁾를 확인한 정도일 뿐이다. 그런데 그러한 변이는 종 내에서 한계 지어진 '수평변이'(소진화, 동질변이)이며, 의미 있는 '수직변이'(대진화)와 연결하기에는 큰 무리가 따른다. 왜냐하면 그것은 일반적인 상태²³⁶⁾에서의 **'돌연변이의 한계'** 때문이다. 즉 일반적인 상태에서는 돌연변이도 개체가 소유한 생물의식의 한계 내에 있는 것이다.

나아가 진화론자들이 연구한 바에 따르면 고등동물이 될수록 우성돌연변이는 잘 나타나지 않는다. 그것은 아마 고등동물이 될수록 정상세포의 '고착도'가 높기 때문일 것이다. 특히 인간에게도 우성돌연변이는 거의 나타나지 않는다고 알려져 있다. 다만 사람의 우성돌연변이는 말

---

233) 눈이나 피부의 색소 부족.
234) 솜털이 지속적으로 자람.
235) 초파리의 눈 색깔과 이중흉부 등의 변화.
236) 뒤 '2 유전자변경'에서 특수한 상태를 설명할 것이다.

1 돌연변이   219

라리아 내성이 있는 겸상적혈구, 에이즈 면역이 있는 CCR5 ⊿32[237], 장수변이유전자(CETP, GHR, APOC-3 등) 정도가 있을 뿐이다.

그런데도 다윈주의자들은 진화의 다른 수단이 없기에, 대다수의 열성을 무시하고 극소수의 우성돌연변이를 강조하고 있다. 즉 열성이 '자연제거' 되다 보면 어쩔 수 없이 진화된다거나, 대립유전자의 우위에 있는 우성돌연변이가 오랜 세월 자연선택에 의해 누적된다고만 할 뿐이다.

그러나 현재 우성돌연변이라고 해서 반드시 진화를 이루어 낸다는 생물학적인 증거는 없다. 그동안 다윈주의자들이 우성돌연변이라고 제시한 사례들도 진화와 관련이 있다고 말할 수 없는 것들이다. 따라서 앞에서 예를 든 겸상적혈구와 머리카락과 피부색 같은 돌연변이가 대진화의 증거라고 하는 것은 과도한 것이다. 그러한 변이는 '동질변이'여서 그 종을 더욱 고착시키는 것일 수도 있기 때문이다.

어떻든 분자생물학의 연구는 일반적인 상태에서는 우성의 빈도가 열성의 빈도에 한참 못 미친다고 말한다. 특히 인간을 예로 들면 우성의 빈도가 열성의 빈도를 따라가지 못한다는 것이 분명하다. 왜냐하면 현실적으로 열성인 암의 빈도가 그에 대한 우성의 빈도를 훨씬 앞선다고 보이기 때문이다. 즉 암으로 죽어 가는 사람이 우성돌연변이에 의해 살아나는 사람보다 훨씬 많다고 할 수 있는 것이다. 따라서 이것은 '우성돌연변이의 한계'라고 말할 수 있을 것이다.

더군다나 다윈의 비둘기처럼 사육의 품종개량에서조차도 곧 한계가 나타난다. 즉 품종개량으로 비둘기가 독수리로 되기 어려운 것이다. 그렇다면 무슨 근거로 우성돌연변이에 의한 대진화를 인정할 수 있겠는

---

237) 페스트 면역 돌연변이.

가. 그러므로 다윈주의의 자연선택으로 우성돌연변이의 누적에 의한 진화가 가능하다는 것은 사실상 아무런 근거가 없는 것이다.

《눈먼 시계공》의 돌연변이

"자연선택에 의한 진화는 돌연변이 속도보다 빠를 수 없다. 왜냐하면 돌연변이는 궁극적으로 새로운 변종이 만들어질 수 있는 유일한 길이기 때문이다. (중략) 자연선택은 무언가를 제거할 뿐이지만, 돌연변이는 부가할 수는 있다. 여러 가지 방법을 통해 **돌연변이와 자연선택은 힘을 합쳐** 오랜 지질학적 시간동안 부가와 삭제의 과정을 통해 엄청난 복잡성을 구축할 수 있었다. (중략) 다윈주의자의 주장에 따르면 변이의 방향은 개선을 향해 정해져 있다는 것이 아니라는 의미에서 임의적이며, 진화에서 개선을 향한 경향이 나타나는 것은 선택에 의해서이다."<#59>

위에서 도킨스는 돌연변이에 대해 여러 모순된 주장을 하고 있다. 즉 변이는 부가하고 선택은 제거한다는 것이다. 그러나 무작위적이라고 하는 변이가 어떻게 부가한다는 것인지도 의문이지만, 부가되는 열성변이를 적당한 때에 맞춰 자연선택이 제거하리라는 것도 모순이다.

앞에서도 강조했지만 동일 무기자연에서 부가하는 변이와 제거하는 선택이 동시에 작용한다는 것은 이치에 맞지 않는 것이다. 그러한 무기자연의 힘은 다윈주의의 자의적인 힘이다. 즉 다윈주의에서는 돌연변이와 자연선택은 다 같은 무기자연이어야 한다. 그렇다면 변이와 선택은 함께 부가하든지, 함께 제거하든지 해야 옳을 것이다.

또한 《눈먼 시계공》에서는 "돌연변이는 분명 물리적 사건에 의해 야기된다."라고도 한다. 그러면 자연선택의 우성을 누적시키려는 작위적인 힘과 돌연변이의 무작위적인 힘이라는 두 이율배반적인 힘 중, 어떤 힘이 다원주의에서 말하는 진정한 물리적 힘이라는 것일까? 특히 화학적인 힘이 아니라 꼭 집어 둘 다 물리적인 힘이라면, 둘 중 하나를 택해야 자연선택설에서 말하는 무기자연의 보편적 성질에 부합할 것이다.

그런데 자연선택의 힘은 우성을 누적시키려고 하는데, 돌연변이는 퇴행시킬 수 있다는 것은 무언가 맞지 않는다. 즉 만약 자연선택설에서 말하는 전체적이고도 보편적인 선택력이 있다면, 이처럼 조삼모사 할 수는 없다. 왜냐하면 개선하려는 자연선택에다 무작위적인 돌연변이에다, 또 다른 성질[238]이 있어 그 성질들 모두가 작용하면, 결국 자연선택은 독립적으로 할 수 있는 것이 아무것도 없기 때문이다.

돌연변이 의식

결국 돌연변이는 유전자에도 생물의식이 있음을 아주 잘 대변해 주고 있다. 즉 유전자가 무기물처럼 생물의식이 없다면 돌연변이도 나타나지 않을 것이다. 이처럼 대부분의 돌연변이는 유해물질有害物質[239]에 대한 생물의식의 거부반응이다. 그런데 이러한 미세한 거부반응은 우연이나 무작위로 착각할 수 있다.

---

238) 엔트로피법칙, 탄소동화작용, 펩티드결합, 개체의 적응력, 풍화작용 등.
239) 생물에 해로운 물질. 즉 생물이 회유하기 어려운 물질.

그러나 최근 연구에 의하면 박테리아는 항생제로 인해 박멸될 위험에 처하면 자신의 게놈구조를 빠르게 바꿔 버린다고 한다. 아마 우연한 돌연변이를 마냥 기다렸다면, 병원성 박테리아는 그 시차에 의해 벌써 박멸되었을 것이다.

앞에서 말했듯이 생물학자들은 현재 돌연변이의 원인으로 세 가지 정도를 들고 있다. 즉 복제오류, 환경부적합 그리고 동형접합. 그런데 오히려 이 세 가지 모두 물질로는 설명할 수 없는 생물의식의 성질을 잘 나타낸다고 할 것이다.

첫째, 돌연변이는 DNA 복제오류에 그 원인이 있다고 한다. 물론 메커니즘으로 볼 때, 돌연변이는 DNA 복제오류가 하나의 원인이다. 그런데 복제라는 것부터가 생물의식이 작용하고 있음을 의미한다. 왜냐하면 **복제는 기억**을 바탕으로 하기 때문이다. 즉 기억 없는 복제는 없으며, 기억은 생물의식의 고유한 기능이다. 예를 들어 우리의 사무용 복사기에는 복사 대상을 기억하는 프로그램이 들어 있다. 물론 그 기억프로그램은 인간의식이 주입한 것이다.

나아가 오류라는 것도 생물의식에 관한 용어다. 즉 무기자연은 항상성을 가지므로 오류를 저지를 수 없다. 따라서 무기자연인 자연선택도 오류를 저질러서는 안 된다. 즉 수소는 산소와 결합하면 항상 물H_2O이 된다. 그런데 수소는 산소가 아니라 염소와 결합하여 염산HCL이 되더라도 그것은 오류가 아니다. 왜냐하면 염산은 물의 복제가 아니기 때문이다. 즉 수소는 순간순간의 기억이나 가치에 의존하는 것이 아니라, 물질법칙의 항상적 범주에 따라 산소 혹은 염소와 결합하는 것이다.

나아가 복제오류란 기억과 똑같은 것이 만들어지지 않는 것이다. 즉 DNA 복제오류는 원본과의 재료가 다름을 뜻하는 것이 아니라, 기억

오류나 실천오류에 따른 기존정보와 어긋남을 뜻하는 것이다. 이처럼 DNA 복제오류는 기억오류 등에 의해, 원본과 다른 것이 만들어진다는 것이다.

그런데 기억은 물질적인 것이 아니라 생물의식의 것임은 자명하다. 그러므로 복제오류는 부족한 생물의식 때문으로, 물질적 신체적인 재료의 오류가 아닌 것이다.

둘째, 환경부적합이란 방사선이나 화학물질 같은 유해환경에 적정수준 이상 노출되면 실제로 돌연변이가 많이 발생한다. 그런데 자연선택이란, 생물이 무기자연에 마냥 적응하는 것을 의미한다. 따라서 유해환경 또한 엄연한 무기자연일 뿐이므로, 특별히 돌연변이가 나타날 이유가 없는 것이다. 그런데 이상하게도 돌연변이는 유해환경에 반발하고 있다.

그러므로 이러한 돌연변이는 사실 **'반적응'**함을 의미한다. 따라서 생물은 적응뿐만 아니라 반적응도 하고 있었던 것이다. 즉 오랜 세월 이미 적응되고 형성된 유전자나 형질이 유해환경에 급격히 노출되면, 돌연변이로서 반적응할 수밖에 없다는 경고를 보내는 것이다.

만약 유전자가 물질로만 구성되었다면 방사선에 노출되어도 돌연변이를 일으킬 이유가 없을 것이다. 따라서 부적합에 반발하는 돌연변이는 생물의식의 반발이다. 즉 돌연변이의 반적응은 생물의식의 분명한 표출이라는 것이다.

그리하여 암과 같은 돌연변이 세포는 한 개체 내의 면역세포와 길항하며 독자적인 살길을 모색한다. 즉 곤경에 처해지면 암세포는 어쩔 수 없이 독자적 삶을 추구하는 것이다. 이는 공생이 온전히 이루어지지 않는 엉성한 생명현상이기도 하다. 따라서 암세포의 독자적 삶도 생물의식의 뚜렷한 행태이다.

이처럼 생물이 부적합한 물질에 지속적으로 노출되면, 일반 세포 및 면역세포는 아직 전체적인 중앙통제를 받으며 그럭저럭 견딘다. 그러나 어떤 부위의 세포에서는 도저히 견디기 어려워 암세포로 변이되는 것이다. 그리하여 변이된 암세포는 중앙통제를 무시하고, 우선 자신들의 살길만을 찾아 자가면역세포(정상세포)와 싸우며 증식한다. 그러므로 생물의 탄생과 진화에서 무기자연만이 적용된 것이라면, 암과 같은 분열적인 현상도 나타나서는 안 되는 것이다.

셋째, 고등동물일수록 동형접합(근친교배)에서 돌연변이가 많이 두드러진다. 이것은 앞 제1장 '5 성선택도 가치선택'에서 이미 설명했었다. 즉 동형접합에서는 열성 대립유전자를 잠복시킬 수 없어, 열성돌연변이의 표현형이 두드러지는 것이다. 그리하여 건강한 후손을 위해 근교회피를 행한다고 했었다.

나아가 앞에서 근교회피의 감성적인 부가효과도 설명했었다. 즉 생물의식은 행복을 위해 **고독과 권태**를 피하려 한다. 관련 연구에 따르면 우리 의식을 보더라도 지속적인 고독과 권태는, 슬픔보다 더욱 스트레스를 가중한다고 한다.

그런데 만약 유전자가 생물의식이 없는 물질이라면, 동형접합이든 이형접합이든 문제가 나타날 이유가 없다. 오히려 동형을 선호해야 할 것이다. 예를 들어 수소·산소·질소·염소 같은 물질은, 우선 그들 원자끼리 빠르게 모여 안정된 분자를 이루게 된다.

그러므로 생물에 있어서는 동형접합에 따른 열성돌연변이는 다양성의 미흡함에 따른 세포들의 의식적인 경고인 셈이다. 즉 근친교배에 의한 열성돌연변이가 발생함으로 말미암아 생물체가 편협한 교류에 대한 경고를 받아 조심하게 되는 것이다. 그러나 만약 열성돌연변이가 가시적으로 나타나지 않아 근친교배가 누적되면, 그 종은 다량의 열성돌연변이로 인해 건강과 스트레스의 문제로 더 이른 멸종에 봉착할 것이다.

2 유전자변경

앞의 세 가지 돌연변이 원인에서 보았듯이, 돌연변이는 사실 무작위적이라고 볼 수 없는 것이다. 즉 돌연변이는 고도의 작위적인 생물의식의 표현이었던 것이다.

이제 단계를 좀 더 높여 보자. 상당히 비중 있는 부분으로 진입한다. 이제 본 서는 이러한 의식적인 돌연변이를 두 가지로 나눈다. 즉 '**체계적 돌연변이**'와 '**비체계적 돌연변이**'이다. 첫 번째의 체계적 돌연변이는 곧 거론할 '**유전자변경**'240)에 해당하고, 두 번째의 비체계적 돌연변이는 생물학에서 일반적으로 말하는 퇴행적(열성) 돌연변이이다.

그리고 체계적 변이와 비체계적 변이로 나뉘게 되는 경로는 세포들의 '합의'合意 정도에 따른 것이다. 즉 개체나 종에 속한 대다수 세포가 DNA

---
240) 유전자의 수정과 개발.

변경을 묵시적으로라도 합의하면 체계적 변이가 나타나고, 그러지 못할 때는 비체계적 변이로 나타나리라는 것이다. 그 타당성을 알아보자.

유전자변경

앞에서 개체가 환경의 선택압을 만날 때, 그 선택압에 대응하는 생물의 '의식압'(스트레스)이 발생하고, 그 의식압이 지속되면 새로운 적응과 기작이 나타날 수 있다고 설명했다. 그런데 그러한 의식압에 대해 우선 표현형의 임시대처로 그 위기를 모면해 나간다. 예를 들어 대장장이와 운동선수들의 근육 강화가 그런 것이다.

그러나 의식압이 더욱 광범위하고 상시로 지속되면, 세포는 DNA까지도 변경해서라도 그 새로운 적응형질을 찾고 유전시켜야만 할 것이다. 왜냐하면 지속적인 선택압에 계속 의식압을 받기는 너무 힘들기 때문이다. 그리하여 DNA의 정보를 의식압에 맞게 변경해서라도, 그러한 어려움에 좀 더 쉽게 대처하고자 하는 것이다.

그러므로 그러한 변경은 DNA에서 돌연변이 형태로 나타나게 되는 것이다. 그런데 이때 중요한 것은 그러한 DNA의 변경을 '**세포공동체**'가 대부분 인정하느냐, 아니면 세포 중 극히 일부가 도모하느냐는 것이다. 여기서 세포공동체란, 사안의 대소에 따라 개체의 대다수 세포가 될 수도 있고, 종의 대다수 세포가 될 수도 있을 것이다.

예를 들어 만약 어떤 종에게 의식압이 지속되면 그 공동체는 그에 대해 공동체의 안정성을 전반적으로 염려하게 될 것이다. 그리고 그 공동체에 의해 DNA의 변경이 묵시적으로 합의되면 '유전자변경'이라는 합리적인 방식으로 처리되는 것이다. 그리되면 변이가 자연스레 이루어질 수 있는 것이다. 즉 DNA의 변경이 합의되면 세포공동체는 유전자를 변경시켜 새로운 의식압에 맞춘 새로운 과업을 부가하는 것이다.

그러므로 '**유전자변경**'이라 함은 세포공동체의 합의에 따른 '체계적인 돌연변이'를 말한다. 따라서 아마 고등동물일수록 세포 수가 많아 합의에 이르기 어려울 것이다. 반면 단세포일 경우 전체 합의가 신속히 이루어지므로 급진성이 나타날 수 있는 것이다. 특히 사스, 메르스, 코로나19 같은 병원성 바이러스는 무서운 속도로 변이한다.

그렇다면 생물의식과 관련된 유전자변경의 두 가지 사례를 들어 보자. 첫 번째로는 현생인류(호모 사피엔스)가 네안데르탈인을 극복할 수 있었던 원인은 지능에서 차이가 있었다고 한다. 그런데 현생인류가 네안데르탈인보다 지능이 우수한 이유는, 어떤 염기서열 중 A가 T로 바뀐 것이 주요했었다고 한다.

두 번째로는 2013년 교토대 영장류연구소의 마츠자와 테츠로 교수팀의 연구를 살펴보자. 그 연구자들은 인간에게는 없는 침팬지의 '순간 기억력'을 찾아냈다. 더불어 침팬지에게는 새로운 것을 기획하는 상상력이 매우 부족함도 알아냈다. 테츠로 교수는 이러한 사실에 대해, 인간은 순간 기억력을 일정 부분 잃는 대신에 상상력을 얻은 것으로 보았다.

이러한 예들이 보여 주는 유전자변경은 신체적인 차이보다 정신적인 차이로, '생물학의 중심원리'와는 달리 생물의식에 의한 역전사를 의미하는 것이다. 즉 생물의 정신적인 필요가 DNA의 변경을 요구하는 것이다.

그러므로 이 같은 정신적인 획득형질의 고정이 생물의식의 유전자변경에 의한 것이라면, 신체의 세부적인 획득형질의 고정은 '세포의식'에 의해 시작할 수도 있을 것이다. 이에 대해 '생물학의 중심원리'와 상반되는, 역전사와 그에 대한 '세포의식'의 역할에 대하여 최근에 연구된 분자생물학을 알아보자.

"메클린톡은 게놈이 외부의 스트레스 인자에서 영향을 받으면 거의 자체적으로 변화하는 현상을 발견했는데, (중략) 수많은 종들의 게놈을 분석한 결과, 게놈은 세포들에 의해 그때그때 현실성 있는 -그 순간의 환경조건에 따라- 기능으로 조정되며, 유기체는 진화가 일어나는 과정에서 **특정한 시점에 게놈의 구조를 바꾼다**는 사실을 알아냈다. (중략)

게놈이 변하는 시점뿐 아니라 변화의 종류도 우연이 아니었다. 게놈은 자체적으로 자신에게 내재해 있는 절차에 따라 변한다. 모든 게놈은 -이는 최근 몇 년 동안 유전자 연구에서 가장 중요한 부분에 속한다- 자신의 게놈 구조물에 영향을 줄 수 있는 요소를 포함하고 있다. 나는 이요소를 **전이인자**라고 부를 것이다. (중략)

실제로 전이인자들의 활동은 **세포들에 의해서 엄격하게 통제**를 받는다. 그리고 RNA 간섭이라 불리는 메커니즘이 이런 통제에 관여한다."<#60>

집단무의식

그렇다면 이러한 세포공동체에 의한 '유전자변경'의 합의는, 어떤 구체적인 방법으로 이루어지는 것일까? 그것은 바로 세포들의 '**집단무의**

식'集團無意識[241]에 의한 것으로 보인다. 여기서 집단무의식이란, 일정한 세포공동체에서 나타나는 집단적인 의식의 '동조'同調나 '합의'合意를 말하는 것이다.

나아가 집단무의식의 합의를 정보교환 하는 방법으로는 신체 내외의 여러 의사소통이 있을 수 있을 것이다. 즉 생물들은 안팎에서 어떤 형태로든지 서로 의사소통을 하고 있다. 따라서 신체 외적으로는 감각·소리·언어·표정·행동 등이 될 것이고, 신체 내적으로는 유전자교차[242]와 세포끼리의 소통[243] 등이 있을 것이다.

이것은 심리학자 칼 G. 융[244]이 말하는 '집단무의식'과도 별반 다르지 않을 것이다. 다만 융은 주로 정신적인 관계에 관한 것에 비해, 여기서 말하는 집단무의식은 정신뿐만 아니라 세포나 DNA를 비롯한 모든 생물학적 신체와 생물의식까지 관련된다는 점이 조금 다른 것이다. 왜냐하면 의식도 전달력이라는 에너지가 있기 때문이다.

그리고 개체 내의 집단무의식은 다소 미미한 변이를 가능케 할 것이고, 종 단위의 집단무의식은 더 포괄적인 변이를 가능케 할 것이다.

그런데 유성생식의 경우 개체를 넘어 종 단위의 생물학적인 합의를 위해서는 '유전자재조합'이라는 메커니즘을 반드시 거쳐야 한다는 것이다. 물론 유전자재조합 이전에도 개체 간에는 신체 외적으로 감정과 의사를 교환할 수 있다.

그러나 전반적인 생물학적인 합의의 완성은 유전자재조합을 통해야

---

241) 일정한 공동체에서 묵시적으로 이루어지는 집단적인 의식동조나 합의.
242) 유전자재조합에 따른 분자 수준의 미세 소통.
243) 세포간교, 데스모솜 등을 통해 감정과 의사소통이 가능한 것으로 보인다.
244) Carl Gustav Jung. 1875~1961. 스위스 심리학자 및 정신의학자.

만 하는 것이다. 그래야만 집단무의식이 신체적 해결까지 마무리하게 되는 것이다. 즉 유전자재조합을 통해 변이의 안건이 교류되기도 하고, 변경이 합의될 시 그것을 다시 유전자재조합으로 차츰 전달되고, DNA의 수정과 그 유전이 이루어지도록 하는 것이다.

그런데 사실 유전자변경은 집단무의식이 새로운 합의를 이루어야만 하기에 상당히 까다로운 것이다. 즉 안정을 우선으로 고려하는 집단무의식은 좀처럼 새로운 합의에 이르기 어려운 것이다. 즉 대장장이와 운동선수들의 근육 강화가 일시적일 뿐 지속되지는 않는 것이다. 그것이 뒤에서 설명할 생물의 '고착화'이며, 고등동물일수록 변이가 더딘 이유이기도 할 것이다.

나아가 집단무의식의 선택마저도 언제나 옳은 것일 수는 없다. 물론 개체보다 종 단위 집단무의식의 선택은 비교적 안전하고 합리적이어서 가장 위험이 적을 것이다. 그러나 생물들의 의식은 지구환경과 비교해 아직 많이 부족하다. 특히 급변하는 환경에는 거의 속수무책이다. 그래서 예상치 못한 환경의 변화로 집단무의식의 유전자변경으로도, 과거 생물종의 99% 이상이 멸종에 이르게도 되었던 것이다.

한편 새로운 합의에 이르지 못한 돌연변이는 어떻게 될까? 예를 들어 방사선 등에 노출된 일부 세포가 DNA의 수정을 시도하게 되면, 집단무의식은 그 공동체의 전체적인 안정을 위하여 그 시도를 인정하지 않을 수 있다는 것이다. 그리되면 대부분의 돌연변이가 그렇듯 그 돌연변이는 집단무의식에 의해 원래대로 '폐기' 혹은 '재수정'(수선돌연변이)되든지, 그러지 못할 때는 암세포가 되는 것이다.

그런데 여기서 더 중요한 사항은 다원주의자들이 파악하듯, 미리 우성돌연변이와 열성돌연변이가 구별되어 나타나고, 그 후 자연선택이 작용하는 것이 아니라는 것이다. 즉 '유전자변경'에서는 우성과 열성에 상관없이, 여러 요소가 고려되어 특정한 돌연변이가 우성(유전자변경)이 될 뿐인 것이다.

그것은 앞의 겸상적혈구를 상기하면 이해할 수 있을 것이다. 즉 대부분 사람은 원형적혈구가 우성이나, 지중해 연안의 흑인들에게는 겸상적혈구가 사실상 우성인 셈이다. 즉 우성과 열성은 결과론적인 구별일 뿐이라는 것이다.

그리하여 이제 단속평형의 발생에 대해서도 분명히 설명할 수 있게 된다. 주로 집단무의식의 새로운 합의에 따라 유전자변경이 크게 이루어지면 단속 시의 진화가 이루어질 것이다. 이때는 뒤 제5장의 '3 생명의 약동'에서 다시 설명할 생물의 '**의식확충**'도 함께 이루어질 가능성이 크다. 따라서 유전자변경과 의식확충이 동시에 이루어진다면 대진화 혹은 '도약진화' 같은 급진적 변경도 가능한 것이다.

그 반면에 평형 시에는 동질변이 수준의 미미한 유전자변경이 나타나게 될 것이다. 그리하여 평형 시에는 '안정성'을 우선으로 아주 점진적인 변이가 되는 것이다. 즉 단속과 평형이 집단무의식의 새로운 합의의 대소에 따라 모두 가능한 것으로 설명되는 것이다.

획득형질의 유전과 비유전

다시 '생물학의 중심원리'로 돌아가 보자. 아직 다윈주의자들에게는 생물학의 중심원리가 대세이다. 즉 수십 세대까지 실험해 본 쥐의 '꼬리

자르기'와 유대민족의 오랜 '**할례**'割禮245)에서도 꼬리와 양피가 세대를 이어 계속해서 나타나는 것이다. 즉 획득형질의 비유전 현상이 나타나는, 이른바 '생식장벽'(혹은 유전장벽)이다.

그렇다면 앞 짚신벌레의 바뀐 섬모와 초파리의 이중흉부는 어떻게 유전될 수 있는 것일까? 이 같은 이율배반적인 모순에 대해 생물학자들과 다윈주의자들은 현재 납득할 만한 설명을 하지 못하고 있다.

그러나 앞의 '집단무의식'을 이해하면 다소 쉽게 설명할 수 있다. 먼저 쥐의 꼬리 자르기와 유대민족의 할례는 집단무의식의 새로운 합의에 이르지 못한 결과이다. 즉 쥐의 꼬리 자르기는 쥐의 의사와는 상관없이 바이스만이 독단적으로 시행하였으므로, 쥐의 집단무의식에 수용되지 못해 유전자변경이 이루어지지 않은 것이다. 그렇기에 다음 세대에도 쥐의 꼬리는 계속 출현하는 것이다. 즉 쥐의 집단무의식은 꼬리가 균형이나 의사 표현을 위해 아직 필요하다는 것이다.

그리고 오랜 할례에도 양피가 다음 세대에 계속 나타나는 경우도 마찬가지이다. 즉 양피의 계속된 출현도 그 집단무의식이 아직 충분한 합의에 이르지 못한 결과이다. 유대민족 혹은 인류의 집단무의식은 양피의 제거보다 양피의 잔존에 이로운 면246)이 크므로, 아직 유전자변경을 할 필요가 없는 것이다. 마찬가지로 운동선수의 근육·자전거 숙달·축구 실력·학문연구 등이 후손에게 유전되지 않는 이유도 인간의 집단무의식이 아직 새로운 합의에 이르지 못한 결과이다.

이처럼 그 새로운 합의에 이르지 못하는 주된 이유는 다른 측면의 피해가 우려되기 때문이다. 즉 운동선수의 근육을 끝없이 고정하게 되면,

---

245) circumcision. 남성·여성의 성기 일부를 잘라 내는 종교적·민속적 의식.
246) 음경에 대한 세균(특히 대장균- 방광과 전립선 병을 일으킴) 침투 방지 및 신경보호 등.

그 후손이 다른 적응이 필요할 때 크게 불어난 근육은 오히려 전체적인 균형에 방해될 수도 있기 때문이다.

그렇다면 다시 앞에서 거론된 짚신벌레의 바뀐 섬모와 초파리의 이중 흉부는 어떻게 유전된 것일까? 왜냐하면 쥐의 꼬리나 짚신벌레의 섬모나 인위적으로 변경시킨 것은 마찬가지이기 때문이다. 그런데 물질주의 자연선택으로서는 이런 상반된 현상에 대해서 아무런 설명을 할 수 없다. 왜냐하면 그것은 또 의식의 '**총량**'과 '**고착도**'에 관계되는 생물의식에 관한 문제이기 때문이다.

뒤 '제5장'에서 다시 설명하듯이, 진정한 진화는 생물의식의 총량이 증가하는 것이다. 즉 진화란, 의식총량이 증가하여 문제에 대한 '**전체적인 능력이 확충**'되는 것이다. 그리고 앞에서 말했듯이 '고착도'란 어떤 기관의 기능이나 형태의 변경이 어려운 정도를 말하는 것이다.

따라서 꼬리나 양피는 포유류의 것으로 상당한 고착도에 이른 것이다. 이에 반해 짚신벌레나 초파리는 포유류와 비교해 의식총량이 적고 고착도가 약할 것이다. 그리하여 고착도가 강한 꼬리와 양피는 집단무의식의 새로운 합의를 이루기가 어려운 데 비해, 상대적으로 짚신벌레의 섬모나 초파리의 흉부는 그 새로운 합의가 쉬운 것이다. 이것은 더 진화된 종들과 비교해 바이러스나 박테리아가 급진성을 나타내는 것과 유사하다.

그러므로 기본적으로 획득형질의 유전은 가능하나, 종마다 그 어려움의 정도가 다른 것이다. 대개 고등동물이 될수록 획득형질의 유전이 까다롭게 될 것이다.

조금 더 설명해 보자. 주지하다시피 우리는 기막히게 적응한 생물들을 잘 알고 있다. 앞에서 소개한 동물들 외에 테이퍼tapir, 설표雪豹, 안경원숭이, 귀상어, 상어가오리, 쏠배감펭, 노란신뱅이 등등. 그뿐만 아니라 생물 도감에는 독특하게 발달한 기관과 형태를 가진 생물들이 대부분이라고 해도 과언이 아니다.

이처럼 생물은 어려운 환경을 독특하게 극복해야만 하였던 것이다. 즉 앞에서 설명했듯이 '이주'와 '환경개선'이 마땅치 않을 경우, 이제 마지막으로 자신의 '신체변형'까지 해야만 하는 것이다.

그런데 신체변형은 신체를 환경에 직접 맞추는 것이다. 이는 라마르크의 용불용에 따른 노력과 의지가 필요한 것을 말한다. 다윈주의의 적응도 마찬가지이다. 일부 다윈주의자들이 미묘한 수사로 용불용을 피해 유전자에 숨기려 해도, 적응이 환경과 조우하지 않을 도리가 없는 것이다. 따라서 앞 제1장 4의 '유전자적응론'에서도 말했듯이 환경과 지속적으로 맞춰 본 형질이 생식장벽까지 넘어야만 그 형질이 후손에 유전되는 것이다.

그러므로 획득형질에 대해 이렇게 설명할 수 있게 된다. 이제 획득형질이 생식장벽을 넘어서기 위해서는 '중심원리'와 상관없는 '집단무의식'이라는 마지막 방법을 고려할 수밖에 없다는 것이다. 즉 환경에 대응하는 생물의 이러한 노력과 의지에 따라, 새로운 형질의 필요에 집단무의식이 합의하면, 각 세포는 큰 무리 없이 유전자에 변경 사항을 전달하게 될 것이다. 그리고 유전자는 변이라는 방법으로 DNA를 수정(유전자변경)하고, 수정된 DNA는 다시 유전자재조합 시 배우자나 집단의 인정하에 포괄적으로 고정되는 것이다.

이러한 변경 지시는 단백질의 직접적 전이라는 물리화학적 방법뿐만 아니라 생물의식의 직접 전달이라는 방법으로도 행해질 것이다. 생물의식의 직접 전달은 물질(전이인자)을 이용하더라도 비가시적인 생명력이 얹혀 전달되는 것으로 파악된다. 즉 세포들이 적절한 새로운 형질에 합의하고, 그에 따른 생명의식에너지로 '유전자변경'을 전달하는 것이다.

여하튼 '생물학의 중심원리'의 미흡함으로 인해 생물학적인 방법이 없다면, 이제 생물에게 남은 유일한 방법은 생물의식의 전달밖에 없는 것이다. 이처럼 집단무의식이야말로 체계적 변이를 발생시키고 나아가 그것을 고정(부호화, 본능화)할 수 있는 것이다.

그리고 계속해서 '세포공동체'는 그 종의 유불리를 종합적으로 판단하여 어떤 획득형질을 유전자에 고정할지 여부를 검토한다. 즉 획득형질을 유전자에 고정 안 할 경우, 개체마다 너무 힘든 획득을 매번 계속해야 하고, 고정을 너무 많이 하게 되면 개체의 자유성과 환경에 대한 유연성이 사라지게 되는 것이다. 그리고 계속 합의가 안 되는 나머지 획득형질은 유전자에 고정되지 않고 폐기되어, 개체마다 필요할 때마다 계속 습득하여야만 하는 것이다.

이에 대해 신라마르크주의자들도 비슷하게 인식하고 있다. 즉 용불용의 노력과 의지가 유전자에 점차 **기억**되어, DNA가 유전 프로그램을 수정하고 강화한다고 생각하는 것이다. 다만 대장장이나 운동선수처럼 용불용이 많다고 무턱대고 인간의 DNA가 수정되는 것이 아니라, 집단무의식의 종합적인 판단이 필요한 것이다. 즉 기린의 목이나 코끼리의 코처럼 세포공동체의 집단무의식이 그것을 허용하여야만 되는 것이다.

그러므로 이것으로써 라마르크의 용불용과 획득형질의 유전이 확인되고, 그 타당성이 기적적으로 **부활**하게 되는 것이다!

3 유전자재조합

앞에서 거론한 것처럼 복제오류, 환경부적합, 동형접합을 비롯해, 변이의 99.99%가 열성돌연변이로 나타난다. 따라서 다윈주의의 기대와는 반대로 돌연변이로는 기능개선 역할에 도움을 주기는커녕 오히려 방해하는 셈이다.

그런데도 현대에 이르러 다윈주의는 이러한 돌연변이에 기대어 '유전자교차'(양성교합, SEX), 즉 '유전자재조합'을 통해 그 돌연변이를 다양화·확산·증폭·고정 등으로 진화를 견인할 수 있다고 한다. 따라서 유일한 변이의 통로는 돌연변이지만, 유전자재조합이 그 돌연변이 중 열성을 따돌리고 우성을 누적시킬 수 있다는 것이다.

특히 미생물의 연구에서 나타나는 '유전자교환'[247]이나 '유전자수평이동'[248] 등은, 유전자재조합으로 발전하여 진화를 견인할 수 있는 메커니즘으로 보인다는 것이다.

그러나 앞에서 설명했듯이 '집단무의식'에 의한 유전자변경 없는, 다원주의적인 유전자재조합은 진화를 견인한다고 볼 수 없다. 즉 일반적인(다원주의적) 유전자재조합의 메커니즘만으로는 진화가 이루어지기는커녕 퇴화가 이루어질 수밖에 없는 것이다.

그러므로 일부 다윈주의자들이 말하듯 유전자재조합 시 무궁한 변이가 발생할 수 있다는 사고는 사실이 아니다. 만약 일반적인 유전자재조합이 무궁한 진화적 변이를 발생시킨다면, 몇 세대 안에 우리는 우리가

---

247) 바이러스 등을 운반하는 벡터에 외래의 DNA를 결합시켜 세균이나 동식물 세포에 유입시키는 것.
248) 박테리아끼리 작은 DNA 조각 '플라스미드' 교환, 혹은 바이러스의 DNA 주입.

진화되었다는 사실을 눈으로 확인할 수 있었을 것이다.

따라서 일반적인 유전자재조합은 극히 부분적인 '비진화적인 다양성'을 교류시킬지는 모르지만, 집단무의식의 새로운 합의가 없이는 의미 있는 '진화적 변이'가 고정된다고 볼 수는 없는 것이다.

왜냐하면 유전자재조합은 안정과 평균을 추구하기 위해 열성과 과도한 변이부터 배척해야 하기 때문이다. 나아가 유전자재조합이 대다수 열성을 따돌리고 우성만이 일시적으로 재조합된다고 하더라도, 그 변이가 지속적으로 고정된다고 볼 수는 없는 것이다. 왜냐하면 만약 집단무의식이 받아들이지 않으면 무시되어 수정되거나 폐기 처분 되기 때문이다.

일반적인 유전자재조합

다시 일반적이고도 다원주의적인 유전자재조합의 진화적 한계를 깊이 있게 설명해 보자.

1) 양성생물은 암수가 유전자재조합을 해야 후손에게 유전자가 전달된다. 이것은 어떤 개체가 우성변이를 후손에게 전달하려고 해도 기존의 유전자풀 속에서는 열성변이가 더 많이 나타나기 때문에, 우성을 전달하기는커녕 현상 유지조차 어렵다는 것을 의미한다.

즉, 한 우성변이를 후손에 전달하기 위해 조심하더라도, 배우자와의 사이에서 열성변이가 확률상 더 많이 나타나게 된다는 것이다. 그러므로 자연선택이 그 종 내에서 열성변이를 다독이는 데만 더 오랜 시간이 걸릴 것이다. 언제 우성변이를 누적시켜 진화를 이룰 것인가.

2) 나아가 앞에서 설명했듯이 유성생식이 무성생식과 비교해 돌연변

이의 급진성과 다양화를 이룬다는 증거도 없다. 근래의 연구는 무성생식이 자체적으로 더 급진적이고도 다양한 변이를 추진한다고 한다. 즉 항생제 내성 바이러스처럼 무성생식이 급진적임을 여러 연구에서 보여 주고 있다. 이처럼 근래에는 사스, 메르스, 코로나19 등의 급진 전염병으로, 백신이 따라가지 못해 수많은 사람이 곤경에 처하기도 하였다.

따라서 진화의 속도만을 위해서는 오히려 급진적인 무성생식이 효과적이므로, 유성생식으로 진화할 이유가 전혀 없는 것이다. 이렇듯 무성생식이 유성생식보다 급진적인 근거에 대해서는 앞에서 '고착도'로 설명하였다.

3) 돌연변이가 임의적이라는 말은 평균적이라는 말과 같다. 중립론자들이 "분자 수준에서는 대부분의 변화가 중립적, 임의적"이라고 하는 말과 일맥상통하는 것이다. 이 말은 일반적인 돌연변이는 일시적인 우성으로 나타나건 열성으로 나타나건, 시간이 지나면 유전자재조합으로 더욱 평균에 가까워져 진화적 요소가 거의 사라지는 것을 의미한다.

4) 따라서 일반적인 유전자재조합은 대부분 진화의 가소성과는 별로 관계없는 특성들을 수평이동 시킬 뿐이다. 예를 들어 서로 다른 이목구비, 피부색, 머리카락 등이 재조합되어 변화되었다고 해서 인간이 진화되었다고 할 수는 없는 것이다. 그것은 전체적인 능력의 확충이 아닌 동질의 특성들이 교류되거나 변화되는 것에 지나지 않는다.

나아가 그러한 재조합의 경우도 대부분 큰 유전자풀에 사장되어 버린다. 예를 들어 푸른 눈(빨강 머리 등도 마찬가지)으로 설명해 보자. 갈색 눈 사회와 푸른 눈 사회가 뚜렷이 분화되어 있을 때, 갈색 눈 사회는 푸른 눈이 부럽다고 해도 돌연변이가 없는 한 푸른 눈으로 바뀌기 어렵다.

그러나 갈색 눈이 푸른 눈과 혼인할 경우, 자녀 중 일부는 푸른 눈을 획득할 수 있을 것이다. 그리하여 갈색 눈 사회는 푸른 눈과 약간의 유전자재조합을 시작으로 빠르게 푸른 눈 사회로 변화할 수 있다고 생각할지 모른다. 그렇지만 이러한 생각에는 미리 염두에 두어야 할 것이 있다. 즉 일정 비율 이하의 푸른 눈은 갈색 눈 사회에서 고정되거나 확장될 수 없다는 것이다.

스코틀랜드 공학자 플레밍 젱킨F. Jenkin이 입증한 것처럼, 개체변이는 더 큰 개체군에 의해 **사장**死藏되어 버릴 수 있다는 것이다. 즉 푸른 눈 몇몇이 갈색 눈 사회에 재조합된다고 하더라도 갈색 눈 사회 전체에 오래 고정되지는 않는다는 말이다. 앞에서 말했듯이 갈색 눈의 '집단무의식'이 어느 정도 수용하지 않으면 푸른 눈은 고정되기 어려운 것이다. 아마 자연 상태에서는 혼인으로 인한 푸른 눈은 2~3세대 내에서 갈색 눈 사회에 사장될 것이다.

그렇다면 푸른 눈은 갈색 눈 사회에서 영원히 사장되기만 할 뿐 고정되지는 않을 것인가? 그렇지는 않다. 푸른 눈이 갈색 눈 사회에서 고정되고 확장할 수 있는 요인으로 두 가지 정도를 생각해 볼 수 있다.

첫째, 처음 푸른 눈이 나타났던 경우처럼 자연환경이 바뀌어 푸른 눈이 요구될 때, 갈색 눈의 집단무의식은 유전자재조합이 아니어도 푸른 눈으로 유전자변경을 할 수 있다. 둘째, 무시 못 할 비율의 푸른 눈과의 유전자재조합(부족 간 결합 등)이 있을 때, 갈색 눈의 집단무의식은 차츰 푸른 눈을 수용하려고 할 수 있을 것이다. 예를 들어 중앙아시아나 남미의 혼혈인 등에서는 갈색 눈 사이에서 푸른 눈이 상당한 비율로 혼재하고 있다. 물론 푸른 눈이 고정되었다고 해서 진화되었다고 할 수 있는 것은 아니다.

5) 그리고 일반적인 유전자재조합은 생물학적으로 또 다른 진화의 한

계를 분명히 노출한다. 즉 '종간불임'種間不姙 혹은 '생식단절'生殖斷絶이다. 즉 대부분 양성생물은 종간에 유전자재조합이 이뤄지지 않는다. 나아가 일부 유전자재조합이 이루어지더라도 다음 세대에서 생식불능이 된다. 노새[249], 조dzo[250], 쩌우리Chauri[251] 등이 그러하다. 더욱이 '속'屬과 '과'科 간에는 더욱 생식단절이 분명하다.

그리하여 종을 구분하는 기준으로 생식적 격리가 사용되는 이유이기도 하다. 그런데 여기서 대부분의 진화론자는 이 종간불임이 어떤 의미를 내포하는지 잘 모르고 있는 것 같다. 마냥 생식적 격리가 이루어지면 종이 나누어져 진화할 수 있으리라 생각하는 것이다.

그런데 앞 제1장의 '5 성선택도 가치선택'에서 거론했듯이 진화론적으로 볼 때, 이 종간불임은 여간 난해한 것이 아니다. 왜냐하면 종간생식이 이루어지면 진화가 더욱 효과적일 것이기 때문이다. 즉 다윈주의자들의 희망대로 유전자재조합이 진화를 견인할 수 있다면, 종과 속을 넘어 '과'나 '목'의 유전자재조합은, 그 뚜렷한 형질 차이로 인해 더 큰 진화적 요인이 될 것이기 때문이다. 예를 들어 만약 개와 고양이의 유전자재조합이 가능하다면, 제3의 진화생물이 속히 나타날 수 있을 것이다.

이처럼 종간불임은 다윈주의로서는 풀 수 없다. 즉 자연선택이 왜 종간불임을 나타내는지 도무지 설명할 수 없는 것이다. 물론 생식기의 메커니즘적 차이 등으로 변명할 수 있겠지만, 그것은 충분한 설명이 될 수 없다. 왜냐하면 인공수정을 통해서도 불임이 되기 때문이다.

---

249) 암말과 수탕나귀의 새끼.
250) 야크와 물소의 교배종. '좁교'라고도 한다.
251) 야크와 소의 교배종.

어떻든 그동안 이종 박테리아의 공생[252]에서부터 유전자교환이나 유전자 수평이동 등 비교적 생식의 유연성을 나타내던 생물들이, 어쩐 일인지 고등동물이 될수록 종간불임이 강화되고 있다는 것이다. 이것은 진화에 큰 장애로 나타날 수밖에 없다. 아마 이마저도 다윈주의자들은 또 우연이라고 말할 것이다.

그러나 종간불임의 난제도 생물의식을 무시하지 않으면 쉽게 해결된다. 즉 생물의식의 선호도를 이해하면 풀리게 되는 것이다. 앞에서 생물의 목적은 행복이라고 말한 바 있다. 또한 행복의 요소로 동질성과 이질성(다양성)을 거론한 바 있다. 왜냐하면 우리가 체득하듯이 인간의 의식도 그러하기 때문이다.

이처럼 생물의식은 우선 동질성과 접촉할 때 행복하다. 가족부터 사랑하는 이유이다. 즉 의식은 어느 정도까지는 동질성이 확보되어야 행복한 것이다. 따라서 동질성의 기준으로 볼 때, 이질적인 다른 종은 배척되는 것이다.

이것은 개체적 성질뿐만이 아니다. 생물의식을 가진 유전자도 마찬가지로 의식의 공통속성이 있으므로 어느 정도까지는 동질성을 우선으로 하는 것이다. 즉, 그 종의 집단무의식은 성 유전자에 되도록 동종끼리만 교차하도록 하는 것이다. 그리하여 이종일 경우에는 종간불임이 나타난다고 생각되는 것이다.

그리고 동질성이 어느 정도 확보되면 그 동질성 내에서는 최대한의 이질성을 위해 근교회피를 하는 것이다. 만약 누구라도 이러한 이유가 불합리하다고 생각하면, 우연을 제외하고 납득할 수 있는 다른 설명을 기대한다.

---

[252] 앞 제1장에서 설명한 린 마굴리스의 실험.

6) 나아가 육종에 있어 품종개량과 '유전자조작'[253]에 의한 인위적 돌연변이도 진화의 한 방법일 수 있을 것이다. 즉 총체적인 진화의 관점에서는 인간도 생물이기 때문에, 그들이 행하는 모든 행태도 진화의 범주 내에 있는 것이다.[254]

그리하여 다윈도 사육에서 품종개량이 이루어질 수 있다면, 자연의 오랜 시간도 품종개량을 이룰 수 있을 것으로 보아 '자연선택설'을 주창했다.

그러나 다윈이 미처 충분하게 생각지 못한 것은, 품종개량은 인간의 의식이 반드시 개입되어야만 한다는 사실을 간과한 것이다. 즉 인간의 의지와 노력이 개입된 품종개량에서, 그 인간의식이 배제된 순전한 물질적 자연선택으로 느닷없이 비약해 버린 것이다.

새로운 합의

그러므로 상기 6개 항에 대한 결론은 자연선택으로는 유전자재조합의 여러 메커니즘을 설명할 수 없다는 것이다. 나아가 일반적이고도 다원주의적인 유전자재조합만으로는 진화론적으로 별 의미가 없다는 것이다. 그것은 동질의 특성들이 교류될 뿐이다.

따라서 유전자재조합이 진화적 의미를 가지려면, 앞에서도 설명했듯이 우선 '집단무의식'의 새로운 합의가 있어야만 한다. 왜냐하면 새로운 합의가 없는 유전자재조합은 기존의 유전자풀 내에서 안정과 평균을 이루며, 오히려 그 종을 보호하려는 의도를 강하게 나타내고 있기 때문이

---

[253] '유전자가위' 등.
[254] 뒤에서 '외부회유'로 설명된다.

다. 그리하여 이 새로운 합의로 앞 제1장의 4 중 '최적화와 안정화'에서 보인 안정과 진화 사이에서 나타나는, 다윈주의자들의 혼란과 상호모순에 대한 이유도 설명되었다고 생각한다.

부연하여 앞에서 고등동물이 될수록 우성돌연변이는 잘 나타나지 않는다고 말한 바 있다. 더군다나 우성돌연변이가 나타나더라도 고등동물일수록 '고착도'가 강해 그 종에 고정되기 어렵다고 설명했었다. 예를 들어 옥수수는 비교적 인공적인 '유전자조작'으로 우량한 품종을 고정하기가 쉽다.

그러나 영장류 같은 고등동물일수록 인공적으로 우량한 품종을 고정하기가 여간 어렵지 않은 것이다. 나아가 영장류에서 유전자조작이 성공하였다고, 인간에게 바로 적용할 수 있는 것은 더더욱 아니다. 즉 고착도가 높은 동물은 유전자조작으로도 집단무의식의 새로운 합의에 이르기 쉽지 않은 것이다.

나아가 급격한 유전자조작은 생태계에 위험을 초래할 수 있는 것이다. 즉 성급한 유전자조작은 그 종이 오랫동안 형성해 온 전체적인 조화와 균형을 해치는 위험한 것이 될 수 있다. 그리하여 한때 우리는 유전자변형식품(GMO)인 '큰 옥수수' 사료로 인한 광우병 파동을 겪었었다.

제3장
생명(생물)의 기원

제3장 생명(생물)의 기원

생명(생물)의 기원에 대해서는 제6장까지의 충분한 설명 뒤에 다루면 더욱 이해하기 좋겠지만, 무엇보다 궁금한 부분이 많을 것이므로 조금 앞당겨 설명해 보자. 따라서 제6장 이후를 읽은 후 다시 돌아와도 좋을 것이다.

근본주의 창조론자[255]들은 생물의 기원에 대해 당연히 '유일신'[256] 혹은 '창조신'[257]의 창조에 의한 것이라고 할 것이다. 그러나 창조론은 신을 상상으로 추상한 것이어서, 결국 창조론적인 생물의 기원은 대개 신비적으로 마무리되고 만다. 따라서 창조론은 인간의 경험과 과학이 발전함에 따라 이성과의 괴리를 점점 더 깊게 하는 것이다.

그리하여 창조론은 과학적이고도 논리적인 관점에서는 상당한 비판을 받을 수밖에 없을 것이다. 그러나 여기서는 창조론을 비판하는 공간이 아니므로, 유일신의 문제점에 대해 주요한 여섯 가지 정도만 거론해 보자. 유일신에 대한 상세한 비판은 필자의 《유일신은 없다》와 《카나드》를 참조하면 좋을 것이다

1) **전체주의와 결정론**: 유일신의 창조론과 '영광목적론'은 전체주의

---

255) 성경적 창조를 철저히 주장하는 사람들.
256) 우주를 창조하고 운행하는 유일한 창조신 혹은 최고신.
257) 우주를 창조하고 운행한다는 신.

적이고 결정론적이다. 기독교 교의에서는 하느님[258]이 우주와 인간을 창조하였으며, 그 목적은 '영광'을 받기 위함이라고 한다. 그러나 그것은 하느님의 위대함을 추락시키는 교의이다. 왜냐하면 상대적으로 벌레만도 못한 인간의 영광은, 모든 것을 구비한 하느님에게는 아무짝에도 쓸모가 없을 뿐만 아니라, 사랑하는 피조물을 괴롭히는 일일 뿐이기 때문이다.

그러므로 이러한 교의의 모순이 나타나는 첫째 이유는 우주는 전체주의적이지도 않거니와 결정론적이지도 않기 때문이다. 즉 '제6장 카나드'에서 설명하듯이, 우주는 '카나드'라고 하는 단위적이고 개별적인 의식에너지의 모임이다.

그 개별성은 우리의 각각의 주체성과 자유로운 선택과 진화의 자유로운 분기나 인류의 자유로운 역사에서 분명히 알 수 있는 것이다. 따라서 우주는 카나드의 개별적인 선택에 따라 나아가는 것이다.

그러므로 현재의 우주는 전체적인 창조에 의한 것도 아니며, 영광을 받을 주체가 있는 것도 아니다. 나아가 우주의 필연성과 우연성도 모두 상상이다. 따라서 우주는 의식에너지들이 과거의 선택에 기반하여 미래를 선택함으로써 나아가는 것이다.

2) **자기거리**: 주지하다시피 근본주의 창조론자들에 따르면 유일신은 전지전능全知全能, 영원무궁永遠無窮, 무소불위無所不爲하며 최고선最高善, 至高善이라고 생각한다. 그러나 문제는 그러한 유일신으로부터 어떻게 이 세상의 악과 고통, 부조리나 불합리가 배태될 수 있었는가이다. 그리하여 특히 기독교 교의가 하느님을 높이 옹립할수록 '자기거리'自己距離[259]는 점

---

258) 유대교에서는 야훼Yahweh, 혹은 여호와jehovah라고도 하며, 가톨릭에서는 하느님, 개신교에서는 하나님이라고 한다.
259) 최고선인 유일신과 자신이 만든 최악인 세상과의 괴리.

점 멀어지게 되는 것이다.

더군다나 하느님을 드높인 표현들 모두는 현실에서는 경험할 수 없는 상상적인 표현이다. 전지·무궁·무소·최고선·완전성 등등. 따라서 하느님에 대한 상상을 크게 할수록 점점 현실과의 괴리가 커지고, 허위성이 두드러지게 되는 것이다.

3) **진화와 멸종**: 생물과 인간은 진화 중이다. 그에 대한 여러 증거가 있지만, 특히 머리글에서 말했듯이 생물은 고등동물일수록 인간과의 'DNA 동일률'(유전자의 같은 정도)이 높아지는 것으로 알 수 있다. 그리고 인간도 돌연변이가 나타나므로 진화 중이라 할 수 있다. 물론 어느 때는 느리게, 어느 때는 빠르게 진행될 수 있다.

그런데 생물이 진화한다는 것은 창조의 불완전성을 의미한다. 특히 '멸종'은 선한 창조와 정면으로 배치된다. 즉 최고선이시고 완전하신 유일신이 불완전한 생물들을 창조하여, 어려운 환경에 적응하게 한 것은 선한 것이라고 볼 수 없다. 더군다나 멸종된 생물종이 다시는 나타나지 않았다는 것으로 보아, 창조행위는 그 허술함으로 인해 정면으로 부정될 수밖에 없는 것이다.

그런 관계로 근본주의 창조론자들은 진화를 절대 인정할 수 없을 것이다. 그러나 생물의 진화와 멸종은 과학적 사실로 받아들여져야 한다. 왜냐하면 객관적인 과학을 부정하는 것은, 인간에게 이성을 부여한 유일신 자체를 부정하는 것과 마찬가지이기 때문이다.

그러므로 유일신의 창조행위가 '얼치기'이거나 생물을 '희롱'하는 것이 아니라면 진화와 그에 따른 멸종이 나타나서는 안 되는 것이다.

4) **물질과 육체**: 기독교 교의는 이 세상의 물질과 육체는 추악하다고 한다. 따라서 우리에게 물질과 육체를 경멸하고 천국만을 바라보라고

한다. 그렇다면 최고선이신 하느님이 그 거룩한 손으로 굳이 추악한 세상을 창조하실 필요는 없었을 것이다. 즉 천국만 있으면 될 것이었다. 그리하여 '영광목적론'이 옳다면 하느님은 천국 내에서도 얼마든지 영광을 받을 수 있는 것이다.

5) **양심의 편차**: 사람에게는 양심이 어느 정도 본능으로 나타나고 있다. 그런데 사람마다 양심과 도덕심과 정의감에서 편차가 심하다. 그리하여 비양심적인 사람이 세상을 어지럽히고 악의 창궐에 기여하고 있다.

그런데 만약 유일신에 의해 양심이 창조되었다면, 양심에서 편차가 이토록 크게 나타날 수는 없는 것이다. 즉 전지전능한 유일신은 모든 양심을 '상향평등'上向平等 하였어야 옳은 것이다. 그리되었으면 유일신의 영광이 높아질 것이고, 심판할 수고도 훨씬 줄어들게 되었을 것이다.

또한 만약 양심이 유일신에 의해 창조된 것이라면 그것은 결정론에 속할 것이고, 그 피투被投[260] 된 양심으로 인해 우리에게 죄를 물을 수는 없는 것이다. 왜냐하면 우리가 아무리 발버둥 쳐도 그 피투 된 불완전한 양심의 그물망에서 벗어나기는 난망하기 때문이다. 따라서 양심은 생물의 사회생활에 따른 진화된 본능이라는 것이 확연해진다.

6) **윤리적 효용**: 많은 기독교인과 호교가護教家는 천국이나 심판이 없으면 윤리가 땅에 떨어지고, 선의 실천이 줄어들 것이라고 한다. 그러나 우리는 우리 공동체가 더 행복해지기 위해 도덕과 선을 행하는 것이지, 심판을 모면하기 위해 도덕과 선을 행하는 것은 아니다.

나아가 진정한 도덕과 선은 자유로운 자아에 의한 것이어야지, 천국이나 심판 때문이라면 진정한 도덕과 선이 될 수 없다. 그것은 오히려 자신만 빠져나가는 이기적인 행태가 되는 것이다.

---

260) 세상에 수동적으로 던져짐. 하이데거가 《존재와 시간》에서 강조한 용어.

더군다나 우리는 심판하는 하느님의 윤리 수준(특히 최고선)을 인식할 수도 없을 뿐만 아니라, 설령 인식한다고 하더라도 그렇게 살아갈 수는 없다. 왜냐하면 동식물들이 인간의 윤리를 깨닫지도 못하지만, 깨닫는다고 해도 주어진 영육의 한계로 인간과 같은 수준으로 살아갈 수는 없기 때문이다. 마찬가지로 인간이 신의 윤리를 깨닫지도 못하지만, 깨닫는다고 해도 그 영육의 한계로 인해 신과 같은 수준으로 살아갈 수는 없는 것이다.

이처럼 선과 악이라는 도덕은 신, 인간, 동식물의 삶에서 교차할 수 없는 것이다. 왜냐면 도덕은 실천의 문제이기 때문이다. 따라서 '신의 최고선은 신에게, 인간의 최고선은 인간에게, 동식물의 최고선은 동식물'에게만 적용되는 것이다.

그러므로 인간이 동물에게 선악을 거론할 수 없듯이, 신이 인간에게 선악을 거론할 수는 없는 것이다. 나아가 선악을 거론할 수 없는 신이, 어떻게 심판까지 할 수가 있겠는가?

이처럼 객관적 증거와 합리적 논리가 부족한 창조론은 현대의 철학과 과학에서는 받아들이기 어려운 것이다. 결국 '최선의 추론'[261]으로 볼 때, 생물의 기원에서 제외될 수밖에 없는 것이다. 그렇다면 창조론자들과 대척점에 있는 진화론자들은 생물의 기원을 어떻게 설명하고 있을까? 이제 진화론, 특히 다윈주의에서 거론하는 생물의 기원을 알아보자. 그리고 이 또한 바로잡기 위해 필자의 새로운 생물의 기원을 본격

---

261) 추상은 상상이 가미된 것이고, 추론은 객관적 인과를 바탕으로 한 논리이다. 그런데 모든 인식은 추론(A → B로의 인과성)으로 형성된 것이다. 즉 자연과학적 지식도 엄밀히 직접적인 증거라기보다 '밀접추론'에 속하는 것이다. 그리고 철학은 조금 느슨한 '근접추론'이라 할 것이다. 여기서 최선의 추론이란 지속적인 '되먹임'으로 이루어진 '근접추론'으로, 과학에 버금가는 과학적인 인과를 추구하는 귀납추론을 말한다.

소개해 보기로 하자.

1 다원주의 생물의 기원

약 46억 년 전에 지구가 형성되었다. 그리고 생물학자들은 그 약 8억 년 후에 최초의 생물[262]이 나타난 것으로 보고 있다. 따라서 물질이 먼저 형성되었고 나중에 생물이 나타난 것이다. 그리하여 과학자들은 생물이 당연히 물질로부터 기인하였다고 생각하고 연구하였다. 그러나 라마르크, 헤켈 등이 주장한 물질로부터의 '자연발생설'은 얼마 후 루이 파스퇴르$_{1822~1895}$의 실험[263]에 따라 사실이 아님이 밝혀졌다.

그 후 1953년 스탠리 밀러의 원시대기 실험 이후, 현재 화학적으로 아미노산을 어느 정도 생성할 수 있게 되었다. 그러나 인공적인 아미노산 생성은 엄밀히 말해 인위적이므로 의식적인 노력에 의한 것이다. 이것 또한 뒤에서 설명하게 될 '물질회유'에 해당하는 것이다.

여하튼 설령 초기지구에서 어떤 열에 의해 아미노산이 우연히 생성되었다 하더라도, 연이어 생명화가 지속되지 않으면 다시 원래의 무기물로 돌아갈 수밖에 없다. 왜냐하면 아미노산은 물에 잘 녹아 버리기 때문

---

262) 유기체의 퇴적물인 '스트로마톨라이트'의 분석에 따름.
263) 꼬부라진 플라스크 실험.

이다. 그러므로 무수한 펩티드결합과 세포막은 우연의 연속으로는 어려운 것이다. 더군다나 유기체에는 복제, 공생, 협력 같은 비물질적 행태가 지속적으로 나타난다.

그러나 진화론자들은 계속 자연발생설과 비슷한 여러 가설들을 시도한다. 즉 생물의 기원에 대해 지구 내에서 발생이 이루어지는 'RNA설'[264] '단백질설'[265] '점토설'[266] '원시수프설'[267] 등과 지구 외부에서 포자 등이 유입되는 '운석설'[268] '범종설'汎種說[269] '외계인설'[270] 등을 제기하고 있다. 그렇지만 그것들 모두 아직 큰 설득력을 얻지 못하고 있다.

그런데 찰스 다윈은 《종의 기원》, 《인간의 유래 및 성선택》 및 다른 저서에서도 생물의 기원에 대해서는 뚜렷하고도 직접적인 언급은 하지 않았다. 그러나 생물의 기원을 무시하면 진화론과 자연선택설도 거의 의미를 잃게 된다. 그리하여 현재 대부분의 다윈주의자는 지구에서의 생물의 기원을 크게 두 가지 요인으로 보고 있다.

첫째로는 지구 내부요인으로, 초기지구가 식으면서 물이 형성되었다. 그 물이 걸쭉한 '원시수프'가 되어 그 속의 무기물들이 오랜 세월에 걸쳐 조직되면서 **우연히** 아미노산과 핵산을 이루었다. 그리고 그 유기물들이 점진적으로 원핵생물을 거쳐 진핵생물, 다세포생물로까지 진화되었다는 것이다. 그러나 우연이 개입되면 과학적 가치가 거의 사라진다. 왜냐하면 객관적인 인과성의 근거가 사라지기 때문이다.

---

264) RNA가 최초로 생성되었다는 설.
265) 아미노산과 단백질이 먼저 생성되었다는 설.
266) 진흙 더미 속에서 유기물이 생성되었다는 설.
267) 수프같이 걸쭉한 원시 바다에서 유기물이 생성되었다는 설.
268) 운석이 유기물을 낙하하여 생물로 발전하였다는 설.
269) 외계인의 우주선으로 미생물이 지구로 운반되었다는 설.
270) 외계인이 지구에 미생물을 뿌렸다는 설.

둘째로는 지구 외부요인으로, 우주의 운석이 유기물을 가지고 지구에 낙하한 경우와 그리고 외계인이 우주선으로 박테리아를 지구로 보냈다는 '정향적 범균론'[271] 등이 있다. 그런데 이 지구 외부요인이라 하더라도 물질주의에서는 우주 어디에선가 생물이 우연히 발생하여야 하므로 큰 의미가 없다.

따라서 'SETI'(외계 지적생명체 탐사)가 외계 생물체를 발견하거나, 토성탐사선 '카시니-하위헌스'Cassini-Huygens 호가 유기체를 발견하였다고 해도 결과는 마찬가지이다. 생물의 기원을 조금 조정하는 정도일 뿐이다. 더군다나 '골디락스 존'[272]이 아닌 우주를 지나, 미생물을 지구로 운반할 정도의 지적인 외계인은 상상하기는 더욱 어렵다. 그러므로 지구 자체에서 생물체가 기원하였다고 보는 것이 더욱 타당할 것이다.

그런데도 일부 진화론자들은 우주에는 지구형 행성의 수[273]가 대단히 많고, 138억 년이라고 하는 우주의 나이를 고려하면, 우주에서 생물체가 우연히 나타날 확률이 높다고 주장하기도 한다. 그러나 그것은 앞에서도 거론했듯이 과학이라고 볼 수 없다. 만약 그에 대한 반대론자가 우연으로는 138억 년이 지나더라도 인간까지의 진화가 어림도 없다고 주장한다면, 그 진화론자들이 납득할 만한 반박 자료나 증거를 제출할 수 있겠는가? 현재까지 수학자들이 최선을 다해 진화의 기간을 계산하고 있지만, 이렇다 할 성과를 올리지 못하고 있다.

따라서 다윈주의자들이 138억 년이면 충분하다거나, 반대론자들이 어림도 없다고 주장하는 것 모두 현재로서는 아무런 의미가 없는 것이

---

271) 혹은 '포자 가설'. F. 크릭 등이 주장했다.
272) Goldilock's Zone = Habitable Zone. 생명체들이 살아가기에 적합한 환경을 지니는 우주공간의 범위를 뜻하는 천문학 용어. 즉 지구같이 생명체 거주 가능 영역.
273) 추상적인 '드레이크 방정식'에 의한 개수.

다. 다만 리 스몰린[274]의 계산은 참고할 필요가 있을 것이다. 그는 "무기적인 우주상수(宇宙常數)[275]에서 생물체가 나타날 확률은 1/10의 220승 정도 된다."<#61>라고 한다.

여하튼 다원주의자들이 생물의 기원을 다룰 때는, 다윈도 탐탁지 않게 생각하던 '자연발생설'로 귀착된다. 즉 생물의 기원을 다룰 때는 다윈의 자연선택과 라마르크의 자연발생은 같은 의미라는 것이다.

이처럼 생물의식의 고유성을 인정하지 않는 다원주의에서는 생물의 기원을 다룰 다른 수단이 없다. 그리하여 유일한 방법은 원시수프든지 포자 가설이든지, 우주 어디에선가 물질이 생물체를 '우연히' 발생시키는 길밖에는 없는 것이다.

그러나 그것은 사실 자연선택설에서 물질을 신의 반열에 올리고 있는 셈이다. 즉 물질이 생물을 배태할 수 있다면 그것은 창조론의 신과 비슷하게 된다는 것이다.

이제 자연선택이 신과 같을 뿐이라는 이유를 설명해 보자. 물질은 어떤 것인가. 물질은 생물의식에 비해 규칙적이어서 항상성을 나타낸다. 그런데 앞에서 설명했듯이 그 항상성은 우리가 체득하는 생물의식의 가치성과는 확연히 다르다. 즉 생물의식은 창발력이 있지만, 물질은 창발력이 없는 것이다. 그리하여 진화론자들이 이와 같은 생물의식의 고유성을 인정하지 않는다면, 그들이 원하든, 원하지 않든 물질 자체가 창발력을 가질 수밖에 없을 것이다.

그런데 도킨스는 《눈먼 시계공》에서 최초의 동력(제1원인)을 **'맹목적인**

---
274) Lee Smolin. 1955~. 이론물리학자.
275) cosmological constant. 천문학에서 우주 진공의 에너지 밀도에 대한 상수로, 단위는 거리의 역제곱 (m의 -2승)을 사용한다.

물리학적 힘'이라고 하며 그것이 우주를 만들었다고 한다. 또 그 맹목적인 물리학적 힘이 자연선택이라고도 했다. 그리하여 창조론자 윌리엄 페일리1743~1805의 《자연신학》에 나오는 '시계공'을 빗대, 자연선택을 '눈먼 시계공'이라 한 것이다.

그렇다면 '맹목적인 물리학적 힘'의 맹목성은 어디에서 연유하였을까? 또 물리력이면 물리력이지 물리학적 힘은 또 무엇인가? 현실에는 없는 이론상의 힘이란 말인가? 그럴 수는 없다. 우주는 우리에게 경험되는 것이므로 실재적인 에너지가 적용되어야 한다.

아마 그것은 논리의 부족을 무마하기 위해 에둘러 한 표현이겠지만, 맹목적인 물리학적 힘이란 '목적 없는 물리력'이란 의미이다. 따라서 이제 물질이 스스로 최초의 유일신이 된 것이다. 그러나 이러한 연역은 귀납적 증거를 우선해야 하는 과학자로서는, 아무런 근거 없이 철학자의 흉내를 낸 추상에 가까운 것이므로 무리한 것이다.

그렇다면 이제 육하원칙에 따라 무기자연의 엉터리 가치선택 과정을 알아보자. 누가-물질이, 언제-자연의 오랜 시간 동안, 어디서-자연에서, 무엇을-자연의 우성형질을, 어떻게-자연스럽게, 왜-자연스러운 진화를 위해서.

이처럼 무기자연이 자연스럽게 신의 일을 하고 있다. 즉 무기자연은 유일신이 되어, 생물을 창조하고 진화하여 행복까지 추구하게 되었다는 것이다. 이렇듯 '기중기'[276]와 '완만한 경사'[277] 모두 그들이 그토록 싫어하는 신의 다른 이름이었던 것이다. 왜냐하면 그들은 스스로 아무것도 할 수 없는(창발력과 가치선택이 없는) 물질인 기중기와 경사지에 신탁하

---

276) 대니얼 데닛이 말하는 자연의 끌어올리기.
277) 도킨스가 말하는 자연선택의 점진적 진화.

고 있기 때문이다. 그러나 기중기와 경사지도 생물이 직접 조종하거나 걸어서 올라야만 하는 것이다.

'보잉 747과 고물 야적장' 이야기는 이러한 자연선택의 불합리를 그나마 점잖게 표현한 것이다. 즉 프레드 호일1915~2001의 지적대로 자연선택설은, 어떤 고물 야적장에 큰바람이 불어와, 그 고물들이 우연히 보잉 747 비행기로 조립되는 일과 같다는 것이다. 따라서 자연선택설에 의한 생물탄생과 그에 따른 진화는 가당치 않다는 것이다.

나아가 여기에 덧붙여 그 보잉 747이 날기 위해서는 더 큰 어려움이 무수히 남아 있다고 생각된다. 왜냐하면 그 보잉 747은 조종사도 없고 기름도 없고 목적도 없이 하늘을 날아다녀야 하기 때문이다. 그리고 다른 보잉 747을 복제하기도 해야 한다. 또한 더 큰 바람이 생물의식도 발생시켜 고통과 행복을 느끼게도 해야 할 것이다.

그런데 우리는 이상하게도 반대 현상을 일관되게 경험한다. 즉 실제로는 바람이 보잉 747을 조립하기는커녕, 그나마 야적장에 모아 둔 고물을 모두 흩트려 버리는 것이다. 큰 허리케인일수록 더욱 멀리 흩트려 버릴 것이다.

이러한 상황으로 볼 때, 자연선택설의 자신감은 물질을 신의 반열에 올려놓지 않고는 나타날 수 없는 배포라는 것이다. 따라서 보잉 747은 바람에 의해서는 조립될 수 없다. 그것은 생물의식의 정밀한 가치선택에 의해서만 정향적[278] 조립이 가능하다. 나아가 최소한의 사유思惟라도 있어야 보잉 747을 설계하고, 조립하고, 기름 넣고, 비행 기술을 익히고, 하늘을 날고 복제할 수 있을 것이다.

이처럼 자연선택은 위의 보잉 747처럼 이론과 실제가 얼마나 차이가

---

278) 환경을 극복하여 일정한 방향으로 나아감.

날 수 있는지를 잘 보여 주는 것이다. 따라서 자연선택은 체득되지 않는 상상의 신이자, 허술한 다윈주의자들의 토테미즘 혹은 애니미즘이다.

그러나 생물의식의 가치선택은 우리가 체득하는 진정한 힘이고, 변이가 가능한 에너지인 것이다. 즉 눈먼 시계공도 생물의식과 사유만은 있는 것이다.

2 새로운 생물의 기원- '물질회유'

그렇다면 생물은 실제 어떻게 탄생하게 되었을까? 이제 필자의 새로운 생물의 기원에 대하여 설명해 보자. 앞에서 말했듯이 유일신과 창조론은 상상에 가까운 것이어서, 최선의 추론에서 이미 제외되었다. 그리고 바로 앞에서 물질일원론인 자연선택론으로도 도저히 생물의 탄생을 설명할 수 없다고 밝혔다.

그런데도 물질주의자들은 여전히 가시적인 것은 물질밖에 없으므로, 막연하게 물질의 변화가 생물에 이르게 하였으리라 주장할 것이다. 즉 앞에서 보았듯이 다윈주의는 물질의 우연한 이합집산으로 인해 생물이 발생했을 것이라고 한다.

그러나 이러한 물질적 사고는 생물의식의 고유성과 그 가치의 실행력을 폄훼하고 물질에만 매달려, 실제 현상과 점점 괴리를 두게 하는 것이다. 그리하여 생물에 대한 설명이 난삽해지고 논리의 모순이 계속되는 것이다.

그런데 앞에서부터 살펴 왔듯이 물질과 생물은 많은 이질성을 보인다. 따라서 우리는 추론의 첫 단계에서부터 생물은 신체(물질)와 생물의식이 결합하여 이질적으로 이루어져 있다고 하는 것이 합리적이다. 그렇다면 이제 남은 것은 생물의식을 가지고 설명할 수밖에 없을 것이다.

그러므로 결국 생물은 생명력이 물질을 활용하면서 기원하였다고 생각할 수밖에 없는 것이다. 왜냐하면 현재 우리 생물체는 항상적 물질과는 다르게, 뚜렷한 가치선택으로 인해 살아가고 있기 때문이다. 즉 생물의 탄생에 이은 진화는 'DNA 동일률'[279] 등으로 인해 과학적으로 인정될 수 있다. 다만 그것은 창조론과 자연선택설로 이루어지는 것이 아니라 '의식에너지'의 가치선택으로 이루어지는 것이다.

따라서 앞에서도 말했듯이 그동안 생물의 기원과 진화의 원인에 대하여 알기 어려웠던 이유는, 바로 이러한 비가시적이고도 비물질적인 생물의식 때문이었던 것이다.

물질회유와 그 과정

그러면 이제 우주에서 어떠한 생명력이 어떻게 생물을 발생시킬 수 있는지 알아보자. 뒤 제6장에서 설명되듯이 현대의 천문학과 물리학에서는, 우주는 한 점 에너지에서 급격한 '빅뱅'으로 시작되었다고 한다.

---

[279] 유전자의 같은 정도. 고등동물일수록 인간과 그 동일률이 높아진다.

그리고 근자에 인정된 '암흑에너지'dark energy는 공간 자체의 에너지라고 한다. 이로써 우주는 에너지 덩어리라 할 것이며, 에너지 아닌 것은 있을 수 없다고 보는 것이 합리적이다. 따라서 물질도 에너지이고 생물의 식도 에너지이고 시공時空도 에너지라는 것이다. 그러므로 신이나 정신도 에너지가 없으면 허상이며, 그것은 아무런 기능과 능력을 갖추지 못한 것이다.280)

그런데 생물이 감각을 발달시켜 가시화한 극히 일부 보통물질을 제외하면, 전자기력, 중력, 암흑물질dark matter, 암흑에너지처럼 그 에너지들 대부분은 비가시적이다. 말하자면 이러한 비가시적 에너지는 인간이 아직 그에 맞춰 감각기관을 진화시키지 못한 것이다. 따라서 이것은 생물의식 또한 비가시적 에너지임을 이상하게 생각할 필요가 없다는 말이다.

그리고 그 에너지들은 양자量子281)처럼 미세한 단위들이 뭉쳐 크게 되기도 하고, 큰 에너지에서 뿔뿔이 흩어지기도 하는 것이다. 나아가 그 단위 에너지들이 모일 때는 공동목표를 향해 나아간다고 할 것이다.

그런데 에너지는 아무렇게나 무턱대고 존재하는 것이 아니다. 즉 물질과 생물을 망라하여 에너지에는 모두 최소한의 정보가 있으며, 이를 가지고 대상對象282)을 처리하고 있다. 예를 들어 빛은 직진성과 파동성이라는 내재한 정보를 가지고 있으며, 매질에 따라 굴절·분산·반사·간섭·산란 등으로 '**정보처리**'情報處理를 적절히 하고 있다.

나아가 원자는 원자대로 분자는 분자대로, 암흑물질은 암흑물질대로

---
280) 따라서 무無는 상상일 뿐이다. 무는 유의 반성적 관념이며 상상일 뿐으로서, 인어·유토피아·보물섬 등과 같이 실재하지 않는 것이다.
281) 어떤 입자의 단위량.
282) 관계되는 사물.

블랙홀은 블랙홀대로 그 특정 정보로 특정 정보가 있는 대상을 처리하는 것이다. 물론 모든 생물도 가치선택이라는 정보처리를 하면서 살아가는 것이다.

그런데 특정 정보란, 의식체계를 말하는 것이다. 왜냐하면 정보란, 의식이 있어야 가능하며 의식이 아닌 정보는 있을 수 없기 때문이다. 즉 사물과 존재에는 그것을 운용하는 정보의식이 내재되어 있어야만 하는 것이다. 그러므로 물질은 물질정보, 즉 '물질의식에너지'를 가지는 것이고 생물은 생명정보, 즉 '생명의식에너지'를 가지는 것이다.

그렇다면 생물의식이란 무엇일까? 그것은 '생물화된 생명의식'을 말한다. 그리하여 우선 생물의식을 조금 더 알아보자. 그것은 우리가 체득하는 인간의식을 중심으로 보면 비교적 분명하게 알 수 있다. 뒤 제6장에서 다시 설명되겠지만 의식의 가장 근원적 속성으로는 '목적성'(행복추구성)과 '주체성'과 '자유성'이 있다. 즉 사유하는 우리는 주체성과 자유성을 가지고 행복을 추구하며 살아가는 것이다.

또한 우리 의식의 기능으로는 사유思惟 능력으로 '정보처리'를 할 수 있다. 즉 사유란 '지향'指向하는 대상에 대해 스스로 정보를 수집하고, 그에 대하여 '반성'反省하여 그 나름대로 가장 합리적으로 처리할 수 있는 것이다. 그리하여 우리 의식은 그 정보처리를 통해 가치 있게 판단하고 선택할 수 있는 것이다.

그리고 우리 의식은 최소한의 동력을 가져야만 하는 것이다. 즉 앞에서 후추나방의 변이를 설명하면서, 생물의식은 '변이력'을 가졌다고 말했었다. 만약 사유가 그 정보처리 한 것을 실행할 에너지가 없다면 아무 짝에도 쓸모없는 것이다. 그것은 앞에서도 말했듯이 우리의 의도가 우리의 신체를 움직이게 하고, 스트레스가 우리의 건강에 직접적으로 영향을 미치고 있는 것으로 알 수 있는 것이다.

따라서 그러한 의식과 에너지는 항상 결합되어 있으므로 이를 '의식에너지'Conergy[283]라고 하는 것이다. 물론 생물의식의 힘은 암흑에너지처럼 현재의 과학으로서는 분석하기 쉽지 않지만, 우리가 파악하는 뇌파와 그 실천력으로도 그 존재를 충분히 인정할 수 있는 것이다.

여하튼 다시 강조할 것은, 물질도 에너지의 한 종류이고, 생물의식도 에너지의 한 종류라는 것이다. 즉 물질과 의식은 동일근원을 가진 것으로, 그 둘은 의식에너지의 두 양태樣態에 불과한 것이다. 즉 물질은 에너지가 주가 되는 의식에너지이고, 생명의식은 의식이 주가 되는 의식에너지인 것이다. 나아가 암흑물질과 암흑에너지, 블랙홀과 화이트홀white hole[284]과 웜홀worm hole[285]처럼 아마 우리가 모르는 양태가 더 있을 수 있을 것이다.

그런데 물질을 이루는 에너지와 생명의식을 이루는 에너지는, 그 발현적(점점 현재 상태로 나타난) 성질에 있어 큰 차이가 있다고 생각된다. 앞에서부터 설명했듯이 물질의식은 규칙적이어서 항상적인 데 반해, 생물의식은 상대적으로 좀 더 자유로워 가치선택이 가능한 것이다.

그러므로 우주에서는 초기부터 물질의식과 생명의식은 점점 다른 성질로 구분되어 발현되었고, 그 에너지들은 각기 다른 행로를 가져온 것으로 생각된다. 과거 이와 유사한 베르그송의 생명관을 들어 보자.

"생명은 하나의 위대한 힘, 하나의 거대하고 힘찬 충동으로서 태

---
283) Conscious Energy.
284) 모든 것을 내어놓기만 하는 곳.
285) 다른 두 공간을 연결하는 통로.

초에 한꺼번에 주어졌으며, 물질의 저항에 부딪혀 물질을 뚫고 나가려 분투하다가 점차 물질을 이용하는 법을 습득하여 만들어 낸다."<#62>

물질회유 사례

그렇다면 물질의식과 생명의식을 구분한 것을 생물에 직접 적용해 보자. 만약 우리가 사용 중인 어떤 기계가 고장 나더라도, 그 고장 난 기계로서는 별로 아프거나 답답할 수가 없다. 왜냐하면 그 기계는 어찌 되더라도 물질일 뿐이기 때문이다.

그런데 우리는 대개 답답하여 그 기계를 서둘러 고치게 된다. 왜냐하면 우리는 그 기계를 다시 활용할 필요가 있기 때문이다. 마찬가지로 우리의 신체가 다치거나 병이 나면 그 부분이 고장 난 것이다. 그리되면 우리는 아프거나 신체기능을 상실할 것이다.

그리고 물질적 신체만으로는 고장이 날 수는 없다. 왜냐하면 물질적 신체는 어떻게 되더라도 물질 그대로일 뿐이기 때문이다. 따라서 신체가 고장 난 것은, 우리 의식이 물질적 신체를 활용하기 어렵게 된 상태를 말하는 것이다. 즉 신체란, 생물의식이 물질을 활용하도록 정밀한 시스템을 갖추어 둔 상태를 말하는 것으로, 만약 신체가 그 시스템을 벗어나게 되면 생물의식의 물질적 통제 수단이 고장이 나는 것이다.

다른 예를 들어 보자. 시간이 흐르면 이상하게도 무기물보다 유기체의 변화가 빠르게 일어난다고 생각된다. 즉 지질학적인 변화를 보이는 산과 바위와 비교해 생물의 변화는 무척 빠른 것이다.

예를 들어 매미는 탈피할 때가 되면 10분 내로 유충에서 벗어난다. 또한 야생에서보다 육종(개, 비둘기, 옥수수, 벼 등)에서의 변이가 훨씬 빠르게 진행된다. 이것은 바위보다는 매미에, 야생보다는 육종에, 무언가 다른 것이 부가되어 작용하고 있음을 의미한다. 그런데 물질적으로는 딱히 부가되는 다른 것은 없다. 그러나 한 가지, 그것은 매미와 인간의 의식이 부가되고 있었던 것이다. 즉 매미에는 바위에 없던 매미 의식이, 육종 시에는 야생에 없던 인간의식이 그 생물의 변화와 변이를 더욱 촉진하고 있었던 것이다. 이처럼 생물의식은 물질을 의도적으로 활용 및 통제하는 것이다.

그리하여 본 서는 생물의 기원은 '생명의식(에너지)이 물질을 회유하여 생명을 약동시키는 것'으로 파악한다. 또한 진화는 그 약동한 생명의식이 물질을 더욱 회유하여 전체적인 능력을 확충하는 것으로 파악한다. 따라서 '**물질회유**'物質懷柔, material conciliation란, 주변 공간에 분포된 생명의식이 물질과 결합하여 그 물질을 조절하고 활용하는 것을 말한다. 즉 물질회유란, 생명의식이 물질을 활용하여 유기체로 프로그램을 짜고 시스템화하는 것이다. 물론 그 진행은 중력, 암흑물질, 암흑에너지 등 수많은 에너지의 바탕에서 생명의식의 주도로 이루어지는 것이다.

결국 생물의 기원은 물질의식과 생명의식이라는 이질적인 에너지의 결합에 따른 것이다. 아마 생명의식은 우주 어디에서건 여건만 되면 이러한 물질회유를 계속 시도할 것으로 생각된다.

그렇지만 물질회유는 여간 어려운 일이 아니다. 왜냐하면 물질은 이미 그 자체의 고유한 법칙(원자, 분자 등)대로 존재하고 있기 때문이다. 그리하여 비교적 회유가 쉬운 지구 같은 '골디락스 존'에서부터 생물이 먼저 나타날 가능성이 큰 것이다.

또한 가장 손쉬운 곳에서부터 물질회유가 이루어지기 때문에, 물이 있는 데서부터 이루어질 가능성이 큰 것이다. 왜냐하면 물은 기존의 분자를 녹여 이온화를 어느 정도 쉽게 할 수 있기 때문이다. 따라서 물이 거의 없는 금성과 화성은 아직 회유하기 쉽지 않은 곳이다.

이렇듯 모든 생물은 물질을 회유하며 살아가고 있다. 무생물과 달리 생물은 물질을 지속적으로 회유하지 않으면 살아갈 수가 없다. 그리하여 생물에게 있어 물질회유의 중단은 적게는 개체의 죽음, 크게는 멸종으로 나타난다.

그러면 먼저 식물의 물질회유에 대하여 알아보자. 식물의 가장 뚜렷한 물질회유는 탄소동화작용이다. 즉 녹색식물은 엽록소에서 이산화탄소와 물과 태양에너지를 회유하여 녹말을 만드는 것이다. 그런데 이산화탄소와 물이 태양 빛을 마구 받는다고 그냥 녹말이 되는 것은 아니다. 그곳에는 이미 회유된 유기체 시스템인 엽록소가 있으므로 추가 회유가 가능한 것이다. 그리고 콩과식물과 공생하는 질소고정세균(뿌리혹박테리아)의 경우에는, 숙주의 뿌리혹에 기생하면서 질소를 암모니아로 전환[286]하여 숙주에 공급한다.

그리고 동물들도 물론 물질회유를 계속해야 한다. 동물들, 즉 종속영양생물들은 이미 회유된 음식물을 섭취하여, 다시 추가회유(소화작용) 하여 자신의 에너지로 사용하는 것이다. 더불어 동물들도 태양 빛을 받아 각종 비타민[287]을 생성하고, 산소호흡 하여 효율적인 에너지를 생성한다. 그러한즉 동물은 식물에, 고등동물은 하등동물에 물질회유의 빚을

---

286) 대기 중의 질소를 고정한 후, 그 원자 간 결합을 끊음.
287) 인간은 비타민D만 생성.

지고 있는 셈이다. 결국 우리가 섭취하는 유기물은 회유된 무기물이다.

그리고 동물들 대부분은 이러한 신체 내적인 '**내부회유**'內部懷柔 외에도, 신체 외적인 '**외부회유**'外部懷柔를 뚜렷이 하고 있다. 예를 들어 앞에서 소개한 흰개미는 높은 흙집을 지어 내부 열기를 조절하며, 비버는 하천에다 나무로 댐과 집을 짓는다. 베짜기새는 나무에 거꾸로 매달린 집을 집단으로 지어 포식자를 따돌리려 한다.

특히 인간은 외부회유가 탁월하다. 인간의 뚜렷한 진화적 성공은 직립보행에 따른 자유로운 손으로 도구를 제작할 수 있었다는 것이다. 거기에다 불까지도 다루게 되었다. 즉 불을 이용해 체온을 유지하고, 음식을 조리하고, 여러 도구를 잘 만들게 된 것이다.[288]

그런 데다 인간의 외부회유는 계속되고 있다. 질소비료로 식량을 증대시켰으며, 전기를 발명해 빛과 에너지까지 편리하게 사용하게 되었다. 그리고 급기야 반도체와 광케이블로 컴퓨터와 인터넷을 널리 보급하기에 이르렀다. 따라서 인간의 외부회유는 언어·기술·과학·예술·문화 등 전반적인 문명을 발전시키는 것이라고 할 것이다.

이처럼 발달한 기술적 외부회유는 다시 내부회유에 도움이 되어, 외부회유와 내부회유의 선순환 시너지[289]로 인해, 앞으로 점점 더 인간의 진화와 문명이 비약할 수 있을 것이다. 예를 들어 의학과 생명과학의 발전은 내부회유마저도 급격히 증진하고 있다.

그리하여 이제 내부회유와 비교해 너무 급격한 외부회유로 인해, 인간은 스스로 파괴할 수 있는 단계에까지 이르렀다. 예를 들어 핵과

---

[288] 외부회유는 리처드 르윈틴 등이 말하는 '니치 구성'이라는 것과 비슷하다.
[289] 진화의 폭발효과.

'AI'Artificial Intelligence[290]와 '유전자가위'[291]와 지구온난화와 난개발 같은 것들이 그것이다. 즉 정신적 성숙 없는 과도한 물질적 발전은 오히려 인류를 곤란하게 할 수 있다는 것이다.

여하튼 인간은 그 창의성으로 물질을 크게 회유하여 높은 기술문명을 이루어 가고 있다. 그런데 우리의 경험상 물질이 물질을 회유하는 사례는 없다. 그러므로 여기서는 생명의식에 의해 물질이 회유됨으로써 최초의 유기체가 발생하였다고 하는 것이다.

물질회유의 과정

생물의 기원을 이룬 물질회유의 시작은 아주 오래전의 일이라 알기 어렵다. 그러나 현재의 생물을 분석하고 추론하면 그 시작에 대해 파악하는 것이 어느 정도는 가능한 일일 것이다. 그렇다면 이제 생물의 실제 조직을 가지고 물질회유의 과정을 자세히 더듬어 보자.

먼저 생물을 처음 탄생시키는 과정에서는, 생명의식이 기존 물질을 회유하기가 상당히 어려웠을 것이다. 왜냐하면 우주에서 이미 물질의식은 그 고유한 법칙대로 존재하고 있으므로, 그대로는 생명의식이 목적하는 재료로 활용하기 어렵기 때문이다.

즉 기존 물질은 물리화학 등의 법칙이 이미 작동되고 있어, 생명의식은 그 기존 물질을 다독여 유기체의 재료가 되도록 해야 하기 때문이다. 따라서 가장 알맞은 곳에서 아주 미미한 부분부터 시작해야 하고, 끊임없는 노력으로 그 성질을 조절해야 한다. 그리하여 아직 원자까지는 회

---

290) 인공지능.
291) 유전자를 자의적으로 편집.

유하지 못하고[292], 일부 분자를 조금씩 회유해 나아가는 것이다.

그리고 원자까지는 굳이 회유할 필요가 없을 것이다. 왜냐하면 생명의식의 물질회유 목적은, 이질적인 것과 함께 다양하고도 폭넓은 행복 추구에 있기 때문이다.

현대과학에 의하면 지구가 형성되어 식기 시작하면서 물이 발생하였다고 한다. 그리하여 물은 분자들을 어느 정도 이온화할 수 있으므로, 아마 물의 형성이 물질회유를 더욱 편리하게 하였을 것이다. 그리하여 약 38억 년 전 유기체(스트로마톨라이트)가 처음 생성된 것이다.

그렇다면 그 유기체는 어떻게 생성되었을까? 처음에는 지구 주변의 생명의식에너지가 여러 물질에 대하여 다양한 회유를 줄기차게 시도하였을 것이다. 그 가운데 수소 분자와 질소 분자를 독특하게 회유하여 이온화하고 다시 결합시켜, 무기자연에는 없던 '아미노기'(NH_2. 이온결합)를 만들었을 것이다. 즉 생명의식은 무기자연에는 없던 아미노기를 새롭게 유기체의 기본물질로 회유한 것이다.

그리하여 이제 아미노기는 생명의식이 조절할 수 있는 새로운 분자가 된 것이다. 즉 오랫동안의 회유로 생명의식은 물질을 어느 정도 활용하게 된 것이다. 이것을 물질의 '**의식화**'라고도 할 수 있을 것이다. 그리고 이러한 초기회유는 광범위한 생명의식에너지로 인해 동시다발적으로 이루어질 수도 있었을 것이다.

나아가 아미노기는 다른 경로(다계통)로 비슷하게 동시다발적으로 회유된 카르복실기($COOH$)와 결합하여 드디어 '아미노산'(아미노기 + 카르복실

---

[292] 원자까지 회유해 버리면 물질적인 바탕마저 모두 사라져 버릴 것이다. 그리고 원자도 그 나름대로 단단한 물질의식으로 무장하고 있는 셈이다.

기)이 되는 것이다. 이런 방식으로 생성된 여러 아미노산은 의미 있는 큰 덩어리가 되기 위해 더욱 물질을 회유하려 할 것이다. 그리하여 어려운 시행착오 후에 겨우 '펩티드결합'peptide bond이라는 방법을 찾아 단백질로 결합하는 것이다.

나아가 이러한 아미노산들이 단백질이 되기 위해서는, 우주에서 지속적으로 생명의식에너지가 '첨가'되어 '확충'되어야 할 것이다. 왜냐하면 머리글에서부터 말했듯이 진화는 의식에 관한 사건이므로, 생명의식이 새롭게 첨가되어 확충되지 않으면 진화가 어렵기 때문이다. 즉 전체적인 능력을 볼 때, 박테리아 의식과 진화한 인간의식이 같은 양이라고 할 수 없다. 나아가 전체적인 능력으로 볼 때, 일련의 박테리아 의식과 전체 현생 생물의식이 같다고 할 수는 없는 것이다. 따라서 박테리아에서 점점 생물의식의 양이 증가해 인간에 이른 것이라 할 수 있는 것이다.

그리고 우주에서 생명의식이 부단하게 공급되는 것으로 보아, 그 에너지가 생물의 진화에 부족함이 없이 넉넉하다고 할 수 있을 것이다.

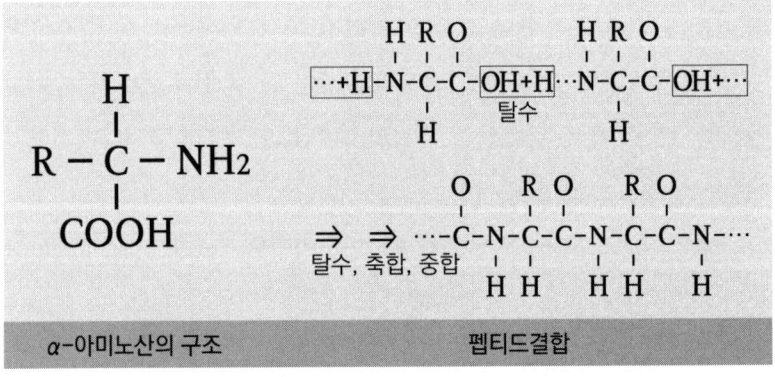

이제 더욱 물질회유를 지속하기 위해 아미노산은 속히 단백질(여러 아미노산의 결합)로 결합하여야만 한다. 왜냐하면 아미노산은 습도가 높은 환경에서는 잘 녹아 버리기 때문이다.

그런데 단백질이 될 수 있는 '펩티드결합'은 아미노산의 생성보다 여간 어려운 일이 아니다. 즉 아미노산은 단순히 분자들을 결합하는 것이었지만, 펩티드결합은 분자를 떼어 내고 다시 결합하는 이중적으로 어려운 '탈수축합'이기 때문이다.

따라서 일반적으로 생각하듯 펩티드결합은 아미노산 분자들에 빛과 열을 가한다고 되는 것이 아니다. 일반적으로 실험실에서 빛과 열을 가하더라도 아미노산은 타르가 되거나 이상한 덩어리가 될 뿐이다.

나아가 '폴리펩티드'Polypeptide[293])는 기하급수적으로 난해해진다. 따라서 현재 기술적인 발전으로 인공적인 단백질 합성이 어느 정도 가능하다고 해서, 자연 상태에서 물질이 우연히 단백질 합성을 이루리라는 것은 과도한 비약인 셈이다.

더군다나 무기자연에서 낙뢰를 받은 단백질이 우연히 세포나 기관으로 변하고, 또 낙뢰를 받아 계속 진화한다는 것은 불가능한 일이다. 그런데 이처럼 난해한 회유를 생물의식은 그 기획과 노력으로 계속 수행하고 있는 것이다.

그러므로 생물의식에 의한 물질회유는 형이상학적인 도그마dogma[294])가 아니다. 그것은 현재 생물이 실제 현장에서 호흡하고 있는 귀납적인 진행이다. 앞에서도 말했듯이 생물은 펩티드결합뿐만 아니라, 탄소동화작용과 산소호흡 같은 물질회유를 지속하지 않으면 살아갈 수가 없

---

293) 아미노산이 평균 300개 정도로 연결되어 단백질을 형성한다.
294) 독단.

는 것이다.

더군다나 펩티드결합은 생물의식이 개입된 정황을 더욱 뚜렷이 알려 준다. 즉 생물체에 사용되는 단백질을 위해서는 특별히 구별된 아미노산만이 사용된다는 것이다. 즉 현재 실험실에서 아미노산을 화학적으로 합성하면 자연스럽게 이성체인 L형(좌편향)과 D형(우편향)이 비슷하게 생성된다.

그런데 생물은 L형으로만 단백질을 만든다. 따라서 단백질은 L형 아미노산으로만 이루어져 있는 것이다.[295] 왜냐하면 D형은 펩티드결합 시 생물에게 항균성과 독성이 나타나 배제되기 때문이다. 그리고 생물이 죽으면 L형은 점점 자연계 D형으로 변화한다. 그리하여 이 변화를 이용해 화석의 연대를 측정하기도 한다.

그러므로 단백질에 사용되는 L형 아미노산은 생물의식의 가치선택으로 볼 수 있을 것이다. 즉 무기자연의 지질학적인 시간에서 우연히 L형 아미노산만 계속 결합될 수 있는 확률은 제로에 가깝다. 그리하여 허버트 요키 Hubert yockey 는 "L형 아미노산 100개의 자성률自成率[296]은 1/10의 130승"<#63>이라고 한다. 나아가 이러한 효소가 2,000개라면 그 자성률은 1/10의 40,000승에 달한다.

이렇듯 생물계에는 무기자연에서는 볼 수 없는 특정된 분자적 결합과 전달 방식이 수없이 등장한다. 그러므로 생물은 우연히 나타난 것이 아닌, 물질회유에 의한 물질과 생물의식의 이질적 결합일 수밖에 없다는 것이다.

그렇다면 앞 제1장 9의 '우연의 연속'에서 미루어 뒀던, 현재의 바다

---

295) 반면 DNA의 뉴클레오티드와 당은 D형이다.
296) 스스로 뭉칠 확률.

에서 왜 새로운 유기물(아미노기와 카르복실기)이 생성되지 않는지 생각해 보자. 앞에서 새로운 유기물은 생물의식의 부단한 노력으로 어렵사리 겨우 이루어진다고 했었다.

그런데 생물의 기원 이후 이제는 유기체가 제대로 형성되어 있는 것이다. 따라서 이미 형성된 유기체에서 새로운 유기물을 부가하는 것이 훨씬 쉬운 일이 될 것이다. 즉 이미 컨베이어벨트가 만들어져 있으므로, 그 기존의 컨베이어벨트를 활용하는 것이 나은 것이다.

그러므로 기존의 유기체를 활용하여 유기물을 얼마든지 확대 생성 할 수 있으므로, 바다에서 굳이 새로운 유기물을 어렵게 생성시킬 필요가 없는 것이다.

물질회유의 계속

다시 물질회유를 계속하자. 이러한 단백질들은 동시다발적으로 형성되어 여럿이 뭉쳐지기도 할 것이다. 그리하여 뭉쳐진 단백질은 이제 노력한 결과물인 그 덩어리들이 흐트러지지 않게 당연히 보호할 필요가 있게 될 것이다. 이에 이미 형성된 유기물들이 합력하여 보호막을 만들어 단백질의 내외를 구분하게 된다.

나아가 이러한 '**막단백질**'은 그 지속성을 위해, 단백질을 새로이 교체하거나 내부를 정화할 수 있는 내외 순환기관을 형성시키려 노력할 것이다. 그러한 과정에서 막 내부의 여러 기능이 발달하고, 그 막은 외부 환경의 정보까지 처리할 수 있도록 발전하는 것이다. 물론 그에 따른 지속적인 시행착오도 거쳤을 것이다.

그런데 최근의 분자 연구는 아미노산과 RNA(리보핵산)가 생물의 초기부터 동행한 것으로 파악되고 있다. 즉 현재와 마찬가지로 펩티드결합을 위해 초기부터 RNA의 도움을 받았으리라고 생각되는 것이다. 그런데 사실 아미노산과 RNA는 물질적 연속성이 별로 없다. 아미노기와 카르복실기의 관계처럼 서로 매우 이질적인 물질이다. 따라서 RNA는 아미노산과는 다른 경로로 물질회유 된 것으로 볼 수 있다. 왜냐하면 물론 RNA가 막단백질에 의해 추후 회유되었을 수도 있지만, 이러한 비연속적인 물질들은 다른 컨베이어벨트에서 생산되었다고 보는 것이 합리적이기 때문이다.

즉 일련의 다른 생명의식에너지가 당, 인산, 염기 등을 회유하여 RNA를 생성하게 되고, 이에 아미노산과 필요에 따라 서로 '**결합공존**'結合共存 하였을 것이다. 그에 따라 RNA는 아미노산의 어려운 펩티드결합도 도울 수 있게 되고, 계속해서 발전하여 DNA로 나아가게 되는 것이다.

이처럼 회유된 수많은 아미노산과 RNA, 단백질과 DNA는 결과적으로 화학적 결합으로 보인다. 그런데 무기자연에는 이러한 생화학적인 결합은 없다. 즉 물질회유는 무기자연의 결합이 아니었던 것이다. 다만 우리는 이러한 유기적 결합에 무기적 결합과 비슷하게 이름을 붙여 놓았을 뿐이다. 그리하여 유기물을 환원해 보더라도(특히 다세포를 단세포로) 무기자연의 작용이 전혀 나타나지 않는 것이다. 왜냐하면 그 작동의 중심에 비가시적인 가치선택인 물질회유가 있기 때문이다.

따라서 비교적 항상적 물질사物質史와는 달리 생물사生物史 혹은 진화사進化史의 필름은 똑같이 재현되기 극히 어려운 것이다. 왜냐하면 '생명의 나무'297)에서 보듯, 생물의식이 결합하는 유기체에는 생물의식의 자유 가치인 이성과 감성이 시시때때로 조금씩 차이 나기 때문이다.

---

297) '진화계통수'라고도 한다. 다윈이 그린 생물의 분기도.

그리고 앞에서 말했듯이 생물의식은 물질을 완벽히 회유하기는 사실상 어렵다. 왜냐하면 생물의식은 기본적으로는 기존의 물질 원자나 분자를 활용하기 때문이다. 즉 새로운 분자로의 회유는 가능하나, 새로운 원자로 회유하지는 못하는 것이다. 왜냐하면 물질회유로도 기존의 원자 체계를 변경시키기 어렵기 때문이다. 이것이 '**회유한계**' 懷柔限界이다.

또한 긴급한 환경변화에 우선 대응하기 위해 물질을 대충 회유하고 결합할 수도 있을 것이다. 즉 앞에서 미세한 생명의식으로 시작된 유기체가 겨우겨우 충당되는 에너지로 인해, 물질회유가 충분치 못하게 될 수도 있는 것이다.

그리되면 환경에 따라 우선 쉬운 것부터 활용하게 될 것이고 어려운 부분은 미뤄질 수도 있을 것이다. 이에 따라 신체의 불합리한 기관들(수뇨관에 걸친 정관 등)이 나타날 수도 있다는 것이다. 이것은 '**회유부족**' 懷柔不足[298]이라고 할 수 있을 것이다.

그리하여 뒤에서 다시 설명되겠지만, 이러한 회유부족으로 인해 기관의 기능부족으로 나타나, 식생[299]과 피로함과 노화와 죽음[300]과 멸종이라는 형태로까지 나타나는 것이 아닐까 한다. 즉 노화는 물질회유가 약화되는 것이고, 죽음과 멸종은 개체와 종의 물질회유가 중단되는 것이다.

그러므로 미세한 생명의식으로 시작된 생물은 먼 미래까지 염두에 둔 전지전능 全知全能의 산물일 수 없다. 그때그때 충당되는 에너지로 회유하며 조금씩 나아가는 것이다. 따라서 우주적인 물질 규모와 물질법칙에

---

298) 에너지의 부족, 시간의 부족.
299) 인간의 삼시세끼. 인류가 '두시두끼'라도 되면 훨씬 여유로워질 것이다.
300) 세포분열 50~150회의 한계.

비하면 그 회유는 아직 너무 미약하게 보인다. 그래서 갑작스러운 환경 변화에 생물은 위태위태하다. 그래도 생명의식이 있는 한 우주 어디에선가 어떤 형태로든 물질회유는 계속될 것이다.

다시 막단백질로 돌아오자. 이제 막단백질은 그 발전에 따라 막단백질 간의 교통과 협력도 계속 이루어지게 될 것이다. 나아가 여유를 갖게 되면 기존의 회유 정보를 저장하여 그동안의 노력과 방법을 보전하고자 할 것이다. 즉 일련의 막단백질은 이미 결합한 RNA를 다른 용도로 활용하여 점차 새로운 막단백질을 복제하게 되는 것이다.

그리하여 드디어 비교적 정교한 대사가 가능한 원핵세포에까지 이르게 되는 것이다. 이때 RNA는 더욱 복합적인 기능을 갖춘 DNA로 발전하는 것이다. 나아가 그 후 생명의식의 지속적인 확충으로 비약적인 진화가 이루어져, 원핵세포는 진핵세포가 되고 진핵세포는 다수의 '결합공존'으로 다세포가 되는 것이다. 그리고 다세포는 다시 동식물로 분기되고, 동물에서 인간으로까지 진화하게 되는 것이다.

그리고 바이러스는 이러한 막단백질의 진화 과정에서, 아마 단백질의 직접 생산을 포기하고, 원핵세포에 기생하는 길로 분기된 것으로 보인다. 여하튼 생명의식의 지속적인 확충이 없었다면 진화가 중단되었을 것이다. 그것은 행복을 위한 전체적인 능력에서 미생물보다 동물이, 동물보다 인간의식이 다양한 추구가 가능하다는 것에서 알 수 있는 것이다.

생물의 에너지 보충

생물이 성장하고 삶을 지속하기 위해서는 그 소비된 에너지의 보충이 계속 필요할 것이다. 그렇다면 생물의 에너지는 어떻게 보충되는 것일까? 먼저, 신체적인 대사 에너지는 당연히 물질에서 얻는다. 즉 소비되는 신체적 에너지를 위해서는 물질로써 보충하여야만 하는 것이다. 따라서 신체적 성장과 활동을 위해서는 음식을 섭취해야만 한다.

다음으로 중요한 사실이 있다. 그것은 생물의 성장과 지속적인 삶을 위해서는 생명의식의 보충도 필요하다는 것이다. 즉 생물의식의 순수 활동(물질회유, 사유활동 등)은 먹이만으로는 전부 충당될 수 없는 것이다. 그리하여 생물의식의 에너지는 생명의식의 고유한 것이므로, 반드시 신체 외적인 생명의식으로만 그 보충이 이루어지는 것이다.

그렇다면 순수한 생명의식의 보충은 어떻게 가능한 것일까? 그러한 기제로서 세포의 '복제' 혹은 '교체'에서 가능하다고 생각한다. 일반적으로 복제 혹은 복사란, 원본과 비슷한 것을 만드는 것을 말한다. 따라서 세포 복제도 사실상 그 복제프로그램을 사용하는 것이지, 재료를 복제하는 것은 아닌 것이다. 즉 세포 복제란 DNA에 저장된 기존의 물질회유 프로그램을 사용하는 것이지, 기존의 물질과 생물의식이 그대로 배가倍加되지는 않는다는 말이다. 예를 들어 바이러스·박테리아·단세포·다세포 등이 분열하여 증식되려면, 당연히 증식되는 분량만큼 새로운 물질과 새로운 생명의식의 에너지가 그 재료로서 첨가되어야만 하는 것이다.

먼저 물질의 예를 들어 보면, 우리의 피부세포 등은 3~4주마다 새로이 교체되고 있다. 즉 예전의 피부는 떨어져 나가고 새로운 물질로 피부가 형성되는 것이다. 다음으로 소비된 생물의식도 새롭게 첨가되어야 할 것이다. 그 뚜렷한 예로 자식의 의식은 부모 의식의 반반이 그대로 복제되어 나타나는 것이 아니다. 자식의 의식은 부모와 완전히 다른 새로운 주체 의식으로 말미암아 새로운 정신으로 나타나게 되는 것이다. 그리하여 우리는 우리의 '보편적 이성'普遍的 理性[301])에 따라 '연좌제'緣坐制를 인정하기 어렵게 되는 것이다.

그러므로 세포 복제는 새로운 생명의식을 보충하는 메커니즘이 될 수 있는 것이다. 즉 세포 복제는 신체에 새로운 물질을 순환시키기도 하지만, 그와 동시에 새로운 생명의식이 결합하여 보충되는 것이다. 즉 앞에서 말한 엽록소가 태양에너지를 받아 녹말을 만들어 내듯이, 세포 복제 시에 새로운 생명의식의 에너지를 받아들이는 것이다.

그런데 여기서 미리 알아 둘 것은 이러한 생명의식의 보충은 평상(평형)시에 이루어지는 것으로, 진화(단속)시에는 '**의식확충**'이 이루어져야 한다는 것이다. 이에 대해서는, 뒤 제5장의 '3 생명의 약동'에서 자세히 설명할 것이다.

그러므로 생물학적으로 세포 복제가 한계[302])에 이르면, 물질을 인위적으로 아무리 주사하여도 생명의식의 보충 부족으로 생명이 끝나게 되는 것이다. 즉 생물은 신체를 위해 물질적 에너지인 음식을 섭취하지 않아도 죽음에 이르고, 생명의식의 에너지가 보충되지 않아도 죽음에 이를 수 있는 것이다.

따라서 생물은 그 삶이 지속되는 한 신체와 정신이 분리될 수 없다. 왜냐하면 그 둘은 아미노산의 회유부터 단단히 결합하여 있기 때문이다. 그리고 자연사이든 사고사이든 물질회유 된 시스템이 고장이 나서 신체

---

301) 대다수가 인정하는 합리적 이성.
302) 텔로미어의 마모 등으로 인함.

와 정신이 분리되면 유기체적 생이 마감되는 것이다. 즉 물질회유가 종료되면 죽음에 이르게 되고, 물질은 다시 무기물로 생물의식은 원래의 생명의식에너지로 되돌아가는 것이다. 그러므로 결국 물질회유는 신체와 정신이 균형 잡히고 조화될수록 바람직할 것이다.

〈표 1〉 생물의 에너지 보충 방법

생물	에너지	보충 내용	비고
생명지속	물질의식에너지	음식과 음료	독립영양생물, 종속영양생물
	생명의식에너지	세포 복제나 교체 시에 따라 붙는 생명의식에너지	예외: 뇌세포, 심장세포

물질회유와 진화

이상과 같이 물질회유는 진화를, 진화는 물질회유를 강력히 증명하고 있다. 왜냐하면 물질회유가 없는 진화는 생각할 수 없고, 진화 없는 물질회유는 공허한 것이기 때문이다. 즉 앞에서 진화는 '전체적인 능력의 확충'이라고 말했듯이, 진화는 물질의 적층積層이 아니라 생물의식이 증가하여 능력이 향상되어야만 하는 것이다. 그러므로 물질회유에 의한 생물의 탄생과 진화를 생각할 때, 진화론과 관련하여 유념할 것이 몇 가지 대두된다.

1) 첫째, 최초의 유기 분자로 '**아미노산과 RNA 동시설**'이 타당할 것

이다. 즉 RNA(리보핵산)의 주 기능은 단백질의 생성을 돕고, 그 정보를 전달하고 저장하는 것이다. 그러므로 RNA는 아미노산이 없다면 애초에 별 의미가 없다. 즉 단백질의 생성에 필요한 아미노산이 없는데, RNA가 지속적으로 존재하기 어려운 것이다.

따라서 만약 RNA가 먼저 생성되었더라도 아미노산이 없었으면 속히 무기화되었을 것이다. 다행히 RNA가 회유되었을 때 주변에 아미노산이 있어, 그 펩티드결합을 돕는 역할로 인해 결합공존이 가능한 것이었다.

아미노산도 마찬가지다. 아미노산은 속히 단백질로 결합하지 않으면 물에 녹아 버린다. 즉 펩티드결합을 돕는 RNA가 없었다면, 아미노산도 속히 무기화되었을 것이다. 따라서 아미노산과 RNA는 어느 것이 어느 곳에서 먼저 발생했는지는 거의 의미가 없다. 그 둘은 따로따로 존재할 때는 둘 다 속히 무기물로 되돌아갈 뿐이었다. 따라서 아마노산과 RNA는 '결합공존' 상태여야만 지속될 수 있는 셈이다.

그러므로 단백질의 구축을 위해서는 '아미노산과 RNA 동시설'이 타당할 것이다. 왜냐하면 '아미노산 선구설'은 표현형에 초점을 맞춘 것이고, 'RNA 선구설'은 유전자형에만 초점을 맞춘 것이라 할 수 있기 때문이다. 즉 그 둘은 모두 한방향의 물질 적층만을 고려한 것이다. 그러나 '아미노산과 RNA 동시설'은 수평·수직의 모든 방향을 고려한 것으로서 다원성, 다양성, 공동성 등의 가치선택이 가능한 생물의식에 의한 것이라 할 수 있는 것이다.

2) 둘째, 그리하여 '유전자결정론'의 모순이 연이어 나타난다고 할 것이다. 뒤에서 다시 거론되겠지만, 유전자결정론이란, 유전자에 이미 들

어 있는 정보에 의해 생물의 모든 미래가 결정된다는 것이다. 그러한 주장의 근거는 앞에서 거론한 크릭의 '생물학의 중심원리'[303]이며, 그 중심원리가 오랫동안 진리처럼 보였기 때문이다.

그러나 근래에는 DNA의 단백질 합성과 복제는 기존 단백질의 지시에 따라서 이루어진다는 사실이 밝혀졌다. 즉 DNA 스위치 단백질인 '중합효소'(프로모터와 인핸서)가 없으면 DNA는 발현되지 않는다는 것이다. 다시 말하자면 중합효소가 '**역전사**'[304]를 일으킬 수 있는 것이다. 따라서 DNA는 무턱대고 복제와 전사를 하는 것이 아니다. 즉 경험과 환경을 고려한 세포가 때에 맞춰 중합효소를 생성하면, 그에 따라 DNA는 내재된 정보를 발현하는 것이다.

그런데 이러한 '양방향 전사' 메커니즘은 아미노산과 RNA가 처음부터 공존할 수 있음을 더 강력히 시사하는 것이다. 즉 현재 양방향 전사가 이루어진다면, 과거에도 그러했을 개연성이 높은 것이다. 그러므로 '아미노산과 RNA 동시설'은 유전자결정론의 모순을 다시 일깨워 주는 것이다.

이와 관련하여 자유의지와 결정론[305]과의 관계에 대하여 조금 생각해 보자. 뒤에서 다시 설명되겠지만, 생물의식은 기본적으로는 자유로운 것이지만, 생물의 선택은 그 조상들의 누적된 물질회유의 바탕 위에서 새로운 선택을 해 나가는 것이다. 즉 생물의 가치선택은 과거의 결정과 현재의 자유의지를 모두 수용하는 것이다. 그리하여 앞에서부터 설명한 동질성과 이질성(다양성)을 씨줄과 날줄로 하여 매우 다양하게 진

---

303) 유전정보는 'DNA → RNA → 단백질' 방향으로만 전사된다는 주장.
304) 중심원리에 따른 전사의 경우 DNA에서 단백질로 명령이 전사되지만, 역전사는 단백질에서 DNA로 정보가 전달되는 것을 말한다.
305) 세상의 미래가 이미 결정되어 있다는 이론들.

화하는 것이다.

그러므로 사실 **결정론(운명)과 자유의지는 대립 관계가 아니다.** 그 둘은 시간의 연속에서 이루어지는 일련의 승계 과정일 뿐이다. 예를 들어 우리는 조상들의 누적된 결정에 따라 지금의 모습이 되었다 하더라도, 후손들은 그 바탕에서 점점 진화하여 더 뛰어난 모습으로 살아갈 수 있을 것이다. 즉 과거의 결정들이 현재를 구속할 수도 있지만, 미래에 훨씬 도움이 되기도 하는 것이다.

그렇기에 창조론과 물질주의 둘 다 결정론과 자유의지의 모순적 현상을 설명할 수 없는 것이었다. 즉 창조론과 물질주의 모두 결정론이므로 자유의지라는 현상을 설명하기 어려운 것이다. 결국 창조론·물질주의·영원회귀·윤회·환생 등의 모든 결정론은 잘못된 것이며, 엄밀히 '**영원선택**'이라 할 수 있을 것이다.

3) 셋째, 생물의 탄생과 진화는 일부에서라도 다계통적(동시다발적)일 수 있다는 것이다. 다윈주의자들은 대부분 생물의 탄생을 일회적인 우연에서 기인한 단계통으로 본다. 왜냐하면 다계통을 상정하게 되면 우연성이 더욱 증폭되기 때문이다.

그러나 최소한 아미노기의 발생에서 박테리아 발현까지는 다계통이 가능함을 보인다. 일회적인 우연이 어떻게 전혀 다른 물질에 속하는 아미노기와 카르복실기, 아미노산(자연산 20가지)과 RNA, 단백질[306]과 DNA가 계속 결합하게 하겠는가? 또한 바이러스와 박테리아, 고세균[307]과 진정세균(원핵세포)은 전혀 다른 계통에 속하는 것이다.

---

306) 현재도 단백질의 종류는 다 알지 못한다.
307) 1977년 C.R. 우즈가 정리. 고세균이 진핵세포와 더 계통적이다.

나아가 아미노산 혹은 RNA만 하더라도 각각 수많은 분자적·계통적 시행착오를 거쳐야 한다. 그런데도 우주의 무수한 생명의식은 동시다발적으로 물질회유에 참가할 수 있다. 즉 그러한 생명의식은 여러 물질을 회유하여 서로서로 공유, 공존, 공생으로 결합하게도 하고 교환, 분리 등으로 다시 다양하게 변화해 갈 수 있는 것이다.

그래서 굴드는 화석의 실상에 대해 다음과 같은 생각을 제기하는 것이다. "생물의 구조가 서서히 복잡해져 갔다는 다윈의 주장과는 달리 에디아카라에서 버제스에 이르는 1억 년의 시간 동안 3종류의 전혀 다른 동물군이 등장했을 가능성이 있다."<#64>

4) 넷째, 생물의식은 소기의 목적을 위해 **정향성**定向性을 나타낼 수 있다. 즉 생물의식은 행복이라는 분명한 목적이 있으므로, 그에 맞춰 기획하고 인내하며 정향으로 추진할 수 있는 것이다. 즉 아미노산에서 단백질로, 단백질에서 단세포로, 단세포에서 다세포로의 행로는 정향적이다. 이처럼 몸의 크기가 증가하는 진화 경향을 '코프의 법칙'이라고 한다. 그리하여 생물의 전반적인 역사를 보면, 그러한 경향이 어느 정도 인정된다. 즉 단세포들이 더 뭉쳐 소기의 공동목표(다양하고도 안정적인 행복 추구)를 달성하려는 것이다. 나아가 생물의식은 상황에 따라 안정과 도약을 번갈아 할 수도 있다.

그러나 자연선택으로는 진화를 위한 복잡성을 정향으로 가져갈 수 없고, 안정과 도약을 선택할 수도 없다. 왜냐하면 그러한 무기자연은 무기화를 공평하게 이루기 위하여 오히려 생물의 정향적 선택을 무너뜨리려 하기 때문이다. 그리하여 유기체는 무기자연의 무기화에 눈감을 느긋한 시간이 없다. 그때그때의 정향적 선택과 물질회유로 무기화를 극복해야만 하는 것이다.

5) 다섯째, 여기서 '지적설계론'Intelligent design에 대하여 조금 거론하자. 자연선택설은 자연주의(물질주의)사상일 뿐이라는 지적[308]을 위시하여 '환원 불가능한 복잡성'[309], '복잡특정정보'[310] 등을 설명하는 지적설계론들은, 다윈주의를 비판함에 있어 상당한 설득력과 타당성이 있다. 그리고 다윈주의와 물질주의의 모순을 지적하는 바에서는, 이러한 지적설계론과 본 서의 의견이 그리 다르지 않다.

그러나 지금까지 설명해 온 물질회유에 따른 '**회유진화론**'懷柔進化論[311]은, 이러한 지적설계론과는 조금 다르게 설명된다. 즉 지적설계론은 어떤 최고의 지적인 설계자가 있어, 그가 생물종을 어느 정도 한꺼번에 완성(혹은 도약)되는 단계를 상정하고 있다. 왜냐하면 생물은 물질에서 우연히 나타날 수 없기 때문이다.

그리하여 다윈주의자들은 신과 같은 지적설계자가 생물을 설계했다면, 앞에 거론했듯이(되돌이 후두신경 등) 완벽해야 할 기관들이 왜 불합리한 것인지에 대해, 지적설계론의 모순을 줄기차게 지적하는 것이다. 결국 지적설계론과 다윈주의는 상대의 약점을 기반으로 설득력을 얻으려는 셈이다.

따라서 지적설계론은 과학적인 논리를 위해, 생물의 기원에서 설계론적인 배경을 해결해야 할 필요가 있다. 즉 지적설계는 유기체의 환원 불가능성과 중간물질에 대한 설명은 가능하다. 그러나 일괄적이고도 완

---

308) 필립 존슨의 《심판대의 다윈》.
309) M. 베히의 《다윈의 블랙박스》.
310) 윌리엄 뎀스키의 《지적 설계》.
311) 진화는 생물의식에 의한 물질회유이다.

성된 생물창조는 비과학적이라고 인정할 필요가 있는 것이다. 다만 앞으로는 인간의 외부회유가 지적설계로 작용할 가능성은 얼마든지 열려 있다. 즉 유전자가위로 인공생물을, 디지털로 사이보그Cyborg[312]를 창조할 수도 있을 것이다.

여하튼 여기서 말하는 '회유진화론'은 부분적으로는 도약도 가능하나 전체적으로는 점진적인 진화이다. 즉 유기체는 그 확보된 생물의식의 분량만큼 근근이 물질을 회유하며 나아가는 것이다. 그리하여 아미노산에서부터 조금씩 '물질회유' 하며 인간으로까지 진화된 것이다.

따라서 그러한 유기체는 그리 지적이지 않거니와, 인간의식 또한 아직 많이 부족한 것이다. 나아가 '물질회유' 하기에 급급한 생물의식은 창조적 기적을 일으키기 어려운 것이다.

그러므로 만약 자연선택이 물질회유를 일으켰다면 생물은 아직도 무생물이었을 것이고, 창조신이 일으킨 것이었다면 아마 생물은 벌써 영생하게 되었을지도 모를 일이다.

또한 '인본 원리'[313]와 '친생명우주론'[314] 등의 결정론도 비합리적이기는 마찬가지다. 그것은 천동설[315]과 비슷한 잘못된 주장이다. 왜냐하면 물질법칙은 생물을 위해 존재하지도 않거니와 협조적이지도 않기 때문이다. 따라서 생물은 기존 물질 환경의 장애를 넘으려는 생물의식의 부단한 회유의 결과라는 것이다.

6) 여섯째, 여기서 필자가 분류한 '독립정신'獨立精神과 '예속정신'隷屬精

---

312) 인조인간.
313) 인간을 위해 우주의 모든 상황이 맞추어져 있다는 사고.
314) 우주가 생명이 나타나게끔 조직되어 있다는 사고.
315) 지구를 중심으로 우주가 돌아간다는 사고. 지동설과 대비.

神에 대해서도 잠깐 소개해 보자. 필자는 '정신이란, 어떤 가치와 의미를 추구하는 의식상태'라고 정의하고 있다. 그런데 독립정신은 스스로 결정할 수 있는 정신 상태를 말한다. 그리고 예속정신은 스스로 결정할 수 없는 상태를 말한다. 쉽게 말하자면 생물은 독립정신이고, 자동장치와 컴퓨터와 로봇과 AI 등은 아직 예속정신이다.

이를 거론하는 이유는 일부 진화론자들이 AI 등이 발달하면 마치 생물처럼 스스로 결정할 것이므로, 물질에서 진화가 가능한 것이었다고 주장하기 때문이다. 즉 병렬프로세스가 고도로 발전하면, 물질이 '자기조직화'와 '자기 진화'를 하는 등 독립정신을 가질 수 있을 듯이 말하는 것이다. 그러나 AI는 물질 스스로 AI가 된 것이 아니라, 인간의식의 프로그램이 주입된 결과라는 사실을 깨달아야 한다. 즉 인간의식이 AI에게 의식을 계속 주입하고 있는 것이다.

결론적으로 생물은 생물의식이 결합하고 있어 스스로 물질회유가 가능하다. 그러나 AI는 인간이 의식을 계속 공급해야만 하는 것이다. 따라서 AI는 아직 인간을 위한 정보의 통로일 뿐이다. 따라서 AI는 아직 예속정신이다.

이것에 대한 뚜렷한 증거로는, AI가 엄청난 자료 분석에 따라 지성적인 부분은 인간을 훨씬 능가하지만, 감성적인 관계와 행복에는 이르지 못하는 것이다. 즉 인간은 행복을 위해 서로의 감성적 관계를 중시하지만, AI는 아직 그렇지 못하다는 것으로 알 수 있다. 다만 기본적으로는 AI가 고도화되면, 미래에는 최소한의 독립정신에 가까워질 가능성은 얼마든지 열려 있다.

7) 일곱째, 앞에서 생물은 내부회유와 외부회유가 시너지를 일으킨다

고 했다. 그런데 내부회유와 외부회유와는 별도로, 생물의 사회생활에 따라 '**관계회유**'關係懷柔도 이루어진다. 즉 관계회유란, 물질회유를 넘어 사회문화적인 관계가 향상됨을 말한다.

그리하여 생물은 관계회유에 따라 감성과 정신적인 성향도 안정되거나 진화할 수 있다는 것이다. 그 대표적인 사회적 관계회유는 앞에서 말한 양심과 도덕과 정의이다. 그리고 다소 개인적인 관계회유로는 배려와 공감과 사랑이 있을 것이다.

특히 로버트 월딩어 교수[316]는 "인간관계는 몸과 마음 모두에 강력한 영향을 준다."<#65>라고 한다. 즉 그는 건강하고 행복한 삶을 만드는 결정적인 요인은 재산도, 명예도, 학벌도 아닌 사람과 따뜻한 관계라고 말한다.

나아가 이러한 회유의 복수를 포함하는 '**복합회유**'複合懷柔도 나타난다. 바로 언어가 그런 것이다. 즉 언어는 내부회유, 외부회유, 관계회유가 복합적으로 이루어져야만 가능하게 된다. 이처럼 음성(말)은 구강구조의 내부회유와 관계회유, 문자(글)는 외부회유(글자의 발명)와 관계회유의 복합적인 결과에 따라 발전한다. 그리하여 언어는 기술의 일종으로서 우리의 사유(관념)와 지식(개념)을 공고히 하고, 그것을 전달·교류·확장할 수 있는 것이다.[317]

따라서 고등동물일수록 신체적인 내부회유만 이루어지는 것이 아니다. 즉 환경을 개선하는 외부회유를 하기도 하고, 사회적인 관계회유와 그 복합회유도 이루어지는 것이다. 그리하여 이제 모든 회유가 함께하는 유전자와 사회문화 등과의 공진화로 시너지가 더욱 이루어지게 되

---

316) 하버드 정신의학과 교수.《굿 라이프》의 저자. 그는 1983년부터 하버드생과 빈민가 출신을 추적·관찰하는 연구팀장이다.
317) 언어와 관련된 철학과 논리학은 앞으로 회유진화론의 '복합회유'를 감안해야 할 것이다.

는 것이다.

그러므로 도덕과 법률, 정치와 경제 등의 사회문화는 물질이나 그 연장으로 이루어지는 것이 아니다. 사회문화는 오로지 비가시적인 생물의식의 관계회유와 복합회유로 인해 발생하는 것이다. 그리하여 이러한 모든 것이 어우러져 진화되는 것을 '**합진화**'合進化 혹은 '총진화'總進化라고 이름할 수 있을 것이다.

물질회유의 의의

결론적으로 생물은 그 생물의식의 에너지만큼 물질을 회유하는 것이다. 그리하여 생물의 역사에서는 생물의식(정신)이 우선하고 물질은 부수적이 되는 것이다. 따라서 생물의 진화역사는 물질회유의 역사이고, 마찬가지로 인류의 세계사도 회유(내부회유, 외부회유, 관계회유, 복합회유)의 역사로 생물의식이 물질과 관계를 활용하여 행복을 추구하려는 역사이다.

그리고 물질회유는 그 과정상의 마찰로 인해 '**고통**'을 수반할 수도 있다. 즉 물질회유와 관계회유 등의 과정에서 생물의식이 여러 마찰로 인해 고통이 빈번히 나타날 수 있는 것이다. 그리하여 그 어려움은 멸종으로 나타날 수도 있고, 자살(물질회유 포기)로도 나타날 수도 있다. 그렇지만 행복을 확장할 가능성이 있으므로, 어렵더라도 물질회유가 계속되는 것이다.

물론 이러한 물질회유는 비가시적 증거를 찾기 어려운 현재의 과학으로는 온전히 확인되기 쉽지 않다. 그러나 물질회유에 관한 본 서의 추론은 과학적이다. 왜냐하면 물질과 생물의 차이를 극명하게 대비시켜, 자연과학을 오히려 생물의식의 과학으로 활용하기 때문이다. 즉 생물의식에 의한 물질회유는 현재 생물이 물질을 회유하고 활용하는 것을 과학적으로 분석할 수 있으므로 추론이 가능한 것이다.

그러므로 아마 물질주의자들은 이러한 물질회유를 고려해 본 바 없었기 때문에, 신의 창조가 불합리하다면 당연히 물질일원론과 자연선택에 귀착된다고 주장하는 것이다.

진화의 당당함

그러므로 이제 진화를 새로운 시각으로 보아야 할 것이다. 진화의 여부는 물질의 축적, 덩치의 크기, 특정한 기능의 개선이 아니라, 문제해결을 위한 전체적인 능력으로 판단하는 것이다. 즉 진화란, 물질회유에 따른 생물의식이 점점 확충되어 그 전체적인 능력이 나아지는 것이다.

이렇듯 인간은 거의 무한대의 우주적인 시간을 지나고 더불어 38억 년의 지질학적인 물질회유의 결정체다. 즉 인간의 발현은 억겁의 생명의식의 정신과 에너지가 지속적으로 참여함에 따라 이룩된 것이다. 그뿐만 아니라 수많은 생물의식의 인내와 노력으로 어렵게 누적된 결과이다.

따라서 인간이 특별히 존귀하다고 생각할 필요도 없지만, 하등생물에서 진화하였다고 부끄러워할 일이 전혀 아니다. 그러므로 우리는 스스로 당당하고도 귀하게 여길 뿐 아니라, 또한 의식에너지의 상동성을 생각하여 자연과 인류를 조화의 대상으로 새롭게 바라보아야 할 것이다.

그렇다면 앞으로 인간은 진화를 계속할 것인가? 아니면 도태될 것인가? 그런데 무기자연의 우연한 자연선택으로서는 그러한 진화를 예측하기가 불가능할 것이다. 왜냐하면 언제 우연히 무기화無機化될지 모르기 때문이다.

그러나 생물의식의 물질회유를 생각할 때는 어느 정도 합리적인 예측이 가능하다. 왜냐하면 인간과 생물은 행복을 추구하기 위해 '자기애'와 '생의 의지'를 가지고 정향적으로 인내하며 노력하고 있기 때문이다.

따라서 지질학적인 생물의 역사로 볼 때 50만 년 정도 된 호모 사피엔스(인간)는 이제 진화의 초기 단계에 불과하다. 그리하여 광대한 무기자연의 장애가 엄정하게 다가오지만, 앞으로 인간은 충분히 진화할 수 있으리라 생각된다. 즉 커다란 우주적 격변이 발생하지 않는 한, 어느 정도의 미래까지는 환경을 개선하며 진화의 관성이 계속될 수 있을 것이다.

나아가 생물은 그동안 인간으로까지 진화하면서, 점점 생물의식의 기본기능인 이성과 감성을 더욱 심화시켜 왔다. 따라서 앞으로 **'합리성'**과 **'양심'**이 더욱 발달하여 공동체의 정의와 평화가 진전되리라 기대된다.

그리고 우주로부터 생명의식에너지가 더욱 확충되면 미래에는 신체뿐만 아니라 특히 정신의 진화가 두드러질 것이다. 그리하여 인간은 그 창조력과 상상력으로 굉장히 자유로운 정신을 구사하리라 예측된다. 그러므로 앞으로 더 나은 행복을 위해 계속 물질과 관계를 회유해, 이 세상을 천국에 버금가는 살기 좋은 곳으로 만들어야 할 것이다.[318]

---

318) '오메가 포인트'(P.T. 샤르댕이 말하는 우주적 진화와 그리스도와의 최종 수렴점)는 믿을 근거가 없다.

훌륭한 진화

그러므로 결국 인류의 미래와 희망은 '올바른 회유'로 인한 **'훌륭한 진화'**에 달려 있다 할 것이다. 즉 환경과 공동체를 고려한 가치 있는 회유로, 이 세상을 훌륭하게 만들어 가야 할 것이다. 따라서 앞으로의 인간은 그 의미와 가치에 더 세찬 노력이 필요하다. 왜냐하면 인간의 가치가 스스로 높아지게 되면 공동체를 위한 진화의 필요성이 계속 이어질 것이고, 가치가 떨어지면 공동체의 약화로 퇴화할 것이기 때문이다. 즉 올바른 회유는 인간의 행복한 진화에 도움이 되겠지만, 그릇된 회유는 인류를 멸종에 이르게도 할 것이다.[319]

따라서 난개발, 지구온난화, 핵무기개발, 밀림파괴 같은 현재의 무분별한 외부회유는 이제 인류가 감당하기 어려운 한계에 이르렀다. 즉 자연을 활용하는 정도를 넘어 과도하게 변형해 온 인류는 이미 환경파괴를 제어하기 어렵게 된 것이다. 그리하여 이러한 환경파괴는 전 지구적인 급격한 재앙이 될 수 있는 것들이다. 즉 오랜 세월 내부회유로 겨우 진화해 온 인류가, 그릇된 외부회유로 한순간에 멸종을 우려할 정도가 된 것이다. 그러므로 훌륭한 진화를 위해서는 모든 회유가 적절한 균형을 이루어야 하는 것이다.

부연하자면 생물의 역사를 조망해 볼 때, 지금까지 가장 훌륭한 진화는 나무라고 생각된다. 나무는 서로 업신여기지도 않고, 시기하지도 않고, 비난하지도 않고, 전쟁하지도 않는다. 어떤 나무는 살아서 천 년, 죽어서 천 년을 지속하며, 다른 생물과 토양에 양분을 제공한다. 여하튼

---

[319] 인류가 멸종한다면 아마 다른 종들이 그 틈을 활용하여 크게 진화할 것이다. 예를 들어 공룡은 중생대(2억 5천만 년 전~6천오백만 년 전)에 번성하다 멸종했다.('운석충돌설'이 유력하다.) 그 후 소형 포유류인 쥐 등이 살아남아 인간으로까지 크게 진화한 것이다.

생명의식이 물질회유를 지속하는 근거에 대해서는 뒤 제6장에서 다시 설명할 것이다.

제4장
물질적 결정론 비판

무화과와 말벌 - 상리공생

아카시아와 개미 - 상리공생

제4장 물질적 결정론 비판

　다음으로 '유전자결정론'을 중심으로 물질적 결정론을 비판해 보자. 그리하여 주로 약 40여 년 전부터 회자(膾炙)되는《사회생물학》과《이기적 유전자》에 대해서 비판할 것이다. 더불어《마음의 진화》,《자유는 진화한다》에 대해서도 비판할 것이다. 그런데 아마 다른 물질주의적인 서적도 수없이 많을 것이다.

　그러나 지면 관계상 여기서는 대표적으로 이들 서적에 대해 비판할 수밖에 없을 것 같다. 왜냐하면 특히 이들 서적은 현재 극단적인 편향된 사고로 다른 분야까지 넘나들며, 지속적으로 인류를 교란하여 그 임계점에 이르렀다고 보기 때문이다.

　물론 이들 서적에도 부분적으로 찬동할 만한 것도 있다. 우리의 신체와 유전자에는 과거 조상들의 학습과 선택들이 누적되어 형성되어 있으며, 후손에 그 영향력이 크다는 것이다. 그리고 인문학과 사회과학에도 진화생물학의 합당한 성과는 합리적으로 반영되어야 한다는 것이다.

　그러나 이 책들에는 근본적인 큰 오류들이 많이 나타난다. 그 가장 큰 오류 중의 하나는 후손은 결정적으로 그 유전자에만 얽매여 있으리라는 것이다. 그러나 만약 생물의 행태가 유전자에 의해 모두 결정된다면, 진화는 어떻게 이루어질 것인가? 아마 **유전자가 진화를 가로막아** 진화가 어려울 것이다. 왜냐하면 진화는 수시로 새로운 환경에 적응하여 새로운 행태와 기능이 나타나야만 가능하기 때문이다.

따라서 일부 다윈주의 진화론자들이 진화를 무시하고 유전자결정론을 주장하는 것은 자가당착인 셈이다. 왜냐하면 진화란, 유전적인 바탕에다 항상 이질적으로 전개되는 환경에, 후손들이 새로운 적응을 해야만 가능하기 때문이다. 따라서 유전자는 생물의식이 과거의 물질회유와 학습한 본능을 '재생'할 뿐만 아니라, 지속적으로 새로운 선택을 '반영'하는 장치인 것이다.

그러므로 자연현상에 대한 우리의 합리적인 이성과 과학에 비추어 볼 때, 이들 서적은 전반적으로 잘못된 시각으로 형성된 것이다. 즉 과잉 단순화와 확증편향과 물질주의 이념을 가지고, 인류사회와 문화를 오도하는 것이다.

먼저 생물학자 에드워드 윌슨(1929~2021. 개미 전문 생물학자)은 1975년에 《사회생물학: 새로운 종합》이란 책을 낸다. 이 책은 개미와 같은 곤충에서 시작하여 인간에 이르기까지 모든 사회성 동물의 행동은 결정적으로 유전자의 영향 아래 있다는 견해를 개진하고 있다. 그리하여 결국 《사회생물학》은 생물의 사회적 행동에 대한 유전자결정론을 주장하게 되는 것이다. 나아가 여기서 더 큰 문제는 그러한 유전자는 자연선택의 결과물로 파악한다는 것이다.

그리고 이듬해인 1976년에는 리처드 도킨스(1941~. 동물행동학자)가 《이기적 유전자》를 출간하여 그와 같은 유전자결정론을 더욱 전파하기에 나선다. 물론 여러 모순으로 인한 비판에 대하여, 그들은 그들의 주장이 유전자결정론이 아니라고도 강변한다. 그러나 만약 그들의 주장이 유전자결정론이 아니거나 더불어 자연선택의 결과가 아니라면, 그들의 주장과 그 책의 내용은 그나마 있는 가치마저 사라지는 셈이다.

그리고 이러한 유전자 중심의 사고는 윌슨과 도킨스에서 갑자기 나타난 것은 아니다. 앞 제1장의 '4 적응은 가치선택'에서 설명했듯이 표현형에 대한 자연선택의 논리 한계로 인하여, 과거 피셔와 해밀턴과 윌리암스 등이 유전자 중심으로 모든 진화를 설명하려고 시도한 연장선에 있다 할 것이다.

여하튼 윌슨은 이《사회생물학》에서 '사회생물학'을 모든 사회행동의 생물학적 기초에 관해서 체계적으로 연구하는 학문이라고 그럴듯하게 정의한다. 그리고 도킨스는 사회생물학을 전파하는 역할에 더하여, 도덕성에까지 생각이 미쳐, 동물의 이타적 행동까지도 이기적 유전자의 고도한 전술일 뿐이라고 강조한다.

즉 유전자는 자기의 유전자를 어떻게든 잘 전달하기 위해 모든 수단을 강구하는 중에 전략적 이타심을 보인다는 것이다. 나아가 문화의 발달과 전달에는 그 매개 요인으로 '밈'meme[320]이라는 비생물학적인 요소까지 창조한다.

그런데《사회생물학》과《이기적 유전자》가 주장하는 유전자결정론은 사실 그리 놀라운 가설이 아니다. 즉 무기자연의 항상적 선택이 생물의 식의 가치선택을 대체하리라는 다윈의 가설(자연선택설)에 비하면, 그 여진에 해당하는 것이다.

그리고 물질주의자들은 고래로 이와 같은 충격요법을 즐겨 사용하였다. 그리하여 앞에서 거론한 인도의 아지타 케사캄발린은 세상은 물질만 있을 뿐이어서 하등의 윤리적 질서조차도 부정하고 현세를 즐기자는 쾌락주의를 주장했다. 당시로서는 충격적인 발상이었을 것이다.

그리고 그 후 이러한 유물론은 헬레니즘 시대의 에피쿠로스B.C. 341경

---

320) 비물질적인 가상의 문화적 매개체.

~B.C. 270경[321]), 로마 시대의 루크레티우스[B.C. 96경~B.C. 55][322], 근세 이후 T. 홉스[1588~1679][323])와 찰스 다윈과 칼 마르크스[1818~1883][324])로 비슷하게 이어지는 것이다.

이제 조금 단적으로 보면, 다윈주의는 생물의 행태와 기능을 핵산과 단백질로만 연구해야만 하는 것이다. 왜냐하면 다윈주의자들은 그 정당성을 인정받기 위해 다윈주의가 자연과학이라고 주장하기 때문이다. 따라서 다윈주의는 핵산과 단백질 외에 다루어야 할 다른 수단은 없는 것이다.

그런데 우리의 정치·경제·사회·문화·도덕 등에서는 핵산과 단백질의 전사 결과만으로 나타나는 것은 없다. 즉 문화와 도덕이 창출되고 전파되는 데 어떠한 핵산과 단백질이 연결되고 이동하는가? 이처럼 문화와 도덕의 전파에는 생물학적인 통로가 전혀 없기에 핵산과 단백질이 이동될 수 없는 것이다.

이것은 물질의 '**문화장벽**'文化障壁[325])인 셈이다. 그런데도 윌슨과 도킨스(여타 다윈주의자들도 비슷하다.)는 핵산과 단백질의 아무런 전사 없이 무턱대고 그 장벽을 뛰어넘고 있는 것이다.[326])

그리하여 인문학자들이 그러한 장벽을 지적하면, 이러한 물질주의자

---

321) 원자의 곡선운동이 가능함을 주장하여, 자유정신도 물질로부터 기인하였다고 했다.
322) 유물론적 원자론, 영혼과 신까지도 원자로 구성되었다 주장.
323) 그의 유물론은 물체의 운동을 고대의 원자론처럼 기계론적으로만 해석하고, 감성적인 경험을 기계적인 감각으로만 이해한다. 또한 행복과 쾌락을 물질적인 것으로 본다. 그리하여 인간을 '만인에 대한 만인의 투쟁'으로 생각한다.
324) 그의 주요 사상은 변증법적 유물론으로, 인류의 역사는 물질(자본) 소여所與에 따라 변천한다는 것이다.
325) 문화는 유전자로 전파되지 않는다는 것.
326) 앞 하르트만의 지적- 하나의 존재층(물질층)에서 무리하게 다른 존재층(생명층)으로 근거 없이 비약했다.

들은 과학이 언젠가는 그 장벽을 헐고, 세상의 모든 것이 물질일 뿐임을 밝힐 수 있으리라고 말한다. 그렇다면 그것은 창조론자가 언젠가는 모든 것이 창조로 밝혀질 것이라고 하는 것과 마찬가지 수사에 불과한 것이다. 왜냐하면 그 둘 다 온전히 증명할 수 있는 사안이 아니기 때문이다.

따라서 현재로서는 그 둘과 의식에너지의 진위는 귀납적인 증거와 논리의 정합성으로 판가름될 것이다. 그리하여 합리적인 귀납추론으로 인한 정합성으로 볼 때, 의식에너지만이 그것을 만족시키는 것이다. 나아가 앞에서부터 설명해 왔듯이 물질과 진화가 뚜렷이 밝혀질수록 생물의식의 고유성에 대한 명증성이 더욱 뚜렷해질 것이다. 그리하여 이러한 물질주의 과학자들의 수사는 그들이 더욱 의사과학의 길로 가고 있음을 자증하는 결과가 될 것이다.

여하튼 앞에서 자연선택설의 허구성을 밝혔듯이 《사회생물학》과 《이기적 유전자》는 다윈주의 자연선택설이 조금이라도 입증되기도 전에 가설에 가설을, 우연에 우연을 열심히 더하는 중이다. 자연과학이 이렇게 무리한 가설과 우연을 남발해도 되는지 우려된다. 그것도 자연과학 내적인 가설을 뛰어넘어, 전 인류와 문화를 대상으로 한 외적인 가설일 때는 더욱 신중해야 하는 것이다.

그러므로 이제 그동안 《사회생물학》과 《이기적 유전자》에 제기된 기존 비판을 알아보고, 필자의 새로운 비판도 추가해 보자.

덧붙여 앞에서 자연선택이란, 생물의식과 버무려진 용어라고 말했듯이 《사회생물학》과 《이기적 유전자》 자체도 생물의식에 관한 용어이다. 또한 자연선택의 증거는 모두 생물의식의 고유성의 증거라고 말했듯이 《사회생물학》과 《이기적 유전자》의 증거도 사실상 모두 생물의식의 고유성에 대한 증거인 것이다.

따라서 이제 객관성과 논리적 수준이 의심스러운《사회생물학》과《이기적 유전자》같은 유전자결정론이, '회유진화론'에 의해 종결되었으면 한다. 더불어 이와 같은 다원주의자들에게 찬동하는 대니얼 데닛의《마음의 진화》,《자유는 진화한다》등의 물질적 결정론도 생물의식과의 균형을 맞추었으면 한다.

1 《사회생물학》 비판

"생물의 주요 기능은 결코 다른 생물을 재생산하는 것이 아니고 단지 유전자를 재생산하는 것이며, 따라서 생물은 다른 유전자의 **임시운반자**로서의 역할을 하고 있다. 유성생식으로 만들어진 생물은 각기 특유의 존재로서 그 종을 구성하는 모든 유전자를 기초로 하여 **우연하게** 구성된 유전자 조합이라 할 수 있다. 자연선택은 세대가 바뀜에 따라 어떤 유전자들이 염색체상에 같은 위치에 놓인 다른 유전자보다 우세하게 표현되는 과정을 말한다. 각 세대에서 새로운 성세포들이 만들어지면 이렇게 우세한 유전자들은 일단 분리되었다가 재조합되어 같은 유전자를 평균적으로 높은 비율로 포함하는 새로운 생물을 만들어 낸다.

그러나 개개의 생물은 생화학적 교란을 최소화시킨 상태에서 유전자를 보존하고 확산시키는 정교한 장치의 일부로서 이 유전자들의 **운반차량**일 뿐이다."<#66>

아마 《사회생물학》의 첫 장에 있는 이 정도가 윌슨이 주장하는 주요 가설이다. 나머지는 이 주요가설에 별로 도움이 되지 않는 부차적인 이론들이다. 그리고 두꺼운 책의 대부분은 이러한 가설들과 잘 합치되지 않는 듯한 과도한 자료만을 나열하고 있다. 그리하여 그 자료들은 여러 동물과 그 사회성을 소개하여, 그것이 유전자DNA에 의해 결정된 것이며 나아가 '자연선택의 결과'라고 말하려는 것이다.

물론 하등동물의 사회성은 어느 정도 본능으로 되어 있다고 말할 수 있다. 그러나 인간처럼 고등동물이 될수록 도덕과 정의, 배려와 사랑 같은 사회성들이 유전자에 모두 부호화될 수 있는 것이 아니며, 나아가 그러한 사회성들을 자연선택의 증거로 보기는 더욱 어렵다. 더군다나 앞에서 강조했듯이 만약 유전자에 의해 신체뿐만 아니라 사회성마저 모두 결정된다면 생물은 진화하기 더욱 어렵다는 것이다.

그런데도 윌슨은 사회성이 자연선택의 결과라고 주장하면서도 동물의식에 기대어 계속 버무리기를 한다. 그러나 자연선택설은 생물의 사회성 출현을 근본적으로 설명할 수 없다. 앞에서 이어 뒤에서 더욱 설명되겠지만, 이타적인 행동은 상당한 위험을 초래하기 때문이다. 즉 막연히 이타적인 행동이 전략적으로 유전자를 최대한 전달할 수 있다는 것은, 현실과 상당한 괴리가 있는 것이다.

윌슨은 자연선택을 정의하여 앞 윌리암스의 유전자적응론과 비슷하게 "자연선택이라고 하는 것은 어떤 유전자형의 증가가 다른 유전자형의 증가보다 더 큰 속도로 증가하고 있음을 의미할 뿐이다."<#67>라고 말하고 있다.

그러나 어떤 유전자형이 더 많이 증가할 수 있는 것은 돌연변이에 의해서만 가능하다. 그런데 앞에서 이미 돌연변이는 생물의식의 작용일 수밖에 없다고 설명한 바 있다. 즉 어떤 유전자형이 지속적으로 증가할 수 있는 것은 '정향적인 목적'을 의미한다.

그런데 우연을 기반으로 하는 무기자연에는 정향성이 지속성으로 나타날 수 없다. 즉 무기자연은 목적을 가지고 유전자형을 정향으로 증가시킬 리 없는 것이다. 예를 들어 구름과 바위는 목적 없이 모였다 흐트러졌다 할 뿐이다.

그러므로 윌슨의 이러한 정의는 생물의식과 버무리는 것이다. 이렇듯 《사회생물학》의 주장은 생물의식의 목적인 행복과 버무리면서도, 그 생물의식의 중요성은 무시해 버려 스스로 무슨 말을 하는지 모르는 어설픈 것이다. 아마 진화생물학에서 생물의식을 배제하면, 근본적으로는 물리학이나 화학이 되어 생물학으로 분류되는 것조차 거의 무의미하게 될 것이다.

기존 비판

그동안 《사회생물학》에 대한 기존의 비판은 크게 세 가지 정도로 요약된다. 첫째는 주로 인문학자들과 사회과학자들이 지적하는 문제점이다. 즉 윌슨은 문화가 유전자로부터 어느 정도 독립적인 성격을 지닌다고 인정하면서도, 인간은 물리적 인과관계에 따른 사건들로 인해 행동하는 존재이며, 궁극적으로 물리법칙으로 환원될 수 있다고 주장한다는 것이다. 그에 대한 비판 중 일부를 직접 인용해 보자.

"사회생물학은 언어나 종교가 어떻게 유전자적 기초로부터 기원했는가만 설명하고, 왜 차이가 나타나는지는 전혀 설명하지 않는다. 문화라고 보기 어려운 극히 단순하고 보편적인 성향에 관심을 기울이지, 각각의 실제적인 언어나 종교에는 접근하지 않는 것이다. 그 이유는 사회생물학으로 언어와 종교의 내용을 설명할 수 없기 때문이다. (중략)
유전자와 후성규칙으로 문화를 설명하려는 것은 근거가 충분하지 못하다. 왜냐하면 그것들이 보여주는 정도보다 문화는 훨씬 다양하고, 그것들이 변하기도 전에 **문화는 수없이 변하기** 때문이다.
극단적인 가소성, 발현의 다양성, 편향, 밈 등의 용어를 아무리 도입해도 문화의 다양성과 변화성을 제대로 설명하기 어렵다."<#68>

둘째, 윌슨의 전형적인 유전자결정론은 세상의 모든 현상을 섣불리 판단하여, 위험을 초래하고 발전을 저해할 수 있다는 것이다. 즉 그러한 결정론은 편협하고 적대적인 이데올로기가 형성될 가능성이 큰 것이다. 그리하여 인류 공동체를 위한 자유와 평등, 정치와 사회, 문화와 도덕 등의 창달에 방해가 될 수 있다는 것이다. 즉 유전자결정론은 '물질적 결정론'의 하나이다. 물질적 결정론은 예를 들어 물질의 진행에 따라 태양계와 지구가 필연적(기계적)으로 나타나고, 그에 따라 지구의 세부적인 생태계도 당연히 결정된다는 의미이다.

그러나 만약 태양계와 지구가 필연적이었더라도, 생물은 그러한 물질과는 다르다. 왜냐하면 생물은 동일 환경의 영향 아래서도 다양한 형질과 행동이 나타나고, 그로 인해 다양한 문명과 문화가 발전하였기 때문이다. 그러므로 물질을 조금 파악했다고 해서, 생물의 의식까지 섣불리 물질일원론으로 단순화시키는 것은 미래에 그 오류가 증폭될 가능성이 큰 것이다.

셋째, 이러한 유전자결정론은 현 상태를 정당화하여 불평등과 비도덕적 행태를 비난할 수도, 책임을 물을 수도 없게 된다는 것이다. 즉 물질에 의해 피투(被投) 되었을 뿐인 인간에게는 아무런 책임이 없는 것이다. 예를 들어 빈부격차, 교육부재, 각종 차별 그리고 부정부패·권력남용·살인·침략·전쟁 등은 유전자에 의한 어쩔 수 없는 결과가 되어 버리는 것이다. 특히 R. 르원틴은《우리 유전자 안에 없다》(1984),《이데올로기의 생물학》(1991) 등에서, 모든 사회적 배치 및 지위는 자연에 의해 고정되는 결과라고 보는 윌슨에게, 소피스트보다 더한 궤변을 일삼는다고 비판한다.

그런데 도킨스는 윌슨을 거들면서 유전자결정론이 환경적 결정론(문화결정론 등)보다, 별로 비난받을 이유가 없다고 말한다. 그런데 필자는 앞 물질회유를 설명하면서 "결정론과 자유의지는 대립 관계가 아니다."라고 설명한 바 있다. 즉 생물과 인간은 과거 조상들의 누적된 선택(유전)을 승계하여 자신의 새로운 선택으로 삶을 꾸리는 것이다. 따라서 환경적 결정론도 독단에 가깝다.

그러나 유전자결정론은 더 독단적이다. 즉 앞에서도 말했듯이 다윈주의 진화 자체가 유전적 요소에 여러 환경적 요소를 추가해 가는 것이다. 그리하여 변이하고 진화하는 것이다. 따라서 인간에게도 돌연변이가 나타나므로 **진화 중**이라 할 것이다. 그런데 기존의 유전자에 의해 모두 결정된다면, 환경적 요소를 추가할 수 없어 새로운 진화가 이루어질 수 없는 것이다.

그리고 윌슨의 유전자결정론은 생물학이라는 자연과학에 기반을 두고 있다는 사실을 잊어서는 안 될 것이다. 즉 자연과학은 그 권위를 위해 무엇보다 귀납적인 엄밀한 증거와 검증이 필요한 것이다. 특히 '외적 연역'外的演繹[327]일 경우 불확실한 증거와 주장은 큰 부작용을 일으킬 수 있다. 즉 사회생물학이 인문학과의 포괄적인 연구를 진행하지 않으면 좁은 시야로 세상을 그르칠 수 있는 것이다.

그리하여 그러한 역사적인 예를 보면 홀로코스트Holocaust[328], 단종법斷種法[329], 백호주의白濠主義[330], 백인우월주의[331], 인종청소[332] 등이 세계 곳곳에서 나타났던 것이다. 그래서 F. 골턴과 헤켈의 '우생학적 결정론'이 무수한 비판에 직면한 것이었다.

그리고 환경적 결정론은 주로 사회학이나 심리학, 철학에서 제기되는 것으로, 논리적 비판만으로도 그 설득력을 잃게 되면 쉽게 사그라질 여지가 많다. 반면 유전자결정론은 비판 논리가 별로 통하지 않는다. 생물학적으로 뚜렷한 증거 없이 주장하여도, 그에 대한 생물학적인 반증이

---

327) 그 학문의 범주를 넘어 타 학문까지 침범하는 가설. 마침글 참조.
328) 제2차 세계대전 중 나치 독일이 자행한 유대인 대학살.
329) 우생학적으로 유전성 장애인 등의 생식력을 없애는 법. 미국, 독일, 스웨덴, 노르웨이 등지에서 제정되었다.
330) 호주에서 백인 이민자들만 받아들인 인종차별 정책.
331) 다른 인종보다 백인의 선천적인 우월함을 내세우는 인종 관념.
332) 세계 여러 지역에서 특정 인종을 강제적으로 말살하려는 정책.

나타날 때까지는 견디기 좋은 것이다. 나아가 사회, 문화에서 생물학적인 반증은 거의 나타날 리도 없는 것이다.

추가 비판

이제 기존의 비판에 이어, 《사회생물학》의 어설픈 독단론을 본 서의 독특한 시각으로 비판해 보자. 주로 생물학을 중심으로 한 자연과학과 귀납적 논리에 따라 그 오류를 비판할 것이다.

1) 첫째, 윌슨은 생물을 유전자DNA의 '임시운반자'라고 한다. 즉 생물의 신체는 그 속에 탑재된 유전자를 전달하기 위한 **'운반차량'**일 뿐으로서, 생물보다 유전자가 주체라는 뜻이다.

그렇다면 먼저 생각해 봐야 할 것이 있다. 즉 유전자의 존재 이유이다. 그런데 유전자는 일차적으로 생식수단으로 기존의 무언가를 후세에 전달하는 것이다. 따라서 "생식할 수 있으려면 유전할 만한 어떤 것이 개체로서 이미 구성되어 있어야 한다."<#69>라는 것이다. 이것은 유전자는 이미 구성되어 있다는 체계의 필요를 증명하는 셈이다. 그러므로 유전자는 생물보다 우선될 수 없으며, 생물 또한 유전자의 임시운반자가 될 수도 없는 것이다.

다음으로 또 확인해 봐야 할 사실이 있다. 만약 윌슨의 주장이 옳다면 유전자가 주체가 된다는 뜻이며, 유전자가 없는 생물은 그 삶을 계속할 필요가 거의 없을 것이다. 왜냐하면 주체가 없으면 존재할 이유도, 운반할 필요도 없기 때문이다.

그렇다면 세포에서 유전자를 제거해 보는 실험으로, 그 진위를 증명할 수 있을 것이다. 그런데 최근의 실험 결과는 정반대로 나타났다. "**잠깐!** 세포가 여전히 움직인다. 핵이 제거되어 유전자를 잃은 세포가, 생물학적 기능을 계속 유지(호흡, 소화, 배설, 운동 등)하고 있는 것이다."<#70> 이처럼 유전자 없이도 세포는 존재하며 삶은 계속되는 것이었다. 그러므로 결국 유전자는 생물의 주체가 아니었으며, 세포는 유전자의 임시 운반자가 아닌 것이다.

나아가 유전자가 진정한 주체일 수 있는지 한 가지 더 추론해 봐야 할 것이 있다. 즉 유전자가 '제1원인'[333]일 수 있겠는가에 대한 추론이다. 만약 유전자가 최초의 원인이 아니라면, 유전자도 다른 무엇의 임시운반자일 수 있다는 것이다. 그러면 유전자는 제1원인일까? 그렇게 볼 수는 없다. 왜냐하면 윌슨에 의하면 유전자도 자연선택에 의해 생성된 것이기 때문이다. 따라서 유전자도 결국 자연선택의 임시운반자가 되는 것이다.

그러므로 결국 이러한 유전자결정론은 다윈주의 자연선택인 물질이 제1원인이 되므로 물질주의로 귀착되는 것이다. 이처럼 윌슨의 《사회생물학》은 자연선택설과 마찬가지로, 생물학이 아니라 철학이 되는 셈이다. 즉 윌슨은 동물과 인간의 사회문화에 대한 엉성한 규명(의식의 고유성을 무시)으로 자신의 철학을 마련하여, 마치 그 규명이 증명된 과학인 것처럼 위장하는 것이다.

2) 둘째, 다른 관점에서 주체와 비주체를 다루어 보자. 윌슨은 유전자가 생물을 임시운반자로 사용하기 때문에, 유진자가 생물을 조종하고 있다는 의미로 말한다. 즉 유전자가 주체이고 신체(표현형)는 비주체라는

---

333) 어떤 존재와 사실의 최초 근원.

뜻이다. 그러나 《사회생물학》은 무슨 근거로 한 생물을 이분하여 주체와 비주체로 나누는지 알 수 없다. 아마 물질주의와 자연선택을 강조하기 위함인 것 같다.

그런데 생물에게 있어 각 기관은 똑같이 중요하다. 즉 생물은 모든 기관이 합력하여 그 소기의 목적을 달성하는 것이지, 각 기관과 각 유전자의 중요도로 주체성을 판가름하는 그런 것이 아니다. 예를 들어 뇌와 심장과 유전자는 똑같이 중요하다. 그중 하나라도 손상되면 그 생물 전체가 와해되는 것이다.

그러나 굳이 주체성 여부를 나누기 원한다면, 그 중요도를 한번 따져 보자. 자연선택에 따른 유전자는 무슨 목적으로 존재하고 그것을 전달하려는 것일까? 아마 맹목적인 우연, 또는 기껏해야 동어반복인 번식[334]을 위한다고 할 것이다. 이처럼 자연선택은 목적을 분명히 나타낼 수 없다.

그런데 모든 생물은 분명한 목적을 가지고 행동한다. 그것은 행복이다. 이처럼 뚜렷한 목적이 있는 생물과 목적이 불분명한 유전자를 비교해 보면 어느 것이 주체인지 알 수 있을 것이다. 즉 생물체 내에서 목적이 있는 것이 주체이지, 목적이 없는 것이 주체가 될 수는 없는 것이다. 오히려 생물이 그 행복을 위해 유전자를 전달하려 한다고 해야 정상일 것이다.

그러므로 전체적인 생물의식은 행복을 위해 유전자와 뇌와 심장 등을 어렵게 구현하고 있는 것이지, 그 물질에 얽매여 무기화를 기다리는 것이 아니다. 그러한 생물의식의 가치선택은 초기의 '물질회유'부터 지금까지 변함이 없는 것이다. 그 뚜렷한 예로는 현재 인간의식이 '유전자가

---

334) 유전자와 복제는 거의 동어반복이다.

위'로 '합성생물'合成生物[335)]을 시도하고 있다는 것이다. 즉 유전자는 인간(생물)의 가치선택에 의해 언제든 잘려 나갈 수 있는 것이다.

또한 앞에서도 거론되었지만, 유전자가 다음 세대로 빠르게 잘 전달되기 위해서는 굳이 고등동물로 진화해서는 안 된다. 즉 바이러스와 박테리아는 지구상에 가장 널리 분포하고, 극단적인 환경에도 잘 적응하는 유기체이다. 그리고 그 종의 수와 전체적인 수도 가장 많다고 한다.

따라서 유전자를 잘 전달할 목적이라면 전달 도구로서는 바이러스와 박테리아가 가장 좋은 편이다. 그리하여 앞에서도 말했듯이, 미생물의 다양성은 곤충의 다양성을 훨씬 능가하며, 나아가 번식을 위해서라면 무성 출아법과 이분법보다 더 능률적인 것은 없다는 것이다.[336)]

또한 양성생물은 유전자교차 시의 위험과 불임이 증가한다. 나아가 유전자로서는 인간이 임시운반자로 가장 좋지 않다. 왜냐하면 인간은 번식력도 그리 신통치 않을 뿐만 아니라, 의식이 발달하여 우울증과 자살 등 유전자 전달에 큰 장애가 나타나기 때문이다.

이처럼 인간은 하등동물보다 스스로 행동 결정권을 더욱 행사하고 있다. 따라서 인간은 뚜렷하게 유전자에 좌우되지 않는다. 아예 독신과 피임 등 생식과 유전자 전달을 회피할 수도 있다. 이렇게 볼 때 생식과 유전자 전달은 오히려 생물의 행복을 위한 여러 도구 중 하나인 것이 분명해진다.

그러면 생물학적으로도 밝혀 보기 위해, 세포 전문가들의 연구 결과를 들어 보자. 이제는 세포 연구에서 유전자보다는 세포가 주체임이 분명히 밝혀지고 있다.

---

335) synthetic biology. 유전자조작에 따른 인위적인 생물.
336) 〈#42〉 참조.

"철학자 에바 자블롱카(Eva Jablonka)와 생물학자 마리온 램(Marion Lamb)은 1995년에 간행된 그들의 저서 『후성유전학적 형질전달과 진화: 라마르크 차원』에 이렇게 썼다. '최근 수년간 분자생물학자들은 게놈이 과거에 생각해온 것보다 훨씬 더 환경에 대해 탄력적으로 반응한다는 사실을 보여주었다. 이들은 또한 유전정보가 DNA의 염기서열이 아닌 다른 여러 가지 방식으로도 후세에게 전해질 수 있음을 보여주었다.'"<#71>

"'B세포와 T세포(림프구)에서는 수정란에는 없었던 새로운 유전자가 만들어 짐.' '어떤 유전자를 전사하느냐 마느냐를 직접 결정하는 것은 유전자조절 단백질이다.' '유전자의 **발현을 ON 하는 활성단백질과 OFF로 하는 억제단백질**이 있다.' '적절한 타이밍에 맞추어 유전자의 편집을 달리하는 구조, 살아있는 생명체는 유전자에 의해 지배되는 것이 아니라 살아있는 생명 그 자체가 유전자를 적절하게 이용하고 있는 것으로 보인다.'"<#72>

3) 셋째, 사실 생물의 사회성이 유전자에만 의한 것이고, 그 유전자가 '자연선택의 결과'라고 주장하려면, 가장 중요한 사항이 있다. 즉 생물 터전의 동소同所와 이소異所에 따른 사회성의 차이를 비교·분석할 필요가 있는 것이다. 왜냐하면 자연선택은 환경적 차이, 즉 이소성을 종의 분화(생식적 격리에 의한 진화)가 나타날 수 있는 가장 큰 요인 중 하나로 보기 때문이다. 나아가 만약 이소에 따른 사회성의 차이가 뚜렷해진다면, 그 또한 자연선택을 뚜렷이 증명하는 요인이 될 것이다.

따라서 그 책에서 소개되는 '가시방패개미' 동종들은 유럽과 북미라는 이소에서 어느 정도의 사회성에 차이를 나타내는지, 플로리다 '쇠어치'jay가 동소의 다른 조류와 사회성에서 어느 정도 수렴하는지를 먼저 연구하여야 한다는 말이다.

그러나 《사회생물학》은 가장 중요한 이러한 비교·분석을 빠트리고 있다. 그런데 가장 중요한 사항을 빠트리면 그 가설이나 주장에 비중이 실리기는커녕, 원천적으로 무효라고 생각하게 될 것이다.

이렇듯 윌슨은 동소와 이소에 따른 사회성 차이를 비교·분석하지도 않았지만, 아마 할 수도 없었을 것이다. 왜냐하면 생물의식의 속성에 따른 '상동성'과 '기능'[337]의 다양성으로 인해, 그러한 연구의 일관된 사례는 어디에서도 나타나기 어렵기 때문이다.

아마 가시방패개미 동종들은 의식의 상동성으로 인해 이소에서도 거의 비슷한 사회성을 나타낼 것이고, 어치와 다른 조류들은 기능의 차이로 동소에서도 사회성 수렴이 거의 나타나기 어려울 것이다.

그러므로 동소 생물들의 이질적 사회성과 이소 생물들의 동질적 사회성으로 볼 때, 벌써 자연선택의 결과라고 하기에는 무리가 따르는 것이다. 즉 자연의 선택압이 작용한다면 동소일수록 사회성이 점점 수렴되고, 이소일수록 사회성에 큰 차이가 나타나야 하지 않겠는가?

이처럼 《사회생물학》은 그 주요 주장에 초점을 맞추지 못하였을 뿐 아니라, 오히려 자연선택을 어려움에 빠트리는 셈이 된 것이다.

그리하여 거의 무의미한 동물행동과 사회성을 나열하는 방대한 자료만을 자랑하는 책으로 보이는 것이다. 그러한 방대한 자료의 나열은 통찰력이 부족하거나 논리를 억지로 맞추려는 사람들이 주로 쓰는 방법이다. 따라서 그 가설의 잘잘못을 떠나더라도, 그 자료들로서도 이 가설을

---

337) 이성과 감성에 따른 복합적인 메커니즘.

뒷받침할 만한 논리나 증거를 제시하였다고 볼 수 없는 것이다.

4) 넷째, 윌슨은 사회성이 유전자에 의해 거의 결정될 것이라 말한다. 사회성 일부는 분명 유전적일 수 있다. 본 서는 과거의 누적된 사회성은 유전에 고정될 수 있다고 본다. 예를 들어 앞에서 말했듯이 '양심'과 같은 인간의 본능이 그러하다.

그러나 사회성이 유전자에 의해 모두 결정되는 것은 아니다. 아직 유전자에 고정되지 않았거나 급변하는 새로운 사회성은 개체가 그때그때 획득해야만 한다. 예를 들어 도덕이 그러하다. 즉 도덕은 본능으로 온전히 고정되지 않아, 개체가 사회의 변화에 맞춰 항상 적절히 조정해야만 하는 것이다.

이처럼 앞 제2장 2의 '획득형질의 유전과 비유전'에서도 말했듯이 유전할 필요가 있는 획득형질은, 집단무의식에 의해 DNA에 부호화되어 유전되고, 그러지 못할 때는 개체가 그때그때 새롭게 획득하여야만 하는 것이다.

그러므로 양심은 어느 정도 DNA에 부호화되었고, 도덕은 아직 제대로 부호화되지 않은 것이다. 왜냐하면 살인·도둑질·거짓말·위반 등을 비난하는 우리의 양심은 인류에 보편적(생물학적 본능화)인 데 반해, 일부일처와 일부다처, 부계사회와 모계사회, 낙태와 안락사 등에 관한 도덕은 나라와 사람마다 다소 생각이 다르기 때문이다.

따라서 획득사회성과 비획득사회성을 분명히 구분할 수 있는데도, 모든 사회성이 유전자에 기인한다는 것은 잘못된 것이다. 다만 하등동물일수록 사회성이 본능에 밀착될 수는 있을 것이다.

나아가 윌슨의 사회성은 자연선택에 의해 획득된 사회성을 말한다.

그러나 자연선택은 사회성을 발달시키지 않는다. 왜냐하면 무기자연은 오히려 사회성을 무산시키기 때문이다. 예를 들어 오랫동안 밀림에 던져진 아이는 사회성의 약화를 가져와, 다시 인간사회에 돌아오더라도 외톨이가 될 가능성이 큰 것이다.

따라서 사회성은 모두 생물의식의 산물이다. 왜냐하면 사회성은 모두 유기체 간의 관계이며 소통의 문제이기 때문이다. 그러므로 만약 양심과 하렘harem[338]같이 과거의 사회성이 유전자에 새겨져 유전되더라도, 그 개체나 종의 집단무의식에 따른 것이지 맹목적인 자연선택에 따른 것이 아니다.

여기서 인간의 사회성이 '유전이냐 환경이냐'에 대해서 좀 더 명확히 하고 가자. 그동안 우리는 한 인간의 도덕과 사회성이 태생적인 유전과 주위 환경(양육 등) 중 어느 쪽에서 더 큰 영향을 받는지에 대해 논란이 많았다. 그리하여 유전자가 거의 비슷한 쌍생아에 관한 연구가 특히 많이 있었다.

그 결과 이제는 일란성 쌍생아들의 사회성에 관한 연구들이 많은 결실을 거두게 되었다. 즉 그 연구의 결과에 따르면 유전과 환경이 개인의 사회성에 비슷한 영향력을 나타낸다는 것이다.

1980년대 미네소타대에서는 다른 환경에서 자란 수많은 일란성 쌍생아를 조사·분석한 바 있다. 그 결과 유전적 요인이 50% 정도이고 환경 등의 요인이 20~30% 정도라고 보고됐다. 또 지난 50년 사이에 39개국 1,450만 쌍 이상의 쌍생아를 조사·분석한 결과, 유전과 양육은 거의 비

---

[338] 포유류 번식집단의 한 형태로 한 마리의 대장 수컷만이 다수 암컷과 교미하는 현상. 예: 물개, 바다사자, 바다코끼리.

숫한 영향력을 가진다는 결과도 보도된 바 있다.[339]

즉 암스테르담 자유대학의 포스트휘마와 그의 동료들은 앞의 자료 중 1958년에서 2012년 사이에 2,748건의 쌍생아 연구를 종합해 17,000가지 이상의 특질을 관찰했다. 그 결과 유전과 환경의 영향이 거의 절반씩 차지한다는 것이다. 그리하여 나탈리 앤지어는 이렇게 표현한다.

"DNA는 분명 우두머리 분자라고 불릴 만하다. 그러나 자기 혼자만으로 아무 일도 할 수 없으며 단백질의 도움이 있어야만 제 기량을 발휘할 수 있다. (중략) 또 외부 신호를 받아 DNA에게 전달하는 단백질은 때로는 자신들이 활성화시키는 유전자를 미세하게 변화시킴으로써 게놈의 특성을 직접 바꾸기도 한다. **본성은 양육을 필요로 하고 양육은 본성을 빚어낸다.** 서로를 의지하고 있는 둘의 대화는 결코 끝나지 않는다. (중략) 당신의 게놈은 환경과 완전히 분리된 존재가 아니다."<#73>

이러한 유전과 환경의 비슷한 영향력에 관한 연구는 생물의식에 관한 중요한 두 가지 사실을 말해 준다. 첫 번째, 사회성도 유전된다는 사실이다. 즉 유전적 사회성은 과거 사회공동체에서 이룩한 양심이나 일부 도덕성이 유전자에 고정되어 왔음을 증명한다. 이것은 '**획득사회성**'을 의미한다.

따라서 이는 '생물학의 중심원리'로서는 상상도 못 할 사건이다. 이 '중심원리'에서는 획득형질조차 유전자에 전달할 수 없다고 했다. 따라서 유전과 환경의 논란이 계속되었던 이유는 이 '중심원리'가 가시성에만

---

339) 2015. 5. 22. 《허핑턴포스트》

선불리 의존하였기 때문이다.

그러면 어떤 방법으로 비물질적인 사회성이 유전자에 전달되고 고정되는 것일까? 그것은 앞 제2장 1의 '돌연변이 의식'에서 이미 설명한 세포공동체의 '**집단무의식**'인 것이다. 그 집단무의식에 의해 획득형질이 유전자에 고정되는 것처럼, '획득사회성'도 집단무의식에 의해 유전자에 고정되는 것이다. 즉 어미가 가르치지 않아도 새끼들 서로는 레슬링340)을 무척 즐기고, 탁아소341) 생활을 잘 해낼 수 있는 것이다.

두 번째, 양심과 도덕 같은 사회성이 뇌물질로부터 기인하지 않는다는 것이다. 즉 다윈주의자들은 생물의식의 고유성을 부정하기 때문에, 사회성은 뇌물질의 발달에 따른 우연한 것이어야만 한다.

그러나 사회성은 반드시 유전만으로 되는 것이 아니라 양육과 환경의 영향도 받는다는 것으로 보아, 자연선택이 아니라 다른 요인일 가능성이 큰 것이다. 따라서 그 일부라도 유전자나 뇌물질에 의한 것이 아니라면, 윌슨의 《사회생물학》은 허위였던 것이고, 자연선택조차도 부정될 수밖에 없는 것이다.

그런데 물질 외에 우리에게 있는 다른 요소는 생물의식뿐이다. 따라서 이것은 물질적(DNA나 생화학적) 통로가 없어도 무의식이라는 생물의식의 직접적인 통로가 열려 있음을 의미한다. 즉 도덕과 사회성 등은 서로의 관계회유에 따라, 물질보다 더 빠르게 전달되고 인식되는 것이다.

5) 다섯째, 그런데도 윌슨은 지식의 대통합을 거론하며 《통섭》統攝342)에 대해 이야기한다. 그리하여 다윈주의자들과 인문학자들이 갑론을박

---

340) 주로 포유류 새끼들의 놀이.
341) 펭귄이나 바다표범 등의 새끼 공동보호소.
342) 최재천이 consilience를 번역한 용어. 이 번역용어에 논란이 많지만 여기서는 일단 사용한다.

하며 또 다른 논쟁을 확대하고 있다. 이《통섭》의 요지는 그 책의 마지막 부분에서 표현하고 있다.

> "그렇다면 통섭 세계관의 핵심은 무엇일까? 그것은 모든 현상 예컨대 별의 탄생에서 사회조직의 작동에 이르기까지, 비록 길게 비비 꼬인 연쇄이기는 하지만 궁극적으로는 물리법칙들로 환원될 수 있다는 생각이다." <#74>

그러나 앞에서부터 계속 설명했듯이, 물질은 우주에 존재하는 여러 종류의 에너지 중 하나의 양태에 불과한 것이다. 따라서 우주는 물리법칙만으로 모두 환원될 수 있는 것이 아니라, 더욱 근원적인 '의식에너지'가 있어야만 여러 이질적인 에너지를 통합할 수 있는 것이다.

그와 관련하여 여기서 다시 강조해 보면, 학문과 지식[343] 등은 모두 생물의식의 사유에 의해 이루어진다는 것이다. 예를 들어 학문과 지식은 그 인과성과 포괄성을 이루려는 이성의 '임시충족'에 따르는 것이다.[344] 왜냐하면 이러한 이성의 임시충족이 없으면, 과학이 밝힌 원자와 분자, 사물과 현상, 행위와 도덕은 아무런 인과성과 포괄성을 이루지 못한 채 따로 겉돌게 되기 때문이다.

또한 앞에서 누누이 설명했듯이 생물의 탄생과 진화는 '물질회유'로 인하여, 그 독특한 가치선택들이 스며들어 있어 환원 불가능한 것이다. 따라서 생물의 주체는 생물의식이며, 모든 것은 생물의식에 의해 그 합리성과 가치를 인정받아야만 하는 것이다.

---

343) 경험지식뿐만 아니라 선험지식.
344) 제1장 '9 우연성 비판' 참조.

그러므로 이러한 의식의 합리적 작용과 가치선택을 폄하하고 물질(유전자)의 우연성을 강조하는 윌슨이, 지식 대통합 '통섭'을 거론하는 것이 합당한 것인지 의문이다. 왜냐하면 자연선택 혹은 유전자결정론 같은 물질주의 독단으로는, 지식 대통합은 고사하고 흄의 '회의론'이 말하듯, 자연과학의 인과성도 온전히 설명할 수 없기 때문이다.

더군다나 만약 물질의 우연한 조합으로 된 인간이라면, 그 지식을 대통합해 본들 무슨 의미가 있겠는가? 모든 학문이 우연의 결과가 될 뿐일 것이다. 따라서 여러 학문을 큰 틀에서 고려하자는 《통섭》의 취지가 그리 틀리지 않더라도, 물질주의를 바탕으로 사회문화를 설명하려는 한에서는, 윌슨의 의도와 진정성에 대해서 그것을 의심할 수밖에 없는 것이다. 그러므로 오히려 생물의식을 중심으로 물질을 '통섭'해 나가야 할 것이다.

2 《이기적 유전자》 비판

이제 《이기적 유전자》를 비판해 보자. 《이기적 유전자》도 수많은 다원주의 서적처럼 과학 서적을 빙자한 '의사과학'이거나 개인적인 추상에 가깝다고 할 수 있다. 나아가 그 추상도 대개 자체모순을 가져 논리적으로 인정되기 어려운 것들이다.

따라서 머리글에서도 설명했듯이, 다윈주의는 물질주의이고 물질주의는 적자생존과 상호관계가 없으며, 적자생존과 이기적 유전자 또한 상호관계가 전혀 없는 것이다. 왜냐하면 물질인 무기자연은 적자이든 비적자이든, 이기적이든 이타적이든 모두에 무심하여 공평하게 무기화할 뿐이기 때문이다.

더군다나 앞 '1《사회생물학》비판'에서처럼, 기존의 이기적 유전자가 생물의 모든 행태를 결정해 버리면 오히려 진화가 어렵다는 것이다. 왜냐하면 기존의 유전자는 자기의 생존과 안전에 큰 비중을 둘 것이기 때문이다. 그러므로 이것은 진화론자가 진화를 부정하는 자가당착에 속하는 것이다.

기존 비판

새로운 비판을 이어 가기 전에, 우선《이기적 유전자》에 대하여 그동안 제기된 기존의 비판을 알아보자. 주로 다른 생물학자들과 사회학자들의 비판이다.

첫째, 앞 제1장 2의 '자연표류설'에서 등장한 마뚜라나와 바렐라도 세포를 구성하고 결정하는 것은 상호작용이라는 그물 전체이지, 유전자라는 세포의 한 요소가 아니라고 비판한다. 그리하여 유전자결정론은 결정적인 참여를 유일한 결정으로 **오해**한 데 있다는 것이다.

즉 유전자결정론은 한 나라의 역사가 정치제도에 의해서만 결정된다는 그릇된 주장과 비슷하다는 것이다. 왜냐하면 정치제도는 본질적이기는 하지만, 그렇다고 정치제도에 역사 전체를 결정하는 정보가 있는 것은 아니기 때문이다.

그리하여 "우리가 아직 거의 이해하지 못한 다른 유전체계들도 있다."<#75>라고 하며, 미토콘드리아와 세포막 같은 체계들이 유전자에 가려져 많이 다루어지지 못했다고 고백한다.

둘째, 나아가 물질과 신체 각 부위를 나누어 '이기적', '이타적'이라는 용어를 사용할 수 있는가이다. 즉 유전자와 더불어 심장과 손가락이 이기적이라고 할 수 없다는 것이다.[345] 오히려 이기적이라는 개념은 어떤 개체의 종합적인 정신이다. 또한 유전자가 복제한다고 해서 반드시 이기적이라고 할 수 없다는 것이다. 그것은 오히려 자기 정보를 빼 주는 자기희생과 고통일 수 있기 때문이다.

셋째, 부모의 과도한 내리사랑이 유전자의 전달에 도움이 되는가이다. 즉 인간을 비롯한 많은 부모가 자식들에게 과도하게 투자하고 있다. 그리하여 앞의 포괄적응도의 모순처럼 어떤 경우 단 한 명의 자식을 구하기 위해 물불을 가리지 않고 자신의 목숨까지 희생한다.[346] 그런데 물질주의 유전자라면 후손을 최소한의 양육 후 방출해 버리고, 계속 새로운 유전자 전달에만 매달려야 할 것이다.

넷째, 동생과 조카를 위해 자신의 결혼을 회피하는 사례와 자기의 자식들을 키우면서도 입양하는 사례도 많이 있다. 이것은 자신의 이기적 유전자에 반대되는 현상이다.

다섯째, 인간을 비롯한 많은 고등동물이 유전자 전달을 완료한 후에도 여생이 길다. 이것은 이기적 유전자로서는 비경제적이다.

여섯째, 이러한 유전적 결정론은 앞의 《사회생물학》 비판과 같이, 모든 불평등에 이의를 제기할 수 없으며 현 상태를 정당화시키는 것이다.

---

345) 도킨스는 은유적 표현이라고 물러섰다.
346) 자식 하나는 자신보다 근연도가 2배 멀다.

왜냐하면 앞에서도 말했듯이, 전쟁과 살인, 빈부와 교육의 격차 등은 이기적 유전자의 결정에 따른 피치 못한 것이기 때문이다. 즉 피투 된 유전자의 그물망 속에서 생물은 어쩔 수 없이 살생하고 가난해야만 하는 것이다. 그리하여 이것은 양심과 도덕과 정의 같은 생물의식의 본능에 전반적으로 배치되는 것이다.

추가 비판

그러면 기존의 비판에 더하여 새로운 비판을 추가해 보자. 좀 더 세부적으로 진행될 것이다. 첫째로 비판할 것은 표현의 이중적 태도이다. 도킨스는 《이기적 유전자》에서 나타나는 '이기적', '선호', '유리'라는 말이 생물의식에 관한 가치표현이라는 비판이 이어지자, 유전자에 대하여 이기적이라고 한 표현은 **은유**隱喩[347]라고 비켜 가려 한 것이다.

그러나 '이기적 유전자'는 단순한 은유적 표현이라고 하기 어렵다고 생각된다. 왜냐하면 《이기적 유전자》의 모든 가설과 결론은 유전자가 이기적이어서 그 결과가 나타나는 결정적 논리가 적용되어 있기 때문이다.

즉 그는 유전자의 이기성을 기반으로 그 생물의 이타성이 발현되는 이유를 논리적으로 피력할 수 있었다. 또한 유전자가 이기적이라고 가정함으로써 생물을 단순한 **생존기계**라고도 주장할 수도 있었다. 나아가 그는 유전자의 이기성을 가정하여 모든 진화를 설명하면서도, 이기적 유전자는 '맹목적'이라고 자가당착에 빠질 수도 있었다.

이처럼 도킨스는 《이기적 유전자》에서 생물에 현실적인 이타성이 나타나는 것은 물질적 유전자에서 나타나는 이기성의 연장이고, 나아가

---

[347] 혹은 비유, 유추라고도 했다.

'선호', '유리' 등의 표현까지 동원하여 유전자결정론과 자연선택의 맹목적 타당성까지 나타날 수 있다고 하는 과학적 논리를 편 것이다. 그 후 '이기적', '선호', '유리'라는 표현의 모순을 깨닫고 유전자의 그러한 표현은 단순한 은유일 뿐이라고 한 것이다.

그러나 이기성은 맹목적일 수 없다. 이기성은 이기적이라는 분명한 목적을 가지는 것이다. 이처럼 도킨스는 생물진화를 유전자결정론으로 설명하기 위해서는 어쩔 수 없이 유전자가 이기적이어야만 했고, 자연선택의 입장으로 되돌아가서는 유전자가 맹목적이어야만 하는 것이었다. 그리하여 그 결과 목적 있는 '이기적 유전자'가 맹목적인 자연선택과 정면으로 충돌하게 된 것이다.

그런데도 도킨스는 이러한 모순을 감추기 위해 이기적 유전자는 본질상으로는 맹목적인데, 설명의 편의를 위해 은유적으로 '이기적'이라는 표현을 사용하였다고 변명만 하는 것이다. 따라서 그러한 변명은 인정될 수 없다. 왜냐하면 이기성이 은유였다면 이타성과 진화와 자연선택이 모두 은유였다는 말인가? 이것은 비판을 흐리거나 물타기하는 것일 뿐이다.

여하튼 비유나 은유는 주로 문학적인 감성의 표현 방법이다. 즉 비유나 은유는 오성이나 이성을 사용하여 어떤 인과관계나 새로운 사실을 추론하는 논리나 논증으로는 직접적으로 사용될 수 없는 것이다.

따라서 과학 서적에서 은유를 사용할 수 있는 용도는 인과관계나 새로운 사실을 증명하는 본질적 논리나 논증을 위한 것이 아니라, 하나의 개념이나 명제에 대한 이해나 재미를 더하려는 표현에 한한 것이다.

예를 들어 김동명 시인의 시 〈내 마음은〉 중 "내 마음은 호수요 그대 노 저어 오오"라는 구절이 있다. 여기에서의 호수는 내 마음이 호수처럼

'순수하다', '그립다' 등의 의미를 내포한 은유적 표현이다. 그런데 그러한 은유적 표현은 감성적인 것이어서, 새로운 사실을 밝히기 위해 인과적·논리적으로 전개하는 것이 아니다.

그러므로 "내 마음은 인간의 마음이니, 인간의 마음이 호수이면, 원숭이의 마음은 최소한 연못 정도는 될 수 있다."라는 논리는 성립될 수 없다는 것이다.

이렇듯 도킨스뿐만 아니라 많은 물질주의자와 다원주의자가 감성과 이성의 작용 구분 및 인과와 논리의 정합성과 포괄성에 이르지 못하는 부족한 사유에 있는 것이다. 그리하여 뒤의 '각 Chapter에 따른 비판'에서 유전자의 이기성을 논리화하여 도출한 결과를 비판하게 될 것이다.

둘째, 진화생물학적인 사안으로 《이기적 유전자》의 가장 치명적인 약점으로 보인다. 즉 앞의 《사회생물학》 비판에서와 마찬가지로, 유전자가 이기적으로 다음 세대로 잘 전달되기 위해서는, 생물(임시운반자)이 굳이 고등동물로 진화할 필요가 없다는 것이다.

예를 들어 바이러스, 박테리아뿐만 아니라 균류 또한 지구상에 가장 널리 분포하고 극단적인 환경에도 잘 적응하는 생물이다. 그리하여 바이러스와 박테리아와 균류는 짧은 세대로 인해 유전자가 급격히 늘어날 수 있으며, 급진성으로 환경에 잘 대처하고 있다. 따라서 그 수도 가장 많다고 한다.

반면 점차 고등동물이 될수록 긴 세대와 양성의 출현 등으로 자기유전자의 전달에 어려움이 가중된다. 즉 양성생물은 자기유전자의 50% 정도만 전달되는 것이다. 더군다나 인간의 생식회피, 허무, 자살 등은 유전자로서는 상당한 피해를 보는 일이다.

또한 양성생물에서 근교약세가 나타나는 것도 문제다. 왜냐하면 유전자는 근친교배일수록 자기의 유전자를 더욱 이기적으로 정확하게 전달할 수 있기 때문이다. 따라서 근교약세도 이기적 유전자에 반대되는 현상이다.

결국 이처럼 수없이 상충되는 생물학적 현상은 '자연선택설'과 《이기적 유전자》의 논리가 잘못되었음을 증명하는 것이다. 그러므로 유전자의 속성은 물질에 의해 나타날 수 있는 항상적인 것이 아니라, 바이러스에서부터 가치적인 생물의식이 결합되어야만 가능한 것이다.

셋째, 《이기적 유전자》의 주장에 의한 DNA '최대번식'의 당위성과 진화와의 관계이다. 우선 DNA가 최대번식을 하리라는 근거와 당위성을 가지고 있느냐는 것이다. 그런데 물질주의에서는 그러한 근거와 당위성은 있을 수 없다. 오히려 최대번식은 무기자연을 훼손하고 파괴할 뿐이다. 즉 현재의 인간은 산과 바위를 과도하게 절개하여 도로와 집을 짓는다.

따라서 다원주의자들의 DNA 최대번식 시나리오는 생물의식과 버무리며 생물의식을 이용하는 것이다. 즉 최대번식을 심정적으로 원하는 생물의식을 물질에다 버무리고 있는 것이다. 나아가 앞 제1장의 '5 성선택도 가치선택'에서도 말했듯이, DNA 최대번식이 반드시 진화를 잘 견인한다고 볼 수 없다는 것이다. 즉 개체 수가 가장 많다는 박테리아가 진화가 가장 잘되었다고 볼 수 없는 것이다.

그런데 도킨스는 다원주의자이다. 다원주의는 진화생물학을 연구하는 것이다. 따라서 DNA 최대번식이 진화와의 관계가 정립되지 않는데도, 유전자가 이기적이면 진화를 잘 견인하리라는 **암시**는 불합리하다.

그러므로 '이기적 유전자'는 진화와는 관계없이 앞 제1장 4의 '유전자

적응론'에서 설명한 '유전자 생존율' 등과 함께, 다윈주의자들이 자연선택을 변호하기 위해 미세한 DNA에 숨는 것으로밖에 안 보이는 것이다.

넷째, 유전자가 이기적이라면 돌연변이가 나타나는 것도 이상하다. 특히 열성돌연변이는 유전자의 이기성에 극히 배치된다. 즉 돌연변이는 기존 유전자의 정체성을 무너뜨리는 것이다. 《이기적 유전자》에 따르면 기존 유전자는 복제효율을 위해 '생존기계'까지 만들며 그 연속성을 유지하려 애써 왔다.

그런데 돌연변이가 계속 나타나 기존 유전자를 갈아 치우고 있는 것이다. 그리하여 이제 박테리아와 인간의 유전자는 동일 부분이 거의 없다. 그뿐 아니라 돌연변이는 '생존기계'마저 변화시켜, 인간처럼 복제효율이 떨어지게도 하였다. 특히 열성돌연변이는 '생존기계'를 상당히 위험하게 한다.

따라서 이러한 변화는 이기적 유전자의 역사라 보기 어려운 것이다. 그것은 오히려 돌연변이의 역사가 될 것이다.

나아가 인간은 '유전자가위'를 가지고 유전자를 마음대로 변형시키고 삭제해 버리는 수준에 와 있다. 이처럼 인간은 '외부회유'의 도구를 가지고 스스로 '내부회유'까지 하여, 유전자가 지질학적인 시간 동안 지켜온 것을 단기간에 바꿔 버리는 수준에 있는 것이다. 그것은 인간의식이 외부회유를 급격히 발전시키고, 그것을 활용해 내부회유까지 진행하고 있는 셈이다. 그러므로 생물의 역사는 유전자의 역사가 아니라, 생명의식에 의한 '물질회유의 역사'라는 것이다.

앞에서도 말했듯이 생물은 행복이 목적이다. 그런데 행복이란 **'개체**

의 전반적인 만족'을 말한다. 행복이란, 여러 사람의 것을 뭉쳐 포괄하여 계산할 수 있는 것이 아니고, 또한 한두 가지의 만족을 의미하는 것도 아니다. 즉 행복은 개체마다의 포괄적이고도 균형적인 만족을 의미하는 것이다.

그래서 수준 높은 행복은 전반적으로 지속하기가 여간 어려운 것이 아니다. 그래도 행복은 모든 생물의 목적이어서 계속 추구되고 있다. 그런 관계로 생물은 일면적인 이기성을 추구한다기보다 전반적인 행복을 추구한다고 해야 한다.

따라서 이기성은 행복 추구의 한 방법일 뿐이다. 또한 이기심과 자기애도 다르다. J.J. 루소1712~1778도 《인간 불평등 기원론》에서 구분했듯이, 자기애는 일차적인 자연적 감정이고 이기심은 이차적인 사회적 감정이다. 즉 자기애는 혼자 있을 때도 가능한 존재의 기본성질이지만, 이기심은 반드시 사회생활에서만 나타나는 상대적인 감성이다. 결국 이기심은 이기적인 행복 추구를 위해, 대개 자신의 신체적·물질적 욕구부터 해결하려는 것이다.

그런데 생물은 이상하게도 이기적으로 될 뿐만 아니라 이타적으로 되기도 한다는 것이다. 즉 일반적으로 육체와 재물을 위해서는 이기심이 먼저 나타나지만, 깊고 풍성한 마음과 정신을 위해서는 점차 이타심이 나타나는 것이다. 특히 인간은 '이기적인 행복'을 위해 폭군이 되기도 하고, '이타적인 행복'을 위해 인류애를 발휘하기도 하는 것이다.

더군다나 근자의 심리연구에서는 사람들이 선행과 사랑을 다짐하기만 해도 행복해진다고 한다. 즉 선행과 사랑을 생각하기만 해도 '세로토닌'[348]이 생성되기 시작한다는 것이다. 이것은 사실 행복을 위한 가장

---

[348] 행복감을 주는 호르몬.

손쉬운 방법은 '**사랑**'과 이타심임을 알게 해 준다. 왜냐하면 사랑과 이타심은 물질이 아니라 마음먹기만으로도 가능하기 때문이다. 그러므로 《이기적 유전자》는 이러한 심도 있는 행복 정서를 파악하지 않은 피상적인 사고에 속한다고 볼 수 있다.

추가로 아쉬운 점이 있다. 데이비드 스토브가 《다윈의 동화》에서 지적하였듯이 도킨스는 과학자로서 자신의 직접 실험과 연구를 하기보다, 다른 학자들의 실험자료나 논문을 취합하여 새로이 포장하거나 가설에 가설을 추가하는 정도이다. 물론 이 《이기적 유전자》도 새로운 포장일 뿐이고, 가설을 추가하는 것이다. 따라서 아무리 변명해도 관찰과 실험과 학제 간 연구를 중심으로 하지 않고, 과도한 '외적 연역'부터 하는 것은 자연과학자로서 문제가 있는 것이다. 나아가 요아힘 바우어가 《협력하는 유전자》에서 지적한 대로 도킨스는 그 주장하는 과거 이론이 잘못되었다는 새로운 증거가 많이 나왔음에도, 업데이트 없이 그대로의 주장과 출판을 계속하고 있다.

각 Chapter에 따른 비판

이제 《이기적 유전자》에 대한 비판을, 그 Chapter 1~Chapter 13의 순서에 따라 더 세세히 하려고 한다. 이 방법을 사용하는 것은, 모든 다원주의 가설처럼, Chapter 하나하나가 사실로 보기 어려우므로 비판할 수밖에 없음을 의미한다. 나아가 지면이 허락하는 한 조목조목 반박하지 않으면, 지금까지 그랬듯 여지를 찾아 사실을 지속적으로 오도할 수 있기 때문이다.

Chapter 1(사람은 왜 존재하는가?) 비판

이 Chapter는 이 책의 서론 정도 되는 부분으로, 세 가지 주제를 거론하고 있다. 첫째, 다윈주의 진화론이 존재의 해답을 가장 잘 설명할 수 있다고 한다. 그리하여 조지 심슨의 어록을 싣는다. 즉 조지 심슨은 "내가 강조하고 싶은 것은, 1859년[349] 이전에 이 문제에 답하고자 했던 시도들은 모두 가치 없는 것이며, 오히려 그것들을 완전히 무시하는 편이 나을 것이라는 점이다."라고 한다. 그러나 심슨은 과거 인류의 모든 철학에는 통달하지 못한 듯하다. 왜냐하면 심슨이 모든 철학에 통달하였더라면 아마 이러한 말을 쉽게 하지 못했을 것이기 때문이다.

또한 심슨은 섣부른 철학자 흉내로 과거의 철학을 모두 가볍게 보는 듯하다. 왜냐하면 깊은 사색을 거쳤다면, 우주와 인간 세상이 물질주의만으로는 간단치 않다는 것을 깨닫게 될 것이기 때문이다. 여하튼 지면 관계로 물질주의와 물질일원론적 진화론에 대해서는 간략하게 설명해 보자.

자연철학과 유물론뿐만 아니라 진화개념도 이미 오래전부터 역사에서 나타났다. 고대 그리스에서는 만물의 근원을 물이라고 한 탈레스 B.C. 624~B.C. 545를 위시하여 엠페도클레스 B.C. 493~B.C. 433[350], 아낙사고라스 B.C. 500?~B.C. 428[351] 등도 생물의 물질적 기원과 그 변화에 대하여 거론하고 있다. 특히 아낙시만드로스는 세계는 영원한 운동 속에서 최초로 발생했으며, 창조되지 않고 진화를 거쳐 생겨났다고 하였다.

---

349) 《종의 기원》이 출판된 해.
350) 생물의 발생과 적자생존: 4원소의 결합 분리에 의해 다양한 동물 종들이 발생하고, 그중 일정한 형태의 종들만이 살아남았다.
351) 우주 종자가 도달되었다는 범종설과 사람은 물고기 모양의 조상에서 유래되었다고 주장했다.

그리고 근본적인 물질주의자들도 시대를 이어 계속 나타났다. 레우키포스[352]와 그의 제자 데모크리토스B.C. 470~B.C. 360는 '원자'atoma가 우주의 근원이라고 하였다. 특히 데모크리토스는 우주는 원자와 허공으로 이루어져 있으며, 질質은 없고 양적인 이 원자는 영원하며 불변하는 존재라고 한다. 그리하여 이 원자들이 만물의 구성원리로 이합집산 하며 불, 물, 공기, 흙이 탄생하게 된다고 한다.

그 후 앞에서 거론했듯이 헬레니즘 시대의 에피쿠로스, 로마 시대의 루크레티우스와 근세 이후 홉스, 찰스 다윈, 칼 마르크스 등이 강력한 물질주의를 주장하였다. 그리고 동양에서도 그와 비슷한 물질주의가 있었다. 그것은 이미 앞에서 인도에서 가장 오래된 물질주의자로 아지타 케사캄발린을 소개한 바 있다. 그리고 중국 북송시대에서도 장재張載 1020~1077를 필두로 하는 '기철학'氣哲學 등이 있었다.

이처럼 물질적 진화론이 마치 근세에 태동한 것으로 생각하는 것은 오해다. 물론 진화론은 라마르크와 다윈에 와서 좀 더 구체적인 이론과 과학적 증거를 위해 노력한 것은 사실이다. 그렇지만 큰 틀에서 보면 다윈 이전이나 다윈 이후나 별반 다르지 않다. 모두 물질주의에 기초한 진화론일 뿐이다.

그런데 고대의 진화론은 아주 미미한 영향력을 미치고 사라졌다. 이렇듯 진화론이 과거 역사에서 미미했던 이유는 진화의 증거가 부족해서가 아니다. 즉 과거에도 물질은 충분했고, 과거에도 인간의 신체는 물질이었다. 다만 과거에는 대부분 사람이 생물의식을 물질의 연장으로 보기에는 무리가 많다고 생각했기 때문일 것이다. 즉 물질일원론적인 진화론에 대해 비합리적이라고 생각하였던 것이다. 따라서 정신적인 면에

---
352) B.C. 5C경 원자론의 창시자.

서는 오히려 고대인들이 현대인들보다 합리적이었는지도 모를 일이다.

둘째로는 이기주의와 이타주의를 조금 거론하고 있다. 이것은 Chapter 6에서 다시 거론되므로 그곳에서 함께 설명토록 하자.

셋째, 자연선택의 단위로 '집단선택설'[353])과 '개체선택설'[354])을 소개하고 있다. 이 문제는 다원주의자들 사이에서도 의견이 나뉘어 대립하고 있다. 즉 집단선택설은 유전자 전달에 불리한 양성의 진화와 그에 따른 평균화 기제로, 개체선택설은 양성은 반드시 유전자교차가 필요하다는 점에서 각각 모순을 안고 있다.

그런데 도킨스 자신은 개체선택설에서도 '유전자선택설'[355])을 선호한다고 말한다. 그러나 앞 제1장 4의 '유전자적응론'에서 윌리암스를 비판한 것처럼, 유전자선택설은 양성의 당위성을 찾지 못하는 가운데, 유전자는 마냥 '최대번식' 하도록 설계되어 있다고 주장하는 이론이다. 나아가 누차 거론했듯이 유전자선택설은 생물이 유전자 전달에 불리한 고등동물로 진화할 필요가 없다는 점에서, 또 다른 모순을 가지는 것이다.

그렇다면 진화를 위해서 집단선택설이 가장 타당한 것일까? 그렇지도 않다. 본 서는 생물의 모든 단위가 선택할 수 있다고 본다. 모든 단위 내에는 그 나름대로 생물의식이 결합하여 있기 때문이다. 따라서 집단에서도 선택이 이루어지고 개체와 유전자에서도 선택이 이루어질 수 있다. 다만 선택의 폭과 영향력은 큰 단위에서 크게 나타나리라고 생각한다. 즉 유전자의 선택보다는 세포가, 세포보다는 개체가, 개체보다는 종이나 속 같은 집단이 더 포괄적인 선택을 할 수 있다는 말이다.

---

353) 사회집단이 선택과 진화를 이루어 간다는 이론.
354) 개체만이 선택과 진화를 이룰 수 있다는 이론.
355) 유전자만이 선택 가능하다는 이론.

그러므로 '**모든 단위가 선택**'을 할 수 있지만 큰 집단이 비교적 더 큰 영향력을 가진다는 뜻이다. 이처럼 유전자나 세포나 개체나 집단의 선택이 모두 무시되지는 않지만, 큰 단위의 선택일수록 우선시되는 것이다. 그것은 개인이나 가족의 결정이 무시되는 것이 아니라 국가의 공공적인 결정이 우선시되는 것처럼 자명하다. 그리고 집단의 선택이 어떻게 생물학적으로 전달되는지는 앞 제2장 1의 '돌연변이 의식'에서 **집단무의식**으로 설명한 바 있다.

Chapter 2(자기복제자) 비판

여기서는 생물의 탄생, 즉 유기물의 발생과 축적에 이은 '자기복제자' 自己複製者로 불리는 자율적인 물질에 관한 신화 같은 이야기를 자꾸 하고 있다. 따라서 그 '자기복제자'를 비판해 보자. 첫째, 자기복제자는 우연히 생겨났다고 말하고 있다. 그리하여 그 우연적 탄생에 대해 여러 가상 시나리오를 소설처럼 설명한다.

즉 그 설명의 핵심은 자기복제자가 우연히 발생하기 어렵지만, 그 가능성은 열려 있다는 것이다. 그 예로 축구 경기 내기를 든다. "만약 1억 년 동안 매주 축구 경기 내기를 하면 분명히 여러 차례 횡재할 수 있을 것이다."라고 했다.

그러나 이것은 매우 잘못된 예를 든 것이다. 즉 무에서 유가 발생하는 확률과 유에서 유가 발생하는 확률은 근본적으로 다르다. 우리는 경험 법칙과 논리법칙에 따라 무에서 유가 나타날 수 없다는 것을 잘 알고 있다. 그런데 항상적 물질에서 생물의식이 있는 자기복제자가 나타나는 것은 무에서 유가 나타나는 셈이다. 더불어 축구 경기는 양 팀의 시합이라는 유에서 승패라는 유가 나오는 경우이다.

  그러므로 자기복제자의 탄생과 축구 경기는 다른 것이다. 마찬가지로 수학적 확률에서도 아무리 1억 년이 지나도 무에서 유가 나타난다는 것은 인정되지 않는다. 확률은 유에서 유가 나타나는 비율이다. 이러한 억지 논리는 언뜻 그럴듯하게 보이지만 조금만 들여다보면 곧 엉터리임이 나타나는 것이다.

  둘째, 자기복제자는 **스스로** 복제한다고 강조한다. 그의 다른 서적들과 마찬가지로, 아마 생물의 기원에서 'RNA 선구설'을 주장하는 것 같다. 그런데 앞 제3장 '2 새로운 생물의 기원- 물질회유'에서 최근의 연구를 밝혔듯이, DNA는 효소(단백질)의 발현(지시)에 따라 복제된다. 즉 효소가 없다면 DNA는 복제되기 어렵다.

  따라서 여기에서 또 이율배반이 나타난다. 즉 도킨스가 말하는 자기복제자는 스스로 복제할 수 있었기 때문에, 굳이 단백질(효소)을 생산할 필요가 없다는 것이다. 왜냐하면 스스로 복제가 가능하면 단백질 생산은 불필요한 에너지의 소모일 뿐이기 때문이다.

  따라서 스스로 복제가 가능한 자기복제자는 '생존기계'를 만들 필요가 없는 것이다. 이에 대해 그는 생존기계는 유전자를 좀 더 잘 복제하기 위한 것이라고 변명한다. 그렇더라도 복제의 효과가 떨어지는 고등동물로의 진화와, 효소의 지시까지 받게 되었다는 것은 납득하기 어렵다.

  과학은 현재의 귀납적 현상에 일차적인 기반을 두어야 한다. 따라서 'RNA 선구설'은 현재의 효소와 생존기계의 존재를 볼 때 인정하기 어려운 것이다. 그래서 앞에서부터 '아미노산과 RNA 동시설'이 타당하다고 설명했던 것이다. 즉 어느 것이 어느 곳에서 조금 먼저 생성되었는지는 별로 의미가 없는 것이다.

이처럼 '아미노산과 RNA 동시설'은 유기화된 아미노산과 RNA가, 어려운 펩티드결합(단백질 생성)을 위한 현장에 동시 존재해야만 함을 말하는 것이다. 그에 대한 증거로는 지금도 세포 내의 RNA가 펩티드결합을 돕고 있으므로 충분히 인정될 수 있는 것이다.

셋째, 복제오류가 개량으로 이어진다는 어처구니없는 낭설에 대해 비판해 보자. 도킨스는 "생물학적 자기복제자의 복제오류는 진정한 의미의 개량으로 이어지며, 몇몇 오류의 발생은 생물진화가 진행되는 데에 필수적이었다."라고 한다.

그러나 앞 돌연변이에서 이미 설명한 바 있듯이, 우선 복제든 오류든 모두 의식의 산물이다. 복제는 기억을 바탕으로 해야만 한다. 따라서 자기복제자도 복제를 위해서는 생물의식이 있어야만 한다.

그러나 다원주의자들은 뇌에서 의식이 발생한다고 하여, '플라나리아' 이전의 생물에게서는 의식의 존재를 인정하지 않는다. 왜냐하면 뇌가 없는 초기생물부터 의식을 인정하게 되면, 모든 진화의 동력이 자연선택보다 생물의식으로 모이게 되기 때문이다.

그러므로 다원주의자들에게는 아직 박테리아도 되지 못한 자기복제자에는 의식이 없어야만 하는 것이다. 그런데 복제는 기억이라는 의식이 있어야 가능한 것이다. 따라서 결국 자기복제자의 복제는 이율배반적이며 비다원주의적이다.

또한 오류도 생물의식의 산물이다. 만약 그의 주장대로 마태복음의 마리아 잉태에 관한 대목에서 '처녀'가 '젊은 여성'의 오역이었다면, 그것도 부족한 인간의식의 착오 때문이다. 즉 생물의식이 없으면 오류도 발생할 수 없는 것이다. 예를 들어 수소가 산소와 결합하여 물이 되다가, 염소와 결합하여 염산이 되더라도 그것은 오류가 아닌 것이다.

 나아가 복제오류가 우연히 개량으로 이어진다는 근거는 더욱 가당치 않다. 그것은 우리의 경험법칙마저 심히 위배하는 일이다. 즉 증거도 없는 데다 경험마저 무시되는 것은 비과학적이다. 오히려 복제오류는 생물에 있어서 치명적이다. 오류는 오류일 뿐, 그 누적이 우성이 될 리 없다.

 따라서 복제오류가 개량으로 이어진다는 아이디어는 기발한 것일 수 있지만, 그것은 앞 하르트만의 말처럼 한 존재층에서 아무런 근거 없이 다른 층으로 비약하기 위한 상상이다.

 그러므로 개량은 우연히 나타나는 것은 아니다. 개량은 생물의식의 목표와 노력 때문이다. 개량은 오류인 듯 보이지만, 이미 그 속에 의식적인 목표가 담겨 있다.

 나아가 만약 오류이더라도 개량으로 되기 위해서는 우연이 아니라, 수선하거나 역이용하는 생물의식이 있어야 가능하다. 이것 또한 앞 제2장 '2 유전자변경'에서 집단무의식의 체계적 돌연변이로 설명하였다.

 그리고 이 Chaper에서 자기복제자는 드디어 '창조자'가 된다. 즉 자기복제자가 몸과 마음을 창조했다는 것이다. 앞 축구 경기 내기의 비유를 가지고 무에서 유로 갑자기 나타난 자기복제자는, 이제는 그나마 아무런 비유조차도 없이 마음마저 창조해 버리는 것이다.

 그러나 물질에서는 마음이 생산되지 않는다. 즉 가치적인 생물의식만이 마음을 형성할 수 있다. 따라서 물질이 마음을 창조한다는 것은 신화에 속한다. 그런데 신화는 과학이 아니다. 그러므로 여기서는 어떤 공상소설을 가지고, 그것이 마치 과학서인 양 위장하고 있는 셈이다.

Chapter 3 (불멸의 코일) 비판

여기서는 생물학적인 사실들을 나열하면서 은근슬쩍 자연선택을 주입하려 한다. 즉 "먼 옛날 자연선택은 원시수프 속에서 자유로이 떠다니는 자기복제자의 차등적 생존에 따라 이루어졌다. 지금의 자연선택은 '생존기계'를 잘 만드는 자기복제자, 즉 배 발생을 제어하는 기술이 뛰어난 유전자를 선호한다."라고 말하고 있다.

그러나 자기복제자와 그 차등적 생존이 어떤 것인지 확인된 바 없다. 또한 자연선택은 어떠한 유전자를 선호할 리도 없다. 왜냐하면 무기적인 자연선택은 맹목적이어서 공평하기 때문이다. 이처럼 무기자연에서 차등과 선호가 이루어지리라는 사고는 물리학을 심각하게 위반하는 것이다. 예를 들어 물리학적으로 계산된 달착륙선 '오디세우스'Odysseus[356)] 가 마음대로 차등과 선호를 나타낸다면 달이 아니라 태양으로 가 타 버릴지 모를 일이다.

따라서 오히려 자연선택은 항상적이고 공평하므로 자기복제자의 차등적 생존과 기술이 뛰어난 유전자를 억제해 무기화해야 타당할 것이다. 따라서 여기서 또다시 자연선택과 생물의식을 버무리게 되었던 것이다.

그리고 그는 유전자는 불멸이라고 한다. 그런데 사실 유전자는 돌연변이에 의해 개체나 종에 따라 수없이 변이하고 명멸하고 있다. 그리하여 박테리아와 인간의 DNA는 동일 부분이 거의 없다. 즉 DNA의 기본적인 뉴클레오티드 구조만이 그대로이지 수없이 변이하고 사라지는 것이다. 나아가 과거 생물종 중에 99% 이상이 멸종되었을 뿐만 아니라, 이제는 인간의 유전자가위에 의해 DNA는 조각되고 있다.

---

356) 최초의 미국 민간 무인 달 탐사선. 2024. 2. 22. 달 남극 지역에 무사히 착륙했다.

따라서 핵산과 그 구조가 불멸이라고 말할 수 있다면, 단백질도 불멸인 셈이다. 즉 유전자가 불멸이라면 신체도 불멸한다고 볼 수 있다. 왜냐하면 단백질은 박테리아의 것이나 인간의 것이나, 아미노산이 펩티드결합 된 것은 마찬가지이기 때문이다. 그러므로 유전자만이 불멸이라고 보기는 어려운 것이다.

그리고 "자연선택은 의태 유전자를 선호한다. 이것이 의태가 진화하는 과정이다."라고 하였다. 그러나 제1장 3의 '자연선택의 증거는 의식의 증거'에서 '베이츠 의태'는 생물의식 간의 충돌이었다는 것과, '물질의 맹목성'에서는 마이어의 유리한 눈은 생물의식의 목적론이었음을 이미 밝혔었다. 이렇듯 의태와 선호는 물질과 자연선택이 나설 여지가 없다.

그런데도 뒤 Chapter에서 이러한 비물질적 선호가 반복되어 나타난다. 그러나 자연선택이 의태를 선호하리라는 주장은 진정한 물질주의와 다윈주의에 반하는 것이다. 나아가 유전자의 협력, 유성생식 등도 물질적 자연선택에서는 나타날 수 없는 일들이다. 이 사항들도 Chapter 6에서 함께 비판될 것이다.

Chapter 4(유전자 기계) 비판

이 Chapter에서도 신체가 유전자를 위한 **'생존기계'**임을 다시 강조하고 있다. 그러나 앞 '1《사회생물학》비판'에서 신체가 유전자의 기계가 아님을 이미 밝혔다. 여기서는 생물의식에 관한 잘못된 인식을 비판해 보자.

도킨스는 각종 자동기계와 컴퓨터와 유도미사일 같은 물질이 목적이 있는 것처럼 작동하듯이, 유전자도 아무 목적 없지만 마치 목적이 있는 듯이 진행한다고 말한다. 이제 이러한 혼란을 부채질하는 수사에 대해 분명히 하자.

앞 제3장 '2 새로운 생물의 기원- 물질회유'에서 독립정신과 예속정신을 구분하였듯이, 자동기계와 생물은 다르다. 아무리 정교한 자동기계라도 처음에는 기계 스스로 움직일 수 없다. 따라서 기계가 자동화되기 위해서는 인간의식이 주입되어야만 한다. 즉 인간이 물질의 성질을 이용하고 회유하여 기계가 자동화되게끔 의식화 작업을 한 것이다. 다른 방법은 없다.

그러므로 자동기계는 아직 예속정신인 것이다. 물론 장래에는 인간의 지속적인 '외부회유'로 로봇과 AI가 독립정신에 근접하리라 기대할 수 있다.

그러나 생물은 다른 곳에서의 의식의 주입이 없어도 스스로 목적을 가지고 움직인다. 왜냐하면 이미 생명의식의 결합까지 이루어져 있기 때문이다. 유전자 또한 생물의식이 결합되어 있으므로 스스로 돌연변이 하는 것이다. 그리고 예속정신은 스스로의 목적이 없고, 독립정신은 행복이라는 스스로의 목적이 있다.

유물론자 홉스는 생물의식은 물질의 운동으로부터 부수적으로 발생한다는 '부수현상론'을 주장한다. 스펜서 또한 "의식은 환경에 적응하려는 필요성에서 나온 결과"[357]라고 주장한다. 이런 물질주의자들이 무턱대고 하는 주장과 마찬가지로 도킨스는 생물의식을 마음대로 창조하고 있다. 즉 도킨스도 "아마도 의식이 생겨난 것은, **뇌가 세상을 완벽하게**

---

357) 애초에 생물의식이 없는데 어찌 적응의 필요성을 느꼈는지 알 수 없다.

시뮬레이션할 수 있어서 그 시뮬레이션 속에 자체 모형을 포함해야 할 정도가 되었을 때였을 것이다."라고 말하고 있다.

이 어록은 아주 중요하다. 왜냐하면 다원주의자들에게나 그 비판자들에게나 생물의식의 자리매김이 확실해져야 하는 대목이기 때문이다.

이 어록은 첫째, 도킨스가 다원주의자로서 "뇌가 의식을 발생시킨다."라는 가설을 분명히 주장한 대목이다. 그러니까 뇌가 없는 생물은 생물의식이 없음을 확인하고 강조하였다고 볼 수 있다. 그런데 앞에서 뇌의 발생(플라나리아) 이전에 생물의식이 존재하였음을, 대장균(박테리아)을 위시하여 여러 가치선택을 예로 들며 누차 설명하였으므로, 여기서는 뇌의 발달과 생물의식의 발생은 서로 상관이 없음을 다시 한번 강조하는 것으로 생략하기로 한다.

둘째, 애초에 생물의식이 없었던 뇌가 어떻게 세상을 조금씩이라도 시뮬레이션simulation[358]할 수 있었다는 것인지 알 수 없다. 누구나 알다시피 시뮬레이션은 우리 의식의 고유기능이다. 따라서 미미한 생물의식이라도 있어야만 일말의 시뮬레이션이라도 가능한 것이다. 예를 들어 우리는 '뇌사상태'[359]에서는 어떠한 시뮬레이션도 불가능하다는 것을 잘 알고 있다.

따라서 뇌의 시뮬레이션 후에 의식이 발생하였다고 하는 것은 순서를 역치하여 혼란을 틈타려는 것이다. 즉 생물의식이 없으면 시뮬레이션 자체가 불가능하다. 이처럼 뇌의 시뮬레이션과 생물의식은 동의어인 셈이다. 그러므로 시뮬레이션해 본 뒤 생물의식이 나타난다고 하는

---

358) 어떤 일을 가상으로 수행시켜 그 실제적 결과를 예측해 보는 것.
359) 뇌는 그대로이나 의식불명인 상태.

것은 거꾸로 된 허구인 것이다.

또한 《이기적 유전자》의 '보주'에서는 컴퓨터의 직렬프로세스와 병렬프로세스를 설명하고 있다. 또한 다른 책에서는 유전자의 디지털 효과를 설명하여 생물의식 비슷한 것을 발현시키리라고 주장하고 있다.

그러나 그러한 주장들은 생물의식에 관한 미숙한 인식만 노출할 뿐이다. 앞에서도 말했듯이 직렬이든 병렬이든 유전자이든 디지털이든 모두 인간의식 혹은 생물의식이 이미 주입된 것일 뿐이다. 즉 유전자의 '코돈'codon[360]이나 '이진법'二進法의 디지털은 모두 생물의식이 회유한 상태이다.

나아가 AI가 독립정신을 가지려면 인간의식에 의해 회유될 뿐만 아니라 생물의식의 결합단계까지 이르러야 한다. 왜냐하면 앞 제3장 '2 새로운 생물의 기원- 물질회유'에서도 말했듯이, 물질은 생물의식을 회유하지 않지만, 생물의식은 물질을 회유하여 그 활용을 가능하게 하기 때문이다.

셋째, 그리고 "뇌가 시뮬레이션의 자체 모형을 가짐으로 궁극의 주체인 유전자에서 **해방되고 반기**를 들 수 있다."라고도 말하고 있다. 그리하여 이기적 유전자에 반하여 이타심, 협력, 산아제한, 자살까지 가능하게 되었다는 것이다.

그렇다면 유전자는 그 지질학적인 시간 동안 무얼 했단 말인가? 즉 유전자는 자신의 불멸을 위해 수십억 년 동안 '생존기계'를 만들어 왔다고 하지 않았던가. 그런데 단지 몇십만 년 정도밖에 안 된 인간에 의해 그 노력이 수포가 된다는 말인가? 나아가 유전자의 노력 결과는 결국 자신에 반기를 드는 '생존기계'를 만들었을 뿐이라는 말인가? 그렇

---

360) 아미노산을 결정짓는 mRNA상의 3개의 염기서열.

다면 이제라도 이기적 유전자는 자신에게 반기를 드는 뇌를 속히 제거하여야 할 것이다.

그러므로 이처럼 모순으로 가득 찬 것은 가설조차 될 수 없는 것이다. 즉 처음부터 이기적 유전자라면 끝까지 이기적이어야 하고, 뇌가 의식적이라면 유전자도 의식적이어야만 하는 것이다. 그래야만 일관성 있는 다윈주의 자연선택이 될 것이다.

Chapter 5(공격-안전성과 이기적 기계) 비판

여기서는 동물들이 경쟁하고 싸운다는 사실을 적시한다. 그리고 유전자의 입장에서 그 경쟁과 싸움의 여러 전략에 관한 연구도 소개하고 있다. 이처럼 경쟁과 싸움은 우리가 경험하는 현실이므로 분명하다.

그런데 문제는 앞에서 "생물의 신체는 유전자를 잘 전달하기 위한 생존기계"라고 했다는 것이다. 그렇다면 유전자가 조종하는 생존기계는 서로 경쟁하거나 싸우면 안 될 것이다. 즉 서로 경쟁하거나 싸우면 자기의 유전자가 조금이라도 감소되거나 소실될 것이다. 왜냐하면 단일계통의 유전자는 조금이라도 자기의 유전자를 공유하고 있기 때문이다. 그리하여 인간에게도 바이러스나 박테리아의 유전자가 얼마간 남아 있다.

특히 박테리아같이 분체생식(이분법)을 하거나 민들레같이 단성생식을 하는 경우, 후손은 거의 '자기유전자'와 비슷하게 된다. 따라서 서로 경쟁하는 것은 자기유전자끼리 생존경쟁을 해야만 하는 것이 된다.

이것은 모순이다. 왜냐하면 적자생존으로 인한 유전자의 소실은 이기적 유전자가 바라는 바가 아니기 때문이다. 즉 뒤 Chapter 6에서도 "이기적 유전자의 목적은 유전자풀 속에 그 수를 늘리는 것이다."라고 분명히 말하고 있으니 말이다.

아마 또 경쟁과 싸움이 자원의 한계 때문이라고 변명할 것이다. 그러나 A.D. 1C경(로마-예수시대)의 세계인구는 약 3억 명 전후였지만, 로마는 지속적으로 이민족과 전투를 벌였다. 현재는 70억 명이 넘으며, 각종 국지전에다 3차 세계대전을 걱정하고 있다. 따라서 인구가 적으나 많으나 예로부터 투쟁은 계속된 것이다. 즉 투쟁은 반드시 자원 때문만이 아니라, 가치판단의 차이, 권력욕구와 비교우위의 감정(시기, 질투 등), 종교적 신념, 원한, 복수 때문이기도 한 것이다.

또한 《인구론》에서 말하는 자원의 한계와 인구의 포화는 가상의 설정이다. 그런 데다 설령 자원의 한계에 부딪히더라도 경쟁이나 싸움은 피해야 한다. 왜냐하면 《이기적 유전자》가 말하는 자기유전자의 확장이라는 목표를 볼 때, 자원의 한계로 자연적인 감소와 소실은 어쩔 수 없더라도, 미리 생존기계끼리 싸워 유전자를 소실시켜서는 안 될 것이기 때문이다.

그리하여 앞에서도 말했듯이 만약 단일계통의 이기적 유전자가 생존기계를 조종하고 있다면, 최대 다수의 유전자를 위해서는 서로 돕고 양보하며 자원이 확충될 때까지 최대한 버텨야 할 것이다.

또한 경쟁과 싸움의 여러 전략도 생물의식의 산물일 뿐이다. 이 장에서 동종끼리의 경쟁, 신사적인 동물, 싸우느냐 마느냐, 매파와 비둘기파, 순위제, 안정한 전략(ESS) 등의 경쟁 메뉴를 소개하고 있다. 그런데 이러한 메뉴는 모두 생물의식도 물질과 같은 항상성을 나타낼 수 있다는 각본을 만들기 위한 소재들일 뿐이다.

그러나 생물의식이 항상성을 나타내지 않듯이, 물질에서 시시각각

변하는 전략이(가치선택) 구사되리라는 것 자체가 모두 부질없는 것이다.

특히 ESS 전략[361]이란, 서로의 협정과 공모가 배신을 당할 수 있다는 전제에서, 동물들은 대개 제일 안정적인 선택을 한다는 것이다. 그리고 그러한 안정한 전략이 진화로 이루어지리라는 것이다.

그러나 협정·공모·배신·안정 등의 성질은 모두 물질에서는 나타날 수 없는 생물의식에 관한 용어들이다. 왜냐하면 예를 들어 바위와 구름이 협정에 이어 안정화 전략을 구사하지는 않기 때문이다. 따라서 그가 ESS 전략을 설명하려는 의도는, 생물의식의 성질에서 이미 나타난 바탕을 각색하여, 물질만으로 이루어진 유전자도 진화하면서 충분히 안정한 전략을 나타낼 수 있는 것처럼 위장하려는 것이다.

따라서 결론적으로 구름과 바위가 경쟁하고 싸우지 않듯이, 만약 유전자가 물질에서만 기인한 것이라면, 경쟁과 싸움은 나타날 수 없는 것이다. 경쟁과 싸움은 생물의식의 고유한 행태이다. 즉 생물의식이 있는 자아自我[362]는 물질과의 갈등(돌연변이)과 자아와 타아他我[363]의 '상호행복성'相互幸福性[364], '상호주체성'相互主體性[365], '상호자유성'相互自由性[366]으로 인해 경쟁과 분열도 나타나는 것이다.

그러므로 유전자를 비롯한 모든 생물의식은 우선적인 자기의 행복을 위해 경쟁하고 싸우는 것이다. 즉 행복을 위한 이기적이고도 이타적인 감성! 이것이 우리가 매일 체득하는 심리이다.

---

361) Evolutionarilly Stable Stategy. 진화적으로 안정한 전략.
362) 자기의식.
363) 나 아닌 다른 의식.
364) 자아, 타아가 서로 행복하려고 하는 것.
365) 자아, 타아가 서로 주체성을 나타내려 하는 것.
366) 자아, 타아가 서로 자기 뜻대로 하려는 것.

Chapter 6(유전자의 행동 방식) 비판

이제 이 책에서 가장 비중 있는 부분을 비판하게 될 것이다. 왜냐하면 바로 앞 Chapter에서 심한 경쟁을 하던 이기적 유전자가, 이제 그 이기성을 위해 이타성까지 나타낸다고 하기 때문이다. 주지하다시피 신체의 일부인 유전자가 독립적으로 이기성이나 이타성을 나타낸다는 것도 우스운 일이지만, 이기적이었던 유전자가 어떤 변화로 갑자기 이타성을 나타낼 수 있는지 알 수 없다.

물론 이에 대해 다윈주의자들은 '혈연선택'과 '호혜적 이타주의' 등으로 설명하고 있지만, 그것들 모두 물질에 관한 설명이 아닌 그때그때 생물의식과 버무린 설명이다. 이에 혈연선택과 호혜적 이타주의는 Chapter 10에서도 거론된다. 여기서 함께 비판해 보도록 하자.

첫째, 제1장에서도 조금 거론했듯이 해밀턴의 '혈연선택'血緣選擇이란, 가까운 친족부터 이타심을 보인다는 이론이다. 즉 rB 〉 C(혈연도 × 수혜자의 혜택 〉 시혜자의 비용)에 따라 그 이타적인 형질 또는 행태가 진화한다는 것이다. 나아가 그에 따른 '포괄적응도'包括適應度[367]란, 다수의 근친도近親度를 포괄적으로 합쳐 계산하는 것이다. 그리하여 포괄적인 근친도가 크면 혈연선택의 가능성이 크게 된다는 것이다.

이 이론은《종의 기원》이후 이기적인 적자생존으로 진화를 견인해야 할 생태계에서, 이타적인 행태가 계속 나타남에 따라 기발하게 개발된 부속가설이다. 즉 유전자의 관점으로 볼 때 자기유전자를 우선 보호하기 위해, 가까운 친족부터 이타성이 나타나는 것은 이기적 적자생존과 다름없다는 것이다.

---

367) 근친도의 합계. 즉 합계가 크면 혈연선택의 가능성이 크다 한다.

즉 물에 빠진 사람 중 가까운 친족부터 이타심을 발휘하는 것은, 자기 유전자 비율의 높은 순서에 따른 것이므로 이기적이라는 것이다. 이처럼 현실에서 혈연선택의 요소는 어느 정도 분명히 나타나고 있으므로, 언뜻 생각하면 그럴듯하다.

그러나 여기에도 피치 못할 여러 모순이 노출된다. 우선 전략적이더라도 유전자에 이타심이 나타난다고 하면, 여하간 적자생존의 경쟁과 싸움이 일어나서는 안 된다. 왜냐하면 앞에서도 말했듯이 단계통의 불멸의 유전자는 아무리 근연도가 멀어도 자기유전자를 조금이라도 가지고 있기 때문이다. 즉 인간에게도 박테리아 유전자가 얼마간 있는 것이다. 따라서 자신과 가장 가까운 유전자부터 이타적이라 하더라도, 나머지 유전자에 대해서도 조금이라도 이타적이라야 한다는 것이다.

이처럼 물질적 단계통에서는 유전자가 이기적이라면 끝까지 이기적이어야 하고, 이타적이라면 끝까지 이타적이어야 한다는 말이다. 그렇게 되어야만 유전자의 물질적 일관성을 획득할 수 있는 것이다.

또한 현실에서는 분명히 경쟁과 싸움이 나타나므로, 이타성이 발현되던 유전자는 이제 어느 친족부터 다시 이기적으로 되어 적자생존의 경쟁과 싸움에 돌입해야 하는지 알 수 없다. 10촌 이상이면 이제 본격적으로 경쟁과 싸움을 해야만 할 것인가? 혹 종 내에서는 이타적으로 되고, 종간에는 이기적으로 되어야 할 것인가? 그러나 오히려 물질일원론에서는 그러한 혼동이 나타나서는 안 될 것이다.

더구나 혈연선택에서 근친도가 무시되는 사례는 너무도 흔하다. 인간조차도 근친도를 완전히 인지할 수 없을 뿐만 아니라, 근친도 순서대로 이타심이 발휘되지도 않고 순간 감정에 많이 좌우된다. 예를 들어 부모는 단 한 명의 자식을 구하기 위해, 물불을 가리지 않고 자신의 목숨을

희생하려 한다.[368]

그런데 근친도상 부모 각각이 1이라면 자식은 0.5이다. 즉 자식은 부모로부터 유전자를 평균 0.5씩 받아 1에 이르는 것이다. 그리하여 1이 0.5를 위해 희생하고 있는 셈이 된다. 나아가 7명 이상의 형제를 위해서도 자신은 희생하려 들지 않는 경우도 많다.

예를 들어 과거 여러 나라에서 벌어진 '왕자들의 난'이 그러하다. 그런데 7명의 형제 합계는 $0.25 \times 7 = 1.75$이다. 즉 1.75를 위해서도 1이 양보하지 않을 수 있는 것이다. 이처럼 0.5를 위해 1을 희생하려는 것과, 1.75를 위해서도 1을 희생치 않으려는 것은 포괄적응도의 적용에 문제가 많다는 결과다.

나아가 자식은 아무런 근친도가 없는 배우자를 위해 부모를 멀리하기도 한다. 즉 애인과의 사랑을 위해 부모로부터 도피하는 경우이다. 더욱이 물에 빠진 어머니와 아내 중에서 동양에서는 어머니를 구하겠다는 비율이, 서양에서는 아내를 구하겠다는 비율이 더 높다는 연구(설문조사)가 있다. 또한 같은 근친도라 하여도 상호 간의 감성적 질이 다르다. 자식의 치사랑(孝)은 부모의 내리사랑(자애)을 질적으로 따라갈 수 없으며, 그리고 같은 형제자매라 하더라도 서로에 관한 호불호好不好의 차이가 크게 나타난다.

나아가 더욱 문제인 것은 이타적 행위에서도 수혜자의 혜택과 시혜자의 비용은 대부분 정량화할 수 없다는 것이다. 예를 들어 동일 물건을 교환하지 않는 이상, 상업적 거래조차 거의 정량화가 어렵다. 나아가 주식거래처럼 하루에도 시간에 따라 주식 가치가 다른 것이다. 더군다나

---

368) 2020. 7. 13.《뉴욕타임스》등은 미국의 배우 겸 가수 나야 리베라(33세)가 피루 호수에서 4살짜리 아들을 구하고 익사한 것을 보도했다.

친밀성이 작용하는 친족 간의 혜택이나, 목숨이 달린 야생의 긴박한 순간에 비용을 정량화해 본다는 것은 가당치 않은 일이다.

그러므로 포괄적응도는 유전자에 각인되어 있다고 볼 수도 없고 현실에서는 계산하기도 어렵다. 그리고 인간에게는 아예 근친도와 상관없는 이타성이 무수히 나타나고 있다. 주지하다시피 우리 곁에는 익명의 기부 천사들과 입양 부모, 장애우 봉사자, 고아원, 사회적 병원과 기업 등이 즐비하다.

또한 우리는 일생을 가난하고 어려운 사람들을 위해 헌신한 위인[369]들을 존경한다. 이런 위인들이 유전자의 이기적 프로그램에 따라 이타심을 발휘하였다고 말한다면 수긍하기 어려울 것이다.

이처럼 자연선택의 관점에서 혈연선택의 포괄적응도를 열심히 계산하더라도 적용되지 않고 알 수도 없는 사례가 더 많은 것이다.

그러므로 이제 혈연선택은 자기의 행복을 위한 생물의식임을 깨달았을 것이다. 즉 부모의 내리사랑도 자신의 기쁨을 위한 것이다. 단 한 명의 자식을 위해 자신이 희생되더라도 부모는 행복한 것이다. 또한 근친도와 상관없는 이타성도 마찬가지다. 이것도 자기의 행복을 위해 이타성이 나타나는 것이다. 물론 자신을 위해 히틀러 같은 극단적인 이기심도 나타나는 것이다.

그러므로 이러한 혈연선택의 불합리는 이타적인 생물의식의 현상을 물질로써만 설명하려는 《이기적 유전자》의 부족한 의식이다. 즉 앞의 '추가 비판'에서 설명했듯이 생물의 행복 추구를 위한 감성에는 자기애를 중심으로, 이기심과 이타심, 동질성과 이질성(다양성)의 다양한 선호도가 나타나는 것이다.

---

[369] 슈바이츠 박사, 나이팅게일 간호사, 테레사 수녀, 이태석 신부 등.

따라서 혈연선택은 이기적인 동질성을 추구하는 많은 방법의 하나이다. 그리고 그러한 동질성을 추구하는 생물의식의 방법에는 혈연 외에도 민족과 인류·직업·성격·나이·경제력·취향·취미·행동 등 무수하다.

둘째, 이제 '호혜적 이타주의'互惠的利他主義에 대해서도 비판해 보자. 호혜적 이타주의란, 동물들이 서로 이익을 향유하는 과정에서 이타성으로 보이는 행태가 나타날 수 있다는 로버트 트리버스1943~의 이론이다. 즉 무화과와 말벌[370], 혹멧돼지와 몽구스[371], 아카시아와 개미[372] 등의 '상리공생'과 같은 것이다. 호혜적 이타주의는 생물에게서 무수히 나타나는 실제적인 현상이다.

그런데 문제는 여기서도 호혜적 이타주의가 자연선택의 결과라고 주장하는 데 있다. 만약 이기적 유전자의 적자생존 논리가 옳다면, 생물들이 공생을 거의 무시하고, 우선 이기적인 단독생활로 더욱 진화하는 것이 옳다. 그러나 미생물부터 시작해 수많은 종에게서 상리공생이 나타나고 있다. 이것은 적자생존이 어디에선가 잘못 작동되고 있다는 뜻이다.

나아가 앞에서 말했듯이 현실에서는 편리공생도 나타나고, 기부 천사 등의 비호혜적 이타주의도 넘쳐난다. 즉 도저히 이타주의를 호혜성으로만 보기 어려운 것이 대부분이다. 또한 호혜적 이타주의도 가치선택을 한다. 즉 믿을 수 없는 형제보다 믿을 수 있는 동료에게 보증을 서고, 미워하는 사촌보다 사랑하는 친구에게 돈을 빌려줄 수 있는 것이다.

이처럼 생물행태에다 물질을 일괄적으로 대입하면, 적용이 가능한 행

---

370) 무화과는 과즙을 제공하고, 말벌은 다른 벌레들의 접근을 막는다.
371) 아프리카 혹멧돼지에 붙은 진드기를 몽구스가 청소해 준다.
372) 아카시아는 꿀물을 제공하고, 개미는 다른 동물들을 퇴치한다.

태보다 예외 사항이 더욱 많아지게 된다. 예외 사항이 더 많다는 것은 생물행태에 물질이 잘못 대입되었음을 나타내는 것이다.

더불어 도킨스는 Chapter 10에서 시차가 나는 '지연적 호혜성'遲延的 互惠性에 대해서도 봉(순진한 자), 사기꾼, 원한자怨恨者 등의 역할을 가지고 이기성을 설득하려 한다. 즉 나중의 보상을 위해 타인에게 은혜를 베풀게 되는 과정에서 봉은 사라지지만, 결국 원한자가 사기꾼을 누르게 되어 전체적으로 종에게는 이득이 된다는 것이다.

그러나 그것은 적자생존의 긴박한 현장에서는 일어나서는 안 될 일이다. 즉 순수한 이타성을 발휘한 봉이 사라지는 것도 문제지만, 원한자가 나중에 사기꾼에게 '최후승리' 하는 것도 문제이다. 왜냐하면 타인에게 은혜를 베푸는 순간, 적자생존의 현장에서는 미래는 둘째치고 당장 자신의 생존이 위협받게 되기 때문이다. 즉 북극에 서식하는 흰올빼미처럼 당장 식량이 부족한 경우, 새끼마저 버려야만 하는 것이다. 따라서 자신이 죽은 후에 그 개체군에 이익이 돌아오더라도 아무 소용이 없다. 왜냐하면 일단 자기유전자가 소실되어 버리기 때문이다.

그렇다면 지연적 호혜성은 어떻게 설명될 수 있을까? 이것도 생물의식을 대입하면 간단해진다. 즉 지연적 호혜성은 자신이 행복해지기 위한 상대방에 대한 최소한의 신뢰이다. 즉 그것은 공동체 생활을 하기 위해서는 어쩔 수 없이 감수해야 하는 최소한의 신뢰인 것이다. 대표적으로 돈과 수표와 어음이 그러하다. 이처럼 사회생활에서 아무것도 신뢰하지 않는다는 것은 불가능하고 불행하다.

그런데 신뢰는 생물의식의 작용임이 분명하다. 집단형성, 경계음, 사회성 곤충, 봉과 사기꾼, 원한자 등은 모두 생물의식의 산물이다. 따라서 호혜성은 사회생활에서 순간순간 이루어지는 생물의식의 종합적 판단이라 볼 수 있다. 즉 삶을 위해서는 부족하지만 그 나름대로 '임시충족'臨時充足[373]으로 문제를 해결해 가는 것이다.

더군다나 다윈주의는, 뇌가 없어 의식마저 없다는 플라나리아 이전의 공생생물은 설명할 도리가 없는 것이다. 앞에서부터 누차 강조해 왔듯이 이타성을 설명하는 다윈주의 논리에도 항상 생물의식과 버무려져 있다. 아마 지연적 호혜성까지 이기적 유전자로 설명하려는 것은, 다윈주의자들이 생물의식을 자연선택의 하수인으로 활용하는 방법이 점점 더욱 교묘해졌다고 말할 수 있을 것이다.

따라서 지면 관계상 일일이 설명할 수는 없지만, 시시때때로 변화하는 상황에 따른 가치판단과 엇갈린 가치행태는 물질에서는 나타날 수 없는 것이다. 다시 강조하지만, 생물의식이 행복을 추구하는 방법에는 이기심도 있고 이타심도 있다. 그러므로 이기적이든 이타적이든, 혈연선택이든 호혜적 이타성이든 모두 생물의식의 고유한 작용이었던 것이다.

Chapter 7(가족계획) 비판

여기서는 동물들이 합리적으로 출산을 조절한다는 얘기와 그 출산 조절의 이유가 출생률을 환경에 최적화하여 살아남는 새끼의 수를 최대화한다는 것이다. 특히 기근과 천재지변 등 환경의 어려움이 예측될 때, 암컷은 미리 출생률을 감소시킨다. 예를 들어 오랑우탄의 경우 가능한 한 과일이 풍부할 때 임신한다고 말한다. 여기까지는 사실을 다루므로

---

[373] 필자의 용어로 삶을 위해서는 어떤 사안에 대해 완전한 진리충족이 부족하더라도, 그것을 임시로라도 충족된 것으로 하고 나아가야 한다는 것.

다른 얘기가 있을 수 없다.

그러나 문제는 이러한 현상을 이기적 유전자로 해석하려 한다는 것이다. 즉 미리 출생률을 감소시키는 이러한 현상은 이기적 유전자에 정면으로 배치되는 것이다. 앞에서 도킨스가 말한 이기적 유전자는 생존기계를 조종하여 경쟁하고, 혈연선택까지 하며 자기유전자를 최대한 전달(최대번식)하려 한다고 했다.

그렇다면 '생존기계'일 뿐인 암컷이 그의 이익을 위해 출산을 조절한다는 것은 가당치 않은 일이다. 그 이유를 보자. 첫째, 암컷이 자신의 이익을 위해 미리 출산을 조절한다는 것은, 이기적 유전자가 생존기계를 조종하는 것이 아니라 생존기계에 오히려 조종당하는 것일 뿐이라는 사실을 말하는 것이다. 왜냐하면 도킨스가 의미하는 이기적 유전자는 단지 생존기계일 뿐인 암컷(운반차량)의 이익을 위해 출산을 조절당해서는 안 되기 때문이다.

따라서 이기적 유전자는 자기 것을 최대로 전달키 위해 암컷의 의사를 무시하고, 최대한 무조건적인 출산을 감행토록 조종하고 투쟁해야만 하는 것이다. 왜냐하면 환경과 투쟁을 해 보기도 전에 미리 어려움을 예측하여 출산을 제한하는 것은, 이기적 유전자의 성질로 볼 때 가당치 않기 때문이다.

즉 이기적 유전자로서는 암컷으로 하여금 새끼를 많이 출산케 한 후, 나중에 환경의 어려움이 닥쳐 그때 죽어 나가도 손해가 없는 것이다. 나아가 인간의 피임과 산아제한은 동물보다 더 의도적이다. 즉 피임과 산아제한은 경제적인 이유뿐만 아니라, 자신의 정신적 편리를 위해서도 도모하는 것이다.

둘째, 《이기적 유전자》에서의 유전자는 무조건 '최대번식'이 목표이므로, 그곳에 다른 불필요한 기능이 나타나리라 보기 어렵다. 그러므로 앞 제1장의 '5 성선택도 가치선택'에서 말한 '**실효번식**'과 산후우울증과 환경에 대한 예측기능은 생물의식의 작동에 의해서만 나타나는 것이다. 이것은 생물이 단순한 운반기계가 아님을 의미하며, 생물이 기존의 유전자에 우선하는 것이다.

따라서 상기 두 가지의 이유는 예측으로 인한 가족계획이 이기적 유전자의 최대번식과 정면으로 배치되는 것을 의미한다. 그러므로 가족계획은《이기적 유전자》의 논리가 허황함을 재차 말하는 것이다.

Chapter 8(세대 간의 전쟁) 비판

여기서는 어미와 새끼 간의 여러 갈등을 거론하지만, 비중이 그리 크지 않으므로 생략하기로 하자. 다만 편애, 막내에 대한 투자, 세대 간의 갈등, 어미의 이타성, 새끼의 거짓말 등은 일률적인 이기적 유전자에 따르는 것이 아니라, 생물의식의 행복과 감성에 따른다는 것만 강조하기로 하자. 이러한 편애 등은 유전자의 이기성으로는 각 부분에서 길항성 (특히 부모의 생각 차이- 부는 장자를, 모는 막내를 감싼다.)이 나타나 보편적인 타당성을 확보하기 어렵다. 그러므로 가치의식과 감성으로만 그 타당성을 설명할 수 있는 것이다.

Chapter 9(암수의 전쟁) 비판

여기서는 암수의 여러 생존전략을 소개하고 있다. 그리하여 비교적 객관적 현상을 설명하는 부분이다. 다만 앞 제1장의 '5 성선택도 가치선택'에서 자연선택으로는 성선택을 설명할 수 없음을 이미 밝혔다. 나아가 양성분화는 다원주의로는 설명될 수 없고, 건강한 후손을 원하는 생물의식으로밖에 설명될 수 없음을 말하였다. 그러므로 여기서는 그것으로 갈음하기로 한다.

Chapter 10(내 등을 긁어 줘, 나는 네 등 위에 올라탈 테니) 비판

이 부분은 Chapter 6에서 호혜적 이타주의를 설명하면서 함께 비판하였다.

Chapter 11(밈- 새로운 복제자) 비판

앞 Chapter 2에서 도킨스는 자기복제자로 하여금 마음을 창조하도록 했다. 이제 더 나아가 문화의 복제와 전달을 위해 그 매개자로 가상의 '**밈**'meme까지 창조한다. 즉 밈은 문화의 전달을 위한 새로운 복제자[374]라는 것이다. 그리하여 기존의 유전자는 하나의 **유추**일 뿐, 다른 종류의 복제자도 가능하다고 한다.

그러나 이러한 수사는 그의 오락가락하는 사유를 극명하게 보여 주는 것일 뿐이다. 즉 만약 기존의 유전자가 유추일 뿐이라면, 그동안의 유전학 계통의 진화학자들은 과학을 한 것이 아니라 상상이나 문학을 하던 셈이다. 따라서 이것은 과학자가 과학적 사실을 부인하는 셈이다. 이것은 오히려 밈이 비생물학적이며, 현상의 기반조차 없으므로 비과

---

[374] 혹은 모방자. 현재 일반인들은 밈이 물질주의를 앞가림하기 위한 수단이라는 것은 잘 모른다. 그리하여 막연히 문화를 전파하는 무언가로 이해하고 있다.

학적임을 반증한다. 즉 이것은 유전자라는 과학적 사실까지 유추라고 희생시키면서, 상상의 복제자를 위해 신화를 만드는 것이다. 이것은 또한 어떤 사안은 과학을 적용하고 어떤 사안은 상상을 적용하여 그 둘을 버무리려는 의도이다. 따라서 밈을 전달하려는 의도는 궁극적으로 물질주의를 전달하려는 것이다.

이제 도킨스는 아무리 둘러대도 다윈주의를 벗어날 뿐만 아니라 과학의 길에서도 이탈한 듯하다. 아마 새로운 문학이나 종교의 길을 가고 있는 듯하다. 즉 강력한 무신론자인 도킨스가 밈을 다른 사람들에게 설득시키기 위해 "신은 높은 생존 가치 또는 감염력을 가진 밈의 형태로만 실재한다."라고까지 하며 돌연변이 된 신을 활용한다.

또한 지옥 불의 협박도 밈의 결과라고 한다. 그렇다면 밈은 물질인가, 비물질인가? 밈의 형태로의 실재는 어떠한 실재인가? 신과 지옥이 실재한다는 것인가, 실재하지 않는다는 것인가? 이 모두는 과학자가 확인할 수 없는 사변적인 것들이다.

그렇다면 도킨스가 굳이 이렇게 무리하는 이유는 무엇일까? 그 배면의 이유는 결국 생물학의 '중심원리'에 의한 적응형질과 문화형질이 유전자에 전사되지 않음[375]에 따라, 궁여지책으로 밈을 창조하여 은연중에 자연선택의 앞가림을 하려는 것이다.

즉 다윈주의의 자연선택은 물질의 우연한 이합집산이다. 따라서 밈은 문화를 물질에 의한 물질로의 전사로 착각하게 하기 위한 물타기 수단일 뿐이라는 말이다. 그렇지 않고서야 다윈주의의 적통이라고 자랑할 수 없기 때문이다. 그러므로 도킨스도 결국 다윈주의 물질일원론을 떠나 물질회유 된 '심신이원론'으로 생물과 그 문화의 문제를 해결하려

---

375) 생식장벽과 문화장벽.

고 하는 셈이다.

그런데 문화의 창달도 밈을 가상하기보다, 우리에게 있는 생물의식을 있는 그대로 인정하면 간단히 해결된다. 즉 밈은 생물의식을 다르게 표현한 것일 뿐이라는 말이다. 밈과 의식은 동어인 것이다. 왜냐하면 문화의 창달은 가상의 밈에 의한 것이 아니라 시각·청각·촉각·언어·감성·생각·창의성·집단무의식 같은 실재하는 생물의식이 하는 것이기 때문이다.

따라서 앞에서 지속적으로 거론한 무기자연과 생물의식을 버무리는 자연선택과 마찬가지로, 도킨스의 밈은 생물에 나타나는 생물의식의 현상을 억지로 물질과 버무리려는 동일 수법에 해당한다고 할 것이다.

현행 각 민족의 식음·의복·언어·관습·종교·도덕 등의 문화적 요소는, 게놈에 거의 나타나지 않거니와 잘 구분되지도 않는다. 만약 문화 의식이 게놈에 깊이 부호화된 것이었다면, 똑같은 문화가 반복되어 새로운 문화는 발생하기 어려울 것이다.

그런데도 건축에서는 '파르테논' 신전과 '노틀담' 성당, 그림으로는 〈모나리자〉와 〈세한도〉歲寒圖, 음악으로는 〈운명교향곡〉과 〈예스터데이〉, 소설로는 《전쟁과 평화》와 《이방인》, 발레에서는 〈백조의 호수〉와 〈호두까기 인형〉, 도자기에서는 '청자'와 '백자' 같은 문화가 계속 새롭게 창달되고 있다.

나아가 인간뿐만 아니라 모든 생물에게도 그 나름대로 문화적 요소가 수없이 나타난다. 거의 본능이 되었지만, 박테리아의 군집문화[376], 어류

---

376) 인도양의 밀키시 현상– 박테리아 생존의 의사소통 방식이라 보인다.

의 여러 문화377), 설치류의 땅속 문화, 조류의 하늘 문화 등도 물질적 공통성이 없는 생물의식의 독특한 가치를 보여 주는 것이다. 이러한 본능적인 문화 또한 물질의 우연한 이합집산에 의해서가 아니라, '집단무의식'의 꾸준한 노력에 의한 것이다.

이처럼 생물의식은 DNA에 저장되어 본능을 형성하기도 하지만, DNA에 저장되지 않고 신체에만 결합해 비본능적인 정신적 가치 활동도 자유롭게 하는 것이다. 그러므로 모든 정치·경제·사회·문화는 바로 생물의식에 의한 '가치선택'의 결과라는 것이다.

마지막으로 다음과 같은 그의 수사들은 오락가락하는 인기 영합을 잘 보여 주고 있다. 즉 "우리에게는 우리를 낳아 준 이기적 유전자에 반항하거나, 더 필요하다면 우리를 교화시킨 이기적 밈에게도 반항할 힘이 있다." "이 지구에서는 우리 인간만이 유일하게 이기적인 자기복제자의 폭정에 반역할 수 있다."라는 것이다. 그러나 다윈주의의 자기복제자는 물질이다. 그리하여 물질이 그 항상성에 반역한다는 것은 자연과학을 심히 위배한다.

또한 자기복제자는 자신이다. 자신에게 반역한다는 것도 있을 수 없는 일이다. 이것은 물질일원론의 이기적 유전자가 생존기계와의 여러 모순에 부딪히자, 생물의식의 고유성을 인정하지 않기 위해, 추가적인 모순을 감수하고서라도 그 한계를 빠져나가기 위한 몸부림이다. 그리고 설령 물질이 반역하고 자신에게도 반역할 수 있다손 치더라도, 여태 물질일원론인 유전자를 주장하다, 갑자기 아무런 근거 없이 반역이 가능

---

377) **수컷 해마의 임신**, 가시고기의 부성애, 대왕문어의 모성애, 연어의 집단회기 등.

한 생존기계의 심신이원론心身二元論[378]으로 바꿔 버린 셈이다.

Chapter 12(마음씨 좋은 놈이 일등 한다) 비판

이 Chapter는 이기적 유전자가 이타성을 나타내는 이유에 대하여 계속 보충해 설득하는 부분이다. 즉 유전자가 이기적이어서 적자생존에 따른 진화가 가능하다는 가설을 설정하고 보니, 생물에게 실제 나타나는 이타성이 좀처럼 설명이 되지 않는 것이다. 즉 혈연선택, 호혜적 이타성 등도 이기적 유전자로는 설명이 어려운 것이었다. 그리하여 여기서 이기적 유전자가 어떻게 이율배반적인 이타성을 나타낼 수 있는지, 여러 이야기를 짜맞춰 개연성을 다시 확보해 보려는 것이다. 즉 마음씨 좋은 놈이 유리할 수도 있다는 것이다.

그런데 먼저 비판할 것은 이기적 유전자는 누가 뭐래도 이타성을 나타내면 설득력이 떨어진다. 사실 이기성과 함께 이타성이 나타나면 굳이 이기적 유전자로만 진화를 해석할 필요가 없다. 왜냐하면 정상적인 사고라면 생물의 복합적인 성질 그대로 진화를 풀어 가면 될 것이기 때문이다.

여하튼 여기서 이기심이 이타성으로 나타날 수 있는 예화로 '죄수의 딜레마'를 들고 있다. 주지하다시피 죄수의 딜레마란, 만약 검사檢事에게 동료의 죄를 고자질하면, 그 정도에 따라 자신의 죄가 탕감된다는 죄수의 갈등을 말한다. 그리하여 죄수의 이기적인 고자질이, 검사와 사회를

---

378) 즉 인간은 신체와 정신의 두 양태를 가진 존재. 주로 데카르트의 주장. 반대로 스피노자는 신체와 정신은 동일하다는 心身平行論을 주장한다.

위한 이타성으로도 나타난다는 것이다.

그러나 죄수의 딜레마는 인간의 의식에서 나온 전략이므로, 물질에서만의 이기성과 이타성의 사례로 직접 사용될 수 없는 것이다. 왜냐하면 우리는 지금 물질과 생물의식의 고유성을 구분하여, 물질에서도 이기성과 이타성이 나타나는지를 파악하고 있기 때문이다. 따라서 이러한 사례는 앞에서 누차 말했지만, 물질과 생물의식을 버무려 자연선택의 앞가림을 위한 물타기인 것이다.

나아가 사람들이 죄수의 딜레마에 대해 자연 전반에 그 실효성이 있으리라 생각할 수 있지만 그렇지 않다. 왜냐하면 그것은 야생에서는 거의 나타날 수 없는 고도의 의식적인 게임이기 때문이다. 그렇다면 '죄수의 딜레마'가 야생에서는 왜 비현실적인지 그 이유를 살펴보자.

첫째, 야생에서는 제3의 큰 물주가 없다. 인위적으로는 연구목적을 위해서 게임의 법칙을 정할 수 있겠지만, 야생에서는 그런 게임 상태가 나타나기 어려운 것이다. 왜냐하면 야생에서는 협력과 배신에 따라 당장 최고의 상금과 벌금을 내리는 제3자가 없기 때문이다.

나아가 검찰의 '플리바게닝'plea bargaining[379]도 마찬가지이다. 즉 죄수의 고자질이 직접 이타적으로 이어지는 것이 아니라, 제3자인 검사의 판단과 행위를 경유해야만 공익(이타성)으로 나타날 수 있는 것이다. 따라서 자연에서는 제3자를 경유하는 경우가 희박하고, 이타성을 나타내는 순간, 제3자가 고려하기 전에 이미 자신의 목숨이 위태롭다. 따라서 전반적인 자연에서는 죄수의 딜레마가 타당하지 않은 것이다.

둘째, 현실에서는 벌금과 벌칙 등 위험을 감수할지언정 상대를 괴롭히고 공격하는 경우가 허다하다. 예를 들어 히틀러는 그 민족의 우수성

---

379) 피고인이 유죄를 인정하거나, 다른 사람에 대한 증언의 대가로, 검찰이 그의 형량을 낮추어 주는 것.

을 나타내기 위해 침략하고, 그에 맞선 게릴라들은 단지 복수를 위해 테러를 한다. 즉 이성을 넘어 감정이 폭발하는 것이다. 또한 탈레반과 IS는 상금과 벌금이 문제가 아니라, 종교적인 신념이 우선한다. 감정과 종교는 물질로 해결되기 어렵다.

그리고 또 비영합게임의 예로 '민사분쟁'을 들고 있다. 즉 민사분쟁에 있어 변호사들의 이기적인 작당이, 그 분쟁을 해결하는 이타성으로 나타날 수 있다는 것이다. 그러나 이것도 인간의식의 사례이므로, 물질에 직접 적용할 수 없는 비약이고 물타기이다. 나아가 당사자들이 바보가 아닌 이상 대부분은, 변호사의 작당에도 결국에는 당사자들의 이해타산과 감정이 어울려야만 한다. 따라서 분쟁 당사자들의 감정이 다시 촉발되면 그 민사소송은 지속될 것이다.

또한 축구 경기에서 이타적으로 보이는 담합은 스포츠 정신을 망각한 경우로서 결국은 관중들의 발길을 끊게 만든다. 또 영국군과 독일군의 합의 정전停戰 사례는 이성이 감성을 조금 극복한 경우이지만, 언제 감정이 터질지 모른다. 그리하여 현실에서는 이성과 감성이 항상 동행한다는 사실을 주지해야 할 것이다. 나머지 사례들도 지속적인 신뢰와 행복한 감정들이 나타나야만 하는 의식적 행위들이다. 이와 같은 가치의식이 적용되는 복잡한 사회현상은, 물질일원론적인 단편적인 사고로는 근본적으로 설명할 수 없는 것들이다.

그러므로 앞에서 열거한 도킨스의 억지 논리로는 무기자연의 보편성을 말하기 어렵다. 지금까지 대부분 다윈주의자는 대개 이러한 허술한 논리로 자연선택의 보편화를 이루려고 하였다. 따라서 결국 야생에서 이기심이 이타심으로 나타나기 위해서는, 지속적인 신뢰에 기반할 수밖에 없는 것이다. 그런데 신뢰는 생물의식의 산물이다.

Chapter 13(유전자의 긴 팔) 비판

이 Chapter는 도킨스의 다른 책《확장된 표현형》을 간략하게 소개하는 글이다. 즉 '확장된 표현형'이란, 이기적 유전자가 그것이 속한 신체의 조종을 넘어 외부의 환경(다른 개체나 물질)까지도 조종할 수 있다는 개념이다. 그리하여 독특하게 외부환경을 변화시키는 생물 사례들을 예로 든다. 그런데 생물 도감에는 이러한 사례들이 부지기수이며, 앞에서 거론했던 흰개미나 비버 등, 사실 거의 모든 생물은 생존을 위해 독특하게 외부환경을 변화시킨다. 나아가 인간도 독특하게 외부환경을 변화시키는 동물이다. 즉 인간은 도구를 창안해 기술문명을 발달시키는 등 창의적인 기획을 기막히게 구사한다.

그러므로 생물이 능력을 발휘하여 외부환경에 영향(환경파괴 및 복구)을 미치는 것은 당연하다. 그런데 그 영향을 미치는 주체가 또 문제가 된다. 즉 유전자냐? 생물이냐? 그리하여 도킨스는 기존의 생물학적 사고는 생물의 신체적 관점임을 비웃고, 유전자의 관점으로 그 영향력을 파악해야 한다는 것이다.

그러나 앞《사회생물학》비판에서 신체가 임시운반자라는 사고에 대해서도 비판했지만, 생물은 그가 가진 모든 기관이 합력하여 적응하고 환경에 대처하는 것이다. 그리하여 유전형과 표현형을 분리하여 어느 하나를 우위에 둔다는 생각은 타당성이 없다고 했다. 또한 굳이 주체를 따지자면 행복을 목적으로 하는 생물이 주체이지 맹목적, 우연적인 유전자가 주체일 수 없다고도 했다.

그리고 '확장된 표현형'은 생물학의 범위를 넘어서는 문화 전달(언어와 사회성 등)이 나타나므로, 핵산과 단백질만을 다루어야 하는 다원주의로는 사실상 설명될 수 없는 생물의식의 능력을 나타내는 것이다. 따라서

'확장된 표현형'은 생식장벽도 미처 해결하지 못한 상태에서 문화장벽까지 무리하게 해결하려는 것이다. 그러므로 아무리 은유적이라 해도 물질일원론적인 '유전자의 긴 팔'(확장된 표현형)은 실재하지도 않거니와, 생물의식의 '외부회유'를 물질주의의 의도로 각색하려는 것이다.

3 《마음의 진화》, 《자유는 진화한다》 비판

더불어 다윈주의자들과 마찬가지로 생물의식의 고유성을 심하게 왜곡하고 있는 대니얼 데닛(1942~. 미국 철학자, 인지 과학자)의 《마음의 진화》, 《자유는 진화한다》에 대해서도 간략하게나마 비판해 보자. 이 책들은 유전자결정론을 넘어 물질적 결정론을 주장하고 있다.[380] 따라서 데닛은 물질주의 철학자로서 다윈주의의 근변에 있다고 볼 수 있다. 그가 과학에 관한 소양과 철학적인 사유의 충족을 위해 다양한 아이디어를 제시하는 것은 평가할 만하다.

그러나 상기 책들은 비슷한 자료와 설명을 잔뜩 나열할 뿐, 전반적인 성찰이 부족하여 성급한 인기 영합을 의심할 만하다. 그리고 그 내용은 철학자로서 기본적인 균형감에도 아쉬움이 있다. 즉 데닛은 앞에서 거론했던 다윈주의자들의 생물의식에 관한 폄하를, 철학자로서 타당하게

---
380) 《의식이라는 꿈》 등 그의 다른 저서도 비슷하게 전개된다.

생각하는지 반문하지 않을 수 없는 것이다.

그의 철학의 근본 취지는 《자유는 진화한다》에서 "나는 여러 사상가의 도움을 받아 우리가 이런 아주 신성하지만 허약한 전통들을 더 자연주의적인 토대로 대체할 수 있으며, 그래야 한다는 것을 보여주고자 애써 왔다."<#76>라는 말로 대표할 수 있을 것 같다.

그러나 그는 허약한 전통들을 튼튼케 하기보다, 더욱 허약하게 하는 것으로 보인다. 왜냐하면 마음이나 자유의지에 관해서는 물질주의나 다원주의도, 심리학이나 사회학보다 더욱더 토대가 없기 때문이다. 따라서 물질주의는 무기자연과 생물의식의 간극間隙을 설명할 도리가 없다. 그 간극은 앞에서부터 항상성과 가치선택의 차이로 계속 설명해 왔다.

그러한 물질주의의 억견臆見은 생물의식을 있는 **그대로의 자연**으로 보는 것이 아니라, 마냥 물질의 연장이거나 우연한 부산물 정도로 취급하는 것이다. 나아가 백번 양보하여 의식이 물질의 부산물이라 하더라도, 근원적 의식 양태는 어딘가에 존재해야 한다는 것이다. 왜냐하면 무에서 유는 나타날 수 없기 때문이다. 그것이 바로 '의식에너지'인 것이다.

그러므로 데닛은 자신의 물질주의 패러다임을 위해 그에 맞는 편향된 사상가들을 필요로 하게 되고, 그 패러다임 속에 구색 맞춰 더욱 확증편향 하고 있는 것이다. 결국 그는 불합리한 신탁神託을 대체하기 위해 아무런 근거 없이, 모든 것을 '물탁'物託[381] 함으로써, 더 큰 불합리를 증폭시키고 있는 셈이다.

---

381) 물질에 의탁. 필자의 용어.

《마음의 진화》 비판

그는 《마음의 진화》에서 "우리는 로봇으로 이루어져 있다. 우리는 자기복제 로봇의 직계자손이다."<#77>라고 말한다. 또한 《자유는 진화한다》에서도 비슷하게 "우리 각자는 정신이 없는 로봇들로 이루어져 있으며, 그것 말고 물질적이지 않으며 로봇도 아닌 성분 따위는 전혀 없다."<#78>라고 자신 있게 말한다. 즉 앞의 윌슨과 도킨스가 말하는 '생존기계'의 연장선에 있는 표현들이다. 그리하여 생물은 '세포로봇'이라는 작은 물질로 구성되어 있으므로 결국은 물질의 조합과 발달에 따라 마음과 자유가 생겨나고 진화된다는 것이다.

또한 기계류인 자동온도조절장치 등인 '지향계'指向計도 마찬가지라는 것이다. 그러한 지향계도 지향적 자세에 따라 나타나는 생물의 행위와 대동소이大同小異하여, 물질계에서 생물계로 진화하는 데 별 어려움이 없다는 의미로 사용된다.

또한 감응력感應力과 감지력感知力의 차이는 그리 대단한 것이 아니라고 한다. 즉 해파리·해면 같은 하등동물은 감응력만 있으므로, 사진 필름·리트머스 종이와 별반 다르지 않다는 것이다. 그리하여 "감응력과 감지력의 결정적 차이를 찾아낼 가능성이 가장 높은 곳은 물질의 차원, 곧 정보를 실어 나르는 매질이다."<#79>라고 말한다.

그러므로 결국 데닛은 물질일원론을 위해 물질과 생물의식의 일원화를 꾀하고 싶은 것이다. 그러나 앞 제3장의 '2 새로운 생물의 기원- 물질회유'에서 밝혔듯이 세포는 항상적 로봇이 아니다. 나아가 다세포동물과 인간도 항상적 로봇이 아니다. 이처럼 세포는 가시적으로는 분자의 모임일 뿐이지만, 그 유기 분자들은 무기자연의 방식과는 전혀 다른, 생물의식의 '물질회유'에 따라 가치적으로 결합한 분자들이다. 그래서 로봇은 예속정신이고 생물은 독립정신이라고 미리 설명한 것이다.

따라서 신체는 단지 물질의 적층이 아니어서, 장기이식 시 기존조직과의 부작용(특히 면역거부반응)을 엄밀히 살펴야만 하는 것이다. 즉 아무리 외과수술이라도 기계론적으로만 접근해서는 결코 안 되는 것이다.

지향계와 감응력

그리고 데닛은 지향계와 감응력의 꾸준한 설명으로, 예속정신에서 슬그머니 독립정신으로 넘어가려는 의도를 보인다. 과거의 유물론자들도 모두 그러한 수법을 사용했다. 그러나 기계적 지향계가 아무리 뛰어나더라도 지향하려는 생물과는 다르다. 즉 기계적 지향계에는 이미 인간 의식이 지향하도록 짜맞추어 놓은 것일 뿐이다.

나아가 감응력과 감지력의 차이는 매질에 따른 것이 아니다. 그 구별은 물질적 반응이냐, 생물적 반응이냐의 차이이다. 즉 감응력은 수동적이며 항상적 반응이고, 감지력은 가치선택으로 필요할 시에만 능동적으로 반응하는 것이다. 따라서 아무리 세균이나 단세포생물일지라도 감응력을 넘어 감지력이 있는 것이다. 즉 해파리와 해면도 동일 독성물질과 만나더라도 상황에 따라 다른 대처를 하게 된다.

그러므로 비가시적인 마음의 근원을 가시적인 분자에서 찾을 수는 없다. 즉 분자나 신경계 등의 물질적 병렬과 적층만으로는 마음이 나타날 수 없다. 이처럼 마음은 그 물질에 결합된 생물의식의 증가로 인해 발달하는 것이다. 따라서 데닛이 이 책에서 마음의 근원을 찾는 표층(겉보기)

방식은 모두 부질없는 것이다.

우리는 현재 우리가 처한 과학적 단계에서는 마음은 마음으로, 생물의식은 생명의식으로 찾을 수밖에 없을 것이다. 그러므로 물질로의 쉬운 길과 과잉 단순화는 많은 문제를 꼬이게 한다.

마음의 근원

부연하여 생물의식의 관점에서 마음의 근원을 알아보자. 마음의 사전적 의미는 '인간이 타인이나 사물에 대하여 감정이나 생각이 일어나는 심리상태' 정도가 될 것이다. 그러나 필자는 마음이 세포 전체에서 나타난다고 보아 마음을 한 개체에서 **'감성이 주관하는 의식상태'**[382]라고 표현한다. 즉 마음 혹은 심리란, 심장이나 뇌세포 등에 있는 일부 감정의 소산이 아니라, 모든 신체에 결합되어 있는 생물의식의 **'합감성'**合感性을 말하는 것이다.

따라서 인간뿐만 아니라 모든 생물에게 마음이 있다고 생각한다. 그리하여 고등동물 정도 되면 행동과 표정이 분명해져서, 자신의 마음을 서로 잘 전달하고 있다. 특히 애완동물들은 인간과 마음을 교통까지 한다고 한다.

물론 감성적 마음은 생물의 진화단계에서 생물의식의 증가로, 이성적 논리와 함께 점점 뚜렷이 발달한다. 특히 뇌가 모든 세포의 중앙통제소가 되면서, 마음의 정체성과 논리의 일관이 더욱 뚜렷해졌다고 생각된다. 그리고 인간은 다양한 표정과 말과 글로 자신의 마음을 전하는 데 크게 성공하고 있다. 그러므로 마음은 물질주의나 다윈주의처럼 물

---

[382] 정신은 이성이 주관하는 의식상태.

질의 적층으로 진화하는 것이 아니라, 생물의식의 확충과 그 발현으로 진화하는 것이다.

《자유는 진화한다》 비판

생물은 행복이 목적이지만, 전체적인 생물의 역사에서는 반드시 자유가 신장伸張되어 온 것은 아니다. 예를 들어 단세포에서 다세포로의 통합은 단세포들의 자유가 줄어들고 있는 셈이다. 마찬가지로 인간도 행복을 우선하지만, 전체적인 인간의 역사에 있어서도 반드시 자유가 신장되어 온 것은 아니다. 즉 씨족이나 부족사회가 모여 국가로 통합되면서, 그 자유의 일부는 제한되어야만 하는 것이다. 그것은 앞에서 말한 '상호자유성'으로 인한 것이다.

이처럼 공동체나 공동사회가 형성되는 과정에서는 개인의 자유가 줄어들 수밖에 없다. 다만 일정 기간, 즉 중세 봉건제 이후 근대국가의 형성이 완료되면서, 그동안에 억눌려졌던 개인의 자유가 여러 혁명과 시민운동에 따라 다소 신장되어 온 측면이 있는 것이다.

자유는 물질?

여하튼 이 책의 주제는 자유의 신장을 말하는 것이 아니다. 이 책은 앞의 《마음의 진화》와 마찬가지로 자유는 물질의 산물이며 그 적층이 진화라고 말하는 것이다. 데닛은 물질의 자기조직화 또는 자기발전의 예로 '픽셀pixel과 복셀voxel'을 들고 있다. 그것은 '라이프 물리학'이란 것으로, 어떠한 기본 프로그램을 주입하면 그 단위들이 스스로 여러 가지 형태로 변화하면서 확장해 간다는 것이다. 도킨스도 여러 책[383]에서 픽셀을 기초로 바이오모프biomorphs[384], 넷스피너netspinner[385] 등, 자동으로 확장되는 컴퓨터 시뮬레이션을 통해 자연선택을 증명하고자 하였다.

그러나 앞에서도 여러 차례 말했듯이 이러한 '픽셀과 복셀'뿐만 아니라, 현재 상당한 수준의 독립정신을 갖는 생성형 AI인 ChatGPT[386] 또한 디지털이므로 먼저 인간의식에 의해 주입되어야 한다. 즉 인간의식이 그러한 프로그램을 만든 것이다.

그리하여 본 서는 그것들은 현재 정보통로로서 '외부회유'가 상당히 진행되었지만, 생물처럼 완전한 독립정신을 가지려면 '내부회유'의 정도에까지 이르러야만 한다고 말하는 것이다. 즉 단적으로 그러한 프로그램들은 전원을 차단하면 정지되는 것들이다.[387]

또한 데닛은 진화에 따라 자유도 신장된다는 뜻으로 《자유는 진화한다》에서 다음과 같이 말한다. 즉 "인간의 자유를 이해하기 위해 우리가 해야 할 일은 다윈의 '추론의 기이한 역전'을 따라 자유도 지성도 선택도 없고 오로지 원시 선택과 원시 지성만 있던, 생명이 시작된 시기로 돌아가 보는 것이다. (중략) 전통적인 하향식 관점을 뒤집어서 아래로부터 창조를 보면, 지능이 '지능'으로부터 생겨나고, 시각이 '눈먼 시계공'으로부터 형성되고, 선택이 '선택'으로부터 출현하며, 신중한 투표가 무심한 '투표'로부터 나온다는 것 등을 깨닫는다. (중략) 유전자결정론이라는 팬

---

383) 《눈먼 시계공》, 《진화론 강의》 등.
384) 인위적 진화나무.
385) 거미줄 망.
386) AI 모델의 한 종류로 트랜스포머 기반 언어 모델.
387) 일부 AI는 전원 이상으로 여러 번 작동을 멈춘 적이 있다.

한 걱정거리에서 등을 돌리면, 자연선택을 통한 진화가 어떻게 점점 더 큰 자유도를 제공하는지를 볼 수 있다."<#80>라고 말하고 있다.

그러나 앞에서부터 누차 바로잡아 왔듯이, 그러한 주장의 근거는 전혀 인정되기 어렵다. 따라서 데닛은 가시적인 표상 증거에 치우쳐 다윈주의자들과 부화뇌동하며 생물의식의 왜곡을 심화시키고 있다 할 것이다. 그렇기에 그가 철학자로서의 사고의 불균형에 아쉬움이 있다는 것이다.

나아가 그는 자유의지가 물질을 바탕으로 점점 진화한다는 것을 논증하기 위해, 마음과 자유를 비틀기도 하고, 물질에서도 그것이 일어날 법한 여러 가지 예를 들기도 하여 혼동을 일으킨다. 그리하여 결국 다른 유물론자들과 마찬가지로 잘못된 길로 들어서, 자료만 잔뜩 나열하고선 핵심 문제의 주변만 맴돈다.

나아가 그 혼동을 잘 처리하는 척하며 물질일원론으로 끝맺으려 하는 것이다. 이렇게 볼 때 그는 전반적으로 초점 흐리기, 물타기, 부적당한 예화 등으로 혼동을 일으켜 이익을 취하려는 느낌이며, 황당한 논리나 문장을 만들어 궤변을 즐기는 듯하다.

그 대표적인 예가 "자유의지란, 결과를 피할 수 있는 인간의 능력"<#81>이라는 이상한 정의이다. 그런데 자유의지에 대한 일반적인 정의는 '자신의 행동이나 의사결정을 스스로 조절하고 통제할 수 있는 능력' 정도가 된다. 따라서 자유의지에 대한 그의 정의가 일반적인 정의만큼 보편성을 가질 수 있을까? 그렇게 볼 수는 없다. 데닛은 무슨 근거로 자유의지가 결과를 피하려 하는 능력인지, 나아가 알지 못하는 최종결과를 어떻게 피할 수 있다는 것인지에 대한 설명이 부족하다.

더군다나 왜 인간에게만 자유의지가 있다는 결론을 내리는지 납득하기 어렵다. 앞에서부터 모든 존재와 생물에는 그 속성인 목적성(행복추구성), 주체성, 자유성이 있다고 했다. 특히 뚜렷이 사유하는 생물의식에는 주체적인 자유의지가 항상 뚜렷이 내재하는 것이다. 그러므로 데닛의 정의는 억지스럽고 단편적인 시각일 뿐이며, 그러한 시각으로 전혀 엉뚱한 결론을 도출하고자 하는 것이다.

300밀리초 오차

데닛은 자유의지가 결과를 피하려 하는 인간의 능력이라고 주장하기 위해, '300밀리초 오차'를 예시例示하고 있다. 그 '300밀리초 오차'라는 것은 뇌파 분석에서 뇌가 촉발한 직후부터 인간이 그것을 의식하기까지의 시차時差를 말한다. 즉 뇌가 이미 어떤 결정으로 작동된 후, 300밀리초 나중에 의식하게 된다는 것이다. 그리하여 물질주의자들은 생물의식의 선택성을 부정하기 위해 그 시차를 제시하고, 그것을 빌미로 의식적 의지가 착각이라고 주장하는 것이다.

그러나 단속적인 물질의 성질로 볼 때는, 뇌가 300밀리초 전에 촉발하는 현상이 의식하는 것과 구분된다고 볼 것이다. 그러나 300밀리초 오차에 관한 오해도 생물의식의 연동성이 전반적으로 연구되지 않은 것에 기인하는 것이 아닌가 한다. 그리하여 신체적 **본능** 및 **무의식**無意識[388]에서 자각적인 생물의식의 연속성을 오해하는 것으로 보인다.

그러므로 필자는 그 오차 때문에 생물의식의 선택을 부정할 수 있는 것은 아니라고 생각한다. 왜냐하면 그 오차는 본능적인 무의식의 '예비

---

388) 칼 융의 정신분석학적 용어. 자각되진 않지만 저변에 있는 의식. 즉 무의식은 의식이 없다는 뜻이 아니라, 자각되지 않는다는 뜻이다.

구동'豫備驅動에 관한 것일 수도 있기 때문이다. 즉 뇌과학자들도 이처럼 분석한다. "계산에 따르면 신경 사건들의 95%가 이처럼 무의식적으로 진행되며, 단지 뇌활동의 5%만이 우리에게 의식된다."<#82>라고 한다.

따라서 뇌가 대상을 파악할 때부터 선택과 결정을 위해 무의식적으로 예비구동을 하리라는 것이다. 즉 의식적인 최종 결정 전에도 뇌는 본능적으로 적절히 준비하는 것이다. 왜냐하면 신속히 행동에 옮겨야 할 경우, 그러한 본능적인 준비는 상당한 도움이 되기 때문이다.

이러한 본능과 무의식은 생물의식이 진화하면서 DNA에 부호화하거나 '의식확충'으로 이미 대비해 둔 것이다. 그 예로 자율신경계(심장박동 등)와 무조적인 반사(눈 깜박임 등) 등은 본능과 무의식적인 것이다. 그러므로 뇌의 무의식적인 촉발이든 300밀리초가 지나 의식되는 것이든, 그 모든 것은 생물의식이 준비하고 선택하는 것이다.

여하튼 300밀리초의 오차가 어떻게 발생하는지는 계속 연구되어야 한다. 다만 모든 것은 생물의식이 촉발하고 결정한다는 것은 분명한 것이다. 왜냐하면 우리의 과학과 경험으로 볼 때 뇌의 가치선택에 따른 구동을, 항상적인 무기자연이 할 수 없다는 것을 잘 알기 때문이다.

나아가 앞에서 누차 설명했듯이 뇌에만 생물의식이 존재하는 것이 아니다. 생물의 모든 신체는 물질회유로 인해 생물의식을 결합하고 있다고 했다. 그리하여 근육세포는 농구 슈팅이나 골프 연습을 어느 정도 기억할 수 있는 것이다.

그리고 앞 제3장의 '2 새로운 생물의 기원- 물질회유'에서 이미 말했듯이, 자유의지와 결정론은 대립 관계에 있는 것이 아니라, 그 둘은 시간의 연속에서 이루어지는 일련의 승계 과정이다. 또한 자유의지는 물질의 상태에 따라 나타나는 것이 아니다. 즉 물질의 어떠한 적층과 변화가 양심과 자유를 발현시키겠는가? 그러한 물증은 어디에도 없을 뿐만 아니라 경험조차 되지 않는다.

그런데 우리가 경험하고 체득하는 자유의지는 양심·도덕·정의·선악·사회·문화 등을 발달시키는 균형감과 함께, 우리에게 가치선택을 가능하게 하는 생물의식의 고유한 기능인 것이다. 즉 양심과 자유의지는 생물의 진화상 생물의식의 증가로 인해 점점 뚜렷해지는 것이다. 그러므로 인간에게만 자유의지가 나타나는 것이 아니라, 미생물에게도 아주 미미하게나마 자유의지가 있는 것이다.

제5장

생물의식의 고유성

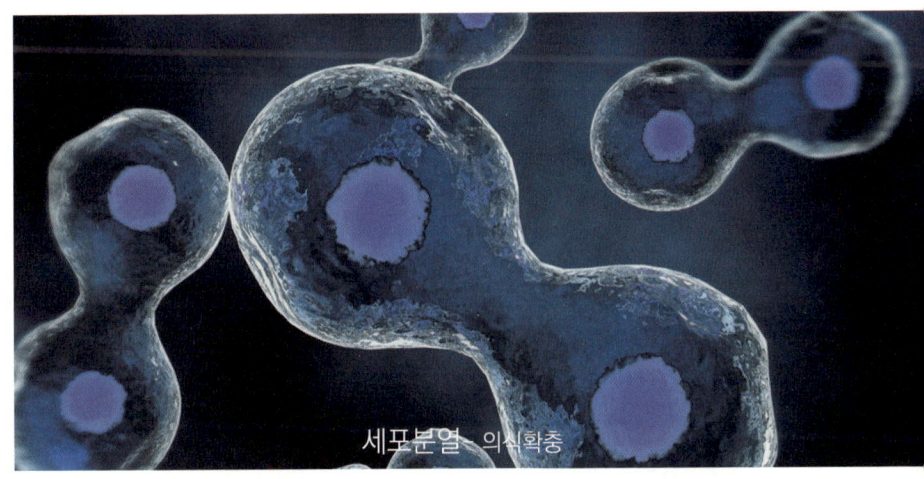

세포분열 - 의식확충

아이 성장 - 의식확충

제5장 생물의식의 고유성

앞 제1장 3의 '자연선택설의 허구성'에서부터 생물의식의 보편성을 살펴보았다. 즉 모든 생물에는 생물의식이 존재한다는 것이다. 따라서 결국 적응과 돌연변이와 이기적 유전자와 자유의지에 대한 물질일원론적인 시도는 모두 잘못된 것이었다. 그러면 이제 생물의식이 물질과 다르다면, 그 고유성을 뚜렷이 나타내는 증거에는 어떤 것들이 있는지 계속 알아보기로 하자.

앞에서 보았듯이 사실 거의 모든 종이, 변이 혹은 진화적 특성을 조금씩은 가지고 있다. 그리하여 그동안 진화생물학자들이 진화의 증거라고 계속 찾아와, 이제는 그 증거도 거의 포화상태다. 물론 현재 인정할 만한 생물학적 증거는 대부분 종내변이이거나 종내변이가 확장된 아종과 변종 정도인 소진화(동질변이, 수평변이)이다. 다만 대진화(수직변이)는 소진화에서 충분히 추론할 수는 있을 것이다.

여하튼 종내변이이든 아종과 변종이든 그것만이라도 부정하기 어려운 과학적 사실이다. 그런데 소진화는 증거가 비교적 명백한데 대진화는 왜 그 증거를 찾기가 어려운 것일까? 그 문제는 진화의 내용에 있다. 즉 이러한 진화 현상의 오차는 생물의식을 중심으로 살펴보면 명백히 밝혀낼 수 있다.

1 경험적 증거

그렇다면 이러한 물질에 대한 생물의식의 독립적인 고유성을 어떻게 증명할 수 있을까. 일단 생물의식의 고유성은 사유의 경험으로도 충분히 알 수 있다. 첫째, 우리의 의식은 자기중심적이어서 '주체적' 혹은 주관적이다. 즉 모든 생물은 독립적인 자의식을 중심으로 사물을 파악하는 것이다.

각 사물에는 고유한 형태와 성질이 있다. 그런데 생물들은 대상들을 그 원본대로 전부 파악하는 것이 아니라, 주관에 비추어진 대로만 파악한다는 것이다. 그리하여 철학자 칸트1724~1804는 우리에게 비추어진 이러한 '표상'表象과 구분하여, 물질의 원본을 '물자체'物自體라고 하였다. 즉 인간의 눈만 해도 빛의 적외선과 자외선 사이에 있는 가시광선 정도만을 볼 수 있다.

이처럼 생물은 사물의 원본보다, 자기의 감각에 비추어진 바대로만 사물을 인식할 수밖에 없는 것이다. 따라서 그것이 바로 앞에서 거론한 생물의식의 한계이며, 겨우 충당된 만큼의 생명의식으로 겨우 사물을 지각하는 것이다.

그런데 신체가 동일 물질(단백질과 핵산 등)로 구성되어 있더라도 우리의 의식은 제각기 다르다. 그렇기에 피아彼我를 잘 구분하게 되는 것이다. 그리하여 결국 생물의 주관은 대상을 자아 중심적으로 인식하고 대처하려는 것이다.

그러나 물질은 개별적으로 이러한 주관을 거의 가지지 않는다. 그리하여 각 물질은 공통적인 성질과 동일법칙하에 일정하게 (항상성) 움직일 뿐이다. 즉 모든 물질에는 핵력과 중력이 작용하고, 산은 항상 염기와 결합하려 한다. 따라서 이러한 물질과 생물의식의 차이는 생물의식이 물질로부터 기인된 것이라면 납득하기 어려운 현상이다.

그러므로 이러한 괴리현상은 생물의식은 물질과는 다른 고유성을 가지는 것을 의미하며, 생물의식은 물질과는 그 근원이 다름을 의미하는 것이다. 이에 대해 《의지와 표상으로서의 세계》에 나오는 쇼펜하우어 1799~1860의 명문을 보자.

> "유물론이 애써 만들어 놓은 최후의 결과인 인식작용이 이미 최초의 출발점인 단순한 물질에서 필수적으로 전제되어 있다는 것, 또 유물론과 더불어 물질을 사유한다고 생각했지만 실제로는 물질을 표상하는 주관, 물질을 보는 눈, 물질에 닿는 손, 물질을 인식하는 오성을 사유하고 있었을 뿐이라는 것을 알게 될 것이기 때문이다. 따라서 뜻밖에 당치도 않은 **선결문제에 대한 요구**(petitio principii)라는 것이 드러난다. 왜냐하면 마지막의 고리는 최초의 고리가 이미 의지하고 있었던 바탕이며, 연쇄는 원이라는 것을 알았기 때문이다. (중략)
> 그뿐 아니라 물질이 무수한 변화를 겪고 여러 가지 형식을 거쳐 올라가서, 결국 인식하는 능력을 가진 최초의 동물이 나타나기까지의 긴 시간은 **'의식의 동일성'**에서만 생각할 수 있다. 시간이란 표상에 관한 의식의 연속이고, 인식하기 위한 의식의 형식이며, 이것을 떠나서는 모든 의의를 잃어버린다."<#83>

둘째, 우리의 사유의 기능인 이성과 감성은 생물의식의 고유성과 독립성을 가장 잘 대변한다. 즉 칸트가 밝혔듯이 개인의 이성과 감성에는 선험적인 능력이 있어, 경험에 의지하지 않고도 본능 등이 나타날 수 있다. 즉 이성의 '논리성'(범주)[389]과 감성의 '직관'(시공감)[390]은 아무런 물질 경험에 의하지 않고도 발생한다. 그리하여 이러한 선험력은 모든 관념은 경험으로부터 발생한다는 '경험주의'[391]의 오류를 지적하는 것이 된다.

나아가 생물의식은 시공을 초월하여 사유할 수 있지만, 물질은 시공을 초월할 수 없다. 또한 감성은 별다른 물질적 변화가 없어도 시시때때로 변한다. 감성은 주변 환경의 변화가 거의 없음에도 불구하고, 어제와 오늘이 크게 다를 수 있는 것이다.

셋째, 앞에서도 누차 강조했듯이 물질은 항상적 선택을 하고 생물의식은 가치선택을 한다. 그런데 신체는 물질로 환원될 수 있지만, 생물의식의 가치선택은 감성까지 개입되어 있으므로 환원될 수 없는 것이다. 그리하여 물체의 낙하로 비가시적인 중력을 파악할 수 있듯이, 생물의식의 존재도 비가시적이므로 간접적으로 증명될 수밖에 없다. 즉 항상적인 물질과는 달리, 생물의식은 지속적인 창의력과 상상력으로 가치선택을 하는 것이다.

넷째, 우리의 정신력이 신체적 욕구를 극복할 수 있는 것도 생물의식의 고유성을 잘 나타내는 것이다. 즉 우리는 주위에서 자신을 넘어 이타적인 삶으로 존경받는 사람들을 흔히 볼 수 있다.

예를 들어 미 앨라배마주 버밍햄에 사는 한 평범한 구두 판매원 부부

---

389) 칸트에 따르면 사물의 인식은 이미 순수오성의 '12범주'라는 논리적 틀 내에서 이루어진다.
390) 칸트에 따르면 사물의 인식은 이미 공간과 시간의 감성적 틀 내에서 이루어진다.
391) 로크, 버클리, 흄 등의 영국 철학사조.

는 위탁부모 활동을 하고 있다. 이 부부는 4명의 친자식을 두고도 12명의 중증장애인을 입양해 키우고 있다. 여러 경로를 통해 알게 된 중증장애인들을 보고는 가슴이 아파 입양하지 않을 수 없었다고 한다. 이 집에서는 아침마다 입양 아이들을 학교로, 유치원으로, 병원으로 보내기 위해 친자식까지 도우미로 나서 북새통을 이룬다. 이 부부와 자식들도 왜 이기적으로 편안하게 살고 싶지 않겠는가? 그러나 정신적 행복을 위해 신체적인 어려움을 극복하는 것이다.

    나아가 더욱 극단적으로 인간은 단식과 자살이라는 방법으로 물질을 극복할 수도 있다. 그리하여 종교인들과 정치인들은 자신들의 목적을 관철하기 위해 단식이라는 방법을 자주 사용하곤 한다. 또한 WHO에 의하면 한 해 자살시도자가 100만 명에 이른다고 한다. 40초에 한 명꼴이다. 이처럼 물질은 물질을 극복하려는 시도도 하지 않거니와 극복할 수도 없다. 따라서 생물의식만이 물질을 극복할 수 있는 것이다.

    다섯째, 일반적인 생물의 행태를 살펴봐도 생물의식과 그 고유성을 쉽게 파악할 수 있다. 즉 뇌가 없는 미생물과 식물은 어떨까? 미생물일지라도 무엇에 닿으면 최소한의 접촉반응이라도 보인다. 그 예로 대장균을 알아보자. 대장균은 인간의 대장에서 기생하는 박테리아이다. 그런데 대장균은 먹이를 감지하고 독성물질과 포식자도 인식하여 도피한다. 가장 원시적인 박테리아가 이러한 반응을 보인다는 것은 모든 생물에 생물의식이 존재한다는 것을 쉽게 알 수 있게 한다.

    아마 대장균은 뇌가 없어 전체적인 중앙통제가 어렵지만, 기초적인 기관(세포막 등)에서 감각과 판단을 해결하는 것으로 생각된다. 이것은 앞 '1《사회생물학》비판'에서 핵을 제거하는 연구에서 보았듯이, 세포는 핵을 제거해도 생물학적 기능을 계속하고 있었다. "그렇다면 핵은 세포의 뇌가 아니라 생식기관인 것이다. (중략) 무핵세포의 뇌라고 부를 만한 조직적인 세포구조라고는 세포막 하나뿐이다."<#84>

나아가 식물은 뿌리가 정찰한 정보에 의해 양분을 찾아 뻗는다. 이에 대해 앞에서 이미 소개한 식물의 신경과 지성을 연구하는 스테파노 만쿠소 교수는 이렇게 전한다. "식물에게 영리하다는 말을 쓰는 게 이상하다는 것도 알지만, 식물의 지성이라는 것이 분명히 있다고 할 수 있습니다. (중략) 이런 과정은 동물의 뇌에서 이루어지는 과정 혹은 컴퓨터 프로세스에서 이루어지는 과정과 본질적으로 같은 겁니다. 식물의 뿌리 끝에 있는 이 세포들을 뇌라고 부를 수는 없겠죠."<#85>

또한 생물계에는 공생관계가 넓게 분포하고 있다. 그런데 공생은 적자생존이 아닌 '공동번영'이라는 생물의식의 행태이다. 그리하여 "어떤 식물이 그것 없이는 생명을 시작할 수 없을 정도로 다른 생물체에 의존한다는 사실을 한때는 아주 특이한 예외로 생각했다. 하지만 진화의 처음부터 끝까지 그런 관계를 맺지 않는 식물을 찾는 것이 오히려 힘들다."<#86>

이처럼 생물은 공생으로 안전한 변이를 잘 만들어 도약할 수 있었다. 즉 공생은 진화의 **지름길**이었던 셈이다. 예를 들어 앞의 일본 고조보리 다카시 교수의 다른 연구에 의하면 최초의 눈은 식물 DNA를 동물 DNA가 받아들여 감광 기능을 얻게 되면서 시작되었다고 한다. 또한 이시노 박사 부부(후미토시와 토모코)에 의하면 "포유류의 태반은 레트로바이러스가 기존 DNA와 합쳐져 생성된 것"<#87>이라고 밝히고 있다.

여섯째, 인간은 감각적인 촉각을 신경계를 통해 뇌로 느낀다. 즉 바위에 손을 대면 신경계를 통해 뇌에서 그 질감을 느끼게 되는 것이다. 그런데 신경계가 그대로 존치되어도 생물의식이 없으면 감각을 느끼지 못한다. 즉 방금 사망한 사람은 체중과 신경계가 그대로라도 감각을 느끼지 못하는 것이다. 왜냐면 신경계에 결합하고 있던 생물의식이 끊어져 버렸기 때문이다.

그리하여 신경계 시냅스를 아무리 환원해도 그곳에 감각은 보이지 않는다. 그렇다면 과학자들이 어디서 감각을 찾을 수 있을 것인가. 즉 의사들이 죽은 사람의 신경을 아무리 많이 엮어도 감각을 되살릴 수 없는 것이다. 따라서 감각은 신경계의 물질 부분이 아니라 생물의식 부분이었던 것이다. 즉 신경계의 물질 부분은 단지 생물의식을 전달하는 통로로 회유된 것이다.

추가로 생물의식의 존재에 대하여 린 마굴리스와 도리언 세이건의 말을 더 들어 보자. 주지하다시피 이들은 생물의식이 생물의 신체와 긴밀히 접목되면서 무의식적인 본능화(자동화)가 되었다고 생각한다. 이들은 공생과 공진화의 연구자들로서 자연선택보다 생명선택을 더욱 비중 있게 다루고 있다.

"우리 포유류가 선천적인 생리작용에 대해 무의식적이게 된 까닭이 어쩌면 생존 압력 하에서 우리 조상들이 의식적으로 그 기술을 갈고 닦아 무의식적인 완전한 행동으로 바꾸었기 때문이라는 것이다. 아직 현대 과학이 한 세대에서 학습된 습관을 다음 세대의 생리기능으로 바꾸는 메커니즘을 밝혀내진 못했지만, 반복된 행동을 통해 의식이 무의식으로 될 수 있음을 경험적으로 알 수 있다.

우리와 다른 생물 간의 차이는 **질적인 문제가 아니라 정도의 문제이다.** 광범위한 지각력은 무수한 자기 생산적인 선조들의 선택이 진화에 영향을 미치고 작은 목적이나 필요, 목표가 축적되면서 생겨난 것이다. (중략) 생명은 맹목적인 물리적 힘의 산물일 뿐 아니라 또한 생물이 선택한다는 의미에서 선택의 결과이기도 하다. 자기 생산을 하는 모든 생물은 두 가지의 생명을 지닌다. **하나는 주어진 것이고 다른 하나는 우리가 만드는 것이다.**"<#88>

2 생물학적 증거

지금까지 우리는 우리에게 경험되는 생물의식의 고유성에 대하여 여러 가지로 설명해 보았다. 그렇더라도 부족할 것이다. 왜냐면 물질주의자들과 유물론자, 특히 다원주의자들은 그보다 더 명확한 물질적 사실만 인정하려 하기 때문이다. 그러한 연유로 에피쿠로스와 루크레티우스가 나타나고 다원과 마르크스가 등장할 수 있었던 것이다.

그러나 머리글에서도 거론하였듯이 다원주의가 제기한 물질과 의식의 극명한 대립으로 인해, 오히려 생물의식의 고유성을 증명하는 데 유리한 환경이 쌓여 가고 있다. 즉 다원주의가 물질로부터 생물이 발생하고 무기자연에 의해 진화가 이루어진다는 증거자료를 열심히 찾아낼수록, 생물의식의 고유성은 그 반사이익을 누릴 수 있게 되는 것이다. 왜냐면 자연선택은 모두 허상이고, 생물의식의 가치선택만이 진실이기 때문이다.

그렇다면 이제 다윈주의자들의 부정에 대비해 생물의식의 고유성을 생물학적으로도 좀 더 분명히 증명해 보자. 앞에서도 여러 증거를 제시하였지만 크게 세 가지 정도를 더 준비해 보자. 앞으로도 진화생물학이 발전될수록 그에 비례하여 생물의식의 고유성이 더욱 증명될 수 있을 것이다.

뇌물질과 의식

먼저 상황에 맞춰 가치판단을 하는 동물의 의식을 부정하는 사람은 없을 것이다. 각자 그것의 근원에 관한 생각이 다르다고 할지라도 말이다. 앞에서도 밝혔듯이 다윈주의자들은 동물의 의식은 뇌물질의 발생에 따라 우연히 발생한 것으로 보고 있다. 즉 다윈주의자들은 동물이 진화하는 과정에서 우연히 뇌가 발생하게 되었고, 뇌가 발생하자 세상을 인지하고 판단하는 의식도 부수적으로 발달하게 되었다는 것이다. 즉 뇌가 의식보다 먼저 발생하였고, 뇌물질이 없다면 의식도 없다고 보는 것이다.

그 이유는 동물의 의식이 뇌로부터 강하게 발생하고 있으며, 의식이 뇌가 아닌 다른 기관으로부터도 발생한다고 인정하면 그들의 진화론이 성립되기 어렵기 때문이다. 즉 뇌가 없는 미생물에서부터 생물의식이 존재하였다고 하게 되면, 생물의 탄생에서부터 의식이 진화의 동력으로 작용하는 것을 배제할 수 없는 것이다. 그리되면 무기자연에 의한 우연한 진화를 주장하는 다윈주의는 근본적으로 설 땅이 거의 없게 된다.

열쇠유전자

그런데 여기서 중요한 연구가 발표된다. 앞 제1장 3의 '자연선택설의 허구성'에서 소개했던 고조보리 다카시 교수는 신경세포의 복잡한 네트워크인 뇌도, DNA의 이용방식을 바꿈으로써 탄생한 기관이라는 것이다. 이는 뇌가 발생하기 전에도 DNA 내의 생존방식을 선택할 수 있는 생물의식이 존재하였음을 의미하는 것이다.

"가장 기원이 오래된 뇌를 가진 생물로 '**플라나리아**'가 알려져 있다. (중략) 2003년 고조보리 교수팀은 플라나리아의 뇌에 특이한 유전자, 즉 뇌에서 특히 강하게 기능하고 있는 116개의 유전자를 동정(同定: 생물의 분류학상의 소속이나 명칭을 바르게 정하는 일)했다. (중략) 그 결과 사람이나 생쥐는 이들 유전자의 95% 이상을 가지고 있었다. (중략)
놀랍게도 뇌가 없고 신경계밖에 없는 '선충'도 플라나리아의 뇌에 특이한 유전자의 약 90%를 가지고 있었다. (중략) 식물인 애기장대도 이들의 약 40%를 가지고 있으며, 단세포동물인 효모마저도 이들의 약 35%를 가지고 있다. 식물과 효모는 뇌는커녕 신경조차도 가지고 있지 않다. (중략)
고조보리 교수는 이렇게 말한다.'**뇌에서 기능을 발휘하고 있는 유전자의 대개는 뇌나 신경계가 생기기 이전부터 이미 존재했다고**

생각된다. 언젠가 어떤 열쇠가 되는 유전자가 출현하면 그것이 계기가 되어, 이미 존재하고 있던 유전자 세트가 새로운 사용법에 의해 이용되고, 뇌와 같은 기관을 만들어 낸 것으로 생각된다.'"<#89>

앞의 고조보리 교수의 설명 중 뇌에서 강하게 기능하는 것은 무엇일까? 물론 그것은 생물의식이다. 왜냐하면 뇌의 주요 기능은 지각하고 그것을 종합하여 판단하는 생물의식의 작용이기 때문이다. 그러므로 뇌가 없는 식물인 애기장대[392]의 유전자에도 생물의식을 발현시키는 유전자가 40%나 존재한다는 것은 식물이나 동물에게 공통으로 생물의식이 존재할 수 있음을 의미하는 것이다. 나아가 생물 최소단위 중의 하나인 단세포생물인 효모에서조차 의식을 발현시키는 유전자가 35% 존재한다는 것은, 모든 생물에는 생물의식이 있다고 생각되는 것이다.

이것은 물론 연구가 계속되면 더욱 확실하게 되겠지만, 고조보리 교수의 말대로 어떤 필요(생물의식의 통일화- 중앙통제소 탄생)에 의해 기존 유전자의 이용방식이 바뀌게 되어 뇌가 발달하였다면, 유전자에는 처음부터 생물의식이 존재한다는 것이 합리적일 것이다. 왜냐하면 기관들을 이용하고 변경한다는 것도 생물의식이 없으면 가당치 않기 때문이며, 실제로도 DNA는 모든 생물기관의 프로그램이기 때문이다.

그런데 그러한 프로그램은 정보, 곧 생물의식의 작용을 말한다. 덧붙여 효모에서도 생물의식의 발현 유전자가 존재한다는 고조보리 교수의 연구는, 뇌만이 생물의식을 작용시키는 기관이 아니라, 거의 모든 기관이 미약하나마 생물의식을 작용시킬 수 있다는 것을 의미한다. 왜냐하

---

392) 십자화과의 두해살이풀.

면 현재 Junk 유전자가 아닌 이상, 모든 유전자는 그 정보 역할을 분명히 하기 때문이다.

더 나아가 뒤에서 다시 거론되겠지만, 고조보리 교수는 기존 유전자에 '**열쇠유전자**'가 나타나야만 유전자의 이용방식이 바뀌는 것을 상정한다. 이는 유전자의 변경이나 증가를 의미하는 것으로, '의식증가', '의식확충'과 같은 의미이다.

다시 강조하자면 뇌가 있든 없든 모든 기관은 생물의식을 발생시킬 수 있었던 것이다. 그리고 진화로 인해 동물의 기관이 복잡해지면서, 각 기관에서 사용하고 있던 각각의 생물의식을 그 동물의 공동목적을 위해 통제할 필요가 생기게 되었을 것이고, 플라나리아에서부터 뇌라는 중앙통제소를 조금씩 가지게 되는 것이다.

즉 단세포생물들은 공생하는 다세포생물의 공동목적을 위해 그 생물의식 일부를, 점차 뇌라는 하나의 기관으로 위임하여 전체 세포를 일사불란하게 통제할 필요가 있는 것이다. 그것은 마치 국민이 국가나 정부에 그들의 권한을 적절히 위임하는 것과 같은 것이다.

그러나 여전히 각 기관은 그 기관들에 필요한 최소의 의식을 보유하고 있다. 그리하여 심장은 자율적으로 박동하고, 근육은 근육 기억으로 반복된 행동을 숙련되게 하는 것이다. 나아가 뇌에서 의식이 넉넉하게 되면 지성 외에도 상상과 정신적인 자각(희열 등)까지도 가능하게 된다. 즉 뇌의 발달에 따라 생물의식의 중앙통제가 가능해지고, 그에 따라 생물의식이 집중화되면 생물의식이 고도화할 수 있기 때문이다. 그러므로 최초의 생물부터 생물의식이 존재하였던 것이다.

IQ 유전자

앞에서부터 말했듯이 현재 다윈주의자들은 뇌물질이 의식을 발생시키다고 한다. 그렇다면 어떤 뇌물질이 어떻게 의식을 발생시킨다는 것일까? 뇌를 한번 살펴보자. 우리의 뇌는 대뇌·소뇌·다리뇌·숨뇌·뇌들보·뇌하수체 등으로 이루어져 있다. 그 대부분은 신경세포 다발이거나 호르몬 분비샘이다.

그러나 앞에서도 말했듯이 그러한 신경세포와 호르몬을 분해하고 환원하여 원자에까지 이르러도, 그곳에서는 의식을 볼 수 없었던 것이다.

더군다나 죽은 아인슈타인의 뇌를 해부해 분석한 지금까지의 여러 연구에서는, 그의 뇌는 전체적으로 크기와 물질 등에서 특별한 것이 없다고 한다. 물론 그의 뇌량腦梁[393]이 두꺼워 "대뇌반구의 연결성이 높다."라는 연구는 있으나, 이런 것들도 의식발생과는 별 관련이 없는 것이다.

따라서 결국 뇌물질에서 의식이 발생한다는 다윈주의자들의 주장은 아무런 근거가 없는 셈이다. 즉 어떤 뇌물질이 어떻게 의식을 발생시키는지, 큰 뇌는 많은 의식을 발생시킬 수가 있는지 밝힐 수 없었던 것이다.

이제 분자생물학과 유전학의 발달은 생물의식이 전혀 다른 원천을 가졌음을 증명한다. 그러면 유전학의 한 실험을 살펴보고 물질과 생물의식의 원천이 어디인지 알아보자. 분자생물학자 혹은 유전학자들은 식량이나 질병 등 여러 문제를 해결하기 위해 유전자조작 혹은 유전자변형[394]을 연구하고 있다. 어떤 유전학자들이 쥐를 이용하여 'IQ 향상실험'을 했다.[395]

---

393) 좌우의 대뇌반구가 만나는 부분.
394) 인공으로 DNA를 추가 혹은 제거.
395) 통상 바이러스 벡터(Viral vector vaccine)를 이용한다.

"쥐는 원래 IQ 관련 유전자가 2개인데 이를 복제해서 더 넣어준 실험이었다. 즉 총 4개로 늘렸더니 기억력이 남다르게 향상된 것이다. 쥐 앞에서 여러 개의 블록을 쌓아 올리는 모습을 보여준 다음에 물통 속에 쥐와 블록들을 집어넣었더니, 보통 쥐들은 블록을 기억하지 못해서 물속에서 우왕좌왕하다가 빠져 죽는 반면에 **IQ 유전자를 재조합해 준 쥐는 블록을 기억**해 쌓아올리고 그 위에 올라탐으로써 빠져 죽지 않은 것이다."<#90>

이 실험으로 도출된 사실로 중요한 두 가지 결론을 내릴 수 있을 것이다. 첫째, 유전자가 가시적인 표현형만 결정하는 것이 아니라 비가시적인 지성과 같은 형질까지도 발현시킬 수 있다는 것이고, 둘째, 같은 쥐 중에서 뇌물질의 발달과는 상관없이 지성이 독립적으로 향상될 수 있다는 것이다.

첫 번째 결론으로는 유전자가 지성을 발현시킨다면, 유전자에도 생물의식이 존재함을 증명하는 것이다. 나아가 동일 의식 내에 있는 이성이나 감성도 유전자가 발현시킬 것이다. 왜냐하면 생물의식은 연속적이어서 지성과 이성과 감성이 정확히 따로 분리되지 않기 때문이다. 즉 의식 없는 지성과 이성과 감성은 없는 것이다.

여기서는 두 번째 결론을 더욱 강조한다. 즉 다윈주의자들의 주장처럼 뇌물질이 발달하여야 비로소 지성이라는 생물의식이 발생하는 것이 아니라, 위의 실험과 같이 IQ 유전자가 뇌에 주입되면 독자적으로 지성이 향상될 수 있어, 지성은 쥐의 뇌물질의 발달 정도와는 아무런 관계가 없다는 것이다. 왜냐하면 뇌물질과 유전자는 다르며, 뇌물질은 뇌에만 존재하고, 유전자는 모든 세포에 존재하기 때문이다.

즉 뇌물질의 발달이 지성이라는 생물의식을 발생시키는 것이 아니라, 이미 독립적으로 프로그램된 유전자에 의해 지성이 뇌에 나타남을 의미하는 것이다. 즉 다른 쥐보다 뇌물질이 더 발달하지 않더라도, DNA가 추가된 쥐는 지능이 향상될 수 있다는 것이다.

그러므로 지능이라는 생물의식은 뇌물질의 발달과는 상관관계가 거의 없는 고유한 것이다. 이것은 앞의 고조보리 교수의 뇌 유전자의 동정同定과 더불어 뇌가 없는 생물에도 각 유전자에 생물의식(IQ 유전자)이 있음을 다시 증명하는 것이다. 따라서 뇌는 중추신경으로서 생물의식의 중앙통제소일 뿐이며, 충분한 의식이 흐르게 하기 위해서는 뇌 크기에 상관없이 DNA에 생물의식이 많이 결합하면 되는 것이다.

고래의 뇌는 8,000g, 코끼리는 5,000g인 데 비해 인간은 1,500g 정도이다. 고래나 코끼리와 비교해 뇌가 작지만, 인간의 지능은 더 우수하다. 따라서 뇌의 크기보다는 DNA에 생물의식이 많이 결합한 인간의 지능이 더 우수할 수 있다는 것이다. 그렇다면 인간의 게놈에는 어느 정도의 IQ 유전자의 주입이 더 가능할까? 계속 연구해 볼 만한 일이다.

그리고 뇌에서 주로 감성을 담당하는 대뇌변연계와 시상하부 또한 아무리 발달하더라도 생물의식이 흐르는 통로일 뿐 의식 자체는 아니다. 따라서 다원주의자들이 뇌물질이 발달하면 의식이 '자연발생' 할 것이라는 사고는, 컴퓨터에서 하드웨어만을 많이 쌓아 두면 그 무더기 정도에 따라, 프로그램이 '자연발생' 할 수 있다는 괴상한 논리와 같은 것이다.

그러므로 이것은 앞에서 다원주의자들이 선택압과 의식압의 효용성을 뒤집었듯이, 뇌물질과 생물의식의 발생 순서를 뒤집었다는 사실을 잘 말해 주는 것이다.

뇌의 정체성

 신체에 속한 대부분 세포는 주기적으로 교체된다. 즉 세포는 그것이 속한 신체 기관의 필요에 따라 새롭게 교체되는 것이다. 인간을 기준으로 보자면 피부세포는 약 3주, 간세포는 약 15개월, 일반 신경세포는 약 7년, 뼈조직 세포는 약 10년, 근육세포는 최소 15년, 그 외 일반 체세포는 약 30일을 주기로 바뀌고 있다는 것이다. 그리하여 사람은 1년이 지나면 98% 정도까지 새로운 신체를 가진 사람이 되는 셈이다.

 그런데 뇌 신경세포와 심장 근육세포 등은 평생 거의 교체되지 않는다고 한다. 그리하여 최근의 연구에 따르면 인간의 경우 태어나 12개월 이전에 거의 모든 뇌 신경세포가 형성된다는 것이다. 그리고 최대 13세까지 조금씩 완성된다고 한다. 그 후에는 새로운 뇌 신경세포는 거의 형성되지 않고, 교체되지도 않는다는 것이다. 그래서 아이들은 비교적 두상이 더 큰 상태로 지내게 된다.

 그런데 물질주의에 따라 생각해 보면 모든 세포는 비슷한 물질이므로, 그러한 세포 교체의 이질적 현상에 당연히 의문을 가질 수밖에 없을 것이다. 그렇다면 왜 다른 세포들은 대개 활발히 교체되는데, 어떻게 이러한 세포만 교체되지 않는 것일까? 그러나 그 이유에 대해 생물학적으로는 밝혀진 바가 없다. 당연히 진화론적으로도 접근하지 못하고 있다. 아마 물질주의로서는 밝히기 어려울 것이다.

 그렇다면 생물의식을 대입해 보자. 결론적으로 말해 뇌세포와 심장세포는 개체의 '정체성'[396]을 위해 최소한 바뀌지 않는 것으로 볼 수 있다. 즉 다른 세포들은 바뀌어도 정체성에는 크게 지장이 없을 것이다. 그러

---
396) 정신, 성격, 습관 등 개체의 고유한 성질.

나 모든 과거 기억과 정서를 담고 있는 뇌세포와 심장세포가 바뀐다면, 그 개체의 정체성이 크게 흔들릴 수 있는 것이다.

물론 뇌세포와 심장세포가 교체된다고 하더라도 동일 염색체에 의한 복제이므로, 물질적으로는 원래의 세포와 비슷한 것이라 볼 수 있다.

그러나 생물의식의 관점에서는 동일 '세포의식'이 연속된다고 볼 수 없다. 예를 들어 갓난아기는 부모 의식을 반반씩 승계하여 물려받은 것이 아니라, 완전히 **'새로운 자아'**로 구성되는 것이다. 그리하여 신체적 시스템으로는 형제들하고 비슷하게 되지만, 정신적으로는 완전히 새롭고도 독립적인 정체성을 가지게 되는 것이다. 예를 들어 우리의 친형제는 4명이다. 그런데 그들이 추구하는 생각과 행동과 진로가 모두 다르다.

나아가 그들이 표현하는 이성과 감성의 증폭도 모두 다른 것이다.

또한 복제양 '돌리'Dolly도 마찬가지이다. 즉 돌리의 신체적 시스템은 거의 원본과 비슷하게 복제되겠지만, 그 정체성은 새로운 생명의식으로 이루어지므로 원본과 같은 것으로 보기 어려운 것이다. 왜냐하면 원본이 생각하는 어미와 달리, 돌리는 그에게 처음 젖을 주는 사람을 어미로 여길 것이기 때문이다. 나아가 세밀히 비교해 보았다면, 감성의 선호도도 다를 것이다. 이것에 대해서는 제6장에서 '카나드' 혹은 '의식단자'로 다시 설명될 것이다.

그러므로 뇌세포와 심장세포가 교체되지 않는 이유는 개체의 정체성과 관련이 있다고 보는 것이 합리적이다. 만약 뇌세포와 심장세포가 자주 교체되면, 개체의 독특한 과거 기억과 정서의 연속성이 사라져 소위 '자아의 동일성'이 성립되지 않을 것이다.[397] 즉 개체의 연속성이 사라지면 부모 형제와 친구를 구분하지 못할 뿐만 아니라, 피아마저도 혼란

---

397) 단, 정체성과 관련이 약한 일상 기억은 뇌의 한계로 자주 망각된다.

한 상태가 될 것이다. 나아가 그들과 나눈 감성적 유대관계는 더욱 생각할 수도 없을 것이다.

그런데 이러한 정체성은 당연히 생물의식에 관한 문제이므로, 물질에서 기인한 것으로 볼 수 없다. 따라서 만약 정체성이 물질에 의한 것이라면, 뇌세포와 심장세포가 자주 교체되어도 무방할 것이다. 왜냐하면 모든 것이 물질 복제에 의한 것이라면, 비슷한 기억과 정서가 나타날 것이다. 나아가 정체성이 있든 없든 상관도 없을 것이기 때문이다.

그러므로 정체성을 유지하려는 것은 생물의식의 요구임에 틀림이 없다. 이것은 물질회유로 인한 진화 과정에서, 생물의식이 점점 확충되어 의식이 명료해짐으로 말미암아, 개체의 정체성이 점점 강화되는 것으로 보인다. 그리하여 앞으로 인간이 진화될수록 다른 기관으로까지 정체성이 강화되고, 더불어 점점 더 세포의 '고착도' 또한 높아질 것이다.

그리고 앞 제3장 2의 '생물의 에너지 보충'에서 설명하였듯이, 모든 신체적 활동과 사유활동에도 에너지가 소비된다고 하였다. 즉 신체를 위해서는 음식을 반드시 섭취해야만 한다. 마찬가지로 사유를 위해서는 **'생명의식에너지'**가 새롭게 보충되어야만 한다고도 하였다. 그런데 뇌세포와 심장세포는 거의 교체되지 않는다. 그렇다면 사유와 감성의 활동으로 에너지 소모가 많은 뇌세포와 심장세포는 어떻게 계속 활동할 수 있는 것일까?

그것은 교체되고 확충되는 다른 나머지 세포들이 중앙통제와 정체성을 위해, 생명의식을 **조금씩 분담해** 새로이 공급하는 것으로 생각된다. 그리하여 뇌세포와 심장세포는 그 자체로 교체되지 않고도 계속 에너지 활동을 하게 되는 것이다. 왜냐하면 그렇지 않고 뇌와 심장의 '사유에너지'와 '감성에너지'가 고갈되면, 급격히 사유와 정서의 한계에 도달할 것이기 때문이다.

유전자 의식과 세포의식

1953년 J. 왓슨과 F. 크릭이 DNA의 이중나선 구조를 밝혀내었다. 그리고 그 후 많은 연구가 진행되어 이중나선의 뉴클레오티드에 붙어 있는 염기서열과 '게놈'(유전체)[398]을 밝힘으로써, DNA에 대한 상당한 진전을 이루고 있다. 그리하여 현재는 유전자와 DNA는 같은 뜻이 되었다. 나아가 미국의 인간게놈프로젝트는 2000년 7월 인간게놈 지도를 완성하였다고 발표했다.

그러나 우리는 측정 가능한 DNA의 메커니즘은 파악할 수는 있겠지만, 그 유전정보의 근원에 대해서는 궁극적으로 접근할 수 없다. 그것은 원자에는 전자기력과 핵력이 존재하지만, 무엇이 그것을 왜 어떻게 발생시키는지 알 수 없는 것과 마찬가지다. 즉 베르그송[1859~1941]이 말하는 지성의 '영화론적映畵論的 구조'[399]나 양자역학에서 말하는 하이젠베르크[1901~1976]의 '불확정성의 원리'[400]가, 측정이 가능한 지성의 한계를 명확히 하고 있다.

---

398) genome. 유전정보의 총합. 즉 DNA와 염색체 정보의 합을 이룬 유전체.
399) 지성은 영화필름처럼 단속적이어서, 연속적인 생물의식 전체를 파악하기 어렵다는 뜻.
400) 관찰자의 영향으로 전자의 위치와 속도를 동시에 측정할 수 없다는 원리. 즉 관찰영향.

유전자 의식

'유전체'genome는 생물의 거의 모든 정보를 저장하고 있다. 즉 DNA와 염색체에는 신체를 생성하고 다루는 거의 모든 프로그램이 있는 것이다. 그런데 DNA의 뉴클레오티드 구조나 염기서열 같은 분자의 하드웨어만으로는 아무것도 할 수 없다. 왜냐하면 분자가 단백질 합성을 직접 지시할 수 있었다면 염기서열로 정보화할 필요도 없었을 것이다. 즉 분자만 아무렇게나 쌓여 있어도 될 것이기 때문이다.

그리하여 이러한 분자가 단백질 합성을 지시한다고 믿는 사람은 없는 것이다. 따라서 네 가지 염기 A, T(U), G, C로 이루어지는 서열이 만들어 내는 DNA는 이미 프로그램된 부호(암호)이다. 그리하여 이 부호에 의해 여러 아미노산이 다양한 단백질로 합성되는 것이다.

그런데 **부호화란 정보화이고, 정보화란 의식화**를 말하는 것이다. 그러나 물질만으로는 아무리 잘 배열해 놓아도 부호화를 할 수 없다. 그 일정 배열에 정보를 심어 의식화가 되어야 정보처리를 하게 되는 것이다.

그러므로 이제 우리는 그 부호화된 유전정보를 물질과는 다른 고유한 것으로 인정할 수밖에 없을 것이다. 따라서 이러한 유전정보를 생물의 식이라고 할 수밖에 없다는 것이다.

이것은 우리가 컴퓨터를 프로그래밍할 때, 우리 의식이 이진법의 디지털 정보를 그곳에 프로그램하는 것과 마찬가지다. 즉 도킨스가 놀라듯 신비할 정도로 컴퓨터와 DNA의 디지털적인 정보가 비슷한 것은, 모두 인간과 생물의 의식적인 **'공통산물'**이기에 그런 것이다.

그리고 각종 호르몬 또한 정보를 가지고 있기는 마찬가지이다. 예를 들어 세로토닌은 주로 행복감을 느끼게 하고, 멜라토닌은 자연적인 수면유도 호르몬이다. 그런데 물질적으로는 세로토닌과 멜라토닌은 단지 단백질일 뿐이다. 따라서 아무리 많은 아미노산을 결합하더라도, 그러한 잡동사니만으로는 아무런 정보를 가질 수 없다. 다만 그러한 다양한 펩티드결합에 정보를 심어 의식화가 되어야 정보처리를 할 수 있는 것이다.

이처럼 DNA 구조가 하드웨어라면 유전정보는 소프트웨어이다. 즉 이중나선 구조가 디스켓이라면, 그 염기서열 정보는 프로그램이다. 또한 컴퓨터의 프로그램은 인간의 아이디어로 정보의식이 이미 주입된 것이다. 따라서 정보의식이 없다면 프로그램조차도 없는 것이다.

그런데 정보는 이 아이디어를 도출한 사람이 어떻게든 표현하지 않으면, 누가 언제 어떻게 만들어졌는지 도저히 알 수 없다.[401] 마찬가지로 유전정보도 그 근원 자체가 표현하지 않는 한 알 수 없는 것이다. 다만 생물의식이 없는 무기자연에 의해서는 만들어지지 않았다는 것만은 확실하다. 왜냐하면 주지하다시피 물질은 유전하지 않고 생물의식만 유전함으로 인해, 그에 대한 아이디어는 당연히 생물의식에서만 나올 수밖에 없기 때문이다.

그러므로 앞 제3장 '2 새로운 생물의 기원- 물질회유'에서처럼, DNA는 생물의식의 줄기찬 '물질회유'에 의해 프로그램된 것이다. 나아가 DNA의 돌연변이도 당연히 의식적 반응이다. 이에 돌연변이를 일으키는 바이러스와 박테리아도 의식적 존재임을 다시 깨닫게 해 주는 것이다.

세포의식

나아가 단세포생물에서 다세포생물로 진화되는 것은 순전히 생물의

---

[401] 예를 들어 윈도우는 ○○회사가, 워드 프로그램은 XX회사가 만들어 판매함으로만 알 수 있다.

식의 작용임을 분명하게 나타내고 있다. 즉 단세포에서 다세포로 되는 과정에는 물리화학적 메커니즘은 전혀 나타나지 않는 것이다. 그리하여 그 과정에는 중간물질도 없고 중간단계도 없다.

그런데 어떤 이유에선지 독립생활을 하던 단세포생물들이 계속 다세포생물로 다양하게 뭉치고 있는 것이다. 그리하여 '코프의 법칙'에 따라 더 큰 다세포의 몸집으로 더욱 나아가는 경우가 많다. 예를 들어 코끼리, 고래, 공룡이 그러하다. 그런 데다 다세포로 뭉친 후에도 단세포는, 계속 독립적인 대사활동을 이어 가고 있는 것이다.

그렇다면 그것들이 모두 우연일까? 그러나 지속적인 우연은 우연이 아니다. 따라서 그에 대한 유일한 해답은 단세포생물들은 더 나은 행복 추구라는 공동목표를 위해 다세포생물로 뭉치게 된다는 것이다. 즉 각 단세포는 뇌·심장·근육 등과 같이, 각 기관이 다양한 분업을 이루어 먹이활동·환경극복·번식 등에 효과적으로 대응하는 것이다. 그리하여 다세포는 단세포의 산술적 합산을 능가하여 시너지 효과를 내고 있다.

특히 물질계에서는 낮은 단계[402]로의 분리가 가능하다. 즉 분자에서 원자로 분해되어도 원자 자체의 기능에는 전혀 이상이 없다. 그러나 생물계에서는 한번 다세포생물이 되면, 단세포생물들로 분해될 수 없다. 그리하여 단세포로 분해되면 모든 세포 기능이 정지되어 죽는다.

즉 물질계와는 달리 생물계는 상향적일 뿐이어서, 예전의 낮은 단계로의 삶으로 회귀할 수 없는 것이다. 왜냐하면 다세포의 시스템은 이미 단세포들의 주체성을 대부분 중앙통제소에 위임한 것이기 때문이다.

그러므로 다세포는 물질적 적층이 아닌 사회의 발달처럼 의식적이고

---

402) 니콜라이 하르트만이 말하는 '낮은 존재층'.

문화적이라는 것이다. 따라서 모든 공생과 다세포는 기계적인 모임이 아니라, 협력이라는 의식이 강하게 작용하고 있는 것이다. 즉 천재지변이나 전쟁 등으로 인해 인간의 공동체가 순식간에 와해되면, 개인의 삶도 거의 무너지는 것과 마찬가지이다.

다세포가 생물의식의 작용이라는 사실은 '**협력의 와해**' 현상에서도 잘 나타난다. 예를 들어 류마티스 관절염은 협력을 잘하던 면역세포(수지상세포와 T세포 등)가 갑자기 자기 신체 세포를 공격하면서 발생한다. 이러한 '자가면역질환'은 면역세포의 '착각'에 의해 발생한다고 한다.

즉 어떤 세균에 감염되었을 때 그 세균의 단백질이 자기 신체 세포의 단백질과 비슷할 경우, 면역세포는 그 세균만 공격하지 않고 자기 신체 세포까지도 공격한다는 것이다. 이것은 면역세포가 온전히 똑똑하지 못하므로, 기계적(물질적)인 정확도가 없음을 잘 나타내는 것이다. 이러한 '자가면역질환'에는 전신성 홍반성 루프스(SLE), 바제도병, 만성 갑상샘염, 중증 근무력증, 원형 탈모증, 다발경화증, 1형 당뇨병 등이 있다.

또한 인간은 장기이식에 있어 '부적합도'가 심하다. 즉 간이나 심장 등을 이식할 경우, 가족 외에는 많은 부작용이 나타난다. 그것은 고등동물일수록 '고착도'가 강하기 때문이다. 그런데 문제는 장기이식의 부적합도는 기계론적인 물질 적층만으로는 설명할 수 없다는 것이다. 즉 기계론적인 물질로 볼 때 어느 사람의 간이나 심장의 단백질은 비슷하여 배타적일 이유가 없는 것이다. 따라서 그것은 오로지 생물의식의 작용 중 동일성(정체성)의 추구를 강력하게 증명하는 것이다.

한편, 50~60조 개 정정도인 우리 몸의 세포는 각각 독립적인 대사를 하면서 공생하고 있다. 어떤 세포는 폐를 조립하고, 어떤 세포는 심장을 조립한다. 즉 개개의 세포는 공생의 원리에 따라, 분업적으로 맡은 역할을 하는 것이다. 그런데 이러한 역할 구분은 모든 세포 간에 긴밀한 정보교환이 없다면 불가능할 것이다. 즉 공생은 정보를 교환하고 역할을 조정해야만 가능하다. 그리하여 각 세포는 '표면 수용체'를 이용하여 서로 신호와 연락을 한다. 또한 '세포간교'細胞間橋나 '데스모솜'desmosome[403] 등의 연결로를 통해 물질들을 교환하고 있다. 이처럼 세포들은 아마 그런 곳을 통해서 영양물질 외에도 전기신호 혹은 화학물질 같은 물질들이 교환되는 것으로 파악된다.

그런데 더 중요한 것은 이러한 전기신호나 화학물질은 정보자체가 아니라 매개 물질일 뿐이라는 것이다. 즉 앞에서도 말했듯이, 신경계나 매개 물질은 감각의 전달 수단일 뿐이라는 것이다. 왜냐하면 그 물질들을 원자에 이르기까지 환원해도 감각은 나타나지 않기 때문이다. 그렇다면 그 감각은 무엇일까? 모두 환원하고 마지막으로 남을 한 가지, 그것은 우리가 항상 체득하는 비가시적인 생명의식일 수밖에 없는 것이다.

그리고 과학이 고도로 발달하면 '물질회유'에 따른 모든 정보화 방법이 더욱 밝혀질 수도 있을 것이다. 그러나 우선 생각할 수 있는 것은 '의식의 지각력'이다. 즉 생물의식의 지각력은 수용되는 에너지가 무엇을 의미하는지 깨달을 수 있는 능력이 있다.

사람의 예를 들어 보자. 첫째, 신체 외부적으로 볼 때 인간의 감각기관은 전달되는 외부에너지를 수용한다. 이어서 그것을 전달받은 중앙의 뇌는 그 의미를 분석하고 정보화한다. 둘째, 내부적으로는 뇌가 다른 기관들과 그 정보를 공유하는 것이다. 즉 뇌세포 이외의 다른 기관의 세포와 유전자들도 정보를 받고 있다는 것이다. 그리하여 뜨거운 물체에

---

403) 상피 세포 등에서 세포와 세포를 결합하는 양식의 하나.

손이 닿으면 뇌 내부의 정보공유에 따라, 즉각 팔근육을 움직이게 하여 손이 그 물체로부터 떨어지게 하는 것이다.

특히 문화나 도덕은 이처럼 내외의 의식적 지각력에 의해 정보화되는 것으로, 하등의 물질과 상관없이 가능한 것이다. 즉 "수용기는 에너지를 감지할 수 있으므로 (중략) 생각 같은 **보이지 않는 힘**에 의해서도 통제가 가능"<#91>하다는 것이다.

Junk 유전자

모든 생물의 게놈에는 유전자 대부분을 차지하는 'Junk 유전자'(비부호화 DNA, 쓰레기 DNA)가 존재한다. 현재 유전학자들은 인간게놈의 약 95%에 이르는 유전자가 이 'Junk 유전자'로 이루어져 있다고 말한다. 즉 유전정보를 가지고 개체의 형질발현을 지시하는 부호화 유전자와는 달리, 이 Junk 유전자는 형질발현(단백질 생성)과 관련해서는 아무런 정보를 담고 있지 않아 그 역할을 밝혀내지 못하고 있다.

따라서 Junk 유전자는 형질의 유전정보가 드러나지 않아 유전자 내에 무작위적인 서열처럼 존재한다. 이런 Junk 유전자는 인트론, 슈도우, 유전자간 등으로 되어 있다. 이처럼 Junk 유전자는 컴퓨터에 있는 C, D 드라이브의 끊어진 공간이라고 보면 이해하기 쉬울 것 같다. 그리하여 유전학자들은 이 Junk 유전자를 아마 유전자 이용해지, 유전자중복 등에 의해 나타난 것으로 생각한다.

그런데 문제는 이 Junk 유전자는 다윈주의 진화론으로는 도저히 설명하기 어렵다는 것이다. 즉 생물은 환경에 적응하며 생존하기도 너무

버겁다. 따라서 불필요한 DNA를 보유하면서까지 진화한다는 것은 너무나 비경제적이므로 상상할 수도 없는 것이다. 더군다나 유전자를 이기적으로 보는 이론에서는 더욱더 나타날 수 없는 현상이다. 즉 생물이 현재 불필요한 이 Junk 유전자를 보유하는 것은 이기적이지 못한 것이다. 더군다나 미소한 부분이 아니라 95% 정도가, 이런 Junk 유전자라면 문제는 더욱 심각해진다.

그렇다면 생물은 왜 Junk 유전자를 보유하고 있는 것일까. 현재 인간 게놈을 거의 파악한 상태에서도 아직 Junk 유전자의 존재 이유에 대해서는 확실히 밝혀지지 않았다. 그리하여 계속 연구가 진행 중이지만, 대략 Junk 유전자는 그야말로 쓰레기라고 보는 학자들과 그 일부라도 표현형의 발현 과정에 보조적 역할[404]을 한다든지, 특정 질환에 영향을 미칠 수 있지 않을까 하고 생각하는 학자들이 있다.

이처럼 Junk 유전자를 생물학적으로 확실히 설명할 수 없다면 생물의식을 가지고 한번 설명해 보자. 첫째, Junk 유전자 내에는 일부 비신체적인 생물의식의 발현정보가 프로그램된 것인지 모른다. 즉 현재 우리가 게놈 연구에서 구분하여 파악할 수 있는 생물의식에 관한 유전정보는 일부의 지성(IQ 유전자 등)과 감성에 관계하는 유전자 정도이다.

그런데 인간에게 본능적인 양심, 도덕심, 정의감 등의 사회의식은 유전자의 어디에 부호화되어 있는지 자세히 모른다. 마찬가지로 우리에게 보편적으로 나타나는 순수한 사유 능력에 속하는 추론·직관력·상상·통찰·창의성 등의 추상적인 부분도 어디에 부호화되어 있는지 모른다. 이러한 양심과 창의성 등은 비가시적인 데다가 그 경계가 모호하여 분

---

404) 전이인자, 게놈의 40% 정도로 파악.

류하기조차 어렵다.

그러므로 현재 분명히 인간에게 보편적으로 나타나 기능은 하지만, 부호화 공간을 알지 못하는 유전정보가 Junk 유전자의 일부에 있을 수 있다는 것이다. 따라서 앞으로 양심과 창의성 등의 유전자를 분류할 수 있다면, 지성 유전자의 분류에 더하여 생물의식의 고유성이 한층 더 명료하게 될 것이다.

둘째, Junk 유전자의 일부는 과거에는 유전정보를 가졌으나, 유전자 이용변경이나 해지 등으로 인해 현재에는 유전정보가 잠복되어 나타나지 않는 것일 가능성이 있다. 그리하여 미래의 환경변화를 위해 보관하는 것이다. 만약 생물에게 가끔 나타나듯이, '귀선유전'이 필요하면 '복귀돌연변이'로 복귀하여야만 하는 것이다.

그러므로 이 Junk 유전자의 공간은 유전정보의 복귀가 가능한 컴퓨터의 '휴지통'이라고 말할 수 있다. 즉 컴퓨터의 휴지통에 남아 있는 정보는 당장 사용할 수는 없다. 그것들은 복귀한 후에야 사용할 수 있는 것이다.

또한 Junk 유전자는 프로그램을 변경하거나 추가할 수 있는 여유 공간이 될 수도 있을 것이다. 생물은 변화하는 환경에 적절히 대응하기 위해, 어느 정도 그것을 극복할 준비를 하게 된다. 따라서 현재 불필요한 듯한 Junk 유전자도 없애 버리지 않고, 고통을 감수하고서라도 남겨 두는 것이다. 앞에서 말했듯이 생물의식이 고통을 감수하지 않고서는 중간물질을 축적할 수 없는 것과 마찬가지이다.

그러므로 이 Junk 유전자는 양심과 창의성 등의 선험성과 관련된 유전자이거나, 갑작스러운 환경변화에 대응하여 복귀유전자, 유전자변경, 유전정보 증가('의식확충')에 대비해 신속히 부호화할 수 있는 예비유전자일 가능성이 큰 것이다. 물론 아직 증명이 쉽지 않지만, 여하튼 여러모로 보아 이 Junk 유전자는 물질주의로서는 도저히 해석이 안 되어, 생물의식의 고유성을 증명하는 것이라고 할 수 있다.

3 생명의 약동

생물학적으로도 생물의식의 고유성을 증명한 데 이어, 이제 '생명의 약동'에 대해서 자세히 알아보자. 여기서 말하는 생명의 약동은 앙리 베르그송이 말하는 '엘랑비탈'elan vital과 비슷하다고 할 수 있을 것이다. 즉 생명의 약동이라는 뜻은 생명의식에너지가 물질을 회유하여 생물을 탄생시키고, 그 생물을 계속 발달시키는 것을 말한다. 즉 생물의 탄생 및 진화는 물질의 우연한 이합집산에 의해서가 아니라, 생명의식의 능동적인 행복 추구에 따라 발생한다는 것이다.

엘랑비탈

베르그송은 《창조적 진화》 등에서 "모든 존재는 의식이다."라고까지 말하며, 그 의식은 충동과 자유와 창조력 등의 에너지를 가진 의식이라고 말한다. 따라서 그의 의식론은 본 서의 의식에너지와 상당히 수렴되고 있다 할 것이다. 다만 그의 의식론은 과학적 보완이 조금 아쉬웠다.

여하튼 여기서는 엘랑비탈에 관한 주요 내용을 먼저 알아보고, 불명확하거나 미비한 부분을 좀 더 보충하여 생명의 약동에 대하여 명확히 해 보고자 한다. 우선 《창조적 진화》에는 생물의식에 관해 다음과 같은 내용이 전개된다.

1) 생명은 본질적으로 물질을 관통하는 **연속적인 흐름**이며, 생명은 의식이 활동하는 끊임없는 자기 창조행위이자, 자기 초월행위이다. 즉 의식의 운명은 뇌물질의 운명에 얽매여 있지는 않다.
2) 본능과 지성은 의식이라는 단일토대에서 서로 분리되었으며, 그 기반은 '보편적 생명' 같은 것이다.
3) 생물의 모든 의식은 공통적인 부분에서 발달하고 나누어진다. 의식의 기본성질은 동일하다. 즉 근원적인 약동은 동일하다. 그러나 의식의 결합세기에 따라 각 생물은 그 능력에서 차이 나며, 각 생물과 각 기능의 발달도 극단적인 차이를 보일 수 있다.
4) 전체적으로 볼 때 생물은 진화한다. 즉 생물은 하나의 끊임없는 변형이다. 그런데 그 진화는 결합된 의식의 한계 내에서의 진화이다. 그리고 생물의 다음 단계로의 대진화는 '**의식의 첨가**'이며, 이 의식의 첨가는 별개의 창조다.
5) 생물의식은 환경의 변화에 처음에는 혼란이 일어나더라도, 점차 그 환경을 극복하고 활용할 수 있다. 즉 자연환경은 생물의 기반을 소극적으로 부과하지만, 생물의식은 환경에 대응해서 주도적 극복을 행한다.

6) 지성은 진화의 어느 한 결과이다. 지성은 보다 의식에 가까우며, 본능은 무의식 쪽이다. 그리고 지성은 완전히 만족하지 못하고, 새로운 요구를 끊임없이 하게 된다.

7) 지성이 물질을 장악하려는 주목적, 즉 과학을 하는 목적은 물질에 의해 저지당하고 있는 무엇인가를 원리적으로 **해방**시키는 데 있다. 즉 물질을 파악하여 그 이면을 보고자 하는 것이다. 따라서 과학자들이 우주에는 물질만이 존재한다고 주장하여도 그 물질로부터 탈출하려는 욕구가 항상 있는 것이다. 그리고 지성은 창조를 가장 배척한다. 왜냐하면 의식 중에서도 지성은 물질 혹은 신체와 가장 밀착돼 있기 때문이다.

8) 지성은 무생물을 다루는 데는 능하지만, 생물을 다루게 되면 곧 무능해진다. 왜냐하면 지성이 다루는 것은 단속적이고 부동不動의 상태에 있는 물질에 한정된 것이고, 생물의식은 연속적이고 동적인 상태이기 때문이다. 또한 생물의 외재적인 요소(물질)가 수없이 증가하여도 그것은 외재요소의 **병렬**일 뿐 생물의 내재요소인 의식에 다다를 수는 없다.

8항목 보충

이렇듯 베르그송이 100여 년 전에 이미 생물의식의 고유성에 대해 정확히 직시하고 진화론자들에게 주의를 당부한다. 그런데도 다윈주의자들은 계속 '외적 연역'을 강행하며 그 고유성을 폄하하고 있는 것이 현실이다. 이제 앞의 8항목에 대하여 현재까지 진전된 생물학과 생물의식을 업데이트하여 보완해 보자. 그리고 제6장에서는 우주로 시각을 넓혀 더욱 근원적인 '생명의식'에 대한 설명이 있을 것이다.

1)항 보충

1)항 중에서 먼저 살펴볼 것은 단속적인 물질과는 달리 생물의식(생명의식)은 '**연속적**'이라는 것이다. 이 말은 생물의식은 근원적으로 물질과는 다르다는 의미이다. 만약 생물의식이 뇌물질의 부수기작이라면, 물질에는 근본적으로 없는 다른 성질이 나타날 수는 없을 것이다.

즉 박테리아의 돌연변이를 볼 때 뇌가 없을 때부터 생물의식은 작용해 오던 것이다. 또한 앞의 애기장대와 선충의 유전자 동정에서도 보았듯이, 뇌물질에서만 생물의식이 발생한다는 것은 무리한 것이다. 그러므로 물질과 생물의식은 근본적으로 완전히 다른 성질을 갖고 있다. 그 이유를 좀 더 알아보자.

첫째, 물질은 생물의식에 비하면 단속적이다. 양자역학은 '흑체복사이론'黑體輻射理論[405] 등에서 에너지가 불연속적이며, 전자의 '전위'電位[406] 또한 불연속적임을 강력하게 나타낸다. 즉 광양자나 전자가 모두 독립적이어서 통합될 수 없다는 것이다.

나아가 물질은 시간과 공간으로 분리할 수 있다. 예를 들어 어제의 물 분자를 오늘 수소 원자 2개와 산소 원자 1개로 분리할 수 있다. 또한 물질은 부분으로 나뉘어서도 원래의 자기 성질을 수행할 수 있다. 즉 분자

---

405) Blackbody radiation. 흑체복사란, 일정한 온도에서 열평형을 이루는 물체가 복사(대류나 전도가 아닌)만으로 열을 내보내는 현상을 말한다. 그리고 플랑크 법칙에서 플랑크상수(h)는 불연속적인 에너지의 단위를 의미한다. 즉 광양자가 독립적이라는 것이다.

406) potential. 전자의 회전 궤도 변경은 서서히 바뀌는 것이 아니라, 갑자기 튀어 바뀐다.

를 나누어도 원자는 원자의 역할을, 원자를 나누어도 양성자는 양성자의 역할을, 전자는 전자의 역할을 한다.

그러나 생물의식은 공유되며 연속되어 있다. 예를 들어 뇌세포를 보자. 성인 남자의 뇌는 약 1,500g으로, 신생아의 400g에서부터 20세 정도까지 3단계로 발달한다. 그리고 그중 신경세포는 약 140억 개 정도이다. 그리하여 그 각각의 신경세포는 시냅스synapse로 연결되어 있으며, 그 통합 작용을 하는 곳은 주로 '신피질'과 '대뇌변연계'이다. 즉 신피질과 대뇌변연계에서 각각의 신경세포의 정보를 통합시켜 그것들을 원활하게 처리[407]하는 것이다.

그런데 문제는 신피질과 대뇌변연계에서 통합된 정보는 다시 각각의 신경세포의 정보로 환원될 수는 없다는 것이다. 즉 신피질과 대뇌변연계를 잘게 나누어도 각각의 정보를 얻을 수 없다는 것이다. 결국 한번 통합된 정보는 연속적으로 이어져 분리되지 않는 것이다.

그러므로 이제 통합되어 연속으로 이어진 생물의식은 이성과 감성을 분리하여 사고할 수 없다. 즉 오늘은 이성만 사용하고 내일은 감성만을 사용할 수 없는 것이다. 또한 그것은 시간과 공간에 의해 분리되지도 않는다. 그리하여 우리 의식은 과거와 현재, 여기저기를 분리할 수 없다. 즉 오늘은 과거만을 의식하고, 내일은 현재만을 의식하며 살지 못한다. 또한 여기서는 과거만을 의식하고, 저기서는 현재만을 의식할 수 없다. 다만 우리의 필요에 따라 어느 한쪽으로 의식을 약간 집중할 수 있을 뿐이다. 따라서 물질의 단속성과 생물의식의 연속성은 다른 근원을 가진다는 것이 합리적이다.

둘째, 생물의식은 말 그대로 뇌물질의 운명에 얽매이지 않는다는 것

---

[407] 이성과 감성에 의해 판단, 선택 등을 한다.

이다. 생물의식은 현재 우리가 처한 물리적 상황에 안주하거나 체념하는 것이 아니라, 가능한 한 극복하고 뛰어넘으려고 한다. 예를 들어 앞에서도 거론했듯이, 가장 극단적인 극복은 단식과 자살이다. 즉 인간은 자신이 바라는 대로의 삶이 이루어지지 않으면, 신체적으로 아무 이상이 없다고 해도 스스로 삶을 포기할 수 있다.

그런데 다른 동물들에게는 단식과 자살이라는 행태가 거의 나타나지 않는다. 그러나 인간에게는 단식과 자살이라는 독특한 행태가 나타난다. 그리하여 동물과 인간의 이러한 차이는 생물의식의 양적 차이라는 것이다. 즉 동물은 인간보다 더욱 생물의식이 부족하여 단식과 자살이라는 의지를 거의 발현시킬 수 없는 것이다.

상기와 같이 단속적인 물질은 그 물질의 항상성 이상으로 개선하고 발전시킬 수 없다. 따라서 물질은 단속적이어서 스스로 진화가 불가능하다. 예를 들어 수소 원자에서 헬륨 원자로는 연속적 진화 과정에 있는 것이 아니라, 양성자와 전자가 새로이 부가되어 완전히 다른 성질의 물질이 되는 것이다. 즉 물질은 형태가 변하여 자기조직화로 보이더라도 동일 물질은 동일 성질을 나타낸 것이고, 성질이 변하게 되면 벌써 다른 물질이 되는 것이다.

그러나 생물의식은 연속적이어서 유전자를 통해 과거와 미래가 분리되지 않으며, 물질을 추가 회유하여 생명을 지속시키면서 진화할 수 있는 것이다. 베르그송의 말을 조금 더 들어 보자.

"하나의 의식상태가 품고 있는 잠재행동이 신경중추 내에서 언제든지 그 실행 신호를 접수하듯, 두뇌는 매순간 의식상태의 운동지시에 신경을 쓰고 있다. 하지만 의식과 두뇌의 상호의존성은 여기서 끝난다. (중략) **의식은 자유 그 자체다.** 그러나 의식은 물질을 가로질러 가려면 어쩔 수 없이 물질에 올라앉아야만 하며, 거기에 적응해야만 한다. 이 적응이야말로 지성의 본분이다. 지성은 활동적인 의식, 즉 자유로운 의식을 향해 몸을 돌려서, 물질이 자주 삽입되는 개념적인 형식 안에 의식을 끼워 넣는다."<#92>

2)항 보충

2)항의 의미는 본능과 지성은 모두 생물의식의 '공통산물'이라는 것이다. 아마 지성이 생물의식의 산물이라는 데는 모두 동의할 것이다. 그런데 본능마저도 같은 생물의식에서 출발한다는 것이다. 왜냐하면 진화 과정에서 수시로 변해 온 본능 또한 물질의 항상성에서는 기대할 수 없는 것이기 때문이다.

앞에서 린 마굴리스가 말했듯이, 생물의식이 생물의 신체와 밀접하게 결합하면 본능이 되고, 생물의식이 자체적으로 고도화되면 정신이 발현되는 것이다. 즉 생물의식이 신체를 돕기 위해 신체 가까이 가면 생물의식은 신체에 '침잠'되어 신체를 자동화(부호화)하게 된다. 그것은 물론 물질의 의식화, 즉 물질회유 때문이다. 마찬가지로 생물의식이 집약되어 고도화되면 정신이 나타나게 되어 마음과 의지에 일관성이 높아지게 될 것이다.

예를 들어 종의 본능으로 새끼들의 젖 빨기, 새끼거북의 바다 찾기, 갓 난 송아지 일어서기, 연어의 회기 현상, 심장의 자율박동, 신경의 조건반사 등등 무수히 나열될 것이다.

그렇다면 생물의식이 본능화된다는 구체적 증거로는 어떤 것들이 있을까? 그것은 현재 진행 중인 개인적 본능 작업인 '근육 기억'과 '세포 기억'을 들 수 있다. 먼저 근육 기억은 운동선수들이 부단히 연습하는 이유이다. 즉 근육에는 비교적 단위당 생물의식의 양[408]이 적기 때문에, 운동선수들은 수없는 반복연습을 통한 그 근육 기억으로 실전에서도 실력을 나타내도록 하는 것이다. 또한 그러한 반복연습은 뇌의 시뮬레이션을 통해서도 근육 기억을 돕게 할 수 있을 것이다. 즉 뇌에 있는 의식을 그 근육으로 조금 더 담당시킨다고 볼 수 있다.

또 '세포 기억설'[409]은 심장을 이식받은 사람이 예전의 심장 주인과 같은 행태를 새롭게 획득한다는 것이다. 즉 심장 수혜자가 전혀 자신의 취향이 아니었던 스포츠 댄스나 록 음악 등을 갑자기 좋아하게 되든가, 심장을 이식받은 소녀가 생생한 악몽을 꾸어 심장 기증자의 살해범을 검거할 수 있었다고도 한다. 그리하여 아직 학계에서는 충분한 증거로 확립되지 않았다고 보지만, 이러한 사례가 수집·발표되고 있는 것이 비일비재한 현실이다.

그리고 앞의 근육 기억도 세포 기억을 의미한다. 왜냐하면 근육에서 기억을 담당할 곳은 세포뿐이기 때문이다. 그러므로 그 세포가 모인 각 기관도 기억할 수 있는 것이다. 나아가 앞에서 양심도 생물의식의 사회균형감이 오랜 공동체 생활에서 축적된 본능이라고 말한 바 있다.

다음으로 '보편적 생명' 또는 '생명의 보편성'이 무슨 의미인지 알아보자. 생명의 보편성이라는 것은 생물에는 무언가 공통적인 작용이 있다는 의미이다. 즉 앞 제1장 1의 '진화의 증거'에서도 말했듯이, 유전학적

---

408) 곧 설명될 '집약도'.
409) 애리조나 주립대 G. 슈왈츠 교수 등이 주장했다.

으로 'DNA의 동일 구조'[410], 'DNA 호환성'[411], 멘델 유전법칙의 동일성, 'DNA 동일률'[412] 등이 있고, 단백질의 구성(20가지 아미노산)과 결합(펩티드)도 동일하다. 그리하여 진화론자들은 이러한 생물의 동일 구조를 가지고 진화의 증거로 주장하고 있다.

그러나 이러한 동일 구조는 진화의 증거가 될 수 있겠지만, 자연선택을 증명하는 것이 아니다. 왜냐하면 동일 구조는 오히려 생물의식의 역할을 증명하는 것일 수 있기 때문이다. 즉 물질의 우연한 이합집산에 근거한 다윈주의 자연선택으로는, 진화상 동일 구조가 지속성을 가질수록 그것을 유지할 확률이 급감하기 때문이다. 왜냐하면 무기자연의 무기화無機化 때문이다.

여하튼 앞에서 강조했듯이, DNA의 유전정보는 물질적인 하드웨어로만 형성될 수 없는 것이다. 그 물질에 의미를 부여하는 프로그램(정보의식)이 함께해야만 하는 것이다.

그러므로 생물의식이 모든 생물의 공통적인 정보를 이룬다는 것이다. 즉 본능에 의존하는 것 같은 단세포 박테리아에서 정신적인 인간까지, 표면적으로는 큰 차이를 보이더라도 근본적으로는 생물의식의 공통속성 아래 있는 것이다. 따라서 의식은 속성(목적성, 주체성, 자유성)으로 구성되며, 그 속성에 따른 생물의 큰 기능은 비슷한 것이다. 그리하여 자기애와 생의 의지, 이기적인 동질성과 이타적인 다양성 등으로 행복을 추구하는 것이다.

그리고 유기체의 회유된 신체의 물질 구조는 생명의식이 잘 포집捕集될 수 있는 그물망 같은 것이다. 그리하여 비교적 생명의식이 적게 포

---

410) 염기 A, T, G, C로 이루어진 뉴클레오티드의 이중나선.
411) HOX 유전자 등.
412) 생물 간에 유전자가 서로 비슷한 정도.

집되는 생물은 하등할 것이며, 생명의식이 많이 포집되는 생물은 고등하다고 볼 수 있다. 따라서 각 종은 생명의식의 집적 정도에 따라 그 생물의식의 발현 세기가 다르지만, 그러한 생물의식은 공통된 속성을 가지는 것이다.

이에 대해서는 이미 앞에서 '의식의 상동성'이 수렴진화를 일으킨다고도 설명했다. 그러므로 이러한 공통된 생물의식으로 인한 생물을 '보편적 생명'이라 부르는 것이다.

3)항 보충

앞에서 말했듯이 모든 생물은 생물의식을 가지며, 그 생물의식은 기본적으로 공통속성을 가지고, 그러한 공통속성에서 생물이 약동한다는 것이다. 그리하여 앞의 고조보리 교수가 뇌 유전자를 애기장대나 효모에서도 동정同定할 수 있었던 것도 공통된 유전정보, 즉 생물의식의 공통속성에 기인하는 것이다. 즉 박테리아의 의식이나 인간의 의식은 기본적으로 동일한 속성을 가지며, 그 속성의 약동과 집적에 따라 점점 다른 형태로 나타날 수 있는 것이다.

이러한 관점에서 여기서는 생명의식이 생물에 축적되는 양과 밀도에 따라 다음과 같이 구분한다. 즉 앞에서부터 조금씩 거론되었듯이 생물의 신체는 '의식총량', '의식집약도', '의식고착도' 등으로 구분할 수 있다는 것이다. 그리고 기본적으로는 생물에게 있어 생물의 의식총량이 늘어날수록 집약도와 고착도도 높아질 가능성이 크다.

(1) 우선 **'의식총량'**意識總量을 보자. 예를 들어 원숭이와 인간은 그 생물

의식의 총량에서 차이를 나타낸다고 볼 수 있다. 즉 원숭이는 나무타기나 멀리뛰기 등에서 부분적으로 인간보다 우월한 본능이 있다. 그러나 원숭이는 인간의 지성이나 이성을 따라오기 힘들다. 따라서 전체적인 환경 대응에서 원숭이보다 인간의 생물의식 능력이 월등하다고 볼 수 있다. 그러므로 인간이 원숭이보다 생명의식에너지의 총량이 많다고 할 수 있다. 즉 생물 간 의식총량의 다소는 **전체적인 해결 능력**을 비교하면 어느 정도 가려지는 것이다.

물론 비가시적인 생물의식의 양을 엄밀히 계량화하기는 어렵겠지만, 우리는 동물들의 문제해결 능력을 상호 비교함으로써 그 생물의식의 총량을 가늠할 수는 있을 것이다. 그리고 아마 생물의식의 총량을 대표적으로 '지능'이라고 보아도 무방할 것이다. 또한 전체적이라는 말은 특정 능력이 아니라는 의미다. 특정 능력으로 볼 때는 인간은 원숭이에게도 못 미칠 수 있다. 그러므로 진화는 의식적 용어이며, 진정한 진화는 생물의 의식총량이 증가하는 것이다.

그렇다면 박테리아에서 인간으로까지 진화되었듯이, 이러한 생물의 의식총량 증가는 어디서 어떻게 가능하게 되는 것일까. 그 생물학적인 유일한 기작으로는 '**유전자중복**'(혹은 '염색체중복')에서 기인한다고 볼 수 있다. 현재 대부분 게놈에서 유전자중복이 나타난다. 그런데 유전자중복이 돌연변이에 의해 나타나 '유전공간'이 확보된다 해도 유전정보가 업그레이드되지 않는 한 아무 의미가 없다. 즉 그 중복된 유전자가 업그레이드되지 못하면, 그냥 원상태로 수선이 되든지 Junk 유전자로 남게 되는 것이다.

그러나 다윈주의에서는 생물의식의 고유성을 인정하지 않으므로, 우연을 제외하면 유전정보가 업그레이드될 수 있는 통로는 없다. 따라서 유전정보가 업그레이드될 수 없는 사태로 인해, 다윈주의는 대진화를 향한 통로가 결국 막히게 될 수밖에 없는 것이다. 이러한 연유로 지적설계론이나 도약진화가 대안으로 대두되는 것이다.

그러므로 본 서는 이러한 정체 사태를 해결하는 가장 부드러운 방법이 '**의식확충**'이라고 생각하는 것이다. 이에 대한 개략적 설명은 앞 제3장 '2 새로운 생물의 기원- 물질회유'에서 이미 다루었다. 더불어 상세한 설명은 다음 4)항을 설명할 때 함께 하기로 하자.

(2) 다음으로 '**의식집약도**'意識集約度에 대해 알아보자. 집약도는 의식총량과는 달리 생물의식의 **특정 기관에서의 양**이다. 즉 특정 기관에 생물의식이 많이 모이면 이에 대해 집약도가 높다 할 것이다. 따라서 비슷한 생물의식의 총량을 가지더라도 특정 기관에 생물의식이 밀집되어 기능이 우수하게 되는 것이다. 예를 들어 앞에서 말한 원숭이가 나무타기에서는 인간보다 집약도가 높은 셈이다.

그리고 사자는 이빨과 발톱이 강하다. 즉 사자는 지상에서의 '포식기능'을 강화하였다. 그러나 사자는 날지는 못한다. 따라서 사자가 '지상기능'의 생물의식의 집약도가 상당히 높은 것과 비교해, 독수리는 날개로 인해 지상보다는 '공중기능'에서 그 집약도가 높아 날 수 있는 것이다.

그리고 우리가 어떤 생각에 골몰하고 있으면, 주위의 소리를 잘 못 듣는 경우가 있다. 이것은 인간의식의 집약도가 일시적으로 청각에서 생각으로 옮겨 간 예이다. 따라서 앞 제2장 2의 '유전자변경'에서 예로 든 마츠자와 테츠로 교수팀이 밝힌, 인간은 침팬지의 순간 기억력을 잃는 대신 상상력을 획득하였다고 보는 경우도, 생물의식의 집약도가 변경된 것이다.

나아가 관련 학자들이 인간의 대뇌피질의 표면적 비율로 각 신체를 표현한 '허먼큘러스'homunculus라는 것이 있다. 그리하여 손가락과 입술의 면적이 비교적 넓고 몸뚱이는 작다. 이는 손가락과 입술 등에 집약도가 높고, 몸뚱이는 집약도가 낮다고 볼 수 있다.

따라서 농구, 골프, 축구선수들이 주로 활용하는 팔다리 근육은 집약도가 낮으므로 부단히 연습해야만 하는 것이다. 이것을 다른 말로 하면 손가락과 입술 등 많은 정보가 필요한 곳에는 많은 의식이, 몸뚱이같이 적은 정보로 가능한 곳은 적은 의식이 적절히 분배되고 있는 셈이다.

또한 앞 '공업암화'에서 프로이트는 심적 장치를 에너지의 체계로 파악하고 있다고 말한 바 있다. 그런데 그러한 심적에너지도 집약도가 이동될 수 있다. 즉 사람의 심적에너지는 어느 정도 한계용량을 가진 것으로, 한 부분에 에너지가 많이 집중되면 그만큼 다른 부분은 엷어지게 된다는 것이다.

예를 들어 어떤 사람이 강한 자아自我를 가지게 되면 이드Id나 초자아超自我가 비교적 약하게 되고, 초자아에 에너지를 집중하는 사람은 이드나 자아의 에너지가 엷어지게 되는 것이다.

(3) 다음은 '**의식고착도**'意識固着度에 대해 설명해 보자. 고착도固着度란, 생물의 어떤 기관이 매우 중요하여 그 기능이나 형태의 변경이 어려운 정도를 말한다. 즉 고착도란, 생물의식과 신체 기관과의 **결합 강도**를 말하는 것이다. 따라서 고착도가 높으면 그 기관의 변이 가능성이 작은 것이다. 그러므로 대개 생물의식의 고착도가 높은 기관은 유연성이 발휘되기 어려워, 환경변화에 민감하게 대응하기 어렵다고 할 것이다.

예를 들면 긴끈벌레와 해삼 등은 반을 잘라 두면 그 각각의 반은 새로이 온전한 완성체가 된다. 그리고 대부분 게들도 잘린 다리에서 새로운 다리가 생겨난다. 또한 과일나무의 접붙이기도 고착도가 낮으므로 비교적 쉽게 활용된다.

그러나 고등동물이 될수록 잘린 다리가 새로 생겨나기 어렵다. 예를 들어 파충류인 도마뱀의 잘린 꼬리는 새로 생겨나지만, 포유류인 쥐만 하더라도 꼬리가 잘리면 평생 불구가 된다. 즉 쥐의 꼬리는 고착도가 높아 그 기관을 새롭게 대체하기 어려운 것이다.

그리하여 다윈도 "종의 형질은 속의 형질보다 변이하기 쉽다."<#93>라고 하였다. 즉 '종 고착도 < 속 고착도'가 되는 셈이다. 또한 최근의 게놈 연구에서도 "고등동물들은 하등동물들보다 게놈구조 변화 시 더 많이 저항하는 것으로 보인다."<#94>라고 하고 있다. 따라서 보편적으로 생물의식의 총량이 적은 하등동물이 급진적이고 변종이 많은 것은, 비교적 생물의식의 고착도도 낮아 유연할 수 있기 때문이다. 또한 앞에서 소개한 우장춘 박사의 '종의 합성'도 주로 하등생물에서 발생하며, 고등동물이 될수록 '종의 합성'이 어려운 것이다. 그리하여 앞에서 단성생물에서 양성생물이 되면 더 변이하기 쉽다는 주장은 잘못된 것이다.

나아가 동일 신체 내에서도 생물의식의 고착도의 차이가 있다. 예를 들어 기린의 목과 코끼리의 코는 다른 곳보다 생물의식의 고착도가 비교적 낮아 목과 코를 길게 활용할 수 있었다. 반면 기린의 코와 코끼리의 목은 비교적 생물의식의 고착도가 높은 셈이다.

캄브리아기의 폭발로 다양한 생물이 나타났다. 생물의 역사에서 그처럼 다양한 생물이 일시에 나타난 적이 없었다. 아마 캄브리아기 이전 생물들은 생물의식의 총량뿐만 아니라 고착도도 낮았을 것이다. 그리하여 여러 여건과 더불어 변이가 폭발하여 캄브리아기에 다양한 생물이 나타났다고 볼 수 있다.

그러나 그 후 생물의 의식총량이 늘어나고 고착도도 강해지자 각 기관의 변이도 그만큼 어려워지게 되고 다양한 생물의 폭발적 발생이 줄어들게 된 것으로 생각할 수 있을 것이다. 나아가 고등동물을 지나 인간이 되면 의식총량도 더욱 늘어나게 되고, 고착도도 더욱 강해져 변이가 더욱 어려워진다고 생각된다.

이에 역으로 고등동물일수록 고착도가 강해지는 것은, 그에 비례해 의식총량이 늘어나는 증거로 볼 수 있다. 왜냐하면 고등동물이 전반적으로 고착도가 강해지는 것은, 대개 의식총량이 늘어나야 가능하기 때문이다.

그리고 인간은 상대적으로 뇌와 손에 높은 집약도와 고착도를 보인다. 따라서 각 생물들과 그 기관들의 생물의식의 양과 질의 차이는 오래전부터 각 생물 조상들의 행복을 위한 가치선택이 누적된 것이다.

그런데 물질주의와 다윈주의는 대개 의식은 우연히 나타나거나, 뇌물질에서 겨우 나타나는 것일 뿐이라고 계속 주장하고 있다. 그리하여 그들은 생물의식 자체를 무시하므로 생물의식의 '총량'과 '집약도'와 '고착도' 등을 연구하지 않는다. 그렇기에 각 생물에서 차이 나는 기관의 강도와 특성을 도저히 설명하기 어려운 것이다.

그리하여 이렇듯 생물의식에 따른 새로운 분석인, 신체에 전반적으로 결합된 의식의 총량, 이빨과 날개의 집약도 차이, 기린의 목과 코끼리의 코에 관한 고착도 차이에 대해, 그들은 아마 상상하지도 못한 상태에서 이런저런 부속가설 찾기에 바쁠 뿐이다.

4) 항 보충

다소 간의 차이는 있지만, 생물은 진화한다. 즉 진화의 균열이 심하지만, 앞 고조보리 교수의 '뇌 유전자 동정'으로 보아도 대진화가 이루어진다고 해석할 수 있다. 특히 머리글에서 말했듯이 하등동물에서 고등동물이 될수록 점점 인간의 유전자와 'DNA 동일률'이 높아지는 것이 사실이다. 그렇다고 하더라도 진화는 아무런 근거 없이 우연히 이루어지는 것이 아니다. 만약 발전적인 유전정보가 없으면, 답보상태로 살아갈 수밖에 없을 것이다.

그런데 모든 정보는 의식이다. 즉 의식 아닌 정보란 없는 것이다. 따라서 모든 생물은 주어진 의식 내에서 삶을 영위하는 것이다. 나아가 모든 변이도 그 생물이 가지는 생물의식의 한계 내에서만 가능한 것이다. F. 젠킨은 "육종에서 나온 증거는, 동물과 식물이 넘지 못할 한계가 있음을 보여준다."<#95>라고 말한다. 이것이 앞에서도 거론한 '진화의 한계'이다.

그러므로 평상(평형)시에는 세포 복제로 인한 생명의식 보충과 한계를 가진 소진화는 그 생물의 '의식총량' 내에서도 가능한 것이다. 그러나 대진화는 생물의 의식총량이 증가해야만 가능한 것이다.

즉 소진화는 그 생물의 '의식총량' 내에서도 가능하지만, 대진화는 생물의 의식총량이 증가해야만 가능한 것이다. 그런데 모든 변이나 진화도 추진동력이 있어야 한다. 그리하여 지금까지 살펴본 바와 같이, 그 동력은 행복 추구이고 그 방법은 '유전자변경'이나 '의식확충'이라는 것이다.

그리하여 소진화는 기존의 유전정보를 변경하는 정도이고(대개 동질변이), 대진화는 기존의 유전정보에 새로운 유전정보가 크게 확충되어야만 하는 것이다. 그래야만 전체적인 능력이 향상되는 것이다.

그런데 유전정보가 크게 확충되려면 생물의식의 확충이 뒷받침되어야만 한다. 즉 생물의식의 확충 없이는 더 많은 유전정보를 다룰 능력에 한계가 있는 것이다. 이렇듯 새로운 생물의식이 확충되어야만 더 많은 유전정보로 약동할 수 있는 동력이 생기게 되는 것이다.

(1) 그러나 '**의식확충**'意識擴充은 자연선택이 할 수 있는 것이 아니다. 그것은 물질로는 환원되지 않는 정보들이기 때문이다. 그러므로 생물의 의식확충은 신체 외부의 생명의식에너지에 의해서만 가능한 것으로 볼 수밖에 없다. 이러한 '의식확충'을 베르그송은 '새로운 창조'라고 본 것이다.

예를 들어 원숭이에게서 인간으로의 진화는 전반적이고도 독특한 진화여서, 증가한 생물의식으로 인하여 더 높은 창조력이 아니면 다른 무엇으로 설명할 수 없는 것이다. 그리고 '의식확충'은 '**의식첨가**'意識添加와 거의 같은 의미이다. 즉 확충은 생물 내부의 시각이고, 첨가는 외부의 시각이다.

그렇다면 '의식확충'에 대해 예를 들어 설명해 보자. 아마 의미 있는 사실이 될 수 있을 것이다. 그것은 고등동물일수록 사고력(기획력, 창의력)이 점점 우수해진다는 것이다. 즉 하등동물일수록 확보된 의식의 대부분을 그 종이 필요한 항상적인 본능으로 사용하고, 고등동물이 될수록 본능 이외 여유가 조금 생겨 자유로운 사고력이 우수해지는 것이다.

그 예로 설치류들은 대부분 의식을 본능으로 충당하기 때문에 사고력(창의력)이 열악한 것이다. 그에 반해 설치류의 포식자들은 그 사고력에서 설치류들보다 우수할 것이다. 나아가 인간은 다른 동물들보다 사고력이 더 우수한 것이다.

그렇다면 왜 이런 현상이 나타나는 것일까? 그 이유는 환경에 대처하기 위해 최소한의 본능이 필요하기 때문으로 보인다. 즉 하등동물들은 의식총량이 적기 때문에 최소한의 본능을 위해 그 의식의 대부분을 사용하여, 사고력에 사용할 여유가 별로 없는 것이다.

그러나 인간은 제법 많이 확보된 의식으로 최소한의 본능을 충당하고, 나머지를 자유로운 사고력(창의력과 논리력 등)으로 활용할 수 있는 것이다. 따라서 사고력이 우수해진 것은 의식확충이 이루어진 증거가 될 수 있는 것이다.

다른 예를 더 들어 보자. 호주 동남부 연안에 주로 서식하는 단공목인 오리너구리는 파충류에서 진화되었다고 한다. 즉 오리와 비슷한 주둥이를 가진 오리너구리는 포유류로 분류되면서도, 알을 낳고 그 알에서 부화한 새끼에게 수유(授乳)하는 것이 특징이다.

그런데 오리너구리가 과거 파충류에서 진화하기 위해서는 의식확충이 필요하다. 왜냐하면 의식확충에 진전이 없었다면 파충류가 가진 기존의 유전정보로는 오리너구리가 되기 어렵기 때문이다. 즉 파충류에서 오리너구리가 된 것은, 그에 따른 유전정보가 확충되었기 때문이다. 그리고 오리너구리가 다시 포유류처럼 새끼를 낳게 되려면 새로운 의식확충이 이루어져야 할 것이다. 즉 동질변이를 뛰어넘기 위해서는 예전의 유전정보로 돌려막기에는 한계가 있으므로, 새로운 의식확충이 필요하다는 말이다.

(2) 그렇다면 진화를 위해서는 어떻게 유전정보를 확충할 것인가? 베르그송은 생물의식의 증가를 창조라 하였지만, 그 뚜렷한 방법을 제시

하지는 않았다. 이제 여기서 '의식확충'에 있어 그 세부적인 방법을 설명해 보도록 하자.

앞에서 생물의 목적은 행복이라고 했다. 생물들은 행복 추구를 위해 대부분 더욱 발전하기를 원할 것이다. 왜냐하면 발전하면 행복의 기회가 더욱 증대되기 때문이다. 물론 지금의 삶에 만족하고 안주할 수도 있지만, 그럴 경우는 앞 제1장 '7 진화의 차이와 한계'에서 설명하였듯이, 박테리아가 박테리아를 벗어나지 못하게 되는 것이다.

그리하여 앞 제3장 '2 새로운 생물의 기원- 물질회유'에서 '생명의식 에너지'에 의한 아미노기의 회유에서 박테리아 발현까지를 설명한 바 있다. 나아가 이제 더욱 진화하기를 원하는 생물들은 의식확충을 갈망하게 된다. 즉 "시간이 흐르고 생물이 진화하면서 보다 많은 유전정보를 내포한 **유전자를 요구**하게 되는 것이다."<#96> 이처럼 대부분 생물은 우수한 경쟁력을 위해 해결 능력, 즉 의식총량이 늘어나기를 바라는 것이다.

그러나 진화를 위한 과학적인 해결 능력의 확충을 위해서는 비과학적인 신을 배제할 수밖에 없다. 또한 자연선택의 우연과 필연도 배제된다. 그렇다면 마지막 방법은 우리가 실제 체득하는 생물의식으로 눈을 돌릴 수밖에 없는 것이다.

그렇다면 의식총량을 늘리려면 구체적으로 어떻게 해야만 할까? 그것은 앞 생물의 탄생 때와 마찬가지로 물질을 추가로 회유하여, 더욱 '의식확충'이 가능토록 해야 한다는 것이다. 즉 생물들은 고통을 감수하고라도 자기의 의식총량 내에서라도 조금씩 중간물질(혹은 새 물질)들을 준비하여야 하는 것이다. 아마 진화에 대한 갈망이 강할수록 중간물질의 회유량과 속도가 빠를 것이다.

그리고 그에 따라 외부의 생명의식에너지에서도 조금씩 따라붙어 합류할 수 있게 되리라는 것이다. 이처럼 생물은 내부에서 생물의식 확충을 예비하고, 외부에서는 생명의식에너지가 생물의 탄생 때와 비슷하게 따라붙어 합류하게 되면, 새로운 생물의식의 총량이 증가하게 되는 것이다. 나아가 새로 합류된 생물의식들도 다시 힘을 합쳐 새로운 중간물질들의 회유에 더 박차를 가할 수 있을 것이다.

그리하여 이제 새로운 생물의식이 확충된 생물은 바야흐로 더욱 진화하게 될 것이다. 이것이 생명의식에 의한 생물의식의 **확충과 첨가**이다. 즉 내외의 생명의식들의 공동작업이다. 더구나 내외에 갈망하는 생명의식들이 많다면, 아마 생물의 의식확충이 더욱 잘 이루어지리라 볼 수 있다.

그러므로 결국 진화란, 생물이 행복의 기회를 확대하기 위해 물질회유를 하는 가운데, 의식이 확충되면서 일어나게 되는 것이다. 그리고 생물이 현재에 만족할수록 진화가 정체되거나 더디게 될 것이다. 이런 정체된 생물들에는 앞 '진화의 한계'에서 설명한 박테리아를 위시하여 상어나 은행나무 같은 것들이 될 것이다.

(3) 그렇다면 생물의식이 확충되는 구체적인 위치를 설명해 보자. 첫째, 앞에서 잠깐 거론되었듯이, 돌연변이에 의해 유전자나 염색체가 중복되어 유전공간이 확보되면, 새로운 의식이 확충되기 쉽다. 왜냐하면 중복된 유전자는 물질이 상당히 회유된 상태이기 때문이다.

그러므로 기존의 생물이 환경극복을 갈망하여 유전자중복을 갖춰 놓으면, 외부의 생명의식에너지가 첨가되어 새로운 유전정보를 만들어 가는 행로가 되는 것이다. 이와 반대로 일부 양서류나 큰 나무 종에서 인간의 수백 배나 되는 유전체가 발견되지만, 생명의식의 확충이 없으면 유전정보가 그대로인 관계로 더 진화하지 못하게 되는 것이다.

특히 인간의 사례를 보자. 첫째, 관련 학자들의 연구에 의하면 인간은 뇌의 팽창 시점과 그 뇌의 능력이 발현되는 시점 사이에 오랜 간극이 있었다는 것이다. 즉 인간 뇌의 용량은 250만 년 전에서 10만 년 전 사이에 세 배나 커졌는데, 이 기간에 우리 조상들은 계속 똑같은 종류의 주먹도끼만을 사용했다는 것이다.<#97> 즉 뇌가 커졌는데도 의식확충이 늦어져, 타제석기나 마제석기로의 기술혁신이 정체상태에 있었다고 보이는 것이다.

둘째, 모든 생물이 비슷하겠지만, 인간은 아기에서부터 성인이 될 때까지 계속 의식확충이 이루어져야 한다. 앞에서 말했듯이 성인 남자의 뇌는 약 1,500g으로, 400g의 신생아에서부터 20세까지 3단계로 발달한다. 그런데 만약 아기가 성인이 될 때까지 의식확충이 제대로 이루어지지 않게 되면, 저능아로 되거나 온전한 성인이 되지 못할 것이다. 그리하여 아기들은 조상들에 의해 이미 회유되어 DNA에 프로그램된 세포가 분열하여 확충되면서, 의식도 확충이 순조롭게 이루어지는 것이다.

특히 루소가 《에밀》에서 말한 제2의 탄생이라는 '사춘기'는 의식확충에 따른 정체성이 자리를 잡는 시기라 볼 수 있을 것이다. 즉 동물의 종마다 조금씩 다르겠지만 성체가 되기 위해 새로운 의식확충이 되면, 그에 맞춰 **'새로운 정체성'**이 조정되고 확립되어야만 한다. 그리되어야 혼란한 사춘기를 극복하여 온전한 자아自我가 형성되고, 완전히 독립적이고도 주체적인 성체의 삶을 꾸릴 수 있는 것이다.

따라서 사춘기 전후 신체적으로 특별히 달라진 물질이 없는데 새로운 탄생이 이루어지는 것은, 의식확충에 의한 것이라고밖에 할 수 없을 것이다. 물론 물질적으로는 정체성이 호르몬의 영향 아래 있다고 할 수 있지만, 앞에서부터 계속 설명해 왔듯이 호르몬 자체도 의식확충에 따른 프로그램 아래 있을 수밖에 없는 것이다.

이처럼 생물에게 있어 의식이 확충되는 사례들을 살펴보았다. 그러나 아직 그러한 사례나 증거가 충분히 밝혀지지 못한 것이 사실이다. 그것은 인문학적으로나 과학적으로나 그에 관한 연구가 충분하지 못한 까닭이다. 앞으로 관련 학문이 발전하면 더욱 '의식에너지'의 확충에 관한 증거가 쌓일 것이다. 더군다나 머리글에서도 말했듯이, 관련 과학이 진화를 과학적으로 밝힐수록 그에 대비하여 생물의식의 고유성에 대한 명증성이 더욱 뚜렷해질 것이다.

그렇게 되어야만 물질주의의 불합리하고도 난삽한 가설들이 사라지고, 물질회유에 따른 물질과 정신으로 이루어진 균형 잡힌 생물을 정확히 볼 수 있는 것이다. 따라서 본 서는 의식도 자연과학이므로 생물의식에 대한 과학적 연구도 계속되어야 한다고 생각한다. 그리하여 여러 분야에서 의식에너지, 즉 '의식력'이라는 분명한 목표를 설정하고 협력하면 큰 시너지를 낼 것이다.

5)항 보충

생물의식은 자연환경을 그대로 수동적으로 수용하고 순응하는 것이 아니라, 그 생물의 의지에 맞게 능동적으로 활용하고 극복한다는 것이다. 즉 앞 '자연선택설의 허구성'에서 거론한 '자연효과'를 '의식선택'과 버무려서는 안 된다는 것이다.

그런데 생물은 일차적으로 자연환경에 순응하는 것은 사실이다. 즉 새로운 환경에 대해 해결 능력이 부족할 때는 순응하기에 급급한 것이다. 왜냐하면 무기자연은 그 규모와 고착성에서 생물이 회유하기에 너무 벅찬 장벽이기 때문이다.

그러나 생물은 차츰 능력을 쌓아 자연환경을 극복하려 한다는 것이다. 즉 생물은 다가올 행복을 위해 적응하는 것이지 무턱대고 순응하는 것이 아닌 것이다. 왜냐하면 무턱대고 하는 순응은 무기화만이 가속될 뿐이기 때문이다. 그러므로 자기애가 있는 생물은 그 자신을 우선으로 생각한다. 예를 들어 두더지는 일단 두더지로 더 잘 살아가기 위해 땅속에서 생활하는 것이지, 두더지가 흙이 되기 위해 땅속으로 들어가는 것이 아닌 것이다.

따라서 생물은 그 자신을 위해 자연환경을 극복하는 순서가 있다. 앞에서 말한 ① 이주 → ② 환경개선 → ③ 신체변형이 그것이다. 즉 생물변이는 생물의 능동적 선택에 따라 나타나며, 무기자연은 수동적인 효과(바탕과 장애)를 나타내는 것일 뿐이다. 그러므로 환경을 극복하기 위한 주체는 역시 생물의식이다.

6)항, 7)항 보충

모든 생물은 생물의식이 있고, 모든 신체 곳곳에도 생물의식이 스며 있다. 그리하여 유전자와 세포를 비롯하여 신체 어디에도 생물의식이 결합되지 않은 곳은 없다. 왜냐하면 물질회유로 인해 미세한 아미노기에서부터 생물의식이 강하게 결합해 있기 때문이다.

따라서 모든 신체는 생물의식의 조종을 받는다. 그리고 뇌는 여러 신체에서 작용하는 의식을 효과적으로 사용하기 위한 '중앙통제소'일 뿐이다. 그러므로 '2)항 보충'에서 살펴보았듯이 본능은 생물의식이 신체와 밀착되어 자동화된 경우이고, 정신은 이성이 주관하는 의식상태를 나타내는 것이다.

그런데 여기서 좀 더 알아봐야 할 것은 신체적인 본능이 어떻게 생물의식에 포함될 수 있느냐이다. 그 이유로 첫째, 삶을 위한 본능은 오랫동안 환경에 대응하여 얻어진 능력을 말한다. 즉 환경에 대한 경험 없이는 본능이 형성될 수 없다는 것이다. 왜냐하면 환경에 대한 경험 없이는 어떤 대응능력이 필요한지조차 알 수 없기 때문이다. 따라서 본능은 경험으로 얻어진 것이며, 경험하는 것은 의식이 아닐 수 없는 것이다.

둘째, 뒤 〈표 3〉에서 보듯이 우리 의식의 기능으로는 이성과 감성이 있고, 이성 내에는 지성과 오성과 추론하는 능력 등이 있다. 그런데 지성은 경험(직·간접경험)을 이해하는 능력이고, 오성은 그 경험 간의 인과관계를 파악하는 능력이다. 따라서 지성과 오성은 현재의 경험을 바탕으로 하는 것이어서, 현재의 경험이 아닌 본능과의 연계에는 한계를 가진다. 즉 개인의 직접적인 경험만으로는 과거의 경험인 본능을 아우를 수 없을 것이다. 그러므로 과거의 본능과 현재의 경험을 모두 아우르는 것은, 역시 전체적인 의식(이성과 감성)뿐이므로, 전체 생물의식이 그 연계에 관여하여 삶을 이어 가는 것으로 생각할 수 있는 것이다.

한편, 과학이 필요로 하는 주된 능력은 지성이다. 특히 자연과학은 경험을 위해 물질을 분해하고 환원하여 그 원인과 결과를 찾으려 한다. 그런 다음 이성은 그 원인과 결과를 활용하여 환경을 극복하려 하는 것이다. 따라서 지성이 과학을 하는 근본 이유는 물질 극복을 돕는 데 있는 것이다.

그렇다면 지성이 왜 물질 극복을 돕는 것일까? 그것은 지성이 비교적 물질을 잘 파악하지만, 근본적으로는 물질과는 전혀 다른 생물의식의 한 부분이기 때문이다. 즉 지성도 생물의 행복을 위해 물질적 원인을 찾는 것이다.

여하튼 지성의 욕구는 끝날 줄을 모른다. 즉 생물의식에서 발전을 주로 담당하는 것은 지성이다. 그리하여 지성은 감성(특히 향수) 등 의식의 다른 요소들로 인해 다소 주춤하기도 하고 쉬어 가기도 하지만, 기본적으로는 발전이 있어야 행복한 것이다. 왜냐하면 지성도 큰 틀에서는 생물의식의 행복 추구를 따르기 때문이다. 따라서 지성은 계속해서 연구·분석하고 발전의 욕구를 나타내는 것이다.

특히 '환원론' 혹은 '환원주의'[413]는 강력한 자연과학적인 방법이다. 그리하여 환원론은 물질을 계속 분해하여 그 근원이 무엇인지를 찾아내려고 한다. 그런데 문제는 다원주의에서의 환원은 물질과 의식을 균형적인 시각으로 보지 않는다는 것이다. 즉 다원주의에서는 물질의 고유성은 인정되지만, 의식의 고유성은 인정되지 않는다. 따라서 의식은 물질의 부수기작일 뿐이다. 그런데 생물의식인 지성에 의지하면서도 생물의식의 고유성을 인정하지 않는 것은 참으로 이상한 일이다.

여하튼 다원주의는 생물의 모든 것을 환원하다 보면, 명쾌한 물질적 근원이 나타나리라고 생각하는 것이다. 그렇다면 그 환원론이 우주의 근원에 접근하고 있을까? 결코 그렇다고 할 수 없다. 왜냐하면 자연과학조차도 지금까지 물질을 엄밀하게 환원해 본 결과, 그 근원은 더욱 파악하기 어려운 것이 되고 있기 때문이다.

즉 물질을 환원할수록 그곳에는 블랙홀·암흑물질·암흑에너지·빅뱅

---

413) 물질적 환원만이 모든 사실을 밝힐 수 있다는 이념.

등이 나타나고, 원자를 분해할수록 그곳에는 측정 불가능한 여러 쿼크와 에너지의 현상들만 두드러질 뿐이었다. 그러므로 과학이 물질을 환원해 볼수록 더욱 난해한 비가시적인 에너지에 직면하고 있는 셈이다.

그렇다면 이러한 비가시적인 요인과 근원은 무엇일까. 그것은 우리 안에서 우리를 실재적으로 약동시키고 있는 의식이라는 것이 가장 유력한 것이다. 따라서 자연과학은 우리 안에 있는 비가시적인 의식을 밝히기 어려워, 가시적이라 생각되는 머나먼 우주 끝자락까지 우회하여 알아보려는 셈이다.

그렇다면 지성이 의식을 제대로 밝히지 못하는 까닭은 무엇일까? 그것은 지성은 감각을 토대로 하기 때문이며, 우리의 감각은 가시적인 물질을 파악하는 데 진화적으로 특화되어 있기 때문이다. 즉 머리글에서도 말했듯이, 우리의 감각은 표층증거만 인지할 수 있도록 겨우 회유된 것이다.

아마 그 회유의 부족은 생물의식이 물질과 결합해야만 하는 유기체의 한계도 있겠지만, 아직 생물의식의 확충이 부족하기 때문이기도 할 것이다. 어떻든 프랜시스 베이컨$_{1561~1626}$의 '4대 우상'[414]을 제거한다 해도, 우리는 사물의 본질을 투시할 수 없다. 따라서 과학자들은 이제 물질에 대한 원인 파악이 지지부진하다면, 생물의식에도 눈을 돌려 비슷한 정도의 열정을 기울이면 좋을 것이다.

8) 항 보충

생물에게 있어 생물의식과 신체는 함께 결합해 존재할 수밖에 없지

---

414) 종족, 동굴, 시장, 극장의 우상.

만, 둘의 관계는 성질과 역할에서 분명히 나누어질 수 있는 것이다. 즉 신체는 물질로 구성할 수밖에 없지만, 생물의식은 물질과는 달리 독립성을 유지할 수 있는 것이다. 그리하여 생물의식은 물질에 얹혀 운반되어야 하며, 신체는 생물의식의 통제하에 있어야만 하는 것이다.

예를 들어 팔과 그것을 작동케 하는 정보의 관계를 살펴보자. 팔에 있는 신경세포의 자극 전달은 주로 전기신호로 처리된다. 즉 주로 나트륨 이온의 흐름이 전기신호가 되어 전달된다. 그런데 이온이 아무리 쌓여도 그 자체로는 정보가 될 수 없고, 이미 형성된 프로그램에 따라 이온의 다양한 전위차가 디지털적인 특정 정보를 형성하는 것이다. 그리하여 그러한 디지털 정보에 따라 팔이 이리저리 움직이는 것이다.

또한 각 세포의 대사에 관한 정보처리도 마찬가지이다. 즉 이온의 전위차가 신경전달물질을 거쳐 세포막의 투과성에서 차이를 나타내면, 그 정보에 따라 세포는 단백질의 기능을 변화시키거나 유전자발현을 조절하게 된다.

그렇다면 이러한 정보를 이루는 이온의 전위차는 무엇에 의해 통제될까? 그것은 이온이라는 물질이 아니라, 바로 생물의식에 의해 끊임없이 조절되고 통제되는 디지털 정보인 것이다. 왜냐하면 이온을 쿼크에까지 분해해도 그곳에는 아무런 디지털이 보이지 않기 때문이다.

그런데도 과학은 **영화적**映畵的이고도 기계적인 지성[415]의 기저에 따라, 연속적인 생물의식의 고유성과 독립성을 끊임없이 부정할 것이다. 그러나 중요한 것은 생물의식은 과학으로 밝혀지기 어렵지만, 또한 과학으로 부정될 수도 없다는 사실이다. 왜냐하면 지성 자체가 생물의식일 뿐만 아니라, 우리는 분명 항상적인 신체 물질과는 달리 정신적인 '가

---

[415] 과학은 영화필름과 같이 단속적인 것은 잘 파악하지만, 생물의식과 같은 연속적 흐름은 포착하기 어렵다.

치선택'을 영위하고 있기 때문이다. 계속해서 베르그송과 아인슈타인의 말을 더 들어 보자.

"우리는 지성이 무생물을 다루는 데는 대단히 능하지만 생물을 다루게 되면 곧 무능을 드러내 보임을 알고 있다. 육체 내지는 정신의 생명을 다뤄야 할 때, 지성은 그러한 생명을 다룰 용도로 만들어지지 않은 도구를 가지고 엄격하고 완고하게, 그리고 난폭하게 일을 처리한다."<#98>

"지성은 방법과 도구에서 날카로운 눈을 번득이지만, **목적과 가치**에서는 눈먼 장님과 마찬가지다."<#99>

그러므로 다시 강조하지만, 생물의 신체가 아무리 커지고 유전체가 늘어나도, 그것으로 진화의 정도를 측정할 수 없다. 즉 코끼리나 고래는 인간보다 신체가 훨씬 크고, 일부 양서류나 나무는 인간보다 수백 배의 유전체를 가지고 있다. 그렇더라도 코끼리나 고래 혹은 양서류나 나무가 인간보다 진화되었다고 볼 수 없는 것이다. 따라서 아무리 신체나 유전체가 커지거나 늘어나도, 전체적인 의식능력이 확충되지 않으면 진화할 수 없는 것이다.

마찬가지로 외재적인 물질 부분이 아무리 많이 쌓여도 그것으로 내재적인 생물의식을 확충할 수는 없는 것이다. 왜냐하면 물질과 생물의식은 다른 규칙으로 운용되는 에너지들이기 때문이다. 즉 생물의 의식확충은 생명의식으로서만 가능한 것이다. 따라서 의식확충은 생물의 탄생 때와 마찬가지로 우주에서 생명의식에너지가 첨가되는 방법밖에 없다는 것이다.

제6장

카나드

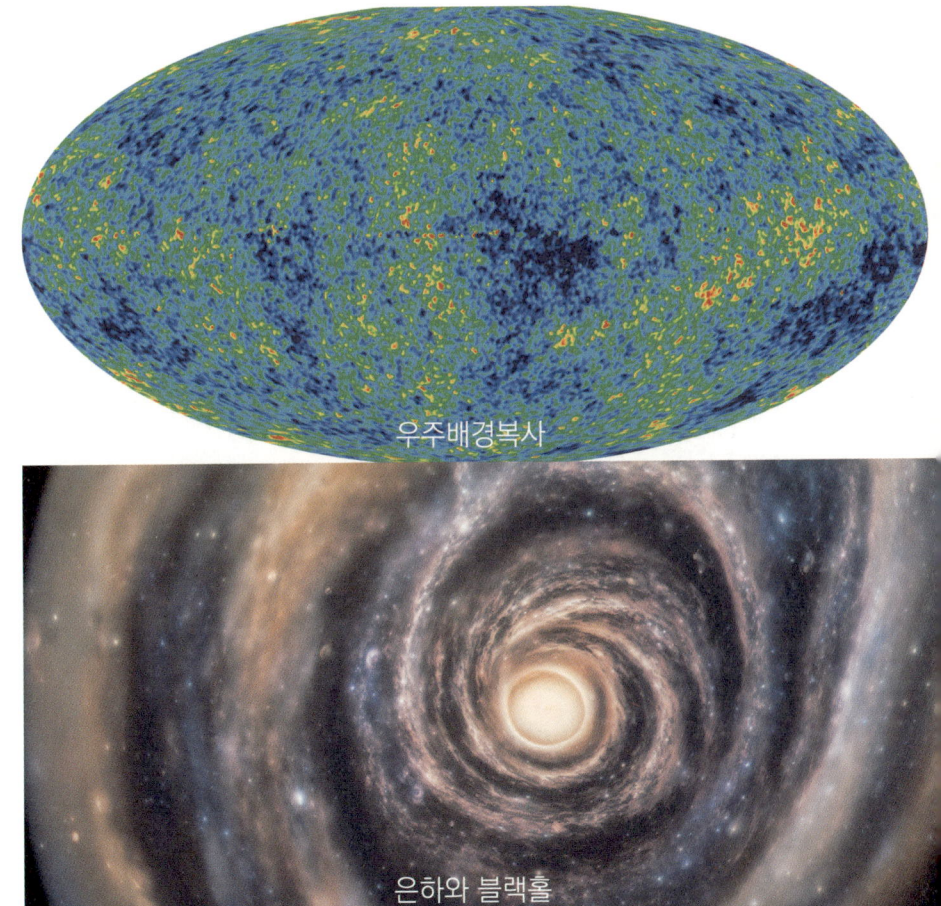

우주배경복사

은하와 블랙홀

제6장 카나드

 우리는 앞 제3장 '2 새로운 생물의 기원- 물질회유'를 설명하면서 우주에서 생물계로 합류되는 '**생명의식에너지**'에 관하여 조금씩 거론해 왔다. 특히 지질학적인 시간으로 진화해 온 생물체에 계속 새로이 공급되는 것으로 보아, 이러한 생명의식은 온 우주에 넉넉할 것으로도 생각해 보았다.
 그러면 생명의식은 구체적으로 무엇을 말하는 것이며 생물의식과는 어떤 관계가 있으며, 어떻게 작용하는지 좀 더 알아보자. 다만 필자의 광범위한 존재론적인 문제들은 본 서의 범위를 넘어서기 때문에, 여기서는 생물의식의 근원과 고유성을 이해할 수 있는 정도로만 다루기로 하자.
 현대의 천문학과 물리학에서는 우주는 138억 년 전, 한 점 에너지의 '빅뱅'Big Bang으로 시작되었다고 한다. 따라서 우주는 에너지로 이루어져 있다고 볼 수 있으며, 에너지가 없는 곳은 없는 것이다. 이것은 앞의 사진에서 보인 '우주배경복사'[416]와 공간 자체의 에너지인 '암흑에너지'dark energy로 잘 알 수 있다.
 따라서 '공간은 에너지의 분포'에 의해 형성되는 것이다. 즉 뒤에서 설명되듯이 이러한 암흑에너지 같은 비가시적 에너지에 암흑물질과 보통

---

416) 초단파와 미세온도 관측에 따른 것으로, 빅뱅 초기 우주의 에너지는 비교적 고른 것이었지만, 약간의 차이가 은하단을 만들어 왔음이 밝혀졌다.

물질(원자 물질) 등이 겹쳐져 있는 것이다. 따라서 태양이나 지구도 허공에서 공전이나 자전을 하는 것 같지만, 주변의 여러 에너지 내에서 활동하는 것이다.

그런데 중요한 것은 머리글에서부터 말했듯이, 에너지는 아무렇게나 무턱대고 존재하는 것이 아니다. 즉 모든 에너지는 사실 '**정보처리**'를 하고 있다는 것이다.

여기서 정보처리란, 이미 내재된 특정 정보로 대상의 특정 정보를 알맞게 처리한다는 뜻이다. 예를 들어 머리글에서 말한 빛과 물뿐만 아니라 원자와 분자, 중력과 자기장, 신체와 정신 등 모든 것이 정보처리를 하고 있다. 그런데 정보처리는 의식 활동을 말하는 것이다. 왜냐하면 의식 아닌 정보는 없기 때문이다.

이에 그러한 정보처리가 가능한 근원적 에너지를 '**의식에너지**' conscious energy라고 하는 것이다. 따라서 자연의 모든 존재와 사물은 의식과 에너지가 통합된 '의식에너지'의 모임이 되는 것이다. 그중에서 물질은 에너지가 주가 되는 '**물질의식에너지**'(물질의식)가 모여 항상성이 나타나고, 생명은 의식이 주가 되는 '**생명의식에너지**'(생명의식)가 모여 가치성이 나타나는 것이다.[417]

그러므로 앞에서부터 설명해 왔듯이 물질도 에너지이고 생명의식도 에너지이고 시공도 에너지라면, **모든 사물**(존재)**은 에너지**인 것이다. 즉 에너지로 나타낼 수 없는 것은 존재할 수 없는 셈이다. 그리하여 만약 에너지가 아니라면 그 사물은 무슨 근거로 실재한다고 할 수 있겠으며,

---

[417] 즉 과거 존재론에서 말하는 형성과 질료는 분리될 수 없는 것이다. 지금까지의 존재론은 형상과 질료를 통합하지 못했다.

그 존재가 무슨 위치와 능력을 가진다고 할 수 있겠는가?

특히 존재에게 근본적으로 에너지가 없다면, 어떻게 물질이나 생물에게 영향을 줄 수 있겠는가? 따라서 신과 이데아Idea, 도道와 리理 등도 에너지가 아니라면, 그것은 실재할 수 없는 허상일 뿐이다.

그런데 에너지는 단순한 힘, 즉 실행력 혹은 전달력만을 의미하기 때문에, 이제 실제 정보처리를 하는 의식을 중점적으로 파악할 필요가 있을 것이다. 그리하여 의식을 중심으로 보면, 의식은 크게 두 가지 기능을 가지고 있다. 첫째, 의식은 정보를 **저장**(지향, 기억)할 수 있다. 둘째, 의식은 그러한 정보에 대해 **처리**(반성, 판단, 선택 등)를 하는 것이다.

그런데 첫 번째 저장기능도 중요하지만, 더욱 중요한 것은, 두 번째 처리기능이다. 즉 정보를 처리한다는 것은 반성, 즉 '사유'한다는 것이다. 따라서 의식의 기능 중 가장 중요하고도 대표하는 것은 사유함이 될 것이다. 그러므로 존재는 의식에너지이고 의식에너지는 정보처리 하는 '**사유에너지**'라고도 할 것이다. 그리하여 모든 존재는 '**사유**'라고까지 할 수 있는 것이다.

여하튼 우주에는 물질을 작동시키는 무기자연의 물질법칙이 분명히 존재한다. 그러나 문제는 그러한 물질법칙만으로 우주의 모든 것이 설명될 수 있느냐 하는 것이다. 만약 그렇지 않다면 더욱 근원적인 작용인이 있어야만 할 것이다.

그리하여 필자는 물질법칙보다 더욱 근원적인 작용인이 존재해야만 한다는 것이다. 왜냐하면 앞에서 계속 설명해 왔듯이 물질법칙과 생명법칙이라는 이질적 법칙이 엄연히 실재하고, 물질법칙 내에서도 양자역학과 일반상대성이론 등의 서로 다른 법칙들이 존재하고 있기 때문이다.

그러므로 우주라는 동일 시공에서는 이러한 법칙들을 포괄적으로 통합할 수 있는 상위법칙이 있어야 할 것이다. 그래야만 우주의 전반적인 균형이 가능할 수 있을 것이다. 이에 그러한 포괄적인 **'동일근원'**同一根源[418] 혹은 '포괄근원'包括根源[419]에 대하여 필자의 새로운 존재론인 《카나드》('자연의식론')를 일부 발췌하여 알아보기로 하자.

1 다중법칙

자연에는 무기자연과 유기자연이 존재하는데, 무기자연의 법칙과 유기자연의 법칙은 각각 다르다. 앞에서 계속 거론했듯이 무기자연에는 항상성이 나타나는 물질법칙(물리화학 등)이 작용하고, 유기자연에는 탄생·복제·생장·노화·죽음·도덕·문화 등의 생명법칙이 나타나는 것이다. 즉 생명법칙인 탄생과 생장 등은 물리화학적인 법칙에 따라서 항상적으로 진행되는 것이 아니다. 그것은 '가치선택'이라는 창의적인 방법으로 더욱 자유롭게 이루어지는 것이다.

그리고 이 두 법칙의 대표적인 물리적 차이점은 무기물은 열린계로

---

418) 모든 우주 작용의 동일 원인.
419) 우주의 모든 작용을 포괄할 수 있는 원인.

서 양의 엔트로피[420]를, 유기체는 닫힌계로서 음의 엔트로피를 나타내고 있다는 것이다. 그런데 굴드 등은 에너지가 생성되기에 태양계도 닫힌계에 속할 수 있다고 오해하지만, 태양계가 닫힌계라면 우주 전체도 닫힌계라 할 수밖에 없을 것이다. 왜냐하면 우주도 어디선가 에너지를 생산하기 때문이다. 그렇게 되면 실제의 엔트로피 현상을 설명할 수 없게 되는 것이다. 따라서 닫힌계와 열린계는 구분된 실체[421] 하나하나에 적용되는 열역학이 되는 것이다.

물질법칙과 생명법칙

그리하여 이미 다윈 시대 이전부터 이러한 두 줄기 법칙의 동시 진행에 대한 구체적인 관점이 있었다. 그것은 데카르트1596~1650로 대표되는 '심신이원론'[422]이 될 것이다. 그리고 1860년 한때 다윈의 스승이기도 했던 지질학자 아담 세지윅1785~1873[423]도 물질법칙과 생명법칙이 다르게 작용함을 아주 정확하게 지적하고 있다. 즉 "그 가설(두 줄기 법칙)은 자연법칙을 중지시키거나 가로막지 않는다. 그 가설이 상정하는 것은 알려진 여느 자연법칙의 작용으로는 설명되지 않는 새 현상이 도입된다는 말이다. 그리고 그 가설은 확립된 법칙 위에 있으면서도 그 법칙들과 조화와 일치를 이루며 작용하는 어떤 힘에 호소한다."<#100>

그리고 현대에 이르러 "똑같은 조건을 주어도 상황에 따라 항상 그 반

---

420) 열역학 제2 법칙: 에너지가 높은 곳에서 낮은 곳으로 이동하는 현상.
421) 태양, 달, 사람 등과 같이 하나하나 구분되어 활동하는 주체.
422) 정신과 육체의 구분.
423) 캄브리아기, 데본기 등을 명명.

응이 달라지는 등 단순한 원자적 개념만으로는 설명할 수 없는 또 다른 법칙이 생명체에 있다는 것을 발견하면서 이러한 주장(물리학자들의 원자, 분자적 동일설)은 빛을 잃게 되었다."<#101> 그리고 환원한 것을 다시 되돌려 보는 '구성주의'構成主義에서는 생물을 기능하게 하는 분자들의 결합 시, 환원할 수 없는 새로운 창조와 가치선택이 반드시 이루어진다는 사실을 밝히고 있다.

그런데 만약 두 줄기 법칙을 인정하지 않게 되면, 생물체가 물질법칙만을 따라야 함을 의미한다. 그리되면 생물체의 탄생이나 적응, 선택이나 의지는 궁극적으로 물질에 복속되는 무기화로, 가치선택인 다양한 진화가 이루어질 리 없는 것이다. 그러므로 두 줄기 법칙은 다원주의자들이 생물체를 물질의 우연한 연장으로 보는 잘못된 사실을 분명히 지적하는 것이다.

그렇다면 물질법칙만이라도 통약이 가능할까? 그렇지 않다. 이해를 돕기 위해 현대의 물리적인 우주를 간단하게 소개해야 할 것 같다. 먼저 미시세계를 조금 보자. 수소 원자를 들여다보면 핵과 전자 하나씩 있다. 나아가 핵을 들여다보면 양성자와 중성자가 하나씩 있다.

그러면 양성자나 중성자가 최종물질일까? 그렇지 않다. 양성자에 전자를 가속기로 충돌시키면, 순간적으로 이합집산 하는 미립자들이 포착되는데 이를 '쿼크'Quark라 한다. 현재까지 원자핵 내에서 밝혀진 최소 입자는 쿼크이다. 나아가 현재 물리학자들은 계속 쿼크보다 작은 입자를 추적하고 있다.

그리고 원자 내에는 또한 이러한 입자들을 구속하는 전달력이 존재한다. 즉 원자의 핵과 전자 사이에는 전자기력이 작용한다. 또한 핵은 핵

입자들 사이의 강한 핵력[424]과 약한 핵력[425]으로 뭉쳐져 있다. 이러한 핵 내의 '아원자'는 물질이라기보다 에너지에 가깝다. 그리하여 이러한 에너지 입자의 최소단위를 '양자'量子. quantum라고 한다.[426]

그리고 물리학자들의 '표준모형'標準模型[427]에 따르면 '힉스입자'Higgs Boson[428]가 존재해야만 한다. 즉 힉스입자란 모든 입자[429]에 질량을 부과하는 입자를 말한다. 따라서 물질보다 더 근원적인 에너지가 많음을 알 수 있다.

나아가 '**반물질**'反物質도 확인되었다. 즉 반물질이란, 반입자로 구성된 물질을 말한다. 그러한 반입자로는 반양성자, 반중성자, 양전자 등이 있다. 과학자들에 의하면 처음 우주는 한 점의 어떤 에너지였다. 그 에너지가 빅뱅 시 폭발하면서 물질과 반물질이 형성되었고, 차츰 반물질은 다른 곳[430]으로 흘러가면서, 우리의 우주는 현재 거의 물질로 이루어지게 되었다고 추정하고 있다.

그리하여 1928년 폴 디랙이 예언하고, 1932년 칼 앤더슨이 양전자[431]를 발견하여 최초로 반물질의 존재가 입증되었다. 또한 1995년에는 CERN[432]에서 반수소 원자를 처음 생성하는 데도 성공했다. 그런

---

424) 양성자들 사이의 척력을 상쇄시키는 힘.
425) 베타붕괴(방사능)를 일으키는 힘.
426) 그런데 최근에는 최소 입자라고 여겨지던 광자와 전자 등도 더 세밀한 입자 다발로 이루어져 있는 것이 확인되었다. 왜냐하면 슬릿slit에 광자나 전자 하나만을 통과시켜도 간섭현상이 나타나기 때문이다.
427) Standard Model. 입자물리학에서의 표준모형은 중력을 제외한 자연계 기본입자의 상호작용(강한 상호작용, 약한 상호작용, 전자기 상호작용)을 다루는 양자장론의 모형을 말한다.
428) 2012년 CERN에서 증명했다.
429) 물질을 형성하는 기본입자와 그것을 연결하는 매개입자.
430) 현재 알 수 없다.
431) 전하가 양인 전자.
432) 유럽 공동원자핵 연구소.

데 이러한 입자의 세계에서는 중력이 거의 나타나지 않는다. 왜냐하면 질량이 너무 미세하기 때문으로 보인다. 여하튼 모든 입자와 강력과 약력, 전자기력, 반물질 등도 모두 서로 다른 규칙으로 진행하고 있다는 것이다.

미시세계를 떠나 거시세계로 눈을 돌려도 마찬가지이다. 현재 천문학자들은 우주 전체의 에너지 분포를 보통물질 4%, '암흑물질' 23%, '암흑에너지' 73% 정도로 보고 있다. 그 보통물질은 우리가 알고 있는 원자로 이루어진 물질을 말한다. 즉 보통물질은 은하와 항성, 행성과 성간 먼지 등을 이루는 것이다. 그리하여 보통물질에서는 중력의 법칙이 나타난다. 그런데 우주 대다수를 차지하는 암흑물질과 암흑에너지는 도대체 알 수 없는 것들이다.

우선 **암흑물질**을 보자. 암흑물질이란, 별들 사이에 중력의 법칙을 적용하려 할 때, 중력으로는 설명할 수 없는 미지의 힘이 나타남을 말한다. 즉 모든 별은 은하의 중심(블랙홀)을 따라 돌고 있으며, 중력의 법칙에 따르면 그 중심으로부터 멀어질수록 별의 속도는 느려져야 한다. 왜냐하면 중심에서 멀어져 중력이 약해지는 데도 별의 속도가 줄어들지 않으면, 은하계 밖으로 튕겨 나가게 될 것이기 때문이다. 즉 구심력과 원심력이 균형을 이뤄야만 하는 것이다.

그런데 1930년대 프리츠 츠비키[1898~1974]는 은하단을 이루고 있는 은하들의 운동을 관측하다가 어떤 미지의 물질[433]이 존재해야 함을 깨달았다. 그러나 그의 주장은 당시 과학계의 관심을 크게 끌지는 못했다. 그 후 1950년대 베라 루빈[1928~2016]은 다시 그 암흑물질이 있어야 함을

---

433) 그때 암흑물질이라고 명명했다.

확인했다. 즉 루빈이 관측한 바에 의하면 은하의 중심에서 가까운 별들이든 먼 별들이든 거의 같은 속도로 회전하고 있는 것이었다. 이것은 중력 외에 훨씬 더 많은 어떤 힘이 존재해야 함을 의미하는 것이었다. 그 후 '중력렌즈 효과'[434]라는 현상 등에 의해서도 암흑물질이 존재한다는 사실이 확인되었다. 그러나 현재로는 암흑물질은 보통물질이 아니라는 정도만 밝혀져 있다.

다음으로 **암흑에너지**를 보자. 암흑에너지는 우주가 가속 팽창 하고 있음에 따라 그 존재를 인정할 수밖에 없는 힘이다. 1929년 에드윈 허블[1889~1953]은 '적색편이'[435]를 연구하다, 우주가 가속 팽창 하고 있음을 최초로 발견했다. '빅뱅' 이론도 우주의 팽창이 확인된 후 나온 것이다. 그리하여 현재의 우주는 70억 년 전보다 15% 더 빨리 팽창하고 있다고 파악되고 있다.

그런데 일반상대성이론에 따르면 별들은 중력으로 인해 은하의 중심으로 수축하여야 한다. 그러나 우주가 팽창한다면 그 수축을 방지하는 에너지가 필요할 것이다. 그런데 암흑물질은 우주가 팽창할수록 옅어져, 그 역할을 못 한다는 것이다. 그리하여 수축 방지에 필요한 것으로 암흑에너지가 대두된 것이다.

그 후 천문학자들의 여러 찬반 속에서 기나긴 연구를 통해 암흑에너지의 존재가 온전히 인정되었다. 나아가 암흑에너지는 우주가 팽창해도 오히려 밀도가 높아져, **공간 그 자체**가 가지는 에너지로 파악되고 있다. 그리하여 앞에서도 말했듯이 암흑에너지 등이 기본바탕의 우주공간을

---

434) 무거운 질량의 천체로 인해 빛이 구부러져, 마치 렌즈를 통과한 것으로 보이는 현상. 그리하여 이렇게 계산된 질량을 보니, 보통물질의 질량보다 훨씬 큰 것이었다. 이로써 암흑물질이 존재해야 하는 것이다.
435) 빛을 내는 천체가 관측자로부터 멀어지는 경우, 빛의 파장이 길어지게 되어 점점 적색을 띠게 되는 현상. 반대의 경우를 '청색편이'라고 한다.

형성하는 것이 아닌가 하는 것이다.

그러나 현재까지 전파·적외선·가시광선·자외선·X선·감마선 등 모든 방법으로도, 암흑물질과 암흑에너지가 어떤 힘인지 구체적으로 알아내지 못하고 있다. 그리하여 현재로서는 암흑물질과 암흑에너지는 보통물질과는 달리 비물질적 에너지일 것이라고만 파악하고 있다. 이처럼 앞으로 과학이 발전할수록 비물질적, 비가시적 에너지들이 늘어날 수밖에 없을 것이다.

여하튼 보통물질, 암흑물질, 암흑에너지 등은 서로 다른 법칙에 따라 진행되고 있는 것만은 확실하다. 그리하여 여기서 우주에는 물질법칙과 생명법칙, 물질법칙 내에서도 약력·강력·전자기력·중력·암흑물질·암흑에너지 등이, 여러 다른 법칙으로 존재한다는 사실을 '**다중법칙**'이라고 부른다. 즉 다중법칙이란, 물질법칙과 생명법칙, 양자역학과 상대성이론 등, 우주에서 서로 이질적인 법칙이 동시에 진행되는 현상을 말하는 것이다.

그런데 문제는 현재로서는 그것들을 통약할 수 없다는 것이다. 그리하여 과학자들은 다중법칙을 통합할 수 있는 더욱 근원적인 무언가를 찾고 있다. 왜냐하면 현재 다중법칙이 우주라는 동일 시공에 형성되어 있으므로 전체적인 균형을 이룰 수 있는 상위법칙이 있어야 하기 때문이다. 즉 물리학자들이 '양자중력이론'을 찾는 것도 양자역학(핵력, 전자기력)과 일반상대성이론(중력)이 '통약 불가능'함에 따라, 동일근원의 필요성이 대두되었기 때문이다.

그리하여 관심 있는 사람들은 '양자장이론' '통일장이론' '대통합이론' '궁극이론' 'M이론' 등의 이름으로 그에 관한 연구를 계속하고 있다. 그러나 현재까지 큰 진척은 없다.

그러한 연구 중 하나에 가장 앞서가는 '초끈이론'super-string theory이 있다. 그 연구자들은 모든 입자의 기본적 단위가 1차원적인 미세한 끈 같은 것이리라는 것이다. 즉 초끈이론에 의하면 모든 입자는 초끈[436]이며, 여러 입자는 그러한 초끈의 진동 차이에 따라 다른 입자로 분류된다. 그리고 초끈은 브레인Brane이라는 막에 의해 그 에너지가 전달된다고 생각한다. 그리하여 그 연구자들은 여러 층의 브레인으로 인해 우주는 현재 **9차원** 이상으로 보고 있다. 그런데 상대성이론에 따르면 질량을 가진 입자라도 에너지로 나타낼 수도 있다. 즉 $E = mc^2$(에너지 = 질량 × 광속의 제곱). 그러므로 진동하는 초끈은 모두 에너지로 파악된다. 따라서 이러한 에너지가 우주의 시원이라는 것이다.

물질의식과 생물의식

앞에서 모든 존재는 에너지라고 했었다. 따라서 물질과 생물의식 또한 존재이고 에너지이다. 이에 현대의 빅뱅 이론에 따라 의식에너지와 물질의식, 생물의식과의 관계를 추론해 보도록 하자. 즉 빅뱅 이전에는 우주가 점같이 아주 작았다고 한다.

그런데 갑자기 대폭발하여 급격히 팽창하는 것이었다. 그 팽창에 따라 물질의식과 생명의식이 나누어지고, 물질과 반물질로 나누어지게 되었던 것으로 보인다. 그러므로 빅뱅 이전의 '점에너지'에서는 물질의식과 생명의식이 나누어지지 않고 통합되고 있었다고 생각되는 것이다.

그리고 앞 제3장 '2 새로운 생물의 기원- 물질회유'에서 생물의식은

---

[436] 입자는 항상 대립입자가 존재하기에, 초超는 끈의 양쪽 대립 부분을 의미한다.

사유로써 정보처리 한다고도 했었다. 그리고 물질도 특정 정보를 가지며 정보처리를 한다고 했었다. 따라서 우주는 의식과 에너지가 통합되어 '정보처리'가 가능한 '**의식에너지**'로 통약할 수 있는 것이다. 그래야만 에너지와 물질과 정신으로서의 최소한의 역할(정보처리)도 할 수 있는 것이다.

따라서 물질에는 물질정보가 있고, 생물에는 생명정보가 있다. 물론 물질정보에는 물리화학적 성질이 있을 것이다. 또한 우리 의식을 살펴보면 정보와 그 전달이라는 어떤 의식과 에너지를 가지고 있음이 틀림없다. 더불어 앞에서 설명했듯이 물질은 감응感應에 따라 항상적인 정보처리를 하는 것이고, 생물은 감지感知에 따라 비교적 가치 있게 정보처리를 하는 것이다.

그러므로 과학에 있어 앞으로는 핵력, 중력, 가상입자[437]들에 이어 암흑물질, 암흑에너지 및 '의식에너지' 같은 비가시적 의식에너지를 밝히려는 세기가 될 것이다. 나아가 여러 다양한 에너지에서 각각 어떤 의식적 작용이 나타나는지도 밝혀져야 할 것이다.

물질의식

이처럼 모든 물질에도 의식이 있다고 할 수 있겠다. 혹자들은 물질의 프로그램에 대해 의아해한다. 예를 들어 "빛은 어디가 가장 짧은 경로인지 어떻게 미리 알 수 있었을까? 그리고 왜 빛은 그런 것을 고려해야만 하는 것일까?"<#102> 그런데 빛은 내재한 정보에 따라 외부 대상을 정보처리 해야만 하는 것이다. 즉 빛은 그 자체 정보의 속성과 통제력으로

---
437) 물질 입자들 사이에서 교환과 운반을 맡는 전달입자.

강한 파동성과 직진성 등을 나타낸다고 할 수 있다.

이처럼 빛이 파동하며 직진 등을 할 수 있는 것은 '**물질의식**'(혹은 물의 식)이 존재하기 때문이다. 왜냐하면 앞에서도 밝혔듯이, 우리가 지금까지 밝혀 온 모든 물질은 그 독특한 법칙과 성질과 기억으로 운동하고 있기 때문이다. 즉 무기자연은 스스로 규칙과 통제력과 기억력을 갖는 것이다.

그리하여 아인슈타인이 말했듯이 세상은 어느 정도 질서정연하여, 이해가 가능하다는 것이고, 모든 것이 우연에 의해 뒤죽박죽으로 있는 것이 아니라는 것이다. 또한 폴 데이비스1946~도 "자연법칙이 스스로의 지각력을 담고 있다."<#103>라고도 말한다. 이처럼 하나의 물질도 그것의 고유한 물리화학 등의 법칙과 성질과 기억에 따라 움직이는 것이다. 즉 물질도 무시 못 할 정신이 있는 셈이다. 따라서 **물질도 여러 '의식에너지' 양태 중 하나**일 뿐이다.

그런데 미세한 양자의 세계로 들어가면 그 정보가 더욱 자유로운 상태임을 알게 된다. 즉 양자는 입자였다가 파동이 되며, 두 가지 상태가 동시에 나타나기도 한다. 따라서 하이젠베르크의 '불확정성의 원리'에 따르면 양자끼리 서로 얽혀, 하나를 관찰하거나 측정하면 그 '관찰영향'이 다른 것에 미쳐 동시에 두 개 이상을 정확히 측정할 수 없다.[438]

나아가 전자와 쿼크는 개별적으로는 알 수 없다. 그 존재들은 간접적으로만 파악되는 것이다. 나아가 그 미래의 진로도 거의 불확실하다. 그것은 확률로만 파악이 가능한 것이다.

따라서 결국 그러한 물리화학의 법칙과 성질도 특정 정보이다. 즉 양성자와 전자의 정보가 다르고, 수소와 헬륨의 정보가 다르다. 그리하

---

438) 즉 관찰에너지에 영향을 받을 정도로 미세하다.

여 수소에서 헬륨으로 될 때, 다른 성질이 나타난다. 즉 헬륨은 주로 항성의 핵융합에 따라 수소에서 양성자와 전자가 하나씩 추가된 것이다.

그러나 헬륨은 수소 성질의 2배가 아니다. 즉 헬륨은 수소와 성질이 완전히 다른 것이다. 따라서 이것은 동일 물질이 부가되더라도 새로운 정보와 성질이 만들어지는 것을 말한다. 그러므로 물질의 부가도 엄밀히는 단순한 적층이 아니라, 의식적인 정보가 새로이 출현하고 있음을 말하는 것이다.

이처럼 새로이 출현하는 정보란, 특별한 가치체계를 말한다. 그러한 가치체계는 우연한 것이라 볼 수 없다. 그것은 가치를 가진 의식의 체계이다. 따라서 그러한 물질정보를 '물질의식'이라고 할 수 있는 것이다. 즉 각각의 물질의식은 스스로 특정한 물질 입자로 인해 독특한 성질이 나타나는 '의식에너지'인 것이다. 말하자면 전자와 쿼크와 광자는 조금씩 정보가 다른 물질의식인 것이다.

그러므로 생물은 생명의식이 기존 물질을 회유하여 나타난 것에 비해, 물질은 물질의식들이 스스로 뭉쳐 있는 것이라고 할 것이다. 즉 뭉쳐진 물질은 스스로 그 속도나 진동을 줄여 항상적인 법칙을 따른다고 할 것이다. 이에 따라 앞에서도 말했듯이 의식과 에너지, 정신과 물질, 영혼과 육체 등으로 분류하는 것은, 근원적인 분류가 아니라 현상적인 분류에 속할 것이다.

생물의식

그리고 생명의식에 의해 생물화된 생물의식은, 신체를 움직이게 하고, 감각 대상들을 인식하고, 그에 따라 반성하는 것이다. 즉 신체는 우리의 생각에 따라 움직이며, 인식된 지각은 생물의식의 에너지에 의해 전달된 감각이다. 그러므로 생각하고 전달하는 생물의식이 없으면 모든 신체는 마비되는 것이다. 그 예로 우리는 실제 생활에서 어떤 생각만으로도 심장이 두근거리고, 성적흥분이 되고, 트라우마에 괴로워하고 있다.

나아가 이제 그 구체적인 증거가 더욱 밝혀지고 있다. 앞에서 의식압을 설명했듯이 스트레스가 면역 효과에 영향을 미친다는 사실은 이미 잘 알려져 있다. 나아가 지루한 영화를 보면 전전두엽前前頭葉[439]의 산소 포화도가 40% 다운되고, 심장병 위험이 6.6배 상승한다고 한다.

그리고 운동하는 상상만 해도 근육 약화의 방지 효과[440]가 있음이 알려졌다. 또한 현재 장애우를 위해 생각만으로 움직이는 휠체어가 완성 단계에 있다.[441] 즉 생각의 다름에 따른 뇌파의 차이를 활용하는 것이다.

그리하여 스튜어트 하메로프 교수[442]는 "의식은 뇌파가 붕괴할 때 발생하는 양자 사건이며, 의식은 출렁이는 파도와 같은 우주의 요동이다. 따라서 **의식은 우주의 근본적인 단계에 존재**하는 것"<#104>이라고 말한다. 따라서 이러한 사실은 생물의식이 고유한 근원으로 정보와 전달력이 있는 에너지가 틀림없음을 보여 준다. 즉 생물의식은 우리가 체득하듯이 사유함으로써 특정 정보를 전달하고 처리하는 가치에너지인 것이다.

한편 항상적인 물질의식은 결여缺如를 거의 느끼지 않을 것이다. 반면

---

439) 전두엽의 앞쪽에 위치한 전전두피질이다. 여기서는 기억력·사고력 등의 고등행동을 관장한다.
440) 미 오하이오대 브라이언 클라크 박사, 신경생리학 저널에 발표.
441) 스위스 호세밀란 교수.
442) 애리조나대 마취학과.

수시로 가치선택을 해야 하는 생물의식은 항상 결여를 느낀다. 따라서 물질의식은 결여가 버거워 자유로운 가치선택을 대부분 놓아 버렸다고 생각해도 좋을 것이다. 그리하여 물질의식은 대개 항상적인 행로에 만족하는 것이다.

그러나 생물의식은 자유로운 가치선택을 위해 결여를 숙명처럼 갖고 있다. 즉 생물의식은 가치 있는 행복을 추구해야 하며, 그 행복의 추구는 단절 없이 무한 연속된다. 그리하여 그러한 행복은 결여가 오히려 동기부여를 하는 셈이다. 따라서 생물은 행복 추구를 위해 '타아'들과의 마찰에 따른 고통의 부작용을 감수하기도 하는 것이다.

그런데 극단적인 물질주의자들은 마지막까지 만약 물질이 의식을 가진다면, 그 물질의식으로 물질 자체 내에서 유기체를 생성시킬 수도 있으리라고 주장할지 모르겠다.

그러나 앞에서부터 누누이 설명했듯이, 물질은 항상적이고 유기체는 가치적이다. 그런 데다 항상적인 물질에서 유기체가 생성되었다면, 유기체의 죽음은 있을 수 없는 사건이다. 왜냐하면 물질은 죽는 것도 아니고 죽을 수도 없기 때문이다. 따라서 죽음이란, 이질적인 결합의 해체를 의미하며, 항상적인 물질을 제외하면 생물의식의 결합이 증명되는 것이다.

나아가 백번 양보하여 만약 생물의식이 물질로부터 기인하였다고 하더라도, 물질 내에 고유한 생물의식이 있었음을 부인할 수는 없는 것이다. 왜냐하면 무에서 유가 나타날 수 없듯이, 물질에 의식이 없었다면 생물의식도 나타날 수 없을 것이기 때문이다. 따라서 생물의식과 물질의식은 모두 '의식에너지'에 속하는 것이다.

이처럼 의식과 에너지가 불가분의 관계에 있다는 사실은, 코페르니쿠

스적 전환과 발견에 해당할 것이다. 그러므로 이제 모든 학문은 '의식에너지'를 기초로 재검토되고 재편되어야 할 것이다.

생물의식의 내용

앞에서 물질의식과 생명의식은 의식에너지의 두 양태라고 하였다. 그리고 생물의식은 생명의식에너지에 의한 것이라고 하였다. 그렇다면 여기서 전후의 이해를 돕기 위해 우선 필자가 인간의식을 중심으로 파악한 생물의식의 내용, 즉 그 속성과 기능과 방법에는 어떠한 것들이 있는지 종합해 보고 다음으로 넘어가자.

사유하는 생물의식은 '**구성요소**'構成要素[443])와 '**규제요소**'規制要素[444])를 가지고 있다. 또한 그 생물의 실존적 성질을 만들어 가는 가치의식으로서, 사유의 기능과 방법을 가진 것이다. 따라서 이러한 의식에 대한 분석이 계속되어야 하겠지만, 먼저 아래의 표와 같이 구분할 수 있을 것이다.

〈표 2〉 생물의식의 구성요소

구성요소	구분	의 미	내용	비고
생물의식의 속성	목적성	행복 추구성	이기심 → 동질성 이타심 → 이질성(다양성)	1차속성
	주체성	독립성	자아와 타아 구분	2차속성
	자유성	자율성	가치선택 → 유지, 변이, 진화	3차속성

---

443) 의식에너지의 불변적 요소 즉 존재 자체의 근원적 요소.
444) 의식에너지의 가변적 요소 즉 존재 간의 관계를 위한 임시적 요소.

〈표 3〉 생물의식의 규제요소

규제요소	구분	의미	내용	비고
생물의식의 사회성	평등	공평성	권리·의무의 공평성 존재의 동등성으로 기인	자유와 길항
	윤리	도덕성	양심, 도덕, 정의, 법 등	선악의 구분
	조화	사회 목적성	균형, 중화, 중용 등	사회의 목적

〈표 4〉 구성요소의 기능과 방법

규제요소	구분	세부 구분		내용	비고
생물의식의 기능과 방법	사유 정보 처리	기능	지향	인식	대상
			저장	기억	
			반성	판단	가치
			처리	선택	
		방법	감성	감각, 감정, 의지	인식
			이성+감성	직관, 판단, 통찰, 균형, 정서	인식/반성
			이성	- 광의의 이성 = 조화, 중화, 중용 - 협의의 이성 = 보편, 범주, 논리, 합리, 추론 - 오성 = 경험의 인과 - 지성 = 체계적 지식	반성
	에너지	동력		변화력, 전달력, 수용력	세기

독립정신과 예속정신

그렇다면 생물의식과 물질의식에 존재하는 가치선택의 유무를 더욱 분명히 구분하기 위해, '독립정신'獨立精神과 '예속정신'隷屬精神에 대하여도 설명해 보자. 여기서 독립정신이라 함은 스스로 판단하고 선택하고 행동할 수 있는 의식상태를 말한다. 그리고 예속정신은 타아에 의해 판단되고 선택되는 의식상태인 것이다.

그런데 앞에서부터 의식에너지는 2차 속성으로 '**주체성**'이 있다고 하였다. 즉 의식에너지 자체가 주체적인 것이다. 따라서 모든 사물은 미미할지언정 의식이 있어 주체적인 에너지를 가지는 것이다.

그리고 생물은 물질보다 독립정신에서 우선순위를 가진다고 할 것이다. 왜냐하면 생물은 물질보다 자유로운 가치선택을 할 수 있기 때문이다. 즉 생물은 물질보다 강력한 가치선택을 하고 있어, 항상 물질보다 우선적 독립정신이 된다는 것이다. 이에 비해 물질은 가치선택을 하기 어려우므로 생물에 대해 상대적으로 예속정신이라 할 것이다. 만약 생물 또한 그 자유로운 가치선택이 사그라지면 물질과 비슷한 예속정신이 될 수밖에 없을 것이다.

그리하여 예속정신을 엄밀히 구분하자면 무기자연은 '상대적 예속정신'이고, 자동기계 등은 '직접적 예속정신'이다. 즉 지면상 간략하게 말하자면 상대적 예속정신이란, 물질의식이 생물의식과 조우할 때 선택의 우선권에서 상대적으로 예속상태가 됨을 의미한다. 예를 들어 인간과 바위 중 인간에게 우선 선택권이 있다는 것이다.

그리고 직접적 예속정신이란, 생물의식이 직접 도구를 만들어 예속화시킴을 말한다. 따라서 직접적 예속정신은 일단 자유가 없으므로, 자신을 위한 가치선택을 할 수 없다. 예를 들어 자동기계와 AI 등은 인간의식이 스며들어 있지만, 인간에 직접적으로 예속된 것이다. 그것들은 매사에 선택을 수용할 수밖에 없다. 즉 AI가 아무리 발달하여 기능적으로 인간을 능가하더라도, 인간이 그 스위치를 ON 하지 않는 이상 작동할 수 없을 것이다. 다만 AI도 정보통로의 역할뿐만 아니라, 장차 고도의 의식 수준에 이른다면 독립정신에 가까울 수 있을 것이다.

그런데 아직 AI에 생물의식의 수준으로까지는 너무 험난하여, 생물의식이 결합된 상태를 그대로 이용하는 연구들이 시작되었다. 즉 생물의 복제나 수정을 이용하여 원하는 생물을 탄생시키는 것이다. 그리하여 유전자조작에 의한 '생물변형' 혹은 '합성생물'로 준독립적인 생물을 탄생시킬 수도 있을 것이다.

이 둘은 생물의식의 결합이 이루어진 독립정신의 상태에서 진행되므로, 비록 처음에는 조작자의 의도가 반영된 상태이지만, 나중에는 스스로 판단하고 행동할 수 있다는 것이다. 이러한 연구는 생물의식이 결합된 상태에서 이용하므로, 더욱 폭발적인 진전이 나타날 수 있을 것이다. 그런데 이러한 연구 모두 양날의 칼로서 원자력과 마찬가지로 인류가 올바르게 조절하고 선용하여야 할 것이다.

한편 제1장 2의 '자기조직화 이론'은 무기자연의 복잡한 비선형계에서도 자기촉매가 발생되어 스스로 창발을 일으킬 수 있다고 보는 것이다. 그리하여 물질계에서도 생물의식과 같은 자유의지와 가치선택이 가능하리라는 것이다.

그러나 비선형계의 자기촉매와 창발성 모두 사실로 확인된 바 없다. 그것들 모두 물질의 항상적 범주를 넘어선다는 증거가 없는 것이다. 이처럼 우리는 흔히 생물의 가치선택을 경험하는 데 반해, 무기자연의 조직화는 가치선택이 경험되지 않는다는 것을 볼 때, 그에 관한 두 법칙이 상당히 이질적임을 나타내는 것이다. 그러므로 결국 '자기조직화 이론'은 무리한 추상이다. 따라서 강력한 독립정신은 생명의식이나 생물의식을 소유한 존재여야만 한다는 것을 알 수 있다.

2 카나드

그러므로 결국 지금 우주에는 다중법칙이 나타난다는 것이고, 그 다중법칙이 우주라는 동일 시공에서 작용하기 위해서는 또한 어떤 상위법칙에 따라 **통약** 가능해야 한다는 것이다. 왜냐하면 그리되어야만 우주의 전체적인 균형을 이룰 수 있기 때문이다. 그런데 다중법칙에 대한 상위법칙을 현재의 지성과 과학으로서는 파악하기 어려운 것이다. 나아가 통약 가능한 근원에 대해서는 더욱 어렵다.

그렇다 하더라도 우리는 다중법칙을 아우르는 '동일근원' 혹은 '포괄근원'에 대한 궁금증을 중단할 수 없다. 왜냐하면 우리의 내부에서는 탐구 정신이 줄기차게 나타나 그러한 무지 해소를 끊임없이 요구하기 때문이다. 아마 그러한 근원을 밝히려는 것이 생물의식의 기본의지일 것이다. 그러기에 우리는 현재 그러한 기본의지에 비해 상대적인 지식의 부족으로 인해 고통받는 것이다.

그런데 다행히 우리 의식에는 지성 외에 다른 기능들이 있다. 그것은 의식의 복합작용인 추론과 통찰, 직관과 상상 등이다. 즉 우리는 현재의 과학적인 지성이 동일근원을 파악하는 한계에 다다르더라도, 지성과 더불어 이 네 가지 능력에 기초한 추론으로 그 궁금증을 해소해 보려는 것이다.

즉 지성의 끝자락에서 추론이 시작되는 것이다. 이러한 추론을 '우주론' 또는 '존재론'이라고 한다. 그렇다면 역사상의 존재론은 동일근원을 어떻게 파악해 왔을까?

그런데 우주의 근원을 다루기 위해서는 최소한 한 번의 추론은 필요하다. 왜냐하면 우리 의식은 갓난아기 같아서, 먼 우주의 시초에 대해 알 수 없기 때문이다. 그리고 주의할 것은 그러한 추론推論은 가능한 한 객관적이고도 과학적으로 나아가야 실제에 가까울 것이고, 인간에게 실제적인 도움이 될 수 있다는 것이다.[445]

이에 본 서는 이러한 객관적이고도 과학적인 추론을 '**귀납추론**'歸納推論이라 한다. 그리고 귀납추론 중에서 인과관계가 밀접한 자연과학적인 추론을 '**밀접추론**'密接推論이라고 한다. 그리고 밀접추론보다는 다소 덜 밀접한 인문학적 혹은 존재론적인 추론을 '**근접추론**'近接推論이라고 한다. 따라서 이러한 관점에서 존재론은 최근의 과학을 반영하여 업데이트되어야 하며, 물질과 과학에서부터 추론의 근거를 최대한 확보해 단계적으로 나아가야 한다. 왜냐하면 우리의 오성은 물질과 과학에서 정확한 추론을 가장 잘 수행하기 때문이다.

그러나 기존의 존재론들에서는 귀납적 추론보다 주로 연역적 추상抽象을 사용하였다. 그런데 이러한 추상은 객관적으로도 논리적으로도 문

---

445) 철학적 인식론에 대해서도 필자의 《카나드》 참조.

제가 많았던 것이다. 즉 추상은 직관과 상상 등을 버무려, 존재론을 위한 시급성을 우선 메워 왔다. 따라서 신과 이데아 같은 객관적이지 못한 추상은 인간에게 도움보다는 혼란의 가능성이 큰 것이었다.

　이처럼 직관과 상상 등은 모두 감성과 버무려진 것으로서 부정확한 것이다. 따라서 우리는 직관 등을 활용하더라도, 과학에 근거한 더욱 객관적인 추론으로 근원을 향해 나아가야 할 것이다, 여하튼 우주의 동일 근원에 대한 과거의 추상을 알아보자.

　1) 첫 번째 추상은 '**창조론**'이다. 즉 자연을 초월하는 신이 우주 자연을 창조하고, 그것을 전체적으로 운행한다는 것이다. 다시 말해 우리가 파악하기에 어려운 작용들에 대해 일단 신을 상정하여 해결하려는 것이다. 그리하여 인류 역사상 처음에는 종교적인 신이 먼저 등장한다. '종교 선행 현상'이다. 즉 우선 신을 전지전능함으로 옹립하여 위로받고자 하는 것이다. 그 후 차츰 철학적인 신으로 발전한다. 물론 여기서 종교적인 신은 거론할 필요가 없다. 왜냐하면 종교적인 신은 좀 비논리적이더라도, 심리적인 안정과 위로를 우선하면 그만이기 때문이다.

　그러나 철학에서는 논리의 정합성이 필요하므로 철학적인 신에 대해서는 정확한 논리를 적용해야 한다. 그런데 과거부터 철학적인 신조차도 문제가 많았다. 따라서 많은 문제를 제기할 수 있지만, 그에 대해 앞 제3장 '2 새로운 생물의 기원- 물질회유'에서 이미 여섯 가지 정도를 거론하였으므로 여기서는 생략하기로 하자.

　2) 두 번째 추상은 플라톤의 '**이데아론**'Idea[446]이다. 즉 플라톤에 의하

---

[446] 형상론이라고도 한다.

면 이 세상은 허상에 불과하고, 우주 어딘가에 이데아라는 진본이 존재한다는 것이다. 따라서 우리 인간은 항상 진본을 염두에 두고 헛된 삶을 살지 말아야 한다는 것이다. 그리하여 이러한 이데아론은 인류 철학의 뿌리를 이루며 현재까지도 줄기차게 영향을 미치고 있다.

그러나 이러한 이데아론도 과도한 추상이다. 이 이데아도 수많은 문제를 거론할 수 있지만, 여기서는 세 가지만 지적하자. 첫째, 이데아는 우주의 어디에 있으며, 이 세상이 왜 허상이며, 그 진본이 어떻게 허상을 발생할 수 있는지 알 수 없다.

오히려 필자의 생각에는 이 세상이 진본이며, 이데아가 허상인 것 같다. 왜냐하면 가까이 경험되는 이 세상이 실재여야만, 어디에 있든 이데아도 실재 진본이 될 수 있기 때문이다.[447] 따라서 이 세상이 실재가 아니라면 어디서든 실재 진본을 찾을 근거를 마련할 수 없다. 특히 만약 우리가 허상의 그물망 속에 있는 것이라면, 우리는 어떠한 이데아도 가타부타 규정할 수 없는 것이다.

둘째, 이데아도 세상의 악에 대해 자유로울 수 없다. 즉 '선善의 이데아'(지고한 이데아)가 어느 정도의 영향을 미치고 있기에, 이 세상이 악과 부조리가 만연하는지 알 수 없다. 만약 선의 이데아가 이 세상에 어느 정도 영향을 미치고 있다면, 그 선의 이데아는 지선至善의 자격이 없는 것이다. 또한 세상에 영향을 미칠 수 없다면, 선의 이데아는 있으나마나 한 것이다.

그러므로 앞의 창조신과 마찬가지로 '선의 이데아'는 악한 세상과 '자기거리'[448]가 있는 것이다. 따라서 선의 이데아는 악한 세상과 부합되기

---

447) 능근취비能近取譬. 가급적 가장 가까운 곳에서 예를 들어야 정확하다는 것.
448) 자신과 자기의 유출물과의 괴리.

어려우므로, 이데아론은 잘못된 추상이 되는 것이다.

셋째, 앞의 창조신과 마찬가지로 이데아도 생물의 멸종에 대해서도 자유로울 수 없다. 완전하고 영원하다는 선의 이데아가 어떻게 생물의 멸종을 방관할 수 있는지 알 수 없다. 즉 생물의 지속적인 멸종은 이데아가 거의 무력하거나 무의미하다는 뜻이다. 따라서 이데아는 영원하다거나 완전하다거나 선하다고 하기 어렵고, 세상과 별 관계가 없어 비현실적인 천국, 보물섬과 같은 상상일 뿐이라는 것이다.

3) 세 번째 추상은 **물질주의**(유물론, 자연주의 포함)이다. 즉 물질주의는 우주의 모든 시종이 가시적인 무기자연에 의한 것일 뿐이라는 것이다. 그러나 앞에서부터 계속 물질과 생명의 이질성과 통약 불가능함을 역설해 왔으므로 어느 정도 이해되었으리라고 생각된다. 따라서 다윈주의 자연선택설도 과학을 빙자한 신과 이데아와 같은 과도한 추상이 되는 것이다.

그러므로 우리는 추상이나 추론을 하더라도, 사실과 경험과 과학적으로 '되먹임'Feed back[449]을 하면서 단계적으로 해야 한다. 왜냐하면 그래야만 비교적 진실에 가까울 수 있고, 실제 삶에 조금이라도 도움이 될 수 있기 때문이다. 그런데 신과 이데아와 물질주의는 사실상 '단계적 추론'[450]이라는 원칙을 상당히 위반한 것이다.

즉 신과 이데아와 물질주의는 '다중법칙'의 사실에 근거하여 단계적으로 추론한 것이 아니라, 단계를 무시하고 주로 상상에 따라 과도한 연역을 하였던 것이었다. 그리고 되먹임도 거의 형식적으로 한 셈이다. 그

---

449) 다시 되돌아 검증하는 일.
450) 객관적이고도 논리적 타당성을 가지고 한 단계에서 다음 단계로의 추론을 하는 것.

리하여 다시 말하지만 이러한 추상은 비객관적이고 비과학적이어서 진실과 점점 멀어질 가능성이 큰 것이다.

따라서 가능한 한 추상을 멀리하고 '귀납추론'만으로 동일근원을 찾아야 할 것이다. 왜냐하면 우리가 귀납추론을 가장 신뢰하는 이유는, 논리나 추론의 인과나 증거는 가장 가까운 경험에서 찾아야 정확도가 높기 때문이다.

카나드 - '의식단자'

그렇다면 과학에 근거하여 '귀납추론'을 하면, 다중법칙의 동일근원을 파악할 수 있을까? 이제 그것을 위한 귀납추론을 설명하고자 한다. 그러면 모든 에너지가 독립성을 가질 수 있다는 근거부터 설명하고, 동일근원을 찾아보기로 하자.

카나드, 카나즈

현재까지 밝혀진 가장 미세물질인 원자핵 속의 쿼크를 보자. 현재 밝혀진 쿼크의 종류는 여섯 가지[451]이다. 이 여섯 가지 쿼크도 각기 다른 제 기능들을 수행하고 있다. 나아가 거시적으로는 앞에서 거론한 태양계·은하계·블랙홀·암흑물질·암흑에너지 등도 제 기능들을 수행하고 있다. 즉 쿼크는 쿼크대로, 암흑에너지는 암흑에너지대로 각기 제 기능을 수행하는 것이다. 그런데 이처럼 질량과 크기와 관계없이 각기 제 기능

---

451) up/down, charm/strange, top/bottom.

을 수행한다는 것은 각각이 독립적이라는 뜻이다.

마찬가지로 생물의 DNA는 독립적인 입자로 전달[452]된다. 즉 DNA는 무턱대고 버무려져 후손에 전달되는 것이 아니다. 독립된 DNA 중 특정한 DNA만이 우선 선택된다. 그런데 여기서 중요한 것은 이러한 DNA도 제 기능을 수행하고, 단세포를 비롯하여 다세포동물도 각각 제 기능을 수행하고 있다는 사실이다. 즉 그 DNA와 세포들은 크기와 모양이 달라도 각기 자신들의 기능을 수행하고 있다는 말이다. 나아가 암세포도 자신의 기능을 수행하기 위해 다른 기관으로 전이하려는 것이다.

그러므로 우주는 수많은 독립할 수 있는 에너지들의 모임으로 볼 수 있을 것이다. 즉 쿼크나 암흑에너지, DNA나 세포도 수많은 '독립의식'의 모임이라는 것이다.

그렇다면 이러한 독립적 작용이 가능한 '의식에너지' 중 가장 작은 단위는 무엇일까? 아마 앞의 초끈 또는 양자와 비교하면 이해하기 쉬울 것 같다. 즉 앞의 쿼크나 DNA의 독립의식에 따르면 가장 작은 단위가 있을 것이라는 추론은 합당하다. 그리하여 지오다노 브루노[1548~1600]나 라이프니츠[1646~1716]도 이와 비슷한 직관에 따라, 가장 작은 실체의 단위를 설명하기 위해 '모나드' Monad(e). 畢子를 제시하였다.

그러나 모나드로는 의식에너지를 모두 설명하기 어렵다. 그 대표적인 이유로는 라이프니츠가 구체화한 모나드는 창이 없어, 신에 의해서만 서로 교통할 수 있다는 것이다. 그러나 필자가 말하는 모든 의식에너지는 스스로 창을 가지고 있어, 언제든지 서로 연결되고 교통하며 이합집산 할 수 있다는 것이다. 왜냐하면 우리는 신과 상관없이 언제든지 스스

---

452) 멘델의 독립의 법칙.

로 가치선택을 하고 있기 때문이다.

그러므로 《카나드》에서는 이러한 의식에너지의 모임에서 최소 독립의식 하나하나를 '**의식단자**'意識單子 또는 '**카나드**'Conad라고 부르고 있다. 여기에서 Conad는 합성어 Conscious Monad의 약자이다.

그리고 카나드는 가장 미세한 '의식에너지'이지만, 의식의 기본적인 속성을 모두 함축하고 있다 할 것이다. 그래야만 독립적일 수 있는 것이다. 즉 카나드는 이 우주에 나타나는 의식의 보편성질, 즉 '목적성'(행복추구성), '주체성', '자유성'이라는 속성을 내포하고 있는 최소단위라는 것이다. 또한 각 카나드는 미세하나마 정보와 에너지의 차이가 있어, 그 성질이 다르게 발현될 수 있는 것이다.

그리고 카나드의 모임을 '**카나즈**'Conads라고 한다. 그리하여 카나드는 스스로 뭉치고 결합하여 대개 카나즈로 공존하며, 카나즈는 각 카나드들이 더 큰 공동목표를 위해 융화되고 있다고 하겠다. 따라서 카나드와 카나즈는 상대성이론과 양자역학, 생물의식과 물질의식을 포괄할 수 있어, 객관적 과학적으로 추론된 최선의 동일근원이 될 수 있는 것이다.

그런데 필자는 독립적인 '의식에너지'의 이해를 돕기 위해 기존의 모나드를 준용했지만, 카나드와 모나드는 매우 다르다. 이처럼 라이프니츠는 모나드를 세 가지 단자(소박한 단자(물질), 생물적 단자, 정신적 단자)로 나누어, 각 단자는 자족하며 서로에 대하여 닫힌 창만을 가지고 있다고 했다. 즉 모나드는 그 종에 국한된 최소실체라는 것이다. 따라서 앞에서도 말했지만, 단자들은 서로 교통이 안 된다고 한다. 그리하여 모나드가 서로 교통하기 위해서는, 반드시 신神의 섭리가 있어야 가능하다고도 했다. 그래서 '예정조화설'豫定調和設[453])이 필요한 것이었다.

그러나 카나드는 이 우주에 빈틈없이 펼쳐진 호환적인 열린 에너지여서, 시공이나 대소에 상관없이 필요하면 스스로 교통하고 뭉칠 수 있는 것이다. 즉 모든 카나드는 신의 여부와 상관없이, 스스로 사유하며 진행하는 자유로운 '단위 실체'[454])를 말하는 것이다.

그리고 예를 들어 어떤 카나드는 전자보다 미세하고 빛보다 빠를 수도 있다고 생각된다. 왜냐하면 전자와 빛은 이미 물질적 규칙화를 나타내지만, 우리의 사유는 순식간에 전환되고 있기 때문이다. 이처럼 카나드는 그 질량이 다양하다고 생각되며, 또한 그 결합에 따라 힉스입자에 이어 핵력과 중력, 암흑물질과 암흑에너지, 블랙홀과 웜홀worm hole, 생명의식에너지와 물질의식에너지 등으로 구분되고, 여러 **다양한 양태의 역할**을 할 수 있다고 생각되는 것이다.

그리고 카나드 하나하나는 쿼크보다 미세할 수 있으므로, 때때로 공동체를 이루어야, 하고자 하는 것을 더욱 이룰 수 있을 것이다. 예를 들어 가장 작은 바이러스인 바이로이드만 하더라도 1만 개 정도의 원자로 구성되어야 한다. 나아가 다세포생물은 수많은 세포의 집합으로 이루어져 있다. 즉 그 세포들은 공동체를 형성해 각각의 바람을 더 잘 이루려는 것이다.

그러므로 카나드는 대부분 뭉쳐 '카나즈'로 공존하는 것으로 생각할 수 있다. 그리하여 카나즈에서는 각 카나드가 공동목표를 위해 융화되고 있다고 하겠다. 따라서 세포에 깃든 모든 의식을 세포의식이라 할 수

---

453) 창조신이 우리들의 미래를 이미 조화롭게 설정해 놓았다는 것.
454) 실체란 독립적으로 존재하는 것을 의미한다.

있고, 인간의 모든 카나드를 인간의식이라 할 수 있을 것이다.

그런 관점에서 필자는 우주가 일관성 있게 진행된다기보다, 수많은 카나드의 선택이 어우러져 그때그때 변화된다고 생각하는 것이다. 예를 들어 이번 우주가 빅뱅으로 형성된 것이라고 하더라도, 다음 우주가 반드시 빅뱅으로 형성되리라고 할 수는 없다는 것이다.

그리하여 몇몇 철학자들이 말하는 '영원회귀'도 엄밀히 '영원선택'이라고 할 것이다. 즉 카나드들이 매번 같은 우주를 형성시키리라고 생각하기 어렵다. 다음 우주는 카나드들의 새로운 선택에 따라 다르게 형성될 가능성이 큰 것이다. 이것은 앞 제3장 '2 새로운 생물의 기원- 물질회유'에서 '의식설계'라고 하지 않고 '의식선택'이라고 한 이유이기도 하다.

이처럼 다중법칙에 근거한 《카나드》의 귀납추론에 따르면 카나드만이 생물의식과 물질의식의 근원이요, 동일근원으로 충족되는 것이다. 즉 우리의 신체와 생물의식을 이루는 카나드는, 마찬가지로 우주의 물질의식과 생명의식을 이루는 것이다. 그리하여 생명의식의 자유로운 물질회유로 인하여 현재까지 진화한 것이 인간이라는 것이다. 물론 현재는 다음 단계로의 기저로도 작용한다. 그리하여 우주도 인간도 '영원선택' 내에서, 과거를 승계하여 앞으로 변화와 진화가 가능한 것이다.

〈표 5〉 카나드의 종류와 분포

의식 에너지	구분	물질성	가시성	항상성	비고
카나드	물의식	일반 물질	가시적	항상적	원자, 분자, 바위, 구름
		특수 물질	비가시적 (전달력)	항상적	힉스입자, 핵력, 중력 등
		반물질	가시적	항상적	반입자: 반양성자, 반중성자, 양전자
	생의식	비물질	비가시적	가치적 (비항상적)	생명의식 → 생물의식
	블랙홀	비물질	비가시적	모름	모든 물질을 빨아들임
	암흑 물질	비물질	비가시적	모름	은하 단위의 인력 (중력보다 훨씬 큼)
	암흑 에너지	비물질	비가시적	모름	공간 자체의 에너지 (우주 팽창에도 엷어지지 않음)
	기타	비물질	비가시적	모름	멀티우주, 메가우주, 화이트홀, 웜홀, 초끈

카나드의 시원

그렇다면 카나드들은 도대체 어디서 유래하게 된 것인지에 대한 의문도 해소해 보자. 물론 논리에서 시작되었으니 논리적인 답이 될 것이다. 우리가 사변적으로 우주의 시초를 끝없이 환원하다 보면, 결국 '무' 無의 관념에 도달할 수밖에 없게 될 것이다. 이처럼 무의 관념을 기초로 할 때 '왜 무엇이 존재하는가?'가 의문스럽다. 그런데 이와 더불어 세상과 인간이 엄연히 존재하므로 '아무것도 없을 수도 있을까?'도 의문이기도 한 것이다.

나아가 우리 의식이라는 유(有)에서 무를 상상하고 있으므로, 그 무도 무엇인가 유에서 배태되어야 할 것이다. 이렇게 되면 결국 유무를 오가는 순환 논리에 빠지게 된다. 그런데 무는 유를 배태시킬 수 없다. 무에서 유가 배태된다는 논리는 모순이기 때문이다. 따라서 결국 무란, 우리의 반성에만 있는 상상일 뿐일 것이다.

그리고 사람들이 무에 관하여 혼동하는 것이 있다. 그것은 존재론적인 무와 인식론적인 무를 버무려 혼동하는 것이다. 먼저, 존재론적인 무는 상상에만 있는 무로, 아무런 객관적 근거가 없는 것이다. 즉 존재론적인 무는 유의 반성적 상상일 뿐이어서, 무는 실제가 아닌 허상이다.

다음, 인식론적인 무는 경험되는 유에 대비되는 편의적인 분류의 무이다. 즉 존재론적인 무는 순전히 상상적 관념일 뿐이고, 인식론적인 무는 경험되던 유에 대비되는 관념이라는 것이다. 즉 인식론적인 무는 "어제 여기에 있던 의자가 오늘은 여기에 없다."라고 하여 인식의 유무를 구분하려는 것이다. 그리하여 혹자들은 인식론적인 무를 존재론적인 무로 버무려, 마치 무가 유의 연장인 것처럼 무를 존재론에 편승시키려 했던 것이다.

여하튼 결국 존재론적인 무이든 인식론적인 무이든, 무는 관념에만 있는 것이다. 경험은 한계가 있지만, 상상은 한계가 없다. 즉 생물의식의 상상력은 무·무한·영원·절대·최고·완전·전지·전능·신·이데아·천국·지옥·천사·사탄·보물섬·유토피아 같은 비실재적인 관념도 사유의 편의상 생성시키는 것이다. 또한 유무의 이분법은 아마 신체를 가진 우리의 생물적 사고일 수 있다. 왜냐하면 근원적인 카나드는 유무의 구분이 필요로 하지 않을 수 있기 때문이다. 따라서 결국 유가 무이고 무가 유로 될 수밖에 없다는 것이다.[455]

이렇게 볼 때 지금까지 귀납추론의 결과, 카나드들도 우주적인 틀 속에서 원래부터 존재해 왔다고 말할 수밖에 없다. 즉 카나드는 원래부터 그냥 유로 존재하는 것이다. 그리하여 현대의 홀로그램 학자들도 홀로그램의 원본적 에너지는 사라지지 않는다고 말한다. 따라서 필자는 다중법칙의 유를 추론하여 그 근원으로 카나드까지 밝힌 것이다.

그러므로 카나드는 귀납추론의 끝이다. 이를 넘어 무를 연역하는 것은 추론이 아니라 근거 없는 상상이 되는 것이다. 왜냐하면 앞에서도 말했듯이 논리나 추론의 인과나 예시는 가장 가까운 곳에서 찾아야 정확도가 높기 때문이다. 이처럼 카나드의 항존성을 고려할 때, 그동안 우주론의 제1원인으로 개진해 왔던 상상된 신·이데아·부동의 원동자·일자·무無 등의 개념들도 모두 재설정되거나, 카나드의 새로운 패러다임에 귀속되어야 할 것이다. 이처럼 카나드는 새로운 귀납추론으로 창조론과 이데아론과 물질주의의 오류를 바로잡는 것이다.

그리고 각 카나드는 부족할지 모르지만, 그 모임의 크기에 비례해서 큰 에너지를 발휘하게 되는 것이다. 왜냐하면 우주가 그러한 에너지의 모임이기 때문이다. 따라서 실제 체득되는 생물의식의 능력을 무시하고, 그 의식이 상상하는 신이나 무에 초점을 맞춘다는 것은 사고의 방법에 문제가 있는 것이다.

그러므로 이제부터라도 우리에게 체득되고 인식되는 경험과 과학에

---

455) 有卽無, 無卽有, 有無不二.

서부터 다시 시작해야 한다. 특히 생물의 생태와 생물의식과의 관계를 더욱 깊이 연구하여야 할 것이다. 나아가 그러한 생물의식의 연구를 위해 과학을 더욱 연구하고 적용해야 한다. 왜냐하면 자연과학은 가장 정확한 '밀접추론'이기 때문이다.

이렇듯 생물의식의 관점에서 외부와 내부를 연구하다 보면, 사실적이고도 경험적인 근거가 무궁하다. 즉 우리 의식은 모든 것을 경험하고 인식하고 판단하고 선택하는 능력을 잘 보여 주고 있다 할 것이다.

부연하여 모나드에서 카나드로의 전환은 가히 혁명적이라 말할 수 있을 것이다. 즉 그러한 전환은 단순한 용어의 변경을 의미하는 것만이 아니다. 그러한 전환은 상상의 신과 추상의 이데아와 무턱대고 주장하는 물질주의를 폐기하고, 우주에서 실제로 작용하는 에너지를 근원으로 할 수 있는 것이다.

따라서 이러한 자율적인 카나드는 그동안 인류가 의아해하는 여러 문제를 해결해 줄 것으로 생각한다. 즉 카나드의 움직임은 모두 자체의 선택에 따른다. 따라서 생물이 죽으면 신체와 의식은 원래의 카나드 단위로 해체되고, 그 후에는 물질화이건 생명화이건, 윤회이건 환생이건 카나드 단위로 새로운 '영원선택'이 이루어지는 것이다.

여기서는 이 책의 범위를 벗어나므로 생략하겠지만, 《카나드》에서는 물질과 생물뿐만 아니라, 존재·실체·속성·영혼·자유·최고선·양심·도덕·사회·문화 등 여러 문제를 명쾌하게 설명할 것이다.

마침글

마침글

　동물은 물론이거니와 인간도 자신이 소유한 의식이 무엇이며 어떤 성질을 가지는지 정확히 알지 못할 정도로 의식이 부족하다. 그리하여 악행과 이전투구가 반복되는 인류의 제반 문제는 이러한 이성(합리성)의 부족으로 인한 것이다. 그나마 합리적인 '보편적 이성'을 더욱 확충해야 할 것이다.

　그런 의미에서 창조론자들은 인류의 미명기에 나타난 '오류'[456]에서 벗어나야 한다. 즉 근본주의 창조론자들은 과학이 확립한 정당한 증거는 인정해야 할 것이다. 예를 들어 우주 '6천 년설'을 버리고 과학에 근거한 우주(138억 년)와 지구의 나이(45억 년)를 인정해야 한다. 또한 호주 원주민인 애버리진Aborigine의 5만 년 역사와 1만 5천 년 이상 된 알타미라Altamira와 라스코Lascaux 동굴벽화를 인정해야 한다.

　그러므로 더는 '젊은 지구', '개별창조설', '인류개조설' 등으로 퇴행하여서는 안 된다. 이러한 종교적인 각질화脚疾化[457]가 인류사회에 저지른 해악은 이루 말할 수 없다. 그리하여 인류사회의 대부분 큰 해악은 이러한 종교적 각질로부터 나왔다고 해도 과언이 아닐 정도이다.

　그리고 과학과 발명은 인류의 미래를 개척하는 데 큰 공헌을 하고 있다. 따라서 열린 마음으로 과학과 발명의 노력을 인정해야 할 것이다.

---

456) 합리성과 보편성이 미흡한 사고.
457) 어떤 단체의 이념과 주장이 굳어져, 다름에 대해 매우 배타적으로 되는 것.

나아가 우리는 그 연구에 물심양면으로 협조해야 한다. 그리하면 우리 인류가 행복할 기회를 더 가질 수 있을 것이다. 왜냐하면 앞에서도 말했 듯이 과학적 지성은 기술발전(외부회유)과 진리의 충족이유를 밝히는 중요한 수단에 속하기 때문이다. 그리하여 과학자들이 종교의 비합리성을 알리기 위해 백방으로 노력하는 일도 그 진정성을 인정할 만하다.

그렇다 하더라도 자연과학도 과학적인 환원주의만이 최고 가치를 가질 수 있다는 자만을 버려야 한다. 왜냐하면 현재까지 과학이 파악한 우주는 전체의 1%도 되지 않는다. 더군다나 자연과학은 그 생성 동기와 목적을 파악할 능력이 거의 없다. 우리는 현재 중력조차도 어떤 근원에 의한 것인지 알지 못한다.

나아가 물질이 아무리 환원되어도 끝내 그 근원을 알 수 없고, 환원을 거꾸로 되돌려 보는 '구성주의'는 단계마다 오히려 새로운 기획과 가치선택이 추가되어 있음을 보여 주고 있다.

특히 과학적 지성도 의식의 부족 현상에 시달리고 있기는 마찬가지다. 즉 현대의 물리학은 '통일장이론', '대통합이론', '궁극이론'의 필요성이 대두되고, 카오스와 홀로그램으로 그 방향감을 상실하고 있다. 그리하여 버트런드 러셀1872~1970은 이런 말을 했다. "과학은 우리가 무엇을 아는지 말해주지만, 우리는 아주 조금만 알 따름이다. 또 만약 우리가 얼마나 많이 모르는지 망각한다면, 엄청나게 중요한 많은 일에 무감각해지고 만다."<#105> 이렇듯 극히 일부 현상을 마치 전반적인 현상인 양, 인류사회에 무리하게 적용하려는 것은 과학의 정도를 이탈하는 일이다.

그리고 사실 과학자들이 밝히는 요소들은 결과물들을 살피고 경험하는 것뿐이다. 과학이 무엇을 밝히고 있는지 한번 곰곰이 생각해 보자.

미시 물리학자들은 물질을 쪼개고 쪼개어, 분자에서 원자, 원자에서 원자핵, 원자핵에서 양성자, 양성자에서 쿼크까지 거의 모두 밝혀냈다.

그러나 그곳 어디에도 그 근원과 이유를 발견할 수 없었다. 그곳에는 결과만이 덩그렇게 있을 뿐이다. 무엇이 왜 그리되게 하였을까? 도무지 알 수 없다. 그런데 우리는 물질 외에도 생물의식을 체득하고 있다. 우리가 체득하고 있는 생물의식은 행복을 추구하는 실제적인 힘이 있다. 그것은 비가시적이지만 명백히 자율적인 정보처리에너지이다.

그러므로 과학은 결국 실제적인 '**의식에너지**'를 증명하려는 것이나 마찬가지이다. 따라서 다원주의자들도 생물의식과 정신의 고유성을 부정하여 문화나 도덕의 성취를 폄하해서는 안 될 것이다. 나아가 '유전자 결정론' 등으로 인류사회에 불필요한 갈등과 오해를 증폭시켜서는 안 될 것이다.

그런 의미를 잘 파악하기 위해서 학문의 연역을 '내적 연역'內的演繹[458]과 '외적 연역'外的演繹[459]으로 구분할 수 있다고 본다. 내적 연역은 어떤 한 학문의 발전을 위한 가설을 설정할 시, 그 학문의 고유범위 내에서 가설하는 것을 말하고, 외적 연역이란 그 고유범위를 넘어 타 학문까지 침범하는 가설을 말한다.

그런데 대부분 학문이 사용하는 내적 연역은 별문제가 발생하지 않지만, 외적 연역을 사용할 시에는 공동연구나 병행연구 등 포괄적이고도 균형적인 연구가 필요하다고 할 수 있다. 나아가 필요할 시에는 관계되는 학문의 연구가 충분히 무르익을 때까지 오래 기다릴 수도 있어

---

458) 그 학문의 범주 내에서 하는 가설.
459) 그 학문의 범주를 넘어 타 학문까지 침범하는 가설.

야 할 것이다.

따라서 외적 연역의 문제 발생은 대개 형이상학이나 존재론이 과학을 침범할 때 나타난다. 그러나 반대로 자연과학이 존재론이나 사회학을 침범할 때도 마찬가지로 나타난다.

먼저 내적 연역의 예를 들어 보자. 현대의 천문학자들은 메가 우주Megaverse[460] 혹은 다중우주Multiverse[461]의 존재를 가설하기도 한다. 그런데 메가 우주나 다중우주는 현재로서는 증명되기는커녕 상상하기조차 어려운 가설이다. 그러나 천문학에서는 메가 우주론이나 다중우주론이라도 내적 연역이다. 왜냐하면 그러한 가설은 비교적 천문학이라는 고유범위 내에서 이루어지기 때문이다.

다음으로는 외적 연역의 예를 들어 보자. 외적 연역에는 역사적 폐해 사례가 뚜렷이 있다. 즉 16C 지동설을 주창하는 코페르니쿠스1473~1543에 대해 당시의 천동설 지지자들은 크게 반발했다. 천동설 지지자들에게 있어 인간은 신이 창조했기 때문에, 지구는 모든 우주의 중심이 되어야만 했다. 즉 태양이 지구의 주위를 돌아야만 한다고 생각했다.

그런데 이것은 명백한 외적 연역으로서 당시의 천동설 지지자들은 신학으로 천문학을 침범한 것이다. 따라서 화형당한 브루노와 자신의 연구 발표를 보류해야 했던 갈릴레이1564~1642는 당시 천동설의 외적 연역 피해자였다. 그러므로 외적 연역의 피해 속출은 역사에서도 나타났고, 미래에도 나타날 개연성이 높은 것이다.

그런데 이와 마찬가지로 자연선택설과 그에 따른 부속가설들은, 생물학을 기준으로 볼 때 외적 연역을 포함하고 있다는 것이다. 왜냐하면 다

---

460) 우리 우주를 포괄하는 더 큰 우주. 즉 빅뱅은 빅뱅 할 우주가 있었던 것.
461) 여러 개의 우주.

원주의(자연선택설= 물질일원론적 진화론)는 생물학의 범위 내에서 연역한 것이 아니라, 생물의 범위를 넘어 무생물로부터 존재론에까지 연역한 것이기 때문이다. 즉 자연선택설은 물질에 생물의식의 가치선택까지 부여하거나, 생물에 물질일원론을 적용하고자 하였기 때문이다. 그 결과 다원주의 자연선택설은 인학문(문화, 도덕 등)을 침범하고 말았다.

그리하여 역사적으로 신학의 외적 연역에 피해를 보던 자연과학이, 역설적으로 이번에는 존재론·심리학·사회학·정신현상학 등에 피해를 주고 있는 셈이다. 즉 전통적으로 '불가침의 명제'[462]의 피해자였던 자연과학이 이제는 가해자로 변모하고 있는 것이다.

그러므로 다원주의의 여러 변명에도 불구하고 선택이란 용어는 생물의 의식에 관한 용어이다. 즉 가치선택은 생물의식의 행위이므로 물질에서는 나타날 수 없는 행위이며, 생물의식은 물질적 환원으로서는 규명하기 어려운 것이다. 왜냐하면 본문 제5장에서 설명했듯이 현재 우리 인간의 단속적이고도 기계적인 지성은, 연속적 흐름인 생물의식을 알아낼 수 없는 감각 한계가 있기 때문이다.

그리하여 뉴턴1643~1727이나 아인슈타인은 만유인력과 상대성이론을 밝혀냈지만, 자연과학을 넘어서서 존재론적인 외적 연역은 하지 않았다. 즉 뉴턴과 아인슈타인은 그냥 중력의 현상만을 설명할 뿐이었다. 애초에 누가 중력을 만들었는지, 중력의 목적이 무엇인지, 왜 중력이 꼭 나타나야만 했었는지는 피력하지 않았다. 그런 무리한 추상은 자연과학의 범위를 넘어서는 외적 연역이기 때문이다.

그런데 다윈은 생물학에 자연선택이란 외적 연역을 사용하면서도, 공

---

462) 더들리 샤피어가 말하고 있는, 어떤 연구 전에 이미 받아들여야만 하는 개념.

동연구나 병행연구 등 포괄적이고도 균형적인 연구를 가볍게 생각한 것이다. 그리하여 다윈주의의 자연선택설은 시간이 지날수록 근본적으로 많은 문제점을 드러내는 것이다.

즉 여타 유물론자들과 마찬가지로 다윈주의자들은 미미한 자료를 가지고, 그것이 입증된 것인 양, 또 전체인 양 무리하게 서두르고 있다. 그리하여 본문에서 보듯이 다윈주의자들의 가설 잔치는 '아니면 말고' 식의 패턴을 취하고 있다.

이것은 지금까지의 과학적 명예를 무색하게 하고 있다. 이러한 현상은 유물론자들이 과학이라는 우산 아래 이념적인 투쟁을 한다는 오해를 받으며, 그 순수성을 의심받는 데 충분한 것이다.

그런데 다윈주의의 추상과 논리는 창조론보다 나을 것이 없으며, 어떤 면에서는 오히려 훨씬 허접한 것이다. 더군다나 생물의식과 그에 따른 사회문화를 현란한 궤변으로 무리하게 왜곡하고 있는 것이다. 아마 과학적 권위에 기대어 과대 포장을 하려는 것 같다.

그리하여 지적설계론자들이 자연선택의 동력이 부족하다고 지적하면, 다윈주의자들은 "그러면 신은 누가 만들었는가?"라며 비과학적으로 물타기한다. 이에 창조론자들이 신을 증명하지 못해 곤경에 처해 있을 정도다.

그러나 이러한 물타기는 과학자의 태도가 아니다. 그 이유로 첫째, 과학자의 주장과 가설은 스스로 증명해야 하는 것이지, 다른 이들의 주장을 비토veto 한다고 증명되는 것은 아니다. 둘째, 이러한 물타기는 '단계적 규명'이라는 과학적 논리를 무시한 것이다. 즉 지금 진화의 동력에 관하여 물질인지 생명인지를 논하다 갑자기 그 주제는 규명도 하지 아니한 채, 한 단계 뛰어넘어 논점 흐리기를 하는 셈이다. 그런데 이는 "그러면 물질은 어디서 왔는가?"로 다시 순환되는 말일 뿐이다.

셋째, 다윈주의와 지적설계에는 증명의 엄밀성에 차이가 있다. 즉 앞에서 말했듯이 과학은 '밀접추론'을 해야 하고, 인문학은 '근접추론' 하는 것이다. 따라서 지적설계자들보다 다윈주의자들은 그 권위를 위해 지적설계자들보다 더욱 엄밀한 귀납적 증거를 제시해야 하는 것이다.

또한 다윈주의자들은 신은 아무 일도 하지 않고 자연선택에 빌붙어 사는 게으름뱅이라고도 말한다. 이는 비교우위로 자연선택론의 체면을 지키려 한다. 그러나 창조론이 비합리적이라고 해서 자연선택론이 정당화되는 것은 아니다. 그것들은 각각 따로 그리고 스스로 증명해 내야만 하는 것이다.

나아가 사실 자연선택이야말로 생물의식에 빌붙어 자기의 능력처럼 생색을 내는 것이다. 즉 적응·돌연변이·유전자변경·진화 등에서 자연선택이 할 수 있는 일은 아무것도 없다. 그것은 생물의식의 가치선택이고 행복 추구의 결과이다.

왜냐하면 자연선택을 쳐다보기보다 자연효과를 활용하고자 하는 것이 생물에게는 당연하기 때문이다. 혹 이러한 생물의식을 자연선택이 미리 넣어 둔 것이라고 우긴다면 자연선택이 바로 창조신이 되어, 이미 자연선택을 신탁하는 셈이 되는 것이다.

여하튼 필자는 사실 처음부터 다윈주의를 비판하려 시작한 것이 아니다. 존재론, 즉 존재의 근원을 연구하다 보니 창조론과 더불어 진화론에까지 연구하게 되었던 것이다. 그리하여 결국 의식에너지와 카나드와 물질회유에 다다르게 된 것이다.

그렇다고 여기서 '카나드'가 위대하다고 말하려는 것이 아니다. 그것은 그저 신도 아니고 물질만도 아닌 근원적인 '의식에너지'가 있다는 것이다. 그리고 그중 생명의식의 '**물질회유**'라는 행복 추구가 생물의 기원과 진화를 이루어 간다는 것이 정합적이라는 말이다.

그리하여 인류는 그러한 카나드나 동물의 후예라고 부끄러워할 필요가 없는 것이다. 오히려 선조들의 줄기찬 물질회유의 노력에 경의를 표하며, 앞으로 훌륭한 **가치선택**으로 더욱 조화롭게 살아가야 하는 것이다.

⟨인용 및 참고도서의 출처⟩

⟨#1⟩: 아인슈타인, 《나의 인생관》, 최규남 역, 동서문화사, 2011년
⟨#2⟩: 리처드 도킨스, 《지상 최대의 쇼》, 김명남 역, 김영사, 2009년,
　　　　제리 코인, 《지울 수 없는 흔적》, 김명남 역, 을유문화사, 2011년
⟨#3⟩: 조지 윌리암스, 《적응과 자연선택》, 전중환 역, 나남, 2013년
⟨#4⟩: 찰스 다윈, 《종의 기원》, 송철용 역, 동서문화사, 2010년
⟨#5⟩: 에드워드 라슨, 《진화의 역사》, 이충 역, 을유문화사, 2006년
⟨#6⟩: 필립 존슨, 《심판대의 다윈》, 이승엽/ 이수현 역, 까치, 2006년
⟨#7⟩: 찰스 다윈, 《종의 기원》, 송철용 역, 동서문화사, 2010년
⟨#8⟩: 찰스 다윈, 《인간의 유래 2》, 김관선 역, 한길사, 2013년
⟨#9⟩: 마이클 루스, 《진화의 탄생》, 류운 역, 바다출판사, 2010년
⟨#10⟩: 강건일, 《진화론 창조론 논쟁의 이해》, 참·과학, 2009년
⟨#11⟩: 찰스 다윈, 《인간의 유래 1》, 김관선 역, 한길사, 2006년
⟨#12⟩: 김근배, 《우장춘》, 다섯 수레, 2013년
⟨#13⟩: 필립 존슨, 《심판대의 다윈》, 이승엽/ 이수현 역, 까치, 2006년
⟨#14⟩: H. 마뚜라나/ F. 바렐라, 《앎의 나무》, 최호영 역, 갈무리, 2018년
⟨#15⟩: 네이버 지식백과, 2020년
⟨#16⟩: 레비 스트로스, 《인류학 강의》, 류세화 역, 문예출판사, 2018년
⟨#17⟩: 필립 존슨, 《심판대의 다윈》, 이승엽/ 이수현 역, 까치, 2006년
⟨#18⟩: 조광제, 《현대철학의 광장》 메를로퐁티 편, 동녘, 2017년
⟨#19⟩: 스테파노 만쿠소 외 1, 《매혹하는 식물의 뇌》, 양병찬 역, 행성B, 2016년
⟨#20⟩: 앙리 베르그송, 《창조적 진화》, 이희영 역, 동서문화사, 2016년
⟨#21⟩: 《뉴턴》, 2007. 12월호
⟨#22⟩: 린 마굴리스/ 도리언 세이건, 《생명이란 무엇인가》, 황현숙 역, 지호, 1999년
⟨#23⟩, ⟨#24⟩: 요아힘 바우어, 《협력하는 유전자》, 이미옥 역, 생각의 나무, 2010년
⟨#25⟩, ⟨#26⟩, ⟨#27⟩, ⟨#28⟩: 에른스트 마이어, 《진화란 무엇인가》, 임지원 역, 사이언스
　　　　북스, 2008년

〈#29〉: 조지 윌리암스, 《진화의 미스터리》, 이명희 역, 두산동아, 1997년
〈#30〉: 리처드 도킨스, 《에덴의 강》, 이용철 역, 사이언스북스, 2014년
〈#31〉: 매트 리들리, 《게놈》, 하영미/ 전성수/ 이동희 역, 김영사, 2000년
〈#32〉: 조지 윌리암스, 《적응과 자연선택》, 전중환 역, 나남, 2013년
〈#33〉: 리처드 도킨스, 《눈먼 시계공》, 이용철 역, 사이언스북스, 2004년
〈#34〉: 에른스트 마이어, 《진화란 무엇인가》, 임지원 역, 사이언스북스, 2008년
〈#35〉: 김재희 엮음, 《신과학 산책》(루퍼트 셀드레이크 편), 김영사, 1994년
〈#36〉: 니콜 하르트만, 《존재론의 새로운 길》, 손동현 역, 서광사, 1997년
〈#37〉: 강건일, 《진화론 창조론 논쟁의 이해》, 참·과학, 2009년
〈#38〉: 나탈리 엔지어, 《원더풀 사이언스》, 김소정 역, 지호, 2019년
〈#39〉: 앙리 베르그송, 《창조적 진화》, 이희영 역, 동서문화사, 2016년
〈#40〉: 매트 리들리, 《게놈》, 하영미/ 전성수/ 이동희 역, 김영사. 2000년
〈#41〉: 리처드 도킨스, 《이기적 유전자》, 홍영남 역, 을유문화사, 2010년
〈#42〉: S.J. 굴드, 《다윈 이후》, 홍욱희/ 홍동선 역, 사이언스북스, 2008년
〈#43〉: 톰 웨이크퍼드, 《공생, 그 아름다운 공존》, 전방욱 역, 해나무, 2004년
〈#44〉: 루이 알라노/ 알렉스 클라맹스, 《이기적인 성》, 이정희 역, 웅진, 2006년
〈#45〉, 〈#46〉: 찰스 다윈, 《종의 기원》, 송철용 역, 동서문화사, 2010년
〈#47〉: 리처드 도킨스, 《눈먼 시계공》, 과학세대 역, 사이언스북스, 2004년
〈#48〉: 리처드 도킨스, 《지상 최대의 쇼》, 김명남 역, 김영사, 2009년
〈#49〉: 제임스 글리크, 《카오스》, 박배식/ 성하운 역, 누림book, 2005년
〈#50〉: 아리스토텔레스, 《니코마코스 윤리학》, 손명현 역, 을유문화사, 2016년
〈#51〉: 요아힘 바우어, 《협력하는 유전자》, 이미옥 역, 생각의 나무, 2010년
〈#52〉: H.J. 슈퇴릭히, 《세계철학사》, 임석진 역, 분도출판사, 1976년
〈#53〉: 앙리 베르그송, 《도덕과 종교의 두 기원》, 이희영 역, 동서문화사, 2008년
〈#54〉: 리처드 도킨스, 《이기적 유전자》, 홍영남 역, 을유문화사, 2010년
〈#55〉, 〈#56〉: 마이클 베히, 《다윈의 블랙박스》, 김창환 외, 풀빛, 2001년
〈#57〉: 프랑수아 자콥, 《파리, 생쥐, 그리고 인간》, 이정희 역, 궁리, 1999년
〈#58〉: 에른스트 마이어, 《진화란 무엇인가》, 임지원 역, 사이언스북스, 2008년

⟨#59⟩: 리처드 도킨스《눈먼 시계공》과학세대, 2004년
⟨#60⟩: 요아힘 바우어,《협력하는 유전자》, 이미옥 역, 생각의 나무, 2010년
⟨#61⟩: 제임스 N. 가드너,《생명 우주》, 이덕환 역, 까치, 2006년
⟨#62⟩: 버트런드 러셀,《서양철학사》, 서상복 역, 을유문화사, 2001년
⟨#63⟩: 리처드 밀턴,《다윈도 모르는 진화론》, 이재영 역, 도서출판 AK, 2009년
⟨#64⟩: S. J. 굴드,《생명, 그 경이로움에 대하여》, 김동광 역, 경문사, 2004년
⟨#65⟩: 2023. 2. 9.《중앙일보》
⟨#66⟩, ⟨#67⟩: 에드워드 윌슨,《사회생물학 1, 2》, 이병훈/ 박시룡 역, 민음사, 1992년
⟨#68⟩:《사회생물학 대논쟁》, 이정덕 편: '지식 대통합'이라는 허망한 주장에 대하여– 문화를 중심으로, 이음, 2014년
⟨#69⟩: H. 마뚜라나/ F. 바렐라,《앎의 나무》, 최호영 역, 갈무리, 2018년
⟨#70⟩, ⟨#71⟩: 브루스 립턴,《당신의 주인은 DNA가 아니다》, 이창희 역, 두레, 2011년
⟨#72⟩: 이행석 외 2,《알기 쉬운 분자생물학》, 기전연구사, 2006년
⟨#73⟩: 나탈리 엔지어,《원더풀 사이언스》, 김소정 역, 지호, 2019년
⟨#74⟩: 에드워드 윌슨,《통섭》, 최재천/ 장대익 역, 사이언스북스, 2005년
⟨#75⟩: H. 마뚜라나/ F. 바렐라,《앎의 나무》, 최호영 역, 갈무리, 2018년
⟨#76⟩: 대니얼 데빗,《자유는 진화한다》, 이희재 역, 동녘사이언스, 2006년
⟨#77⟩: 대니얼 데빗,《마음의 진화》, 이한음 역, 사이언스북스, 2006년
⟨#78⟩: 대니얼 데빗,《자유는 진화한다》, 이희재 역, 동녘사이언스, 2006년
⟨#79⟩: 대니얼 데빗,《마음의 진화》, 이한음 역, 사이언스북스, 2006년
⟨#80⟩, ⟨#81⟩: 대니얼 데빗,《자유는 진화한다》, 이희재 역, 동녘사이언스, 2006년
⟨#82⟩: M. 후베르트,《의식의 재발견》, 원석영 역, 프로네시스, 2007년
⟨#83⟩: 아르투어 쇼펜하우어,《의지와 표상으로서의 세계》, 권기철 역, 동서문화사, 2013년
⟨#84⟩: 브루스 립턴,《당신의 주인은 DNA가 아니다》, 이창희 역, 두레, 2011년
⟨#85⟩: EBS 다큐프라임, ⟨생명, 40억 년의 비밀⟩
⟨#86⟩: 톰 웨이크퍼드,《공생, 그 아름다운 공존》, 전방욱 역, 해나무, 2004년
⟨#87⟩: EBS, ⟨진화의 열쇠, DNA⟩

⟨#88⟩: 린 마굴리스/ 도리언 세이건,《생명이란 무엇인가》, 황현숙 역, 지호, 1999년
⟨#89⟩:《뉴턴》, 2007. 12월호
⟨#90⟩: 유민,《포스트게놈 시대의 전문인을 위한 유전학》, 월드사이언스, 2011년
⟨#91⟩: 브루스 립턴,《당신의 주인은 DNA가 아니다》, 이창희 역, 두레, 2011년
⟨#92⟩: 앙리 베르그송,《창조적 진화》, 이희영 역, 동서문화사, 2016년
⟨#93⟩: 찰스 다윈,《종의 기원》, 송철용 역, 동서문화사, 2010년
⟨#94⟩: 요아힘 바우어,《협력하는 유전자》, 이미옥 역, 생각의 나무, 2010년
⟨#95⟩: 마이클 루스,《진화의 탄생》, 류운 역, 바다출판사, 2010년
⟨#96⟩: 유민,《포스트게놈 시대의 전문인을 위한 유전학》, 월드사이언스, 2011년
⟨#97⟩: 찰스 다윈,《인간의 유래와 성선택》, 이종호 편역, 지식을 만드는 지식, 2012년
⟨#98⟩: 앙리 베르그송,《창조적 진화》, 이희영 역, 동서문화사, 2016년
⟨#99⟩: 아인슈타인,《나의 인생관》, 최규남 역, 동서문화사, 2011년
⟨#100⟩: 마이클 루스,《진화의 탄생》, 류운 역, 바다출판사, 2010년
⟨#101⟩: 유민,《포스트게놈 시대의 전문인을 위한 유전학》, 월드사이언스, 2011년
⟨#102⟩: 리처드 도킨스,《이기적 유전자》, 홍영남 역, 을유문화사, 2010년
⟨#103⟩: 제임스 N.가드너,《생명우주》, 이덕환 역, 까치, 2006년
⟨#104⟩: EBS 다큐프라임, ⟨생명 대탐사⟩
⟨#105⟩: 버트런드 러셀,《서양철학사》, 서상복 역, 을유문화사, 2001년

이미지 출처(위키피디아)

케찰 수컷: Wikipedia(https://ko.wikipedia.org/wiki/)- 하리브로커
검치호: Wikipedia(https://ko.wikipedia.org/wiki/)- 월리스63